复杂水力系统过渡过程

中国电建集团华东勘测设计研究院有限公司

侯靖　李高会　李新新　吴旭敏　陈益民　著

中国水利水电出版社

www.waterpub.com.cn

·北京·

内 容 提 要

水力过渡过程分析是水力发电和输水工程设计中不可或缺的一环。本书是作者对过去十几年在水力过渡过程分析研究的理论认识和工程实际应用经验积累的总结，内容侧重于工程应用与解决实际问题的方式方法。本书主要讨论水电站系统中的水力过渡过程，包括一维瞬变流数学模型与数值计算，水轮机与水泵水轮机的水力特性，水轮机调速系统及水轮发电机组的并网运行方式，水电站调压室种类及其稳定性，复杂水道系统的数值模拟，水电站系统稳定性及水力过渡过程的数值分析，振荡流及水力共振，过渡过程仿真计算软件 HYSIM 及其在大型水电工程中的应用情况。

本书可供从事水利水电工程设计、科研及工程技术人员借鉴参考，也可供相关高等院校师生学习使用。

图书在版编目（ＣＩＰ）数据

复杂水力系统过渡过程 / 侯靖等著. -- 北京 ：中国水利水电出版社，2019.11
ISBN 978-7-5170-8179-1

Ⅰ. ①复… Ⅱ. ①侯… Ⅲ. ①水力学－过渡过程
Ⅳ. ①TV131

中国版本图书馆CIP数据核字(2019)第254332号

书　　名	复杂水力系统过渡过程 FUZA SHUILI XITONG GUODU GUOCHENG
作　　者	中国电建集团华东勘测设计研究院有限公司　著 侯　靖　李高会　李新新　吴旭敏　陈益民
出版发行	中国水利水电出版社 （北京市海淀区玉渊潭南路 1 号 D 座　100038） 网址：www. waterpub. com. cn E - mail：sales@ waterpub. com. cn 电话：(010) 68367658（营销中心）
经　　售	北京科水图书销售中心（零售） 电话：(010) 88383994、63202643、68545874 全国各地新华书店和相关出版物销售网点
排　　版	中国水利水电出版社微机排版中心
印　　刷	清淞永业（天津）印刷有限公司
规　　格	184mm×260mm　16 开本　26.5 印张　628 千字
版　　次	2019 年 11 月第 1 版　2019 年 11 月第 1 次印刷
印　　数	0001—1000 册
定　　价	228.00 元

凡购买我社图书，如有缺页、倒页、脱页的，本社营销中心负责调换

前言
FOREWORD

　　水力过渡过程分析是水力发电和输水工程设计中不可或缺的一环。恩格斯曾经说过："社会的发展一旦有技术上的需要，则这种需要就会比十所大学更能把科学推向前进。"从 1978 年我国改革开放以来，国家经济高速发展，水利水电开发也进入了黄金时期。

　　水利电力开发工程，尤其是大型水电开发项目在设计中对水力过渡过程分析的需求无疑大力推进了该技术在中国的发展。国内各相关高等院校、科研院所和工程设计单位都加大了水力过渡过程分析与计算的投入。各期刊、学术会议上关于水力过渡过程的研究、计算和应用方面的讨论方兴未艾。据中国知网不完全统计，1979—2016 年，各学术期刊上关于水力过渡过程的论文多达 455 篇，各大型学术会议上相关的论文有 33 篇。硕士、博士以水力过渡过程为内容的论文有 115 篇。华东勘测设计研究院有限公司（简称华东院）在这个大潮中，以本院承担的大型水电工程项目为依托，通过早期对多款水力过渡过程分析软件的引进，专业人才的培养，以及过去十几年中与国内高校与国外专家的长期合作的方式，在国内众多水利水电设计院中脱颖而出，从过去单纯通过外委完成到现在自主开发了国内一流水力过渡过程分析软件，并能独立完成各种复杂系统的水力过渡过程分析，满足了各种工程设计的需要。

　　本书是作者对过去十几年华东院在水力过渡过程分析研究的理论认识和工程应用经验积累的总结。与国内外同类著作相比，本书更侧重于工程应用与解决实际问题方式方法的讨论与叙述。本书有以下国内外其他同类著作中没有涉及或没有深度涉及的主要内容：第 2 章中关于明渠流和明满交替流实用数值模拟方法的讨论；第 3 章中对水轮机和水泵水轮机特性在实际计算分析中疑难问题的讨论；第 4 章中水轮发电机组并网运行方式及其对水力过渡过程分析的影响；第 5 章中关于用频率响应法对复杂系统中调压室稳定性分析的讨论，以及调压室稳定性解析分析高阶数学模型的建立与分析；第 6 章中关于复杂水力系统数值模型的建立方法；第 7 章中关于水电站水力过渡过程数值模型分析中分析工况的选择，水轮机调节参数的优化，以及控制性工况发生条件的判断等；第 8 章中关于如何用结构矩阵法建立以频率响应法为基础的水力激振/共振分析方法；第 9 章的大型水电工程应用实例。

本书在编写过程中得到了潘益斌、陈顺义、陈祥荣、童汉毅、蔡维由、周天驰、汪德楼、李路明、崔伟杰、杨飞、孙洪亮、吴疆、章梦捷、方杰、曹春建、蒋磊等科研人员、工程技术人员及相关工程的业主单位的大力协助，特此表示感谢！

限于编者水平，书中难免存在疏漏和不足之处，敬请读者指正。

作者

2019 年 9 月

常用符号及其定义

A：管道断面面积

A_T：隧洞断面面积

A_S：调压室断面面积

A_C：调压室底部过流断面面积

A_{th}：调压室临界稳定断面面积

ΔA：管道断面面积变化值

a：水击波速

B：明渠的水面宽度；矩形断面管道的宽度；正方形断面管道的边长

b_p：调速器的永态转差系数

b_t：暂态转差系数

D：管道直径；水轮机转轮名义直径；矩形断面管道的高度

E：材料的杨氏弹性模量

E_R：隧洞的弹性模量

E_n：发电机自调节系数

e：管壁厚度

e_h：相对效率对相对水头变化率，$e_h = \dfrac{\partial \eta}{\partial H} \dfrac{H_0}{\eta_0}$

e_q：相对效率对相对流量变化率，$e_q = \dfrac{\partial \eta}{\partial Q} \dfrac{H_0}{\eta_0}$

g：重力加速度

H：瞬时水头；机组工作净水头

H_0：稳态水头

H_r：发电毛水头

h：明渠流水深；相对水头增量，$h = \dfrac{\Delta H}{H_0}$

h_f：稳态水头损失

h_w：明渠水头损失，包括沿程水头损失和局部水头损失

h_v：调压室底部过室流速水头

h_{w0}：引水隧洞水头损失

h_{wm}：压力管道水头损失

S_0：渠道底坡

S_f：明渠流水力坡度，又称比降

K：流体的体积弹性模量；调压室临界稳定断面面积安全系数

L：管道长度

M_t：机组主动力矩

M_{t0}：稳态机组主动力矩

M_g：机组总负荷力矩

M_{g0}：稳态机组总负荷力矩

m_t：机组主动力矩增量无量纲参数，$m_t = \dfrac{\Delta M_t}{M_{t0}}$

m_g：机组总负荷力矩增量无量纲参数，$m_g = \dfrac{\Delta M_g}{M_{g0}}$

N：机组转速

N_0：稳态机组转速

N_{11}：机组单位转速

n：机组单位转速增量无量纲参数，$n = \dfrac{\Delta N}{N_0}$；机组角速度增量无量纲参数 $n = \dfrac{\Delta \omega}{\omega_0}$

n_{ref}：转速给定相对值

P：机组出力

P_0：稳态机组出力

p：压强；相对出力增量，$p = \dfrac{\Delta P}{P_0}$

Δp：压强变化值

Q：管道流量或水轮机流量

Q_0：稳态时引水隧洞和压力管道的流量

Q_{11}：机组单位流量

Q_n：机组转速-流量自调节系数，$Q_n = -\dfrac{\partial Q_{11}}{\partial N_{11}} \dfrac{(N_{11})_0}{(Q_{11})_0}$

Q_y：水轮机开度（或喷嘴行程）对流量的传递系数，$Q_y = \dfrac{\partial Q_{11}}{\partial Y} \dfrac{Y_0}{(Q_{11})_0}$

Q_{ref}：流量给定相对值

q：相对流量增量，$q = \dfrac{\Delta Q}{Q_0}$

s：拉普拉斯算子（拉氏算子）

T_e：隧洞水流加速时间常数

T_w：压力管道水流加速时间常数

T_g：调压室积分时间常数，$T_g = \dfrac{A_s H_0}{Q_0}$

T_a：机组惯性时间常数，$T_a = \dfrac{J \omega_0}{M_0}$

T_d：缓冲时间常数

t：时间

ΔV：流速增量

V_0：流体初始速度、定常状态速度或平均速度

V：瞬时速度或平均速度

V_1：上游引水隧洞出口断面平均流速

V_2：调压室断面平均流速

W：电网负荷

x：沿管道轴线的坐标系，向右为正

Y：机组导叶开度

ΔY：机组导叶开度变化量

Y_0：稳态机组导叶开度

y：接力器行程或导叶开度增量相对值，$y = \dfrac{\Delta Y}{Y_0}$

Z：水力阻抗，$Z = \dfrac{\Delta H}{\Delta Q}$

Z：明渠水面高程；调压室内水位

Z_b：明渠底高程

ΔZ：调压室内水位变化量

z：无量纲水位变化值，$z = \dfrac{\Delta Z}{H_0}$

α：输水系统总水头损失系数，$\alpha = \dfrac{h_{w0}}{v^2}$

β：输水系统沿程水头损失系数

θ：管道轴线与水平线的夹角，当管道沿程高程降低的时候，θ 取负值

ρ：流体密度

γ：流体容重

ζ：引水隧洞的沿程水头损失系数

η：机组效率；调压室底部过流断面面积与隧洞断面面积之比的平方，$\eta = \left(\dfrac{A_C}{A_T}\right)^2$

λ_0：机组稳态效率

ω：机组角速度

ω_0：稳态机组角速度

δ：机组效率特性参数一，$\delta = \dfrac{1 + e_h}{1 + e_q}$

γ：机组效率特性参数二，$\gamma = \dfrac{1}{1 + e_q}$

μ：管道材料的泊松比

目录
CONTENTS

前言

常用符号及其定义

1 绪论 …………………………………………………………………………… 1

  1.1 基本概念与基础术语 ……………………………………………………… 1

  1.2 水力过渡过程研究的意义和目的 ……………………………………… 4

  1.3 水力过渡过程研究在国内外的进展 …………………………………… 7

  1.4 水力过渡过程计算方法的分类及应用软件开发 …………………… 8

2 一维瞬变流数值计算 ……………………………………………………… 13

  2.1 刚性水击基本方程 ……………………………………………………… 13

  2.2 弹性水击基本方程 ……………………………………………………… 14

  2.3 弹性水击方程数值计算 ………………………………………………… 18

  2.4 一维明渠流基本方程 …………………………………………………… 29

  2.5 一维明渠流的数值计算 ………………………………………………… 30

  2.6 一维明满交替流的数值计算 …………………………………………… 46

3 水轮机、水泵水轮机的水力特性 ……………………………………… 51

  3.1 水轮机的水力特性 ……………………………………………………… 51

  3.2 水泵水轮机的水力特性 ………………………………………………… 60

  3.3 冲击式水轮机的水力特性 ……………………………………………… 72

  3.4 水轮机水力特性自动生成方法简介 …………………………………… 76

  3.5 水轮机特性的小波动数学模型 ………………………………………… 81

4 水轮机调速系统及水轮发电机组的并网运行方式 ………………… 84

  4.1 水轮机调速系统 ………………………………………………………… 84

  4.2 水轮发电机组的并网运行方式 ……………………………………… 105

5 水电站调压室 ……………………………………………………………… 116

  5.1 调压室的基本类型与特点 …………………………………………… 116

  5.2 调压室的水位波动和稳定断面 ……………………………………… 122

  5.3 调压室系统的高阶数学模型和华东院/Norconsult公式 ………… 132

5.4　影响调压室小波动稳定性的各种因素 ……………………………………… 139

5.5　气垫式调压室的稳定性 ………………………………………………………… 157

5.6　串联的调压室的小波动稳定断面 …………………………………………… 158

5.7　调压室在大波动条件下的稳定性 …………………………………………… 161

6　复杂水道系统的数值模拟 …………………………………………………………… 164

6.1　基本概念 ………………………………………………………………………… 164

6.2　单节点循环平衡法简介 ………………………………………………………… 167

6.3　单回路循环平衡法简介 ………………………………………………………… 167

6.4　多节点联立法简介 ……………………………………………………………… 168

6.5　多回路联立法简介 ……………………………………………………………… 168

6.6　结构矩阵法 ……………………………………………………………………… 169

7　水电站系统稳定性及水力过渡过程的数值分析 ……………………………… 182

7.1　基本概念 ………………………………………………………………………… 182

7.2　调压室稳定性的数值分析 ……………………………………………………… 183

7.3　调速系统稳定性的数值分析 …………………………………………………… 186

7.4　水击与转速上升分析 …………………………………………………………… 195

7.5　调压室水位大波动的数值计算分析 …………………………………………… 213

7.6　水力干扰分析 …………………………………………………………………… 218

7.7　抽水蓄能机组水力过渡过程分析 ……………………………………………… 222

8　振荡流及水力共振 …………………………………………………………………… 231

8.1　振荡流基础知识 ………………………………………………………………… 231

8.2　水道系统的频率特性 …………………………………………………………… 236

8.3　水道系统频率域分析数学模型概述 …………………………………………… 240

8.4　水力阻抗法 ……………………………………………………………………… 242

8.5　传递矩阵法 ……………………………………………………………………… 247

8.6　结构矩阵法 ……………………………………………………………………… 252

8.7　振荡流的动态摩阻 ……………………………………………………………… 262

8.8　水电站水道系统受迫水力共振的典型振源 ………………………………… 264

8.9　水电站水道系统的自激振荡 …………………………………………………… 265

9　典型工程应用 ………………………………………………………………………… 268

9.1　水力过渡过程应用软件 HYSIM 简介 ……………………………………… 268

9.2　锦屏二级水电站设计最终方案水力过渡过程分析 ………………………… 270

9.3　锦屏二级水电站水力过渡过程专题研究 …………………………………… 310

9.4　白鹤滩水电站设计最终方案水力过渡过程分析 …………………………… 320

9.5　白鹤滩水电站水力过渡过程专题研究 ……………………………………… 338

9.6　卡鲁玛水电站水力过渡过程分析 …………………………………………… 363

9.7　长龙山抽水蓄能电站可行性研究阶段水力过渡过程分析 ……………… 380

9.8 仙游抽水蓄能电站真机反演计算分析 …………………………………… 395

附录 水力过渡过程分析中常见认识误区及易犯的错误汇总 ………… 405

附录1 系统稳定性分析 …………………………………………………… 405

附录2 大波动工况分析 …………………………………………………… 407

附录3 水力干扰分析 ……………………………………………………… 408

参考文献 ………………………………………………………………………… 410

1

绪　　论

本章主要介绍与水力系统过渡过程有关的基本概念和定义、水力过渡过程研究的意义和目的、水力过渡过程研究领域的历史及现状，以及水力过渡过程的分类、基本理论及研究方法。

1.1　基本概念与基础术语

书中涉及大量与水力过渡过程有关的技术术语与定义，但本节仅介绍与书中内容最密切关联的部分，并对一些重要的基本概念做出定义，以使读者在阅读本书时避免不同教材或者著作中对有关概念的定义上的差异。

1.1.1　水力要素与状态变量

水力要素是研究范围内所有表征水流动力特征的几何量和物理量的统称，如密度、质量、流量、流速、压力、断面、水头、水位等。其中，断面是指与流速方向相垂直的流场截面，流量、流速、压力、水头和水位这些随时间变化较大的要素在水力过渡过程分析中又被称为状态变量。

1.1.2　压力与压强

在物理学中，压力与压强是两个相关但不同的概念。压强指的是单位面积上的压力。但在应用水力学的范围内，很多文献（国际范围内）中这两个词是混用的，因为脱离单位面积的压力一词的应用度很低。所以如果不加特别说明，"水压"和"压力"这两个词指的就是单位面积上的压力，即压强。特别是在工程界，压强一词反而用得较少。

1.1.3　水头与水力度

流场中某点单位质量流体所具有的势能被定义为该点的"位能头"，在数值上等于该点的高程。该点的压强除以流质比重 $\frac{p}{\rho g}$ 被定义为"压能头"，该点流速的平方除以两倍的重力加速度 $\frac{V^2}{2g}$ 被定义为该点的"流速头"；三者之和被定义为该点的"能量头"，也常被简称为"水头"，代表该点单位质量流体相对于海平面高程的总能量；在水力系统中，前两者之和又被称为"水力度"。需要说明的是,要把流场中某点的水头与某水力装置的水头区别开来,例如水轮机的水头指的是水轮机进口能量头与出口能量头之差。

1.1.4 一维流

根据对水力要素的描述是依赖于一个空间坐标还是二个、三个空间坐标,将水流的流动称为一维流、二维流或三维流。自然界和工程实际中的水流实际上都是三维流动,但减少空间坐标的维度对简化研究方法是非常有效的。在满足工程精度要求的前提下,通过对水力要素和坐标系的适当处理以实现降低维度是科学研究和工程应用中常用的方法。对水力要素在断面上取平均值,将坐标系沿流程布置(这种坐标系称为贴体坐标系),由此得到的水力要素在空间分布上仅仅依赖于一个空间变量,这种流动称为一维流。

1.1.5 瞬变流

当流场中水流从一种稳定状态转变到另一种稳定状态时,中间的过渡流态是一种水力要素随时间变化的非恒定状态,这种流动称为瞬变流(或瞬态流)。瞬变流是非恒定流,但一般指的是变化较快的非恒定流。这种现象从系统的角度来看也被称为"水力过渡过程"。但如果只分析某个局部或者某个瞬时,都不宜用"水力过渡过程"这个术语。

在有压管流中,当系统的上下游边界条件发生改变时瞬变流流态就会出现。在明渠流中,当暴雨产生的径流流入河道或河道上下游边界条件发生变化时,在明渠中也会发生瞬变流,通常也称为洪水过程。过渡状态是当稳定状态受到扰动时发生的,这种扰动可能是由于人工有计划地或偶然地改变控制设备,或因自然系统流入或流出的变化所引起的改变。

工程系统中引起瞬变流的原因有以下几点:

(1)水轮机、水泵水轮机的正常开、停机过程和突甩负荷过程。

(2)水轮机、水泵水轮机的较大幅度的调荷、调频过程。

(3)水泵系统中水泵的开启、正常停机或失电停机过程。

(4)管道中阀门的开启、关闭或开度变化。

(5)大坝发生倒塌等事故。

(6)暴雨产生的径流造成河道或排水管道流量的突然增加。

1.1.6 明满交替流

一个封闭系统中的明流在水力过渡过程中在系统的某些部位可能会间断性地变成满流。反之,一个封闭系统中的满流在水力过渡过程中在系统的某些部位可能会间断性地变成明流。这两种情况中的流态都被称为明满交替流。明满交替流是瞬变流中的一种。

1.1.7 刚性水击与弹性水击

水击是一种物理现象。而刚性水击和弹性水击讲的却是两种不同的水击分析方法或理论。在忽略水体和管壁的弹性的前提下分析水击而建立的理论,称为刚性水击理论;而在考虑水体和管壁的弹性的前提下分析水击的理论,称为弹性水击理论。

在弹性水击理论中，水击以压力波的形式在管道中交替升降来回传播压力波，在有压管道中传播的速度称水击波速，通常以符号 a 表示。水击波速受液体压缩性和管壁弹性的影响，与管道的材料和管壁的相对厚度有关。弹性水击理论固然重要，因为它能更准确地描述真实的水击现象；但刚性水击理论也非常重要，因为在解析解领域需要采用刚性水击理论，例如调压室稳定断面的理论推导、水体波荡频率的解析计算、水轮机调速系统分析中水道有理传递函数的推导等都离不开刚性水击理论的应用。

1.1.8　刚性水击、直接水击与间接水击

由于刚性水击理论是以忽略水体及水道的弹性为前提的，所以数学模型相对简单。如果进一步忽略沿程水头损失，则由于刚性水击而产生的压力变化量计算能够获得解析公式：

$$\Delta H = \pm \frac{L}{g} \frac{\mathrm{d}V}{\mathrm{d}t} \tag{1.1.1}$$

而基于弹性水击理论的水击压力变化一般不存在解析公式。弹性水击理论中的弹性波的产生，传播与反射是个较复杂物理过程，但有一个简单的例外，那就是直接水击。

所谓直接水击就是没有反射波条件下的弹性水击，其计算公式为

$$\Delta H = \pm \frac{a}{g} \Delta V \tag{1.1.2}$$

什么情况下会发生直接水击呢？根据上文对直接水击的定义，有以下两种情况：

（1）流量变化时间过短（例如阀门的快速关闭），波传播到反射点后再反射回来需要时间，反射波尚未到达。

（2）流量变化并不快，但由于水道太长，反射波尚未到达前流量变化过程已完成。

式（1.1.2）就是著名的儒可夫斯基（N. Joukowski）公式，可用于阀门突然关闭或开启时水压与流速变化的关系的计算。比较式（1.1.1）和式（1.1.2）可以发现：①刚性水击产生的压力变化量 ΔH 与流速对时间的微分 $\frac{\mathrm{d}V}{\mathrm{d}t}$ 成正比；②而直接水击产生的压力变化量 ΔH 与流速变化量 ΔV 成正比。

上面提到直接水击是没有反射波条件的弹性水击。存在反射波影响的水击就被定义为间接水击。例如，若阀门开启或关闭时间 t 大于水击波的反射时间 $t_R = \frac{2L}{a}$，则在开度变化终了之前，从水库反射回来的水击波已影响管道末端的压强变化，那么 $t < t_R$ 时间段的水击为直接水击，$t \geq t_R$ 时间段的水击为间接水击。

在间接水击过程中，存在水击波的多次反射与叠加，其计算比直接水击复杂。在经典水力学的基础理论中有用水击连锁方程解析求解间接水击的方法，但这种方法只适用于单一管道系统和阀门开关所引起的水击。而无论是水力发电系统还是给排水系统，水力过渡过程主要是由水轮机或水泵运行状态的改变引起的，并非阀门。把水轮机或水泵简化处理成阀门会造成很大的不准确性。再加上这种方法本身在应用上的复杂性，在工程界事实上已经被淘汰，与连锁方程解法相关的所谓首相水击和末相水击理论及其相关术语和判断方法都已成为历史，淡出了较新的与水击分析相关的文献与教材。例如被视为现代水力过渡

过程分析最有影响力的 20 世纪 70 年代出版的两部专著——Wylie 和 Streeter 所著《Fluid Transients》及 Chaudhry 所著《Applied Hydraulic Transients》（《实用水力过渡过程》）中均未提及这部分理论。

1.1.9　振荡流

如果水道中的流量和压力/水头呈持久的重复/周期性波动，并且波动周期相对稳定，这种流态被称为振荡流（oscillatory flow）。周期指的是流量或压力状态重复的间隔时间，一般用字母 T 表示，单位一般为秒（s）。而每秒重复周期的次数为振荡频率，常用 f 表示，单位为赫兹（Hz）。二者之间的关系为 $f=1/T$。

1.1.10　水体波荡

具有调压室、闸门井或其他形式的 U 形管结构水道系统中由于水体的动能、势能相互转换而造成的室、井等容器内水面的波动现象被称为水体波荡（mass oscillation）。这种波动与水体和管壁的弹性无关，因此，水体波荡与水击波是两种完全不同的物理现象。水体波荡也被称为 U 形管波荡。水体波荡是一种低频率的振荡流现象。

1.1.11　液柱分离

当有压管道中因压力下降到液体的气化压强时液体发生汽化、产生空穴的现象称为空化。当空化严重到在整个管道断面都被空穴充满时，即产生了液柱分离。液柱分离在水介质系统中也称为"水柱分离"。

1.2　水力过渡过程研究的意义和目的

水力过渡过程可能发生在水电站、泵站及输水管网、石油输运管道、火电站及核电站的冷却系统等管道系统中。本书将主要讨论水电站系统中的水力过渡过程。根据全国第一次水利普查的统计，截至 2013 年，我国水电站共有 46758 座，总装机容量 33288.93 万 kW。其中装机容量 500kW 以上水电站 22190 座，总装机容量 32729.79 万 kW；装机容量 500kW 以下水电站 24568 座，总装机容量 559.14 万 kW。

水电站是由电力、机械（水轮机系统）和输水系统构成的复杂系统。为了适应电网的运行需求，水轮机要进行启动、调整出力或关闭。特别是当电网出现事故时要求水轮机系统能够快速、正确地反应和调节，而水轮机系统工况的改变和调整必将引起流经机组的水流的流量、流速发生改变，传递到水电站输水发电系统中就会引起水力过渡过程的出现。在水力过渡过程发生时，系统（输水管道或隧洞，水轮机机组）的水力要素和机组运行参数可能发生比常规运行工况大得多的改变。如果不考虑这种可能出现的情况并加以控制，则系统中瞬间大幅增加的水压或机组急剧增加的转速将导致压力管道破裂、调压系统毁损或机组部件破坏等事故，严重情况下会危及整个电站的安全，造成重大的人身和财产损失。因此水电站设计任务中首先要选择系统布置和系统参数，并按各种可能运行条件下引起的水力过渡过程对系统进行分析。如果瞬变过程中系统处于危险状态，如最大和最小压力不在规定的限制范围以内，则系统的布置或参数就要改变，或者装设各种控制设备（调压设施）并再次对系统进行分析，重复这个过程直到获得满意的结果为止。可靠安全的水电站运行系统和调压系统的设计是建立在准确的水力过渡过程的研究和计算上的。

在我国，水电站数量巨大、种类繁多。由于电站所处位置地形地貌的不同，所在河流的径流量大小不一，电站设计规模大小不等，使得流经水轮机的流量有大有小，水电站的水头有高有低，引水和尾水管道系统有长有短，管线的布置有简单的也有复杂的。根据各水电站的特殊情况，采取怎样的调压方式，如何布置调压设施，怎样确定机组飞轮力矩，如何确定输水管道的直径和壁厚，怎样优化尾水系统的设计，等等，都直接关系电站投资的大小。对个别系统可能有多个设计方案可供选择，通过对水力过渡过程的分析和比较，最终得到经济的系统，也是电站设计必须考虑的内容。一个科学准确的水力过渡过程的研究计算成果不仅对保障电站安全有重要作用，也是电站设计中科学经济有效地确立调压系统和经济合理地选取水轮机型号的重要依据。水电站建成以后，根据各水电站的运行特性，还将进行各种工况下的原型试验，制定电站运行的操作规程，并制定应对各种极端情况的应急预案。

因此，一个数学原理正确、计算方法精准、适应工况全面、计算效率高的水力过渡过程的计算模型和软件，是有着非常重要的工程应用价值和经济实用价值的。

历史上不乏水力过渡过程事故导致生命财产损失的事件。美国仅 1965—1981 年，有记载的水击事故就有 76 起。1985 年，美国加州圣奥诺弗雷（San Onofre）核电站 1 号机组的巨大水击事故，使 50 多米长的水管发生严重扭曲变形。

2004 年 11 月 7 日，日本静冈县中部电力（公司）滨冈核电站发生管线破裂事故，在一号发电机组紧急反应堆冷却系统中 L 形管线内发现一些积水，这些积水与水蒸气相遇时发生急剧膨胀并产生强烈冲击波，产生的"水击现象"致使管线爆裂，当场造成 4 人死亡，7 人受伤。

1993 年 5 月 5 日，我国天生桥二级电站进行甩负荷实验，在 23 时 30 分，机组励磁变差动保护动作造成自动甩负荷时发生事故，1 号、2 号闸门井胸墙、闸墩倒塌。事故发生后，组织专家组对事故现场进行调查分析，确认事故发生的原因为：①设计失误、结构强度不足是内部原因，在设计过程中没有根据最不利工况确定调压室可能出现的水位极限值以及大井、闸门井之间水位的相差值，结构设计比较粗糙；②施工质量控制不好，在一定程度上进一步突出了设计存在的问题；③甩负荷试验相隔时间较短，造成调压室因前、后甩负荷形成的涌波水位波峰基本同步，是事故的诱发原因。

天生桥二级电站这次事件的经验教训之一是：在计算大井、闸门井（升管）内外水位差时，应该考虑到机组运行时的各种不利工况，才能确定大井和闸门井之间最大水位差与最高、最低涌波水位。原设计采用的闸门井与大井的水位差为 30.6m（实际按 20m 计算），根据仿真计算，发生事故时的内外水位差为 39.15m。而当库水位为 637m 时，一台机组正在满负荷运行，另一台机组由 0 增至满荷，在 110s 内两台机组弃荷的最不利工况下，水位差可达到 51.60m。天生桥二级电站的事故表明，在电站设计之初进行充分的水力过渡过程的研究和计算是多么的重要。表 1.2.1 列出了国内外水电站的水力过渡过程的事故统计。

表 1.2.1 国内外水电站的水力过渡过程的事故统计

国别	电站名称	建成年份	水轮机型式	事故原因	事故后果	损失
法国	拉可-奴阿尔	1934	HL	控制规律不良发生直接水击	引水钢管末端爆破	厂房全毁，9人死亡
日本	阿格瓦	1950	HL	错误操作蝶阀造成直接水击	钢管爆破	死伤4人
希腊	莱昂	1955	HL	瞬间关闭闸门	闸门室突然出现冲击波	厂房与闸门室被毁
苏联	卡霍夫	1956	ZZ	甩负荷后控制规律不良	发生反水锤，机组转动部分上抬	顶盖击毁，厂房被淹
中国	大洪河	1962	HL	甩负荷导叶关闭规律不良	水压上升过高，压力水管爆破	
中国	下硐	1964	HL	甩负荷后水压上升过高	铸铁水管爆破	
中国	江口	1965	ZD	关闭动作不良	制动工况反向水推力大于转动部分自重，造成抬机	励磁机、推力镜板损坏
南斯拉夫	兹沃尼克	1975	ZZ	甩负荷时控制规律不良	发生反水锤抬机事故	水轮机叶片击毁
苏联	那洛夫	1977	ZZ	甩负荷时控制规律不良	发生反水锤抬机事故	叶片击坏
苏联	恰尔达林	1978	ZZ	甩负荷时控制规律不良	制动工况时反向水推力大于转动部分自重，发生抬机事故	励磁机零件损坏
挪威	MAUDAL	1990	HL	双机甩负荷控制规律不良	水压上升过高，压力水管爆破	
瑞典	STUGUN	1991	ZZ	尾水管液柱分离	真空反击造成抬机	桨叶损坏
中国	回龙	2016	HL	电气故障停机机组甩负荷	水轮机顶盖与螺栓全部脆断，机组抬起	压力水通过顶盖窜出，水淹厂房

注 HL—混流立轴式；ZZ—轴流转桨式；ZD—轴流定桨式。

水击计算分析是水力过渡过程计算分析的核心之一。水击计算分析的任务是：

（1）计算有压输水管道及调压系统（水电站、抽水蓄能电站、泵站、供水管网、火电厂或核电厂冷却管网、有压输油管等）在各种工况下的系统内最大水击压强、水位的数值，传播速度和方式，作为设计和校核压力水管、调压设备、水泵和水轮机蜗壳和叶片等重要部件、电站调压系统结构甚至厂房等主要建筑结构设计的依据。

（2）计算过水系统内在过渡过程发生时的最小压强值和发生的部位，作为布置压力水管的路线（防止压力水管内发生真空，产生液柱分离现象）和检验尾水管内真空度的依据。

（3）研究水击现象与机组运行规律之间的关系，研究水力过渡过程对机组转速的影响和与机组运行稳定性的关系。

（4）研究减小水击压强和预防水击破坏的措施，制定相应的电站运行和操作规程，为制定事故应急预案提供依据。

1.3　水力过渡过程研究在国内外的进展

研究水力过渡过程最早可以追溯到对于波动的研究。要给各种各样的波下一个普遍的定义是不容易的，按照 Whitham 的说法，从任何介质的一部分出发，以可识别的传播速度向介质的另一部分转移的可识别的信号称为波。这里说的信号可以是任何扰动特性，例如压强、振幅、水位突然升高等。

最早的有关水波和水力过渡过程的研究是从欧洲开始的。加拿大 Chaudhry 的《实用水力过渡过程》中详细介绍了 20 世纪 80 年代以前水力过渡过程在欧美的发展。下面仅就其中关键性的成果进行介绍。

在水轮机与水泵水轮机特性方面最重要的进展应数泰格兰（Tagland）和阿格（Aga）等在 20 世纪 70 年代初开发的水轮机、水泵水轮机特性自动生成法。这种方法基于水轮机基本方程并运用水轮机设计的基本方法，根据水轮机与水泵水轮机的基本参数——水头、出力和转数等自动生成转轮与导水机构的几何尺寸，并根据这些参数与几何尺寸算出水轮机与水泵水轮机的流量、力矩及飞逸特性等，可直接用于水力机械过渡过程计算。

20 世纪 70—80 年代是振荡流与水力共振的计算与分析方面成果的丰收期，并越来越受到学术与工程界的重视。这十几年中先后产生了水力阻抗法（hydraulic impedance method）、传递矩阵法（transfer matrix method）和结构矩阵法（structure matrix method）等知名算法。

我国在水力过渡过程方面的研究始于 20 世纪 60 年代。许协庆在 1958 年《水锤问题的图解》一书中介绍水击问题的图解法时计及了流速头和摩擦阻力的影响。60 年代开始，随着《Fluid Transients》（Streeter 著）和《Applied Hydraulic Transients》（Chaudhry 著）两本书中译本的出版，我国进行瞬变流研究的科技人员越来越多。

常近时在 70 年代末到 90 年代初对水力机械在过渡过程中的算法多有建树，提出过"内特性"法和双调节元件水力装置过渡过程计算问题解决方案，发表过《轴流式水轮机动态轴向水推力的解析与瞬变规律的新解法》《蓄能水电站可逆式水力装置泵工况断电过渡过程的新解法》等学术论文。

1985 年陈家远等翻译出版了 Chaudhry 的《实用水力过渡过程》，书中系统叙述了过渡水流状态的基本理论，提供了分析水力过渡过程的基本解法。尤其着重于实际应用。对于水电站、核电站、水泵站以及长距离输油管道中的水力过渡过程分章作了介绍。给出了相应的计算方法和分析实例。且引证模型和原型试验结果进行了对比分析。对于控制过渡过程的方法、调压室、压力管道中的共振、瞬时空穴和液柱分离，甚至明渠中的过渡水流等方面的内容也做了深入阐述。1988 年刘竹溪与刘光临教授合著的《泵站水锤及其防护》，有力地推动了我国泵系统水力过渡过程的研究。常近时的《水力机械过渡过程》一书给出了高准确度的水电站过渡过程计算新方法及逸速时间的三种计算方法；给出了常规水电站、抽水蓄能水电站机组启动、突增负荷、突减负荷、发电转调相、泵工况断电、退出飞逸等诸种过渡过程，考虑与不考虑水力系统弹性的十余种数值计算方法；创立了轴流转桨式水轮机装置甩负荷过渡过程合理控制方式的理论。2006年王学芳、叶宏开教授等的专著《工业管道中的水锤》，将泵站、水电站及其他系统中的瞬变流研究全面展现了我国密闭输油，大城市长距离输水、火电厂、核电厂和化工厂的热力交换和循环系统及热水供应系统等各行业的瞬变流现象。

1993于必录、杨晓江等撰写了《泵系统过渡过程分析与计算》，介绍了泵系统过渡过程分析与计算的基本理论、计算方法以及实际工程中遇到的如液柱分离和低扬程大流量泵系统的启动等技术问题。杨开林在2000年出版了《电站与泵站中的水力瞬变及调节》，系统地论述了电站、泵站有压和无压引排水系统中的水力瞬变过程，同时还研究了水轮机调节系统的瞬变过程，稳定性以及调速器参数最优调整等问题。1998年陆宏沂教授也在《流体机械与流体动力工程》专著中对我国泵站水锤研究进行了系统的总结。金锥教授在十多年的水锤理论分析与工程实践的基础上，编著了两版《停泵水锤及其防护》，详细介绍了水锤产生的原因、特点和理论公式，以及特征线法求解水力过渡方程的基本方法，深入分析了水柱分离和断流弥合水锤。2008年陈家远教授编著的《水力过渡过程的数学模拟及控制》深入浅出地分析了有压流水力过渡过程，对水力过渡进行模拟，提出了控制水力过渡的方法和手段。2008年郑源、张健主编的《水力机组过渡过程》介绍了水力过渡过程的基本理论和计算方法，对水轮机组、水泵机组和抽水蓄能电站机组的水力过渡过程特性进行了分析介绍。

在瞬变流与振荡流分析这个领域里有个众所周知而屡攻不克的难题，那就是瞬变管流的动态阻尼。瞬变管流的动态阻尼已被众多实验证明要大于恒定流的摩阻，理论分析也能定性证明这一点，但目前仍没有成熟的动态阻尼计算方法，所以仍不得不用静态摩阻公式来计算动态阻尼。动态阻尼的经验公式算法是有的，例如Daily等于1956年在实验数据的基础上建议的算法和Brunone等在1991年建议的经验公式算法等，但这些被有限实验数据证明的经验算法目前尚未被广大工程应用界所普遍采纳。

1.4 水力过渡过程计算方法的分类及应用软件开发

现代水力过渡过程的计算基本上都是通过计算机应用软件仿真来进行的。水力过渡过程的计算覆盖了很宽的应用领域。对于不同的对象、流态和流力介质，需要开发不同的应用软件或软件模块。水力系统过渡过程计算可以有不同的分类法，按介质可以分为水、油、水气两相与油气两相等。对于单纯的水介质系统又可以按流态来分。无论一个水力系统多么复杂，系统中有多种不同的水、机和电等各方面的元素，水道仍是水力过渡过程计算的核心。根据水力过渡过程发生时的水流状态，水道水力过渡过程计算可分为以下三类：

(1) 有压管道中的水力过渡过程计算。

(2) 明渠中的水力过渡过程计算。

(3) 明满交替流的水力过渡过程计算。

以上三类中，以明满交替流的计算最为复杂和困难。有压管中的水力过渡过程计算，也就是水击计算，虽不算是最难的但却是最重要的，因为水击有可能产生的破坏性最强。有压管道中水力过渡过程的计算方法又可以划分成弹性水击计算和刚性水击计算。水击计算如果把非电算方法包括在内，通常可分为解析法、图解法和电子计算机求解方法。解析法用在边界条件简单的情况下，可直接以公式的形式给出结果，但其应用范围有限，难以适应复杂的边界条件，图解法的基本原理是利用阿列维联锁方程式进行逐段计算。可以适应较复杂的边界条件，有着明晰的物理图像，便于验证。但对于复杂管道和水击波反复传播多次的情况，以及管道摩阻损失占比重较大的管道系统，图解法不仅计算过程烦琐，而且计算精度也较差，所以这种方法在 20 世纪 60 年代就基本被淘汰了。

1962 年以后，由于电子计算机的普及和计算方法的发展，便于计算的特征线法和其他数值计算方法得到了发展和推广。特征线法就是将考虑管道摩阻的水锤偏微分方程沿其特征线变换成常微分方程，然后再通过数值方法差分离散成差分方程进行数值计算，此法理论基础严谨，具有计算精度高、稳定性好和易于计算机程序编制等优点，由于计算速度快，可以考虑多方面的因素，可作多方案比较，因此已经成为简单和复杂水道水击计算和设计的主要方法。随后，在不到十年的时间内，随着电子计算机行业的飞速发展，用 ALGOL 60、FORTRAN Ⅳ 和 FORTRAN 66 语言编制的各种水力过渡过程计算程序在学术和工程界如雨后春笋般地出现。进入 80 年代后，随着个人 PC 应用的爆炸性发展，很多大学生已经把编制水力过渡过程仿真程序作为自己的毕业课题了。

水力过渡过程计算分析的另一种重要的分类方法，就是按分析对象分类。对于单纯的水介质系统，对象主要有两大类：

（1）水力发电系统，包括抽蓄发电系统。

（2）给排水系统（或水泵系统），包括城市给排水系统、冷却和供暖水系统、消防水系统、长距离输水系统、排洪系统等。

水力过渡过程计算分析之所以得到如此重视，得益于各种工程建设的需要，尤其是水力发电工程和给排水工程对水力过渡过程计算分析的需要。这两个工程领域所需要的过渡过程计算分析已远远超出"水道"这个范畴。各种水力机械如各类型的水轮机、水泵、水泵水轮机、水轮机调速器、发电机、电动机、各类阀门等都有可能会包括在需要进行分析计算的整个动态系统之内。原本不属于水力过渡过程分析领域，如调速系统的稳定性分析、水道系统的水力共振分析等，由于分析的物理对象相同，基础数学模型相同或相似，也被逐步归入到了水力过渡过程这个大范畴之内，尽管从严格的学术定义而言，稳定性和水力共振分析应该都不属于水力过渡过程。为区别传统意义上的水力过渡过程分析，不妨把这个扩义了的水力过渡过程称为"广义水力过渡过程分析"。

20 世纪 70 年代初，国内水力过渡过程计算分析领域就开始出现了两个新术语：大波动分析和小波动分析，并沿用至今。大波动分析就是传统意义上的水力过渡过程分析，小波动分析指的就是调速系统和调压室系统稳定性分析。国内也把水电站水力过渡过程称为调节保证计算，是因为水电站的过渡过程都与机组的调速器动作有关。而给排水系统或水泵系统的过渡过程就不能被称为"调节保证计算"了。

水电站系统和水泵系统水力过渡过程软件的开发的高峰期在国际上是 20 世纪 80—90

年代。国内也紧随其后，但主要集中在水电站水力过渡过程领域。水电站系统的水力过渡过程软件开发由于国内庞大水电开发市场的需求而研究、开发经费充足，得到了长足的发展。特别是国内理工科类高校，大多数都自主开发了这类软件，遗憾的是这些软件的相关信息披露的很少，为自用软件，因此无法在此向读者介绍。但有一点是可以肯定的：国内以水力发电系统为对象的水力过渡过程软件的开发，已进入了世界先进行列。当然，进一步提高的空间仍然存在。

表 1.4.1 列出的国内外知名水力过渡过程计算软件，其中以计算水泵复杂管网系统的为多，这是因为国外也存在与国内类似的情况，那就是计算对象为水力发电系统这方面的软件大多为像 Andritz、Voith-Siemens、Alston 和 RainPower 这样的大型水电设备供应商或类似 Norconsult 这样的工程咨询公司所开发的自用软件，被披露的软件特点等具体信息不多。但有资料显示，不少这样的软件，例如 Norconsult 公司开发的 SURGE 有足够的原型系统实地试验结果验证，说明成熟的水力发电系统过渡过程计算软件的计算结果的可信度是有一定保证的。正因为如此，水力过渡过程整体模型试验在国外早已被淘汰。

表 1.4.1 国内外知名水力过渡过程计算软件

软件名	主要分析对象	界面	主要特点	开发者或网页
ALAB	水电站系统和各种水轮机选型设计	视窗、图形拖曳建模	含水轮机、抽蓄机组初步设计内核，能较准确自动生成水轮机特性曲线，局部电网模拟，可用于各种水轮机初步设计	https://alabdocs.atlassian.net
HAMMAER	复杂水泵管网系统	视窗、图形拖曳建模	能与水网稳态软件 EPANET 和 WATERCAD 交换数据	Bentley
HNT	复杂水电系统	视窗、图形拖曳建模	最大特点是有轴流水轮机模块，也有混流水轮机、水泵水轮机、冲击水轮机、冲击水轮机折向器的模拟	Andritz Hydro
HYSIM	复杂水电系统简单水泵系统	视窗、图形拖曳建模	混流水轮机，水泵水轮机和冲击水轮机特性曲线可自动生成，冲击水轮机折向器模拟、明渠模块、明满交替流模块、双联和三联调压室模块、调压室长上室波动模拟、局部电网模拟、直流输电模块、计算结果 Excel 报告自动生成	华东勘测设计研究院有限公司（简称华东院）
HYTRRAN	复杂水泵管网系统，但也可用于简单水电系统	视窗、图形拖曳建模	自带阀门与管道特性数据库，仿真结果实时显示	www.hytran.net
IMPULSE	复杂水泵管网系统	视窗、图形拖曳建模	可用于除水之外的其他流体如石油，汽油等；含空化与水柱分离计算	http://www.aft.com/products/impulse

软件名	主要分析对象	界面	主要特点	开发者或网页
PIPENET	复杂水泵系统	视窗、图形拖曳建模	含空化与液柱分离计算	www.sunrise-sys.com
SURGE	复杂水电系统简单水泵系统	文本文件输入和输出	混流水轮机、水泵水轮机和冲击水轮机特性曲线可自动生成，具有明渠模块和明满交替流模块	Norconsult 公司
SURGE 2000	复杂水泵管网系统	视窗、图形拖曳建模	计算结果多种方式显式和输出	www.kypipe.com
TOPSYS	复杂水电站系统	视窗、图形拖曳建模	—	武汉大学
TRANSAM	主打复杂水泵管网系统，但也可用于简单水电系统	视窗、图形拖曳建模	能与水网稳态软件 EPANET 交换数据，仿真结果实时显示	www.hydratek.com
WANDA	复杂水泵管网系统	视窗、图形拖曳建模	含明渠流计算、空化与液柱分离计算，仿真结果动态显示	www.wldelft.nl

事实上，水力过渡过程整体模型试验从理论和实践两方面而言其可信度都远不如计算机仿真计算，主要原因如下：

（1）大幅缩小的模型从理论上就根本做不到水击波的弹性比例相似性和水击波速比例相似性。

（2）水轮机、水泵的模型效率比真机低得多，虽然模型效率的静态修正计算方法是存在的，但根本不存在成熟的算法对动态试验数据加以修正。

（3）水轮机、水泵的整体模型要达到真机的精度与完全的几何相似极为困难，价格很高。因此，的确存在使用粗制简造的代用品现象，进一步降低了整体模型试验的可信度。

（4）对于有气垫式调压室的系统，由于大气压的稳定性以及气压与气体体积的非线性关系和热传导问题，也无法从理论与实践两方面解决相似性问题。

当然，水力过渡过程的分析研究也不是只有严格计算的计算结果就可以的。由于水力过渡过程严重依赖初始及边界条件，而影响边界条件的系统布置及机组工况又是纷繁复杂的，因此水力过渡过程研究的一种重要方法就是原型的试验研究。将数值计算分析与原型试验研究相互支持、相互验证，最终研制出适应性广、计算结果精准、计算速度快、人机互动效果好的计算软件是现在水力过渡过程研究与应用的最新发展趋势。

本书拟对以水力发电系统为主要对象的水力过渡过程的理论基础和计算分析方法进行系统介绍并结合计算对一维水力系统过渡过程的动态特性包括系统的稳定性及水力激振现象进行分析。水力发电系统就其水道而言远没有给排水管网系统复杂，但不少水力发电系统的单项工程规模、投资等不是一般水泵系统可比的。更主要的是水电系统过渡过程分析所涉及的内容远远超过水泵管网系统。图 1.4.1 为扩义后的水电站水力系统过渡过程分析内容。现代水力过渡过程的分析所包含的内容已远远超出了水击分析的范畴。

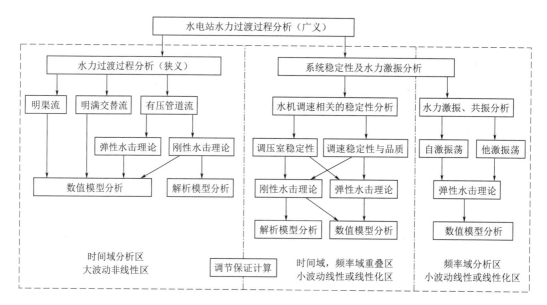

图 1.4.1 扩义后的水电站水力系统过渡过程分析内容

2

一维瞬变流数值计算

众所周知，水力过渡过程分析的最核心部分其实就是对一维瞬变流的分析。无论是要进行解析分析还是要通过建立数值模型获得数值解，都离不开基本数学模型的建立。一维瞬变流的数学模型可以归结为三种基本模型：刚性水击模型、弹性水击模型和明渠流模型，见图2.1.1。明满交替流是分时分段的有压流和明渠流混合体，所以不存在基本模型。

2.1 刚性水击基本方程

在1.1节中已对刚性水击理论做了简介。简单地讲，刚性水击理论就是在忽略水体和管壁的弹性的前提下分析水击而建立的理论。相对于弹性水击理论，刚性水击理论确实存在一定的"失真"，但在某些运用场合，例如调压室涌波水位计算、调压室稳定性分析等，这种"失真"往往微不足道。另外，在解析解领域内，刚性水击模型往往是唯一可用的，例如水电站调压室稳定性分析的整个理论就是建立在刚性水击模型上的（详情请参阅第5章）。

取一管道隔离体如图2.1.2所示，图中脚标U表示上游端，D表示下游端。如果将运动正方向定义为从上游端到下游端，那么该隔离体所受到的该方向的合力由4部分组成，即两横截面的压力、周围的摩擦力（或黏性阻力）和水体所受的重力：

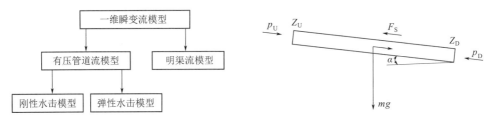

图 2.1.1　一维瞬变流数学模型的基本分类　　图 2.1.2　管道内隔离刚性水体受力图

上游端压力　　　　　　　　　　$F_{p1} = p_1 A$

下游端压力　　　　　　　　　　$F_{p2} = p_2 A$

周围的摩擦力　　　　　　　　　$F_S = \tau_0 \pi D L$

所受的重力运动方向分力　　　　$F_{w.x} = mg\sin\alpha = \rho A L g \sin\alpha$

合力为

$$F = \rho g A L \sin\alpha + A(p_U - p_D) - \tau_0 \pi D L$$

根据牛顿第二定律：

$$m \frac{dV}{dt} = \rho g A L \sin\alpha + A(p_1 - p_2) - \tau_0 \pi D L$$

或写为

$$\rho A L \frac{dV}{dt} = \rho g A(Z_U - Z_D) + A(p_U - p_D) - \tau_0 \pi D L$$

用达西-威西巴赫公式计算水流阻力，即

$$\tau_0 = \frac{1}{8} \rho f V |V|$$

上式可写为

$$\frac{L}{g} \frac{dV}{dt} = \left(Z_U + \frac{p_U}{\rho g} + \frac{V^2}{2g}\right) - \left(Z_D + \frac{p_D}{\rho g} + \frac{V^2}{2g}\right) - \frac{\pi D L}{8gA} f V |V|$$

整理后得刚性水击基本方程的一般表达式：

$$\frac{L}{gA} \frac{dQ}{dt} + (H_D - H_U) + \beta Q |Q| = 0 \qquad (2.1.1)$$

其中

$$\beta = \frac{fL}{2gDA}$$

$$H_U = Z_U + \frac{p_U}{\rho g} + \frac{V^2}{2g}$$

$$H_D = Z_D + \frac{p_D}{\rho g} + \frac{V^2}{2g}$$

式中：β 为管道水头损失系数；H_U 为上游能量头；H_D 为下游能量头。

2.2 弹性水击基本方程

弹性水击基本方程的推导较刚性水击要复杂一些，本节所介绍的内容基本上是引用了 Chaudhry 和陈家远的推导过程。推导过程基于如下假定：

（1）流经封闭管道中的水流为一维流。

（2）管壁和液体都是线弹性的。

（3）管道恒定流计算的阻力损失公式，对于瞬变流计算同样适用。

2.2.1 连续方程

在连续方程的推导中，对使用的符号规定为：t 表示时间，x 和 V 分别表示距离和流速，均以指向下游为正，如图 2.2.1 所示。

为了建立连续方程，在非棱柱体管道中选取两个靠近的断面之间的水体作为研究的控制体。管内虚线所示为管壁变形和水体压缩前的控制体，管外实线所示为管壁变形和水体压缩后的控制体。根据质量守恒原理，可以写出下列方程：

$$\frac{\mathrm{d}}{\mathrm{d}t}\int_{x_1}^{x_2}\rho A\,\mathrm{d}x + \rho_2 A_2(V_2 - W_2)$$
$$- \rho_1 A_1(V_1 - W_1) = 0 \qquad (2.2.1)$$

式中，第一项表示管壁变形和水体压缩引起的控制体的净质量变化率，第二项表示流出控制体的质量的净质量变化率，第三项表示流入控制体的质量的净质量变化率。

式（2.2.1）第一项应用 Leibnitz 法则得到式（2.2.2）：

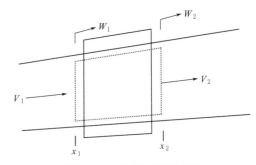

图 2.2.1　连续方程示意图

$$\int_{x_1}^{x_2}\frac{\partial}{\partial t}(\rho A)\,\mathrm{d}x + \rho_2 A_2\frac{\mathrm{d}x_2}{\mathrm{d}t} - \rho_1 A_1\frac{\mathrm{d}x_1}{\mathrm{d}t} + \rho_2 A_2(V_2 - W_2) - \rho_1 V_1(V_1 - W_1) = 0$$

$$(2.2.2)$$

因 $\dfrac{\mathrm{d}x_2}{\mathrm{d}t}=w_2$ 和 $\dfrac{\mathrm{d}x_1}{\mathrm{d}t}=w_1$，所以式（2.2.2）可简化为

$$\int_{x_1}^{x_2}\frac{\partial}{\partial t}(\rho A)\,\mathrm{d}x + (\rho AV)_2 - (\rho AV)_1 = 0 \qquad (2.2.3)$$

根据中值定理，这个方程可写为

$$\frac{\partial}{\partial t}(\rho A)\Delta x + (\rho AV)_2 - (\rho AV)_1 = 0 \qquad (2.2.4)$$

式中：$\Delta x = x_2 - x_1$。

用 Δx 除式（2.2.4）并让 Δx 趋于零，则式（2.2.4）可写为

$$\frac{\partial}{\partial t}(\rho A) + \frac{\partial}{\partial x}(\rho AV) = 0 \qquad (2.2.5)$$

展开上式偏微分方程各项可得下式：

$$A\frac{\partial \rho}{\partial t} + \rho\frac{\partial A}{\partial t} + \rho A\frac{\partial V}{\partial x} + \rho V\frac{\partial A}{\partial x} + AV\frac{\partial \rho}{\partial x} = 0 \qquad (2.2.6)$$

用全微分代替偏微分并用 ρA 除上式，整理后得到

$$\frac{1}{\rho}\frac{\mathrm{d}\rho}{\mathrm{d}t} + \frac{1}{A}\frac{\mathrm{d}A}{\mathrm{d}t} + \frac{\partial V}{\partial x} = 0 \qquad (2.2.7)$$

为了用压力 p 和密度 ρ 表示这个方程，对液体的体积弹性模量做如下定义：

$$K = \frac{\mathrm{d}p}{\dfrac{\mathrm{d}\rho}{\rho}} \qquad (2.2.8)$$

式（2.2.8）可表示为

$$\frac{\mathrm{d}\rho}{\mathrm{d}t} = \frac{\rho}{K}\frac{\mathrm{d}p}{\mathrm{d}t} \qquad (2.2.9)$$

由水击波的传播原理可以知道：

$$\frac{1}{A}\frac{\mathrm{d}A}{\mathrm{d}p} = \frac{2}{D}\frac{\mathrm{d}D}{\mathrm{d}p} = \frac{D}{eE}$$

即

$$\frac{1}{A}\frac{\mathrm{d}A}{\mathrm{d}t} = \frac{D}{eE}\frac{\mathrm{d}p}{\mathrm{d}t} \tag{2.2.10}$$

将式 (2.2.9) 和式 (2.2.10) 代入式 (2.2.7)，可得

$$\frac{1}{K}\frac{\mathrm{d}p}{\mathrm{d}t}\Big(1 + \frac{DK}{eE}\Big) + \frac{\partial V}{\partial x} = 0$$

根据水击波速 a，的定义，连续方程可写成

$$\frac{\partial p}{\partial t} + V\frac{\partial p}{\partial x} + \rho a^2\frac{\partial V}{\partial x} = 0 \tag{2.2.11a}$$

或

$$\frac{\partial H}{\partial t} + V\frac{\partial H}{\partial x} + \frac{a^2}{g}\frac{\partial V}{\partial x} = 0 \tag{2.2.11b}$$

2.2.2 运动方程

为了推导有压管道中做随时间瞬时变化运动水体的运动方程，通常在管道中选取两个靠近的断面之间的水体作为控制体，如图 2.2.2 所示。

如图 2.2.2 所示，根据牛顿第二运动定律，控制体内水体动量对时间的变化率等于作用在控制体上的力的总和，故有

$$\frac{\mathrm{d}M}{\mathrm{d}t} = \sum F \tag{2.2.12}$$

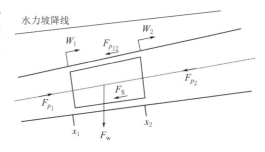

图 2.2.2　运动方程示意图

式中：M 和 F 分别为水体的动量和所受的力。

由于 $\dfrac{\mathrm{d}x_1}{\mathrm{d}t} = W_1$ 和 $\dfrac{\mathrm{d}x_2}{\mathrm{d}t} = W_2$，控制体内水体动量对时间的变化率可表示为

$$\frac{\mathrm{d}M}{\mathrm{d}t} = \int_{x_1}^{x_2}\frac{\partial}{\partial t}(\rho AV)\mathrm{d}x + (\rho AV)_2 W_2 - (\rho AV)_1 W_1 + [\rho A(V-W)V]_2 - [\rho A(V-W)V]_1 \tag{2.2.13}$$

式中：x 和 t 分别为距离和时间；V 为断面平均流速。

由式 (2.2.12) 可得

$$\int_{x_1}^{x_2}\frac{\partial}{\partial t}(\rho AV)\mathrm{d}x + (\rho AV)_2 W_2 - (\rho AV)_1 W_1 + [\rho A(V-W)V]_2 - [\rho A(V-W)V]_1 = \sum F \tag{2.2.14}$$

对式 (2.2.14) 第一项应用中值定理，简化上式并用 Δx 除式中各项，得到

$$\frac{\sum F}{\Delta x} = \frac{\partial}{\partial t}(\rho AV) + \frac{(\rho AV^2)_2 - (\rho AV^2)_1}{\Delta x} \tag{2.2.15}$$

作用在控制体上的力由三部分组成，即上、下游两断面的压力、周围的摩擦力（或黏性阻力）和水体所受的重力。作用在控制体上的各种力可分别表示为

$$F_{p_1} = p_1 A_1$$

$$F_{p_2} = p_2 A_2$$

$$F_{p_{12}} = \frac{1}{2}(p_1 + p_2)(A_1 - A_2)$$

$$F_{\mathrm{s}} = \tau_0 \pi D(x_2 - x_1)$$

$$F_{\mathrm{wx}} = \rho g A(x_2 - x_1)\sin\theta \tag{2.2.16}$$

将作用在控制体上的各种力的表达式代入，可将受力的总和表示为

$$\sum F = p_1 A_1 - p_2 A_2 - \frac{1}{2}(p_1 + p_2)(A_1 - A_2) - \rho g A(x_2 - x_1)\sin\theta - \tau_0 \pi D(x_2 - x_1)$$

$$\tag{2.2.17}$$

整理上式得

$$\sum F = \frac{1}{2}(p_1 - p_2)(A_1 + A_2) - \rho g A(x_2 - x_1)\sin\theta - \tau_0 \pi D(x_2 - x_1) \tag{2.2.18}$$

用 $\Delta x = x_2 - x_1$ 除式（2.2.18），得

$$\frac{\sum F}{\Delta x} = \frac{(p_1 - p_2)(A_1 + A_2)}{2\Delta x} - \rho g A\sin\theta - \tau_0 \pi D \tag{2.2.19}$$

将式（2.2.19）代入式（2.2.15），并取 Δx 趋于零的极限，得

$$\frac{\partial}{\partial t}(\rho A V) + \frac{\partial}{\partial x}(\rho A V^2) + A\frac{\partial p}{\partial x} + \rho g A\sin\theta + \tau_0 \pi D = 0 \tag{2.2.20}$$

基于前面所作的假设，用达西-威西巴赫公式计算水流阻力，即

$$\tau_0 = \frac{1}{8}\rho f V|V| \tag{2.2.21}$$

式中，f 为达西-威西巴赫阻力系数。将流速 V^2 写成 $V|V|$ 是为了适应考虑水流的反向流动。

将阻力式（2.2.21）代入式（2.2.20），并将圆括号项展开后得到

$$V\frac{\partial}{\partial t}(\rho A) + \rho A\frac{\partial V}{\partial t} + V\frac{\partial}{\partial x}(\rho A V) + \rho A V\frac{\partial V}{\partial x} + A\frac{\partial p}{\partial x} + \rho g A\sin\theta + \frac{\rho A f V|V|}{2D} = 0$$

$$\tag{2.2.22}$$

再将上式整理后得到

$$V\left[\frac{\partial}{\partial t}(\rho A) + \frac{\partial}{\partial x}(\rho A V)\right] + \rho A\frac{\partial V}{\partial t} + \rho A V\frac{\partial V}{\partial x} + A\frac{\partial p}{\partial x} + \rho g A\sin\theta + \frac{\rho A f V|V|}{2D} = 0$$

$$\tag{2.2.23}$$

根据式（2.2.5），即

$$\frac{\partial}{\partial t}(\rho A) + \frac{\partial}{\partial x}(\rho A V) = 0$$

可去掉式（2.2.23）中方括号中的各项，并除以 ρA，得到如下运动方程：

$$\frac{1}{\rho}\frac{\partial p}{\partial x} + V\frac{\partial V}{\partial x} + \frac{\partial V}{\partial t} + g\sin\theta + \frac{f V|V|}{2D} = 0 \tag{2.2.24a}$$

$$g\frac{\partial H}{\partial x} + V\frac{\partial V}{\partial x} + \frac{\partial V}{\partial t} + g(S_{\mathrm{f}} - S_0) = 0 \tag{2.2.24b}$$

2.2.3　连续方程与运动方程的简化

在大多数工程应用中，连续方程式（2.2.11）中的迁移导数项 $V\left(\dfrac{\partial p}{\partial x}\right)$、运动方程

式（2.2.24）中的 $V\left(\dfrac{\partial V}{\partial x}\right)$ 以及管道底坡项 $g\sin\theta$，与其他项相比是很小的，可以忽略掉。从连续方程和运动方程中略去这些项后，得到如下简化方程：

$$\frac{\partial p}{\partial t} + \rho a^2\,\frac{\partial V}{\partial x} = 0 \tag{2.2.25}$$

$$\frac{\partial V}{\partial t} + \frac{1}{\rho}\,\frac{\partial p}{\partial x} + \frac{f V\,|\,V\,|}{2D} = 0 \tag{2.2.26}$$

在实际工程应用中，通常管道的压力 p 用测压管水头 $H-z$ 表示（图 2.2.3），并且 V 用流量代替。压力 p 可以写为

$$p = \rho g(H - z) \tag{2.2.27}$$

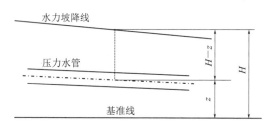

图 2.2.3 管道压力与测压管水头间的关系

假定流体的压缩性和管道的变形很小，因此可以忽略由于压力变化引起的液体密度 ρ 和管道面积 A 的变化，通常将这种影响考虑在水击波速 a 中。对于不可压缩液体和刚性管道，水击波速 a 是无限的，即在管道中压力和流速变化瞬时同时通过整个管道。对于水平管道，$\dfrac{\mathrm{d}z}{\mathrm{d}x}=0$。由式（2.2.27）得到

$$\frac{\partial p}{\partial t} = \rho g\left(\frac{\partial H}{\partial t}\right) \tag{2.2.28}$$

$$\frac{\partial p}{\partial x} = \rho g\left(\frac{\partial H}{\partial x}\right) \tag{2.2.29}$$

根据上述表达式整理式（2.2.25）和式（2.2.26）得到用能量头和流量表示的如下连续方程和运动方程：

$$\frac{\partial Q}{\partial x} + \frac{gA}{a^2}\,\frac{\partial H}{\partial t} = 0 \tag{2.2.30}$$

$$\frac{\partial H}{\partial x} + \frac{1}{gA}\,\frac{\partial Q}{\partial t} + \alpha Q\,|\,Q\,| = 0 \tag{2.2.31}$$

式中：$\alpha = f/(2gDA^2)$，为单位长度水头损失系数。

2.3 弹性水击方程数值计算

2.2 节介绍的刚性水击模型可以用于解析求解和分析，而弹性水击模型就不一样了。弹性水击方程组是偏微分方程组，在学术界也被称为波动方程组或双曲偏微分方程组。该方程组无论是未简化的式（2.2.11）和式（2.2.24）还是简化后的式（2.2.30）和式（2.2.31）都很难获得解析解。在 20 世纪 60 年代之前，基于水击简化方程得出的图解法在管道水击计算中用得很多。但随着计算机数值解法的普及，图解法很快被淘汰。数值计算法应用已经被证明是解水击方程的正确途径，其中特征线法因其简单性、程序实现的容易性及其所获解的准确性而得到学术界与工程应用界的青睐，应用最为广泛。

2.3.1 特征线法原理

特征线法的原理就是把很难求解的偏微分方程沿着特征线方向变成常微分方程，然后对常微分方程进行积分得出特征线方程。

将运动方程式（2.2.31）和连续方程式（2.2.30）分别改写为以下表达式：

$$L_1 = \frac{\partial Q}{\partial t} + gA \frac{\partial H}{\partial x} + RQ \mid Q \mid = 0 \tag{2.3.1}$$

$$L_2 = a^2 \frac{\partial Q}{\partial x} + gA \frac{\partial H}{\partial t} = 0 \tag{2.3.2}$$

其中

$$R = \frac{f}{2DA}$$

方程式（2.3.1）和方程式（2.3.2）是一组偏微分方程，有两条特征线，沿特征线偏微分方程可以转变为全微分方程。对全微分方程进行积分，便可得到用于求解的有限差分方程。

用未知因子 λ 对运动方程式（2.3.1）和连续方程式（2.3.2）进行如下线性组合：

$$L = L_1 + \lambda L_2 = 0$$

$$\left(\frac{\partial Q}{\partial t} + \lambda a^2 \frac{\partial Q}{\partial x}\right) + \lambda gA \left(\frac{\partial H}{\partial t} + \frac{1}{\lambda} \frac{\partial H}{\partial x}\right) + RQ \mid Q \mid = 0 \tag{2.3.3}$$

如果 $H = H(x, t)$ 和 $Q = Q(x, t)$，则它们的全微分可写为

$$\frac{\mathrm{d}Q}{\mathrm{d}t} = \frac{\partial Q}{\partial t} + \frac{\partial Q}{\partial x} \frac{\mathrm{d}x}{\mathrm{d}t} \tag{2.3.4}$$

$$\frac{\mathrm{d}H}{\mathrm{d}t} = \frac{\partial H}{\partial t} + \frac{\partial H}{\partial x} \frac{\mathrm{d}x}{\mathrm{d}t} \tag{2.3.5}$$

定义未知因子为

$$\frac{1}{\lambda} = \frac{\mathrm{d}x}{\mathrm{d}t} = \lambda a^2 \tag{2.3.6}$$

即

$$\lambda = \pm \frac{1}{a} \tag{2.3.7}$$

将式（2.3.4）、式（2.3.5）和式（2.3.7）代入式（2.3.3），得到如下两组方程：

$$\frac{\mathrm{d}x}{\mathrm{d}t} = a \tag{2.3.8}$$

$$\frac{\mathrm{d}Q}{\mathrm{d}t} + \frac{gA}{a} \frac{\mathrm{d}H}{\mathrm{d}t} + RQ \mid Q \mid = 0 \tag{2.3.9}$$

和

$$\frac{\mathrm{d}x}{\mathrm{d}t} = -a \tag{2.3.10}$$

$$\frac{\mathrm{d}Q}{\mathrm{d}t} - \frac{gA}{a} \frac{\mathrm{d}H}{\mathrm{d}t} + RQ \mid Q \mid = 0 \tag{2.3.11}$$

方程式（2.3.8）和方程式（2.3.10）代表 x - t 平面上两条直线，称为特征线。式（2.3.8）称作正特征线方程，用 C^+ 表示；式（2.3.9）称为正特征线上成立的相容方程，即式（2.3.8）满足，则方程式（2.3.9）成立。式（2.3.10）称作负特征线方程，用 C^- 表示；式（2.3.11）称为负特征线上成立的相容方程，即式（2.3.10）满足，则方程式

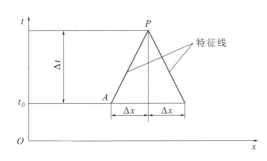

图 2.3.1 x-t 平面上的特征线

（2.3.11）成立。

参阅图 2.3.1，假定在 $t=t_0$ 时系统的状态为已知，即系统状态不是 $t=0$ 时的初始稳定状态就是前一时段已经计算出来的状态。需要计算的是 $t=t_0+\Delta t$ 时的系统未知状态。用 dt 乘式（2.3.9）并积分，得到

$$\int_A^P dQ + \frac{gA}{a}\int_A^P dH + R\int_A^P Q\mid Q\mid dt = 0$$

（2.3.12）

阻力项中流量 Q 沿正特征线 AP 严格地讲是变化的，是一个未知量。我们采用一阶近似，即用 Q_A 表示，故有

$$R\int_A^P Q\mid Q\mid dt \cong RQ_A\mid Q_A\mid (t_P-t_A) = RQ_A\mid Q_A\mid \Delta t \qquad (2.3.13)$$

因此，式（2.3.12）可写为

$$Q_P - Q_A + \frac{gA}{a}(H_P-H_A) + R\Delta t Q_A\mid Q_A\mid = 0 \qquad (2.3.14)$$

对于负特征线，同理可得

$$Q_P - Q_B - \frac{gA}{a}(H_P-H_B) + R\Delta t Q_B\mid Q_B\mid = 0 \qquad (2.3.15)$$

方程式（2.3.14）和方程式（2.3.15）可以写成如下形式。

正特征方程：

$$Q_P = C_m - \frac{1}{Z_C}H_P \qquad (2.3.16)$$

负特征方程：

$$Q_n = C_n + \frac{1}{Z_C}H_P \qquad (2.3.17)$$

式中：$Z_C = \dfrac{a}{gA}$ 为管道特征阻抗。

而管道比阻
$$R = \frac{f}{2DA} \qquad (2.3.18)$$

$$C_m = Q_A + \frac{1}{Z_C}H_A - R\Delta x Q_A\mid Q_A\mid \qquad (2.3.19)$$

$$C_n = Q_B - \frac{1}{Z_C}H_B - R\Delta x Q_B\mid Q_B\mid \qquad (2.3.20)$$

方程式（2.3.16）沿正特征线 $\overline{AP}$ 有效，方程式（2.3.17）沿负特征线 $\overline{BP}$ 有效。对于每个时段而言，系数 C_m 和 C_n 已知。把式（2.3.16）称为正特征方程，把式（2.3.17）称为负特征方程。在这两个方程中，有两个未知量，即 H_P 和 Q_P，两个未知量可通过联立这两个方程来确定。流量 Q_P 可按下式确定：

$$Q_P = 0.5(C_m+C_n) \qquad (2.3.21)$$

H_P 的值可由式（2.3.16）或式（2.3.17）确定。这样，利用方程式（2.3.21）和式

（2.3.16）或式（2.3.17）可以确定时段末所有内部断面（或节点）的状态。

在上游边界，负特征方程式（2.3.17）是有效的。在下游边界，正特征方程式（2.3.16）是有效的。不过，要确定时段末边界节点的状态，还需要边界条件方程。为了说明如何应用上面的方程计算管道的水击，仍以简单管道系统为例加以说明。对于一个简单管道系统，在 x-t 平面上，可以画出如图 2.3.2 所示的网格节点图。

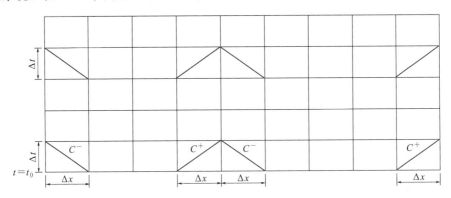

图 2.3.2　x-t 平面上的特征线网格

在 x-t 平面上，将整个区域纵坐标按 Δt 等分，横坐标按 Δx 等分，从而得到图 2.3.2 所示的网格图。网格的节点正是我们所要计算的管道断面（或节点）。在 $t=t_0$ 时各个节点的状态为初始稳定状态。首先计算 $t+\Delta t$ 时的系统状态，利用正特征方程和负特征方程可计算各内部节点状态。上游边界节点利用负特征方程和上游边界方程进行计算，下游边界节点利用正特征方程和下游边界方程进行计算。然后计算 $t+2\Delta t$ 时的系统状态。这时 $t+\Delta t$ 时的系统状态已知，重复前面的计算步骤就可以计算出所有节点的状态。重复前面的计算步骤，直到算出系统所有状态为止。

2.3.2　特征线法的稳定和收敛条件

特征线法实际上是一种特殊的有限差分方法。从理论上讲只有当有限差分法的 Δt 和 Δx 趋近于零时，差分方程才能逼近原微分方程，才能够得到原微分方程的精确解。2.3.1 小节中已说明，特征线法解法是根据如图 2.3.2 中 x-t 平面上的特征线网格逐段、逐时一步步计算得到的，而每步的计算都存在一定的误差。如果误差因积累而不断增加，所得到的解偏离精确解就会越来越大，则该求解过程为不收敛、不稳定。差分方程求解过程的收敛性与稳定性具有一致性，也就是说计算过程的不收敛意味着不稳定，反之亦然。

库朗（Courant）、奥布勒恩（O'Brien）和普肯思（Perkins）指出，要使差分方程式（2.3.14）和式（2.3.15）的计算是稳定的，则需要满足下列条件：

$$\frac{\Delta t}{\Delta x} < \frac{1}{a} \tag{2.3.22}$$

这个条件意味着图 2.3.1 中通过 P 点的特征线不应落在 AB 线段以外。对于中心差分格式条件为

$$\frac{\Delta t}{\Delta x} = \frac{1}{a} \tag{2.3.23}$$

只要方程式（2.3.23）得到满足，差分格式就能得到精确的解。换句话说，有限差分方程式（2.3.14）和式（2.3.15）的稳定和（或）收敛条件为

$$\frac{\Delta t}{\Delta x} \leqslant \frac{1}{a} \tag{2.3.24}$$

这个条件称为库朗（Courant）稳定条件。

2.3.3　带插值的特征线法

水中含有空气会使水击波速下降，如水中含 1% 的空气会使水击波速下降 50%。当研究气液混合流或者管道流速 V 与水击波速 a 相比不是很小的情况时，应当考虑流速的影响，这时用前面所介绍的特征线法求解显然不合理，应采用带插值的特征线法求解。

1. 特征线方程

若 2.3 节导出的基本方程式中的水压力用水头表示，即

$$p = \rho g (H - z) \tag{2.3.25}$$

则有

$$\begin{cases} \dfrac{\partial p}{\partial x} = \rho g \left(\dfrac{\partial H}{\partial x} - \sin\theta \right) \\[2mm] \dfrac{\partial p}{\partial t} = \rho g \dfrac{\partial H}{\partial t} \end{cases} \tag{2.3.26}$$

将上面关系式分别代入连续方程式（2.2.30）和运动方程式（2.2.31），整理后得到

$$L_1 = \frac{\partial H}{\partial t} + V \frac{\partial H}{\partial x} + \frac{a^2}{g} \frac{\partial V}{\partial x} - V\sin\theta \tag{2.3.27}$$

$$L_2 = \frac{\partial V}{\partial t} + V \frac{\partial V}{\partial x} + g \frac{\partial H}{\partial x} + \frac{fV|V|}{2D} \tag{2.3.28}$$

与前面水击简化方程的特征线方程推导相同，对连续方程式（2.3.27）和运动方程式（2.3.28）进行线性组合，得到

$$L = \lambda L_1 + L_2 = \lambda \frac{\partial H}{\partial t} + \lambda V \frac{\partial H}{\partial x} + \frac{\lambda a^2}{g} \frac{\partial V}{\partial x} - \lambda V\sin\theta + \frac{\partial V}{\partial t} + V \frac{\partial V}{\partial x} + g \frac{\partial H}{\partial x} + \frac{fV|V|}{2D} = 0 \tag{2.3.29}$$

式中：λ 为一未知因子。

式（2.3.29）经过整理后得到

$$\lambda \left[\frac{\partial H}{\partial t} + \left(V + \frac{g}{\lambda} \right) \frac{\partial H}{\partial x} \right] + \left[\frac{\partial V}{\partial t} + \left(V + \frac{\lambda a^2}{g} \right) \frac{\partial V}{\partial x} \right] - \lambda V\sin\theta + \frac{fV|V|}{2D} = 0 \tag{2.3.30}$$

使式（2.3.30）变成全微分的条件：

$$\frac{\mathrm{d}x}{\mathrm{d}t} = V + \frac{g}{\lambda} = V + \frac{\lambda a^2}{g} \tag{2.3.31}$$

因而有

$$\lambda = \pm \frac{g}{a} \tag{2.3.32}$$

把式 $\lambda = \dfrac{g}{a}$ 代入式（2.3.30）和式（2.3.31），可得到如下两组方程：

$$\frac{\mathrm{d}x}{\mathrm{d}t} = V + a \tag{2.3.33}$$

$$\frac{\mathrm{d}H}{\mathrm{d}t} + \frac{a}{g}\frac{\mathrm{d}V}{\mathrm{d}t} - V\sin\theta + \frac{faV\,|\,V\,|}{2gD} = 0 \tag{2.3.34}$$

式（2.3.33）称为正特征线方程 C^+，式（3.5.34）则称为在正特征线 C^+ 上成立的相容方程。

$$\frac{\mathrm{d}x}{\mathrm{d}t} = V - a \tag{2.3.35}$$

$$\frac{\mathrm{d}H}{\mathrm{d}t} - \frac{a}{g}\frac{\mathrm{d}V}{\mathrm{d}t} + V\sin\theta - \frac{faV\,|\,V\,|}{2gD} = 0 \tag{2.3.36}$$

式（2.3.35）称为负特征线方程 C^-，式（2.5.36）则称为在负特征线 C^- 上成立的相容方程。

2. 插值方法的推导

当管道流速 V 与水击波速 a 相比不是很小时，应该考虑流速 V 的影响，这时特征线方程应该是 $\dfrac{\mathrm{d}x}{\mathrm{d}t} = V \pm a$。如果仍然用矩形网格进行计算，则正、负特征线方程严格地说应是两条曲线，但在计算中仍用直线来代替，如图 2.3.3 所示。

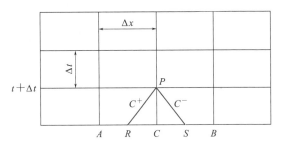

图 2.3.3　带插值的特征线网格

对于求偏微分方程数值解的网格比 $\theta = \dfrac{\Delta t}{\Delta x}$ 的选择，应满足如下的库朗（Courant）稳定条件：

$$\frac{\Delta x}{\Delta t} \geqslant (V + a) \tag{2.3.37}$$

库朗条件得到满足时，两条特征线与网格的交点 R 和 S 就一定落在线段 $\overline{AB}$ 之内。两条特征线方程的差分格式为

$$C^+: \quad x_C - x_R = (V_R + a_R)\Delta t \tag{2.3.38}$$

$$C^-: \quad x_S - x_C = (V_S - a_S)\Delta t \tag{2.3.39}$$

沿这两条特征线积分的相容方程仍可写成方程式（2.3.16）、方程式（2.3.17）形式。不过这时系数 C_m 和 C_n 应按 R 点和 S 点来求，即

$$C_\mathrm{m} = Q_R + \frac{1}{Z_C}H_R - \frac{f\Delta t}{2DA}Q_R\,|\,Q_R\,| \tag{2.3.40}$$

$$C_\mathrm{n} = Q_S - \frac{1}{Z_C}H_S - \frac{f\Delta t}{2DA}Q_S\,|\,Q_S\,| \tag{2.3.41}$$

问题在于，如何根据 A 点和 B 点的参数确定 R 点和 S 点的参数。R 点和 S 点的坐标 x_R 和 x_S 可按线性插值求得，即

$$\frac{x_C - x_R}{x_C - x_A} = \frac{Q_C - Q_R}{Q_C - Q_A} \qquad (2.3.42)$$

因 $x_C - x_R = (V_R + a_R)\Delta t$，由此可得

$$Q_R = \frac{Q_C - (Q_C - Q_A)\theta a_R}{1 + \frac{\theta}{A}(Q_C - Q_A)} \qquad (2.3.43)$$

同理，对于 S 点有

$$Q_S = \frac{Q_C - (Q_C - Q_B)\theta a_S}{1 - \frac{\theta}{A}(Q_C - Q_B)} \qquad (2.3.44)$$

式中：$\theta = \dfrac{\Delta t}{\Delta x}$ 为网格比；A 为管道的横截面积。

用类似的方法可求得水头 H_R 和 H_S 的表达式为

$$H_R = H_C - (H_C - H_A)\theta\frac{Q_R}{A} - (H_C - H_A)\theta a_R \qquad (2.3.45)$$

$$H_S = H_C + (H_C - H_B)\theta\frac{Q_S}{A} - (H_C - H_B)\theta a_S \qquad (2.3.46)$$

阻力系数 R_R 和 R_S 可按下式求得

$$R_R = \frac{f\Delta x}{2gDA^2}\left(\frac{Q_C - Q_R}{Q_C - Q_A}\right) \qquad (2.3.47)$$

$$R_S = \frac{f\Delta x}{2gDA^2}\left(\frac{Q_C - Q_S}{Q_C - Q_B}\right) \qquad (2.3.48)$$

3. 插值误差

为了分析插值引起的误差，可考虑一种最简单的情况，即用由一根简单管和阀门组成的系统在末端阀门瞬时关闭且不考虑阻力损失的情况下，来对压力波的传播进行分析。网格比 $\theta = \dfrac{\Delta t}{\Delta x} = 0.5$。如图 2.3.4（a）所示，不插值时，压力波经过 $4\Delta t$ 时间由管子末端 B 传到另一端 D。若采用插值计算（按 50% 极限插值，即 $\theta = 0.5$），则 50% 的压力波被人为地带到 S 点开始传播，在 $t = \Delta t$ 时压力波到达 U 点。由于插值，25% 的压力波被人为地带到 W 点，在 $t = 2\Delta t$ 时压力波到达 Y 点。这说明原始波的 25% 比实际时间提前了一半时间到达。波传到后向回反射，从而使水击压力衰减，这就是插值的误差。图 2.3.4（b）所示的插值与图 2.3.4（a）所示插值的不同之处在于管道的分段数增加了一倍，即由 2 变为 4。这时同样是 50% 的压力波被人为地带到 S 点开始传播，在 $t = \Delta t$ 时压力波到达 C 点，同样由于插值，25% 的压力波被人为地带到 E 点开始传播。如此继续插值，最终经过 $t = 4\Delta t$ 压力波到达另一端 Y 点。波仍然是比实际时间提前了一半时间到达，但只有原始波的 6.25% 提前到达。这使插值误差大大减小了。由此可见，增加管道的分段数可减小插值误差，这一方法是 Wylie 和 Vardy 所建议的。应当指出，插值方法的使用与波形有关，在波形比较平缓时采用高阶插值公式也能得到满意的结果；而对于波形比较陡的水击波采用高阶插值公式会引起计算的不稳定，因而不宜采用。

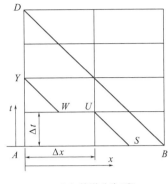

（a）管道分为2段

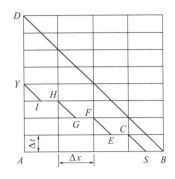

（b）管道分为4段

图 2.3.4　插值误差比较

2.3.4　基本边界条件

前面已经提到，用特征线方法计算管道水击时，对于边界节点还需要边界方程才能求解。本节介绍基本边界方程和复杂边界方程的简化处理，主要用于求解相对简单的系统。对于复杂的水道系统这里介绍的处理方法并不一定适用。例如本书将要在第 6 章中介绍的求解复杂水道系统瞬态过程的"结构矩阵法"，其外边界条件就是通过"边界元素"来解决的，而内边界条件则根本不需要做什么处理。

1. 上游水库（水池）为恒定水位

对于容积大的水库（或水池），短时间内库水位（或池水位）是不会变化的，即管道入口处的水库水头为常数。当管道流速水头 $\dfrac{Q_P^2}{2gA^2}$ 和进口阻力水头损失 $\dfrac{\zeta Q^2}{2gA^2}$ 较大而需要考虑时，上游为恒定水位水库（或水池）的边界方程可写为

$$H_P = H_R - (1 \pm \zeta) \frac{Q_P^2}{2gA^2} \tag{2.3.49}$$

式中：H_R 为水库的水头（即水库水位与指定基准面之间的高程差）；ζ 为进口阻力水头损失系数（正向流动时系数前的符号取"＋"，反向流动时系数前的符号取"－"）。

当管道流速水头和进口阻力水头损失较小、可以忽略时，上游为恒定水位水库的边界方程，可简化为

$$H_P = H_R \tag{2.3.50}$$

2. 下游端为盲管

盲管处 $Q_P = 0$。因此，由正特征方程可得到

$$H_P = \frac{C_{\mathrm{m}}}{C_a} \tag{2.3.51}$$

3. 下游端为阀门

在稳定流态时，通过阀门的流量可表示为

$$Q_0 = (C_d A_v)_0 \sqrt{2gH_0} \tag{2.3.52}$$

式中：C_d 为阀门阻力系数；A_v 为阀门面积。

在过渡流态时，通过阀门的流量可表示为

$$Q_P = (C_d A_v)\sqrt{2gH_P} \tag{2.3.53}$$

定义阀门的相对开度为

$$\tau = \frac{C_d A_v}{(C_d A_v)_0} \tag{2.3.54}$$

将式（2.3.53）除以式（2.3.52）后取平方，并将式（2.3.54）代入后得到

$$Q_P^2 = \frac{(Q_0 \tau)^2}{H_0} H_P \tag{2.3.55}$$

以正特征方程式（2.3.16）的 H_P 代入式（2.3.55），得到

$$Q_P^2 + C_v C_P - C_m C_v = 0 \tag{2.3.56}$$

其中

$$C_v = \frac{(\tau Q_0)^2}{C_a H_0}$$

解式（2.3.56）并取正根得到

$$Q_P = 0.5(-C_v + \sqrt{C_v^2 + 4C_m C_v}) \tag{2.3.57}$$

由式（2.3.57）求出阀门通过的流量后，利用正特征方程式（2.3.16）可求出阀门处的水头 H_P。为了计算阀门开启或关闭的开度，可将 τ-t 关系曲线制定成表格或写成代数表达式，以便计算中使用。需注意的是，$\tau = 1$ 相当于阀门在水头 H_0 下通过流量 Q_0 时的开度。

4. 下游端为孔口

孔口可看成开度不变的阀门，因此可按阀门公式计算。

5. 串联管

当管道系统中存在不同管径的管道时，两种不同管径管道连接处的边界，即为串联管边界。由于不同管径管道的管道特性常数不同，故应采用双下标才能表明管道的位置。用第一个下标表示管道，用第二个下标表示管道断面。如果忽略串联接头的局部水头损失和流速水头差别，对串联管 1 和串联管 2 的接头处可写出下面的方程。

水头平衡方程：

$$H_{P_{1,n+1}} = H_{P_{2,1}} \tag{2.3.58}$$

流量连续方程：

$$Q_{P_{1,n+1}} = Q_{P_{2,1}} \tag{2.3.59}$$

正负特征方程：

对断面（1，$n+1$）和断面（2，1）可写出如下正、负特征方程：

$$Q_{P_{1,n+1}} = C_{m_1} - C_{a_1} H_{P_{1,n+1}} \tag{2.3.60}$$

$$Q_{P_{2,1}} = C_{n_2} + C_{a_2} H_{P_{2,1}} \tag{2.3.61}$$

联解式（2.3.58）～式（2.3.61）可得

$$H_{P_{1,n+1}} = \frac{C_{m_1} - C_{n_2}}{C_{a_1} + C_{a_2}} \tag{2.3.62}$$

其余三个未知量，可分别由式（2.3.58）和式（2.3.60）及式（2.3.61）求出。如果串联管的局部水头损失和串联管的流速水头差别较大，不能忽略，则串联管接头处的水头方程

可写为

$$H_{P_{1,n+1}} + \frac{Q_{P_{1,n+1}} \mid Q_{P_{1,n+1}} \mid}{2gA_1^2} = H_{P_{2,1}} + (1 \pm \zeta) \frac{Q_{P_{2,1}} \mid Q_{P_{2,1}} \mid}{2gA_2^2} \tag{2.3.63}$$

式中：ζ 为局部水头损失系数，ζ 前的符号正向流时取正号，反向流时取负号。

联解式（2.3.59）～式（2.3.61）和式（2.3.63）得到

$$Q_{P_{1,n+1}} = \frac{B + \sqrt{B^2 - 4AC}}{2A} \tag{2.3.64}$$

式中，各常数分别为

$$\begin{cases} A = \dfrac{1}{2g}\left(\dfrac{1}{A_1^2} - \dfrac{1 \pm \zeta}{A_2^2}\right) \\[2mm] B = \dfrac{1}{C_{a_1}} + \dfrac{1}{C_{a_2}} \\[2mm] C = \dfrac{C_{m_1}}{C_{a_1}} + \dfrac{C_{m_2}}{C_{a_2}} \end{cases} \tag{2.3.65}$$

6. 分岔管

首先定义分岔管上的管道编号，主管为 1，两支管分别为 2 和 3。忽略分岔管局部水头损失和主管之间的流速水头差别，可写出如下方程。

连续方程：

$$Q_{P_{1,n+1}} = Q_{P_{2,1}} + Q_{P_{3,1}} \tag{2.3.66}$$

特征方程：

$$Q_{P_{1,n+1}} = C_{m_{1,n+1}} - C_{a_1} H_{P_{1,n+1}} \tag{2.3.67}$$

$$Q_{P_{2,1}} = C_{n_{2,1}} + C_{a_2} H_{P_{2,1}} \tag{2.3.68}$$

$$Q_{P_{3,1}} = C_{n_{3,1}} + C_{a_3} H_{P_{3,1}} \tag{2.3.69}$$

水头平衡方程：

$$H_{P_{1,n+1}} = H_{P_{2,1}} = H_{P_{3,1}} \tag{2.3.70}$$

$$H_{P_{1,n+1}} = \frac{C_{m_{1,n+1}} - C_{n_{2,1}} - C_{n_{3,1}}}{C_{a_1} + C_{a_2} + C_{a_3}} \tag{2.3.71}$$

$H_{P_{2,1}}$，$H_{P_{3,1}}$ 可由式（2.3.70）确定，$Q_{P_{1,n+1}}$、$Q_{P_{2,1}}$ 和 $Q_{P_{3,1}}$ 可由式（2.3.67）～式（2.3.69）确定。

2.3.5　求解水击方程的差分法

特征线法，特别是不带插值的特征线法，因其简单性、程序实现的容易性及其所获解的准确性而得到学术界与工程应用界的青睐，应用最为广泛。但特征线法在波速与流速的比值较小时就不能简单应用了。采用带插值的特征线法是解决这个问题的途径之一，而在这种情况下另一个更好的方法就是直接差分解法。

1. 显式差分法

显式差分网格如图 2.3.5 所示，差分网格上横坐标表示管道断面位置，纵坐标表示时间。水头 H 和流量 Q 的下标表示管道断面，上标表示时间。显式差分法的网格划分也受到柯兰特稳定条件式（2.3.22）的限制。

（1）差分格式。显式差分法中，水头 H 和流量 Q 的偏微分可表示为

$$\frac{\partial H}{\partial t} = \frac{H_i^{j+1} - 0.5(H_{i-1}^j + H_{i+1}^j)}{\Delta t}$$

$$\text{(2.3.72a)}$$

$$\frac{\partial Q}{\partial t} = \frac{Q_i^{j+1} - 0.5(Q_{i-1}^j + Q_{i+1}^j)}{\Delta t}$$

$$\text{(2.3.72b)}$$

$$\frac{\partial H}{\partial x} = \frac{H_{i+1}^j - H_{i-1}^j}{2\Delta x} \quad \text{(2.3.73a)}$$

$$\frac{\partial Q}{\partial x} = \frac{Q_{i+1}^j - Q_{i-1}^j}{2\Delta x} \quad \text{(2.3.73b)}$$

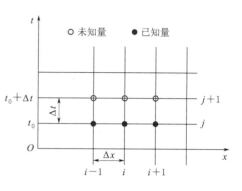

图 2.3.5　差分网格示意图

（2）差分方程。将以上格式代入水击方程得到如下差分方程：

$$Q_i^{j+1} = \frac{1}{2}(Q_{i-1}^j + Q_{i+1}^j) - \frac{gA}{2}\left(\frac{\Delta t}{\Delta x}\right)(H_{i+1}^j - H_{i-1}^j) - R\Delta t \frac{1}{2}(Q_{i+1}^j + Q_{i-1}^j)\,|\,Q_i^j\,|$$

$$\text{(2.3.74)}$$

$$H_i^{j+1} = \frac{1}{2}(H_{i-1}^j + H_{i+1}^j)\frac{1}{2}\frac{\Delta t}{\Delta x}\frac{a^2}{gA}(Q_{i+1}^j Q_{i-1}^j)$$

$$\text{(2.3.75)}$$

式（2.3.74）和式（2.3.75）中，方程右端仅含时段初的已知量，故可由公式直接算出第 1 断面时段末的水头 H 和流量 Q。

2. 隐式差分法

（1）差分格式。隐式差分法中，水头 H 和流量 Q 的偏微分可表示为

$$\frac{\partial H}{\partial t} = \frac{(H_{i+1}^{j+1} + H_i^{j+1}) - (H_{i+1}^j + H_i^j)}{2\Delta t}$$

$$\frac{\partial Q}{\partial t} = \frac{(Q_{i+1}^{j+1} + Q_i^{j+1}) - (Q_{i+1}^j + Q_i^j)}{2\Delta t}$$

$$\frac{\partial H}{\partial x} = \frac{(H_{i+1}^{j+1} + H_{i+1}^j) - (H_i^{j+1} + H_i^j)}{2\Delta x}$$

$$\frac{\partial Q}{\partial x} = \frac{(Q_{i+1}^{j+1} + Q_{i+1}^j) - (Q_i^{j+1} + Q_i^j)}{2\Delta x}$$

阻力项表示为

$$RQ\,|\,Q\,| = \frac{R}{4}(Q_{i+1}^{j+1}\,|\,Q_{i+1}^{j+1}\,| + Q_i^{j+1}\,|\,Q_i^{j+1}\,| + Q_{i+1}^j\,|\,Q_{i+1}^j\,| + Q_i^j\,|\,Q_i^j\,|)$$

（2）差分方程。将以上各式带入水击方程，经过整理后得到如下差分方程：

$$C_1(Q_{i+1}^{j+1} + Q_i^{j+1}) + C_2(H_{i+1}^{j+1} - H_i^{j+1}) + \frac{R}{4}(Q_{i+1}^{j+1}\,|\,Q_{i+1}^{j+1}\,| + Q_i^{j+1}\,|\,Q_i^{j+1}\,|)$$

$$= C_1(Q_{i+1}^j + Q_i^j) + C_2(H_{i+1}^j - H_i^j) + \frac{R}{4}(Q_{i+1}^j\,|\,Q_{i+1}^j\,| + Q_i^j\,|\,Q_i^j\,|) \quad \text{(2.3.76)}$$

$$C_1(H_{i+1}^{j+1} + H_i^{j+1}) + C_3(Q_{i+1}^{j+1} + Q_i^{j+1}) = C_1(H_{i+1}^j + H_i^j) + C_3(Q_{i+1}^j + Q_i^j)$$

$$\text{(2.3.77)}$$

其中

$$C_1 = 0.5\Delta t \qquad C_2 = \frac{gA}{2\Delta x} \qquad C_3 = \frac{a^2}{2gA\Delta x}$$

在上面两个差分方程中，虽然方程右端都是已知量，但方程左端却含有两个断面时段末的水头和流量未知量。因此隐式差分法不能直接求每个断面时段末的未知量，而必须按上面所列方程建立一个矩阵代数方程组，连同两端的边界条件方程一起求解。隐式差分法的优点是计算时段选择不受库朗稳定条件限制，可使用较长的计算时段 Δt。但为了保证计算结果的精度，Δt 又不能选择过长。应用隐式差分法计算高频振荡流，波前变化激烈，这时采用较长的 Δt 会使计算结果失真，因此管道水击计算很少采用隐式差分法。

2.4　一维明渠流基本方程

明渠流是指具有自由表面的流动，水力过渡系统中往往包括有压管道和明渠流的衔接，因此了解非恒定流如何通过明渠传播是十分必要的。明渠非恒定流是由于河渠中某处因某种原因发生水位涨落或流量增减产生一种向上游或下游传播而形成的波动，当波传到某断面时，该断面的流速、水位等水力特性会随之变化。电站和泵站的引水渠、尾水渠和无压隧洞中有很多明渠非恒定流问题，例如水轮机尾水无压隧洞中的明满流交替、梯级泵站长距离输水明渠的充水等。本节将重点介绍一维明渠流的基本方程。

2.4.1　一维明渠流连续方程

明渠非恒定流的基本问题是确定水力要素如流量（或流速）、水位（或水深）随时间 t 和流程 x 的变化规律。求解明渠非恒定流的基本方程仍是连续方程和运动方程。

在河渠中任取一微小渠段作为控制体，如图 2.4.1 所示，根据质量守恒定理，针对控制体列出明渠非恒定流连续方程为

$$\frac{\partial A}{\partial t} + \frac{\partial Q}{\partial x} = 0 \qquad (2.4.1)$$

其中：$Q=Q(x,t)$ 为流量；$A=A(x,t)$ 为过水断面面积。

上述连续方程可用不同的变量来表示，例如以断面平均流速 $V(x,t)$ 和过水断面面积 $A=A(x,t)$ 作为变量时，将 $Q=AV$ 代

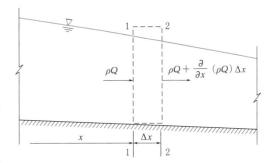

图 2.4.1　明渠流基本方程推导控制体示意图

入方程式（2.4.1）进一步推导可以得到以水深 $h(x,t)$ 和断面平均流速 $V(x,t)$ 为变量的明渠非恒定流连续方程：

$$B\frac{\partial h}{\partial t} + VB\frac{\partial h}{\partial x} + A\frac{\partial V}{\partial x} = 0 \qquad (2.4.2)$$

式中：B 为明渠的水面宽。

如果将水面高程 $Z=h+Z_b$（Z_b 为渠底高程）代入式（2.4.2），进一步整理可以得到以水面高程 $Z(x,t)$ 和断面平均流速 $V(x,t)$ 为变量的明渠非恒定流连续方程：

$$B \frac{\partial Z}{\partial t} + VB \frac{\partial Z}{\partial x} + S_0 VB + A \frac{\partial V}{\partial x} = 0 \tag{2.4.3}$$

式中：$S_0 = -\dfrac{\partial Z_b}{\partial x}$，为渠道底坡。

2.4.2　一维明渠流运动方程

根据动量定理，针对控制体列出明渠非恒定流运动方程为

$$\frac{\partial}{\partial x}\left(Z + \frac{p}{\gamma} + \frac{V^2}{2g}\right) + \frac{\partial h_w}{\partial x} + \frac{1}{g}\frac{\partial V}{\partial t} = 0 \tag{2.4.4}$$

式中：Z、p 为过水断面上任一点的位置高程和压强，在同一过水断面上，$Z + p/\gamma =$ 常数；h_w 为水头损失；其余符号意义同前。

以水深 $h(x,t)$ 和断面平均流速 $V(x,t)$ 为变量时，通过进一步推导可得明渠非恒定流运动方程：

$$\frac{\partial V}{\partial t} + V \frac{\partial V}{\partial x} + g \frac{\partial h}{\partial x} + g(S_f - S_0) = 0 \tag{2.4.5}$$

式中：S_f 为水力坡度，又称比降。

由水力学知识可知：

$$S_f = \frac{\lambda}{8} \frac{V \mid V \mid}{Rg} = \frac{V \mid V \mid}{RC^2}$$

以水面高程 $Z(x,t)$ 和断面平均流速 $V(x,t)$ 为变量的明渠非恒定流运动方程为

$$\frac{1}{g}\frac{\partial V}{\partial t} + \frac{V}{g}\frac{\partial V}{\partial x} + \frac{\partial Z}{\partial x} + \frac{V \mid V \mid}{RC^2} = 0 \tag{2.4.6}$$

2.4.3　圣维南方程组

以连续方程和运动方程描述明渠一维流的方程组也被称为圣维南方程组：

$$\frac{\partial A}{\partial t} + \frac{\partial Q}{\partial x} = 0 \tag{2.4.7}$$

$$\frac{\partial V}{\partial t} + V \frac{\partial V}{\partial x} + g \frac{\partial h}{\partial x} + g(S_f - S_0) = 0$$

2.5　一维明渠流的数值计算

目前数值计算法主要分为有限差分法和有限元法两类。有限元法由于计算工作量较大，并不常用。与有限元法相比，有限差分法计算量小，程序简单，应用较广泛。常用的有限差分法有以下几种。

2.5.1　特征线法

特征线法在数值求解一维有压不恒定流领域取得了巨大成功，用这种方法求解明渠流圣维南方程组在 20 世纪六七十年代也十分流行，成为当时解明渠流方程的主流算法。尽管之后特征线法在计算快速变化的明渠流领域逐渐被有限差分法所取代，但这种方法在求

解弗劳德数接近 1.0（缓流）和超过 1.0（急流）时的明渠流以及处理边界条件方面比其他方法仍更具优势。

与 2.3.1 小节中描述的求解水击微分方程组的特征线方法一样。根据偏微分方程理论，双曲型偏微分方程组具有两簇不同的实特征线，沿特征线可将双曲型偏微分方程组降阶化成常微分方程组，再对常微分方程组进行求解。这种求解偏微分方程的方法称为特征线法。设有一因变量为 u、自变量为 t 和 x 的双曲型偏微分方程，方程形式为

$$a(x,t,u)\frac{\partial u}{\partial x} + b(x,t,u)\frac{\partial u}{\partial t} = c(x,t,u) \tag{2.5.1}$$

与常微分方程比较，偏微分方程式（2.5.1）包含有两个方向的微商，求解比较复杂。特征线法的基本思想是，引进一条曲线，使两个方向的微商化成一个方向的微商。根据二元函数的微商公式，引进一条曲线，其方程一般形式为

$$a(x,t,u)\mathrm{d}t - b(x,t,u)\mathrm{d}x = 0 \quad 或 \quad \frac{\mathrm{d}x}{\mathrm{d}t} = \frac{a(x,t,u)}{b(x,t,u)} \tag{2.5.2}$$

沿此曲线，方程式（2.5.1）可整理为

$$b(x,t,u)\frac{\mathrm{d}u}{\mathrm{d}t} = c(x,t,u) \tag{2.5.3}$$

式（2.5.3）为只包含一个方向微商的常微分方程，称为特征方程或特征关系式。曲线方程式（2.5.2）称为特征线方程，$\frac{\mathrm{d}x}{\mathrm{d}t}$ 称为特征方向。这样，原来的拟线性偏微分方程式就化为与之等价的常微分方程式。具体求解的方法是联解特征线方程和相应的特征方程，得到特征线上各点的未知量。由于方程的系数 a、b 及右端项 c 同时也是未知量 u 的函数，故很难得到两个常微分方程的解析解。一般情况下，是将这两个常微分方程改变为有限差分形式方程，再根据给定的初始条件及边界条件求出近似的数值解。

1. 圣维南方程组的特征线法

圣维南方程组为一阶拟线性双曲型偏微分方程组，此方程组存在两根实特征线，故可用特征线法求解。现在考虑最简单的矩形断面和无侧向汇流的情况。以 h、V 为因变量的基本方程为

$$\frac{\partial h}{\partial t} + V\frac{\partial h}{\partial x} + h\frac{\partial V}{\partial x} = 0 \tag{2.5.4}$$

$$\frac{\partial V}{\partial t} + V\frac{\partial V}{\partial x} + g\frac{\partial h}{\partial x} + g(S_f - S_0) = 0 \tag{2.5.5}$$

为了求出特征线，现将方程式（2.5.4）乘以待定系数 ω 再与方程式（2.5.5）线性组合起来，整理可得

$$\frac{\partial V}{\partial t} + V\frac{\partial V}{\partial x} + g\frac{\partial h}{\partial x} + \omega\left(\frac{\partial h}{\partial t} + V\frac{\partial h}{\partial x} + h\frac{\partial V}{\partial x}\right) = g(S_0 - S_f) \tag{2.5.6}$$

或写成

$$\frac{\partial V}{\partial t} + (V + \omega h)\frac{\partial V}{\partial x} + \omega\left[\frac{\partial h}{\partial t} + \left(V + \frac{g}{\omega}\right)\frac{\partial h}{\partial x}\right] = g(S_0 - S_f) \tag{2.5.7}$$

如果令

$$\frac{\mathrm{d}x}{\mathrm{d}t} = V + \omega h = V + \frac{g}{\omega} \tag{2.5.8}$$

解上式可得 $\omega = \pm\sqrt{\dfrac{g}{h}}$，再代回式（2.5.8）得到两个特征线方程：

$$\frac{\mathrm{d}x}{\mathrm{d}t} = \lambda^{\pm} = V \pm \sqrt{gh} \tag{2.5.9}$$

式（2.5.9）表明，在明渠非恒定流中自变量区域 x-t 平面上的任一点 (x,t) 都具有两个 $\dfrac{\mathrm{d}x}{\mathrm{d}t}$ 的值即特征方向：λ^{+} 称为顺特征方向，每一点都与顺特征方向相切的曲线称为顺特征线；λ^{-} 称为逆特征方向，相应有逆特征线。在两条特征线上，方程式（2.5.7）相应可变为关于变量 v、h 的常微分方程：

$$\frac{\mathrm{d}V}{\mathrm{d}t} \pm \sqrt{\frac{g}{h}}\frac{\mathrm{d}h}{\mathrm{d}t} = g(S_0 - S_f) \tag{2.5.10}$$

或

$$\mathrm{d}(V \pm 2\sqrt{gh}) = g(S_0 - S_f)\mathrm{d}t \tag{2.5.11}$$

由式（2.5.9）和式（2.5.11）可得四个常微分方程，形成沿 λ^{+} 和 λ^{-} 两个特征方向上的两对常微分方程组：

沿 λ^{+} 方向：
$$\begin{cases} \dfrac{\mathrm{d}x}{\mathrm{d}t} = V + \omega h = V + \dfrac{g}{\omega} = V + \sqrt{gh} \\[2mm] \mathrm{d}(V + 2\sqrt{gh}) = g(S_0 - S_f)\mathrm{d}t \end{cases} \tag{2.5.12}$$

沿 λ^{-} 方向：
$$\begin{cases} \dfrac{\mathrm{d}x}{\mathrm{d}t} = V - \omega h = V - \dfrac{g}{\omega} = V - \sqrt{gh} \\[2mm] \mathrm{d}(V - 2\sqrt{gh}) = g(S_0 - S_f)\mathrm{d}t \end{cases} \tag{2.5.13}$$

一般称式（2.5.9）为特征线方程，相应的式（2.5.11）为特征方程。

在缓流中，$Fr = \dfrac{V}{\sqrt{gh}} < 1$，即 $V < \sqrt{gh}$，λ^{+} 具有正值，随着时间的推移，正特征线指向下游（图2.5.1），即在 x-t 平面上有正的斜率；而 λ^{-} 具有负值，故负特征线指向上游，即在 x-t 平面上有负的斜率。在急流中，即 $V > \sqrt{gh}$，$\lambda^{\pm} > 0$。故通过任一点的两条特征线随时间的推移都是指向下游（图2.5.2），在 x-t 平面上都具有正的斜率。

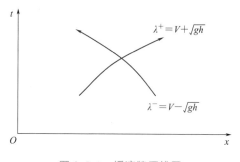

图2.5.1 缓流特征线图

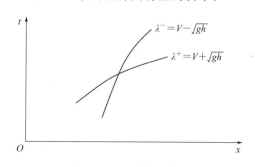

图2.5.2 急流特征线图

从水力学知识可知 $\sqrt{gh} = c$ 是矩形明槽中元波的相对波速。而式（2.5.9）则分别表示的是向上游和下游传播的干扰波的绝对波速 $c^{\pm}$。所以在 x-t 平面上经过某点 (x,t) 的两条特征线的切线方向表示明槽非恒定流从该时该地出发的微干扰波向上游或下游传播的速度。特征线方程在 x-t 平面上的曲线可以看作是微干扰波的轨迹线。在缓流中，微干扰波既可以向下游传播也可以向上游传播，因而一簇特征线指向下游，而另一簇特征线指向上游。在急流中，水流流速大于微幅波速，没有微干扰波能逆流上溯，因此特征线都指向下游。

明槽非恒定流任一断面水流特征的微小变化都会造成微小的扰动或波动，并通过微干扰波的传播而影响到其他断面的水流特征，微干扰波从一个断面经过 dt 时段到达邻近断面时，这两个断面的水流特性之间的关系由特征方程式（2.5.11）确定。这就是特征方程式（2.5.11）的物理意义。

非矩形明槽的特征线方程和特征方程也可以用类似的方法求得。常以水位 Z 和流量 Q 为因变量的圣维南方程组的形式表示，在无侧向汇流时的形式如下：

沿 λ^+ 方向：

$$
\begin{cases}
\dfrac{dx}{dt} = V + \sqrt{g\dfrac{A}{B}} = \lambda^+ \\[2mm]
B\lambda^- \left(\dfrac{\partial Z}{\partial t} + \lambda^+ \dfrac{\partial Z}{\partial x}\right) - \left(\dfrac{\partial Q}{\partial t} + \lambda^+ \dfrac{\partial Q}{\partial x}\right) = N
\end{cases} \tag{2.5.14}
$$

或

$$
B\lambda^- \frac{dZ}{dt} - \frac{dQ}{dt} = N
$$

沿 λ^- 方向：

$$
\begin{cases}
\dfrac{dx}{dt} = V - \sqrt{g\dfrac{A}{B}} = \lambda^- \\[2mm]
B\lambda^+ \left(\dfrac{\partial Z}{\partial t} + \lambda^- \dfrac{\partial Z}{\partial x}\right) - \left(\dfrac{\partial Q}{\partial t} + \lambda^- \dfrac{\partial Q}{\partial x}\right) = N
\end{cases} \tag{2.5.15}
$$

或

$$
B\lambda^+ \frac{dZ}{dt} - \frac{dQ}{dt} = N
$$

其中

$$
N = -\frac{BQ^2}{A^2}\left(S_0 + \frac{1}{B}\left.\frac{\partial A}{\partial x}\right|_h + g\frac{Q^2}{AC^2R}\right)
$$

式中：B 为水面宽；R 为水力半径；A 为过水断面面积。

断面为梯形的棱柱形明槽，方程可以简化成下述形式：

沿 λ^+ 方向：

$$
\begin{cases}
\dfrac{dx}{dt} = V + \sqrt{g\dfrac{A}{B}} \\[2mm]
\dfrac{\partial V}{\partial t} + V\dfrac{\partial V}{\partial x} + g\dfrac{\partial Z}{\partial x} + gJ_f + \sqrt{\dfrac{g}{AB}}\left(B\dfrac{\partial Z}{\partial t} + \dfrac{\partial Q}{\partial x}\right) = 0
\end{cases} \tag{2.5.16}
$$

沿 λ^- 方向：

$$
\begin{cases}
\dfrac{dx}{dt} = V - \sqrt{g\dfrac{A}{B}} \\[2mm]
\dfrac{\partial V}{\partial t} + V\dfrac{\partial V}{\partial x} + g\dfrac{\partial Z}{\partial x} + gJ_f - \sqrt{\dfrac{g}{AB}}\left(B\dfrac{\partial Z}{\partial t} + \dfrac{\partial Q}{\partial x}\right) = 0
\end{cases} \tag{2.5.17}
$$

其中

$$J_{\mathrm{f}} = \frac{\partial h_{\mathrm{f}}}{\partial x} = \frac{V^2}{C^2 R}$$

2. 圣维南方程组的特征线数值解法

（1）特征线解法的定解区域。圣维南方程组的特征线解法就是对式（2.5.12）和式（2.5.13）的两对四个常微分方程的求解。根据干扰波沿特征线传播的特点及缓流、急流的不同在自变量平面可以分为若干不同特点的区域，各区对定解条件有不同的需求。

在自变量平面上建立特征网格，$t=0$ 的横轴对应初始状态，给出初始条件，$x=0$ 和 $x=L$ 分别对应上、下游边界，给出上、下游边界条件。水流为缓流时的特征线网格图如图 2.5.3 所示，这种情况下 $s-x$ 平面可以划分成四个定解区域。

（Ⅰ）区的解只依赖于初始条件。例如从 $t=0$ 的线上 1、2 点出发的顺、逆特征线可以确定 a 点的位置 (x_a, t_a)。应用这两条特征线的特征方程可以解得 a 点的两个待求水力要素 (h_a, V_a) 或 (z_a, Q_a)；同样的，可以求得 b、f、g 的位置和水力要素。接着由于 a、b 两点已经求出，可以进一步求得 e 点的位置和水力要素值。直到（Ⅰ）区中所有点都被求解。

（Ⅱ）区的解依赖于上游边界条件和初始条件，且上游只需要给定一个条件即可。例如图 2.5.3 中的点 i，由于处于 $x=0$ 的上游断面上，其未知量只有 t_i、h_i 和 V_i（或 z_i，Q_i），因此只需由 1 点出发的逆特征线方程和逆特征方程再加上 i 点的一个上游边界条件就可以求解。

（Ⅲ）区的解可以根据初始条件和下游给定的一个边界条件求得，例如下游边界上的 j 点，可以由 g 点出发的顺特征线方程和特征方程加上 j 点的一个边界条件求得 j 点的 t_j、h_j 和 V_j（或 Z_j, Q_j）。

由以上分析可以理解到（Ⅳ）区的解是和初始条件和上下游边界条件都有关的。只是在（Ⅳ）区中初始条件的影响相对要小一些，而且随着时间的推移初始条件的影响会越来越小，而上下游边界条件会成为主要影响因素。

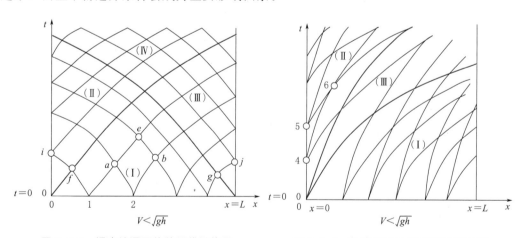

图 2.5.3　缓流情况下的特征线网格图　　　　图 2.5.4　急流情况下的特征线网格图

当水流为急流时 $x-t$ 平面可划分成三个定解区，其特征线网格如图 2.5.4 所示。（Ⅰ）区的解依赖于初始条件；（Ⅱ）区的解受上游边界条件控制，并需要在上游边界给定两个边界条件。例如在上游边界上的 4、5 点的水力要素（h、V 或 Z、Q）都需要给定，方可根据 4、5 点出发的特征线方程求出 6 点的位置，再由这两条特征线上的特征方程求解 6 点的两个水力要素。同样可知（Ⅲ）区的解是既受初始条件影响又受上游边界条件控制的。

（2）特征线方法的差分网格。在一般情况下如图 2.5.3 和图 2.5.4 的特征线网格的节点并不落在 t 为常数或 x 为常数的位置上，而实际运用中通常都需要知道当 t 为常数的结果（t 为常数的结果表示某时刻的所研究渠道的水力要素的分布状态）和 x 为常数的结果（x 为常数的结果表示某指定断面的水力要素的过程，例如流量过程或水位过程）。为了得到符合上述要求的结果通常有两种方法，一种方法就是根据图 2.5.3 或图 2.5.4 的网格图求出所有特征网格上的节点的解后，再向 t 为常数和 x 为常数的时刻和断面插值求解，得出所需要的结果；另一种方法就是一开始就以 t 为常数和 x 为常数构建网格（此称为矩形网格），然后将特征线法离散到这个矩形网格上求解，矩形网格求解法是目前较为常用的方法。

矩形网格求解法在 2.3 节中已经有过介绍，下面给出在一维明槽非恒定流计算中常用的形式；如图 2.5.5 所示为 x - t 平面矩形网格图，交点称为节点。节点 M 的坐标为 (x_m, t_n)，P 点的坐标为 (x_m, t_{n+1})，M 点也可标注为 $M(m, n)$。同样 P 点也可以标注为 $P(m, n+1)$。$\Delta x_m = x_{m+1} - x_m$ 称为距离步长，$\Delta t_n = t_{n+1} - t_n$ 称为时间步长。步长的选择要满足数值计算的稳定性条件，即库朗条件。

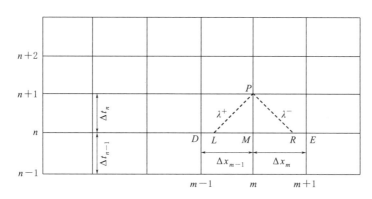

图 2.5.5　矩形网格内点示意图

（3）矩形网格特征线方法的差分方程。矩形网格的特征线解法在 2.3 节中已有介绍。为方便起见，这里讨论等时间步长和等距离步长，即 Δt 为常数、Δx 为常数，水力要素为水位 Z 和流量 Q 的情况。

设计算已经到达 n 时层，也就是说 n 时层的网格节点的所有值都已经计算出来了。经过待求点 P 的顺特征线和逆特征线分别是 λ^+ 和 λ^-，λ^+ 和 λ^- 在 n 时层分别与网格线交于 L 点和 R 点。一般情况下 L 点和 R 点的位置并不恰好在网格节点上，其上的水力要素因此也未知。但由于该层网格与 L 和 R 有关的网格节点 D、M、E 的水力要素是已知的，故可以通过插值法求得。下面介绍库朗差分格式。

库朗差分格式的特点是以已知点 M 的特征方向替代待求点 P 点的特征方向，并假定

在 n 至 $n+1$ 层的时间网格区间特征线为直线。即令 $\lambda_P^+ = \lambda_M^+$，$\lambda_P^- = \lambda_M^-$，来构造特征线差分方程。于是式（2.5.14）和式（2.5.15）的特征线方程的差分形式为

$$x_P - x_L = \lambda_P^+ \Delta t = \lambda_M^+ \Delta t \tag{2.5.18}$$

$$x_P - x_R = \lambda_P^- \Delta t = \lambda_M^- \Delta t \tag{2.5.19}$$

由以上两式可以求得 L、R 的位置 x_L、x_R。

引入线性插值公式，可以得到 L 点和 R 点的水力要素值 Z 和 Q。

对 L 点有

$$\frac{Z_M - Z_L}{Z_M - Z_D} = \frac{x_M - x_L}{\Delta x} = \frac{x_P - x_L}{\Delta x}$$

$$\frac{Q_M - Q_L}{Q_M - Q_D} = \frac{x_M - x_L}{\Delta x} = \frac{x_P - x_L}{\Delta x}$$

对 R 点有

$$\frac{Z_M - Z_R}{Z_M - Z_R} = \frac{x_R - x_M}{\Delta x} = \frac{x_R - x_P}{\Delta x}$$

$$\frac{Q_M - Q_R}{Q_M - Q_E} = \frac{x_R - x_M}{\Delta x} = \frac{x_R - x_P}{\Delta x}$$

将以上插值公式分别代入到式（2.5.18）和式（2.5.19）可得

$$\begin{cases} Z_L = \dfrac{\Delta t}{\Delta x}\lambda_M^+ (Z_D - Z_M) + Z_M \\[2mm] Q_L = \dfrac{\Delta t}{\Delta x}\lambda_M^+ (Q_D - Q_M) + Q_M \end{cases} \tag{2.5.20}$$

$$\begin{cases} Z_R = \dfrac{\Delta t}{\Delta x}\lambda_M^- (Z_M - Z_E) + Z_M \\[2mm] Q_R = \dfrac{\Delta t}{\Delta x}\lambda_M^- (Q_M - Q_E) + Q_M \end{cases} \tag{2.5.21}$$

以上四个方程可求出 L、R 两点的水力要素 Z_L、Q_L 和 Z_R、Q_R。

有了 L、R 点的水力要素值就可以根据特征方程的差分格式求得 P 点的水力要素了。以顺特征方程式（2.5.14）为例，它的一阶差分格式为

$$(B\lambda^-)\Delta Z - \Delta Q = N\Delta t$$

上式中的系数及非导数项 $(B\lambda^-, N)$ 用 M 点的已知量计算而得

$$(B\lambda^-)_M(Z_P - Z_L) - Q_P + Q_L = N_M\Delta t \tag{2.5.22}$$

同理，逆特征差分方程式（2.5.15）的差分格式为

$$(B\lambda^+)_M(Z_P - Z_R) - Q_P + Q_R = N_M\Delta t \tag{2.5.23}$$

由以上两式即可求得 P 点的水力要素 Z_P、Q_P。式（2.5.18）和式（2.5.22）以及式（2.5.19）和式（2.5.23）组成库朗差分格式的差分方程。前者是顺特征线差分方程和特征差分方程，后者是逆特征线差分方程和特征差分方程。

以上是矩形网格的内点计算格式，对于边界点，如图 2.5.6 中的 P 和 P' 点，上游边界点 P 的未知数为 Z_R、Z_P 和 Q_P 三个，由库朗差分格式式（2.5.19）和式（2.5.23）再加上一个上游边界条件即可求解。同理可得下游边界 P' 点上的 Z_L、$Z_{P'}$ 及 $Q_{P'}$。

在稳定性方面矩形特征差分格式的稳定性条件是库朗条件：

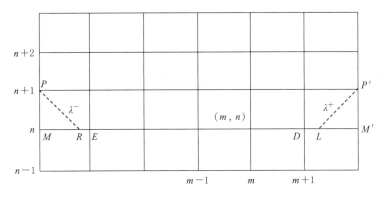

图 2.5.6　矩形网格边界点示意图

$$\frac{\Delta t}{\Delta x} \leqslant \frac{\mathrm{d}t}{\mathrm{d}x}$$

或
$$|\lambda^{\pm}|\frac{\Delta t}{\Delta x} \leqslant 1 \qquad (2.5.24)$$

2.5.2　直接差分法

相比之下，差分法计算网格的划分对波速变化没有特征线法对波速那么敏感，而且算法简单，较容易编程实现变间距计算网格，以达到优化计算稳定性与计算精度这一对矛盾的目的。由于差分法是将圣维南方程组中的偏微商直接用差商逼近作数值计算的求解方法，这种逼近从理论上讲确实会造成一定的计算误差，但到目前为止，还没有足够的统计数据可以证明采用直接差分法的计算误差比从理论上看更为严格的特征线法要大。事实上，在工程应用界，特征线法已被直接差分法逐步取代，其中一个重要原因是特征线法在求解表面波波速快速变化的明渠流方面所表现出的不适用性。美国南卡罗琳那大学教授 Chaudhry 在《APPLIED HYDRAULIC TRANSIENTS》中指出，"This method（特征线法）is unsuitable for system with numerous geometrical changes"，"And it fails because of the convergence of the characteristic curves whenever a bore or shock forms"。正是因为上述多种原因，直接差分法在求解明渠流以及明满交替流方面的应用正日益广泛并成为主流。

直接差分法是以用各种形式的差商逼近微商，圣维南方程组因此可以转换成许多不同形式的代数方程组。就其求解方式而言，可以分为两大类：即显式差分法和隐式差分法。显式差分法在根据前一时层的已知量求解下一时层的未知量时，是可以逐点分别求解的；隐式差分法则需要对未知时层全流段各断面上的未知量通过联立求解大型差分方程组进行解算。

差分逼近的理论基础是数学分析中的连续函数的切线和割线逼近原理。对于任意一个函数 $f(x)$，某一函数点的差商的极限值就被定义为该点的微商：

$$f'(x) = \frac{\mathrm{d}f(x)}{\mathrm{d}x} = \lim_{\Delta x \to 0} \frac{f(x+\Delta x)-f(x)}{\Delta x}$$

只要 Δx 值足够小，就有

$$f'(x) = \frac{\mathrm{d}f(x)}{\mathrm{d}x} \approx \frac{f(x + \Delta x) - f(x)}{\Delta x} \tag{2.5.25}$$

其中，增量 Δx 可正可负。$\Delta x > 0$ 时为"前向差商"，$\Delta x < 0$ 时为"后向差商"。这两种以差商代微商的方式属于"单边差商"。

2.5.2.1 差商代微商的几何意义及中间差商的概念

微商的几何意义是该函数曲线在该点切线的正切值或斜率。而差商逼近就是用一条跨度很小的割线来代替切线，如图 2.5.7 所示。图中割线可以认为是第 1 点切线的逼近（$\Delta x > 0$），也可认为是第 3 点切线的逼近（$\Delta x < 0$）。可以看出，只有 Δx 非常小时才可以认为割线与切线重合。

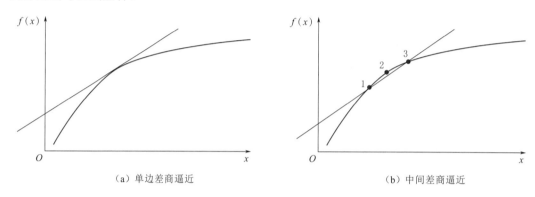

（a）单边差商逼近 　　　　　　　　（b）中间差商逼近

图 2.5.7　微商的单边差商逼近和中间差商逼近的几何意义

但是如果用这条割线作为点 2（点 1 和点 3 之间的中间点）的切线的逼近，那么显然，即使 Δx 不是那么小，该割线的斜率也与点 2 的切线斜率非常接近，甚至有可能完全一致。这种差商逼近被称作"中间差商"，表达式见式（2.5.26）。单边差商被认为具有一阶精度，而中间差商则被认为具有二阶精度。

$$f'(x) = \frac{\mathrm{d}f(x)}{\mathrm{d}x} \approx \frac{f(x + 0.5\Delta x) - f(x - 0.5\Delta x)}{\Delta x} \tag{2.5.26}$$

2.5.2.2 二元函数偏微商的差商逼近

上面介绍的是一元函数用差商代替微商的原理，如果不做一定的技术处理是不能直接用于一个二元函数的。在特征线法中，通过沿着特征线方向的限制，把偏微分方程求解问题变成了常微分方程问题。在这里可以通过自变量 x-t 平面上的矩形网格可以把二元函数有条件地变成一元函数。图 2.5.8 中水平方向为 x 方向，垂直方向为 t 方向。沿水平方向的直线上，t 为常数，所有状态变量 Z、h、Q、V 等都仅仅是 x 的函数。沿垂直方向的直线上，x 为常数，所有状态变量 Z、h、Q、V 等都仅仅是 t 的函数。

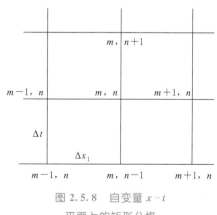

图 2.5.8　自变量 x-t
平面上的矩形分格

因此，只要沿着水平或者垂直方向，就可以把二元函数问题变成一元函数问题。也就是说前面介绍的一元函数用差商代替微商的原理只要是沿垂直或水平线方向应用，也完全适用于二元函数。

水位 $Z(x,t)$ 或者流量 $Q(x,t)$ 是时间 t 和位置 x 的二元函数，不妨用一个任意二元函数 $f(x,t)$ 来表达。如果对其自变量平面 x-t 用图 2.5.8 所示进行分格，用 f_m^n 代表 n 时间点和 m 位置点的函数值。点 (n,m) 沿垂直方向对时间的单边差商逼近式为

$$\frac{\partial f}{\partial t} \approx \frac{f_m^{n+1} - f_m^n}{\Delta t} \qquad (2.5.27)$$

点 (n,m) 沿垂直方向对时间的中间差商逼近式为

$$\frac{\partial f}{\partial t} \approx \frac{f_m^{n+1} - f_m^{n-1}}{2\Delta t} \qquad (2.5.28)$$

点 (n,m) 沿水平方向对位置的中间差商逼近式为

$$\frac{\partial f}{\partial x} \approx \frac{f_{m+1}^n - f_{m-1}^n}{2\Delta x} \qquad (2.5.29)$$

2.5.2.3　时间函数的推进算法与中值定理

水力过渡过程的数值解用的都是时间推进算法。明渠中的水位 Z 或者流量 Q 等都是时间的函数，而显式时间推进算法就是用时间 $t=t_0$ 时和这个时间之前 $t<t_0$ 的已知 Z 值和 Q 值来求 $t=t_0+\Delta t$ 的各水力要素值，并一步步推进下去。以下先讨论任意时间函数 $f(t)$ 的推进计算。

假定连续可导函数 $f(t)$ 在时间 $t=t_0$ 时函数值已知，对于 $t_1=t_0+\Delta t$ 值，$f(t_1)$ 可用已知函数值 $f(t_0)$ 及该点的微商做一次逼近：

$$f(t_1) = f(t_0) + \frac{\mathrm{d}f(t_0)}{\mathrm{d}t}(t_1 - t_0) + \varepsilon\big[(t_1 - t_0)^2\big]$$

其中 $\varepsilon\big[(t_1-t_0)^2\big]$ 是一个关于 (t_1-t_0) 的高次小量。上式的近似表达式为

$$f(t_1) \approx f(t_0) + \frac{\mathrm{d}f(t_0)}{\mathrm{d}t}(t_1 - t_0)$$

这个表达式也被称为泰勒或者牛顿一次逼近。根据数学分析中的中值定理可知，在 t_0 和 t_1 之间必存在一个点 t_k，有

$$f(t_1) = f(t_0) + \frac{\mathrm{d}f(t_k)}{\mathrm{d}t}(t_1 - t_0)$$

如果函数 $f(t)$ 在这个区间连续可导并且 Δt 足够小，可以断定 $t_k \approx t_0 + 0.5\Delta t$，即

$$f(t_1) \approx f(t_0) + \frac{\mathrm{d}f(t_0 + 0.5\Delta t)}{\mathrm{d}t}(t_1 - t_0)$$

上式所用的中值推进逼近算法显然比一阶逼近算法更为准确。问题是中值推进逼近算法要用到从已知时间点 $t=t_0$ 向前推进半个时间步长 $0.5\Delta t$ 的微商值。上式的差分表达式为

$$f'(t_0 + 0.5\Delta t) = \frac{\mathrm{d}f(t_0 + 0.5\Delta t)}{\mathrm{d}t} \approx \frac{f(t_0) - f(t_0 - \Delta t)}{\Delta t} \qquad (2.5.30)$$

恰好与一般表达式（2.5.26）相符。差分计算中另一常用的逼近方式为用相邻两点的平均值来逼近这两点的中间点的值：

$$f(x_0) \approx \frac{1}{2}\big[f(x_0 - \Delta x) + f(x_0 + \Delta x)\big] \tag{2.5.31a}$$

或
$$f(t_0 + 0.5\Delta t) \approx \frac{1}{2}\big[f(t_0) + f(t_0 + \Delta t)\big] \tag{2.5.31b}$$

用直接差分法解圣维南方程组的具体实现方法较多，较为实用的有：①扩散格式差分法；②菱形格式差分法；③准隐式差分法；④隐式差分法。

2.5.3　扩散格式差分法

为方便阅读，重写以水位 Z 和流量 Q 为因变量的圣维南方程组：

$$\begin{cases} B\dfrac{\partial Z}{\partial t} + \dfrac{\partial Q}{\partial x} = 0 \\[2mm] \dfrac{\partial Q}{\partial t} + 2\dfrac{Q}{A}\dfrac{\partial Q}{\partial x} + \left(gA - B\dfrac{Q^2}{A^2}\right)\dfrac{\partial Z}{\partial x} - \left(\dfrac{Q}{A}\right)^2 BS_0 + gAS_f = 0 \end{cases} \tag{2.5.32}$$

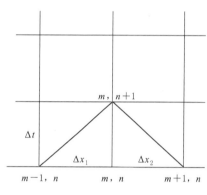

图 2.5.9 所示自变量 x-t 平面上仍用 m 表示位置点，n 表示时间点。假定时间点 n 整个 x 方向的 Z 和 Q 值均已知。方程组式（2.5.32）中的连续方程差分逼近可写为

$$B\frac{Z_m^{n+1} - Z_m^n}{\Delta t} + \frac{Q_{m+1}^n - Q_{m-1}^n}{2\Delta x} = 0$$

其中对时间用的是前向差商，对位置用的是中心差商。把上式中的未知因变量分离出来，得

$$Z_m^{n+1} = Z_m^n - \frac{\Delta t}{B_m^n \times 2\Delta x}(Q_{m+1}^n - Q_{m-1}^n)$$

$$\tag{2.5.33}$$

图 2.5.9　自变量 x-t 平面

通过类似对连续方程式（2.5.31）所做的差商化变换，方程组式（2.5.32）中的运动方程的差商化形式为

$$Q_m^{n+1} = Q_m^n - \left(\frac{Q}{A}\right)_m^n \frac{\Delta t}{\Delta x}(Q_{m+1}^n - Q_{m-1}^n) - \frac{\Delta t}{2\Delta x}\left(gA - \frac{BQ^2}{A^2}\right)_m^n (Z_{m+1}^n - Z_{m-1}^n)$$

$$+ \Delta t\left[\left(\frac{BQ^2}{A^2}\right)_m^n S_0 - g(AS_f)_m^n\right] \tag{2.5.34}$$

可以看出，新的连续方程式（2.5.33）和运动方程式（2.5.34）的等式右侧都是已知量，是典型的显式推进求解格式，这种格式连迭代都不需要就可以把下一个时间的 Z 和 Q 算出来。这个差分计算方程组就是最简单的显式差分计算格式；但遗憾的是，这个计算格式的推进稳定性较差，最典型的就是出现的以 Δx 为半周期长的不传播、不衰减的锯齿形表面驻波，见图 2.5.10。造成这个问题的原因正是因为对位置变量 x 进行的中心差分变换：

$$\frac{\partial Q}{\partial x} \rightarrow \frac{Q_{m+1}^n - Q_{m-1}^n}{2\Delta x}$$

差分距离增量实际上是 $2\Delta x$ 而不是 Δx。这种中心差分在精度上虽优于单边差分，但也引入了不稳定因素，造成了奇数节点与偶数节点在计算中相互隔离的局面。当出现如图 2.5.10 所示的锯齿驻波时，运动方程中只存在奇数分割点与奇数分割点之间和偶数分割

点与偶数分割点之间的平滑机制，而不存在奇数分割点与偶数分割点之间的平滑机制。

解决这个问题的一个有效办法是人为引入"扩散项"。所谓扩散项就是把差商化后的连续方程式（2.5.33）中的已知水位 Z_m^n 用已知时间层上相邻三个位置点的已知水位的加权平均值代替，即

$$Z_m^n \rightarrow \alpha Z_m^n + \frac{1-\alpha}{2}(Z_{m+1}^n + Z_{m-1}^n) \tag{2.5.35}$$

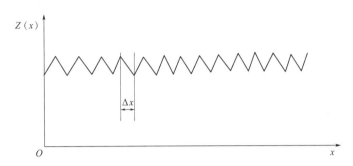

图 2.5.10　方程组〔式（2.5.33）和式（2.5.34）〕求解出现的
以 Δx 为半周期长的锯齿形驻波

类似的，差商化后的运动方程式（2.5.34）中的 Q_m^n 也用已知时间层上相邻三个位置点的已知流量的加权平均值代替，即

$$Q_m^n \rightarrow \alpha Q_m^n + \frac{1-\alpha}{2}(Q_{m+1}^n + Q_{m-1}^n) \tag{2.5.36}$$

式中：α 为加权因子，取值范围为 $0 \leqslant \alpha \leqslant 1$。

不难看出，扩散项的对 Z 和 Q 有拉平作用。加扩散项的本质就是要建立奇数分割点与偶数分割点之间的平滑机制。α 取值越小，扩散加权越大，平滑作用也越强，计算也越稳定。如果取 $\alpha = 0$，上两替换式简化为

$$Z_m^n \rightarrow 0.5(Z_{m+1}^n + Z_{m-1}^n) \tag{2.5.37}$$

$$Q_m^n \rightarrow 0.5(Q_{m+1}^n + Q_{m-1}^n) \tag{2.5.38}$$

成为纯扩散格式，也称为 Lax 格式。Lax 格式符合式（2.5.31a）所示的中点值的平均值逼近方式。加入扩散项后的差分计算方程组为

$$Z_m^{n+1} = \alpha Z_m^n + \frac{1-\alpha}{2}(Z_{m+1}^n + Z_{m-1}^n) - \frac{\Delta t}{2B_m^n \times \Delta x}(Q_{m+1}^n - Q_{m-1}^n) \tag{2.5.39}$$

$$Q_m^{n+1} = \alpha Q_m^n + \frac{1-\alpha}{2}(Q_{m+1}^n + Q_{m-1}^n) - \left(\frac{Q}{A}\right)_m^n \frac{\Delta t}{\Delta x}(Q_{m+1}^n - Q_{m-1}^n)$$

$$- \frac{\Delta t}{2\Delta x}\left(gA - \frac{BQ^2}{A^2}\right)_m^n (Z_{m+1}^n - Z_{m-1}^n) + \Delta t\left[\left(\frac{BQ^2}{A^2}\right)_m^n S_0 - g(AS_f)_m^n\right] \tag{2.5.40}$$

扩散格式在解决计算稳定性的同时也人为加入了一个误差源。α 值越小，可能造成的误差越大。有文献建议取 0.1，但本书编者认为没有必要，同时也不宜小于 0.5。扩散项解决的是由于对位置的中间差商所引起的不稳定。由水面波的传播速度所引起的计算稳定性问题仍需要用库朗条件来解决，即式（2.5.24），也可以写成

$$\Delta t \leqslant \frac{\Delta x}{\left| V \pm \sqrt{g\, \dfrac{A}{B}} \right|_{\max}} \tag{2.5.41}$$

2.5.4　菱形格式差分法

扩散格式的差分法中对位置采用了中心差分，但对时间用的却是单边差分，因为只用到了两个相邻的时间层。如果要对时间也用中心差分以提高差分逼近的精度，就需要涉及三个时间层。菱形格式差分法也常被称为"蛙步法"，就是解决这个问题的方式之一，而且是最简单的方式。

仍用一般化的 $f(x,t)$ 二元函数为例，以自变量平面上的菱形中心 (m,n) 为中心点（参考图 2.5.11），写出 $f(x,t)$ 对时间和空间（位置）的差商：

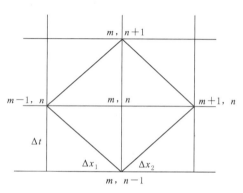

$$\frac{\partial f}{\partial t} \approx \frac{f_m^{n+1} - f_m^{n-1}}{2\Delta t} \tag{2.5.42}$$

$$\frac{\partial f}{\partial x} \approx \frac{f_{m+1}^{n} - f_{m-1}^{n}}{2\Delta x} \tag{2.5.43}$$

上面这两项差商逼近因对时间和距离都是中心差商，故具有二阶精度。

图 2.5.11　自变量平面上的以 (m,n) 为中心的菱形格式图

下面以 Z、Q 为因变量的圣维南方程组给出菱形格式的差分方程组：

$$Z_m^{n+1} = Z_m^{n-1} - \frac{\Delta t}{B_m^n \times \Delta x}(Q_{m+1}^n - Q_{m-1}^n) \tag{2.5.44}$$

$$Q_m^{n+1} = Q_m^{n-1} - \left(\frac{Q}{A}\right)_m^n \frac{2\Delta t}{\Delta x}(Q_{m+1}^n - Q_{m-1}^n) - \frac{\Delta t}{\Delta x}\left(gA - \frac{BQ^2}{A^2}\right)_m^n (Z_{m+1}^n - Z_{m-1}^n)$$

$$+ 2\Delta t\left[\left(\frac{BQ^2}{A^2}\right)_m^n S_0 - g(AS_f)_m^n\right] \tag{2.5.45}$$

这也是一组显式代数方程，对于一个确定的时间点，求解上述方程也不需要迭代，但是这个推进计算方程组存在与方程组〔式（2.5.33）和式（2.5.34）〕相同的不稳定因素，因此也需要引入扩散项。引入方式与方程组〔式（2.5.39）和式（2.5.40）〕相同。蛙步法只有在计算进行到时间层第二层（步）以上才用得上，从初始状态开始的第一步只能用别的方法，如 2.5.3 小节介绍的扩散格式法。

菱形格式的稳定性条件依然是库朗条件，这种格式需要根据两个已知时层即第 $n-1$ 时层和第 n 时层的已知变量计算 $n+1$ 时层的未知值。这是蛙步法中最简单的一种方法。

2.5.5　准隐式差分法

在 2.5.4 小节中介绍的蛙步法虽然实现了对时间的中间差分，但也把实际的时间步长从 Δt 增到 $2\Delta t$。在 2.5.2 小节中就已指出，用差商逼近微商，逼近的精准度的第一要素就是差分步长要越小越好。为了实现中心差分而将差分步长增加一倍，会不会得不偿失？

虽然这个问题可能不能一概而论，但有一点是可以肯定的，用加倍的时间差分步长所实现的中心差商是有代价的。

那么，有没有可能在不增加时间步长的条件下实现中心差商？如果在 x-t 平面上的两个时间层之间加一条半步时间线，如图 2.5.12 中虚线所示，那么半步时间线与表示位置 m 的垂直线的交点 $(m,n+0.5)$ 的偏微商的差商逼近就可以用下式表达：

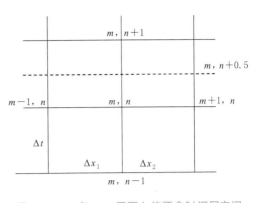

$$\frac{\partial f}{\partial t} \approx \frac{f_m^{n+1} - f_m^n}{\Delta t}$$

图 2.5.12　在 x-t 平面上的两个时间层之间加一条辅助半步时间线

那么这个差商就是函数在点 $(m, n+0.5)$ 对于时间的中间差商。如果用 $(m,n+0.5)$ 这个点作为上一小节介绍的菱形格式法中的菱形中心点，(m,n) 和 $(m,n+1)$ 作为菱形的时间顶点，并套用方程组［式 (2.5.44) 和式 (2.5.45)］，可得

$$Z_m^{n+1} = Z_m^n - \frac{\Delta t}{2B_m^n \Delta x}(Q_{m+1}^{n+0.5} - Q_{m-1}^{n+0.5}) \tag{2.5.46}$$

$$Q_m^{n+1} = Q_m^n - \left(\frac{Q}{A}\right)_m^{n+0.5} \frac{2\Delta t}{\Delta x}(Q_{m+1}^{n+0.5} - Q_{m-1}^{n+0.5}) - \frac{\Delta t}{\Delta x}\left(gA - \frac{BQ^2}{A^2}\right)_m^{n+0.5}(Z_{m+1}^{n+0.5} - Z_{m-1}^{n+0.5})$$

$$+ 2\Delta t\left[\left(\frac{BQ^2}{A^2}\right)_m^{n+0.5} S_0 - g(AS_f)_m^{n+0.5}\right] \tag{2.5.47}$$

方程组［式 (2.5.46) 和式 (2.5.47)］不但实现了对时间的中间差分，同时又没有增加实际的时间差分步长。用相邻点逼近式 (2.5.31b) 对以上方程组中的未知独立应变量 $Q^{n+0.5}$，$Z^{n+0.5}$ 做以下替换：

$$Z_{m-1}^{n+0.5} \Rightarrow 0.5(Z_{m-1}^n + Z_{m-1}^{n+1})$$
$$Z_m^{n+0.5} \Rightarrow 0.5(Z_m^n + Z_m^{n+1})$$
$$Z_{m+1}^{n+0.5} \Rightarrow 0.5(Z_{m+1}^n + Z_{m+1}^{n+1})$$
$$Q_{m-1}^{n+0.5} \Rightarrow 0.5(Q_{m-1}^n + Q_{m-1}^{n+1})$$
$$Q_m^{n+0.5} \Rightarrow 0.5(Q_m^n + Q_m^{n+1})$$
$$Q_{m+1}^{n+0.5} \Rightarrow 0.5(Q_{m+1}^n + Q_{m+1}^{n+1})$$

非独立因变量 A、B、S_f 都是 $Z_m^{n+0.5}$、$Q_m^{n+0.5}$ 的函数，不难得出上述替换后的方程组［式 (2.5.48) 和式 (2.5.49)］的右侧不再含有在推导该差分方程组而增加的 $n+0.5$ 时间层的任何变量。由于完整的表达式过长，替换后的方程组［式 (2.5.46) 和式 (2.5.47)］不妨简写为

$$Z_m^{n+1} = Z(Q^n, Z^n, Q^{n+1}, Z^{n+1}) \tag{2.5.48}$$

$$Q_m^{n+1} = Q(Q^n, Z^n, Q^{n+1}, Z^{n+1}) \tag{2.5.49}$$

因为方程组右边只有时间第 n 步的变量 Q^n、Z^n 是已知的，而时间 $n+1$ 步的变量 Q^{n+1}、Z^{n+1} 为待求的未知量，所以方程组［式 (2.5.48) 和式 (2.5.49)］不是显式计算方程组，而是一个隐式方程组。用迭代计算方式求解隐式代数方程，是显式代数方程的常

用求解方法，只要迭代过程收敛，其收敛解就是隐式方程的解。应用实践证明，方程组〔式（2.5.48）和式（2.5.49）〕的迭代求解有较好的收敛性。

如果用 k 表示迭代计算的第 k 步，写出方程简单代入式迭代计算式：

$$Z_m^{n+1}(k) = Z[Q^n, Z^n, Q^{n+1}(k-1), Z^{n+1}(k-1)] \qquad (2.5.50)$$

$$Q_m^{n+1}(k) = Q[Q^n, Z^n, Q^{n+1}(k-1), Z^{n+1}(k-1)] \qquad (2.5.51)$$

方程组〔式（2.5.50）和式（2.5.51）〕不再是一个隐式计算方程组，而是一个显式计算方程组，因为在迭代到第 k 步时，$k-1$ 步的所有变量已经算出。

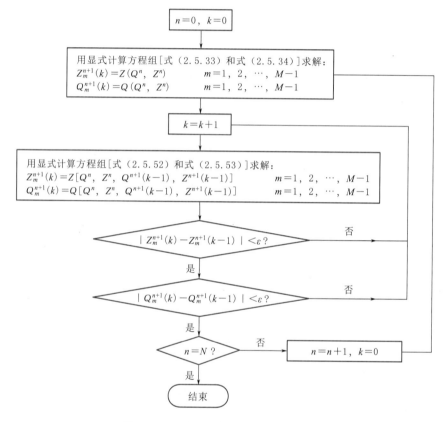

图 2.5.13　准隐式差分法数值计算流程

图 2.5.13 是一个准隐式差分法数值计算的流程图。该流程计算假定明渠沿长度共分 M 段，有 0 到 $M+1$ 个分段端点。0 和 M 点为边界点，$m=1,2,\cdots,M-1$ 为内点。该流程图仅为内点计算部分。这个流程图也没有包括初始状态 $t=0$ 时的计算。仿真计算总时长为 N，总时间 $T=\Delta t \cdot N$。计算到第 n 步时的时间为 $t=\Delta t \cdot n$。每时间步的收敛判据为

$$|Z_m^{n+1}(k) - Z_m^{n+1}(k-1)| < \varepsilon$$

$$|Q_m^{n+1}(k) - Q_m^{n+1}(k-1)| < \varepsilon$$

只要 ε 取得足够小，迭代计算方程组〔式（2.5.50）和式（2.5.51）〕的收敛解也就是隐式方程组〔式（2.5.48）和式（2.5.49）〕的解。上面介绍的这个流程虽然可解隐式方程组〔式（2.5.48）和式（2.5.49）〕，但由于每个迭代步的基础计算仍为显式计算，因此，准隐式差分法并不是真正意义上的隐式算法，而是一种用显式计算通过迭代来求解隐

式方程的方法，实质上仍属显式，所以这个算法也还是需要满足库朗条件的。

准隐式差分算法对于一个具体的时间点仍然是沿 x 方向逐点计算，所以当渠内流态大幅变化时，计算过程可根据表面波波速调整 Δx 的值，做非等距离分割，以优化计算。同时还可以根据具体段的弗劳德数的值，改用其他算法。当弗劳德数大于等于 1 时，为临界流或急流流态，方程组［式 (2.5.46) 和式 (2.5.47)］已不适用。可针对性地对那几个点改用其他方程和方法，例如特征线法。这一灵活特点不光是准隐式差分法有，扩散格式法和菱形格式法也有，但下一小节要介绍的真正的隐式差分法就没有这一灵活性了。

2.5.6   隐式差分法

隐式差分格式的类型也很多，这里只介绍具有代表性的四点偏心格式，也称普利斯曼 (Preissmann) 格式，见图 2.5.14。这一格式的特点是围绕矩形网格中的 M 点来取因变量的偏微商来进行差商逼近。网格的距离步长可以是不等距的，而时间的步长一般取等距步长。M 点在时间上距离已知时层 n 为 $\alpha\Delta t$，距未知时层 $n+1$ 为 $(1-\alpha)\Delta t$（α 为权系数，权系数的值为 $0\leqslant\alpha\leqslant1$）。

设每一个网格内函数 $f(x,t)$ 呈直线变化，则网格上 L、R、U、D 四点的函数值用节点 a、b、c、d 的值表示应该为

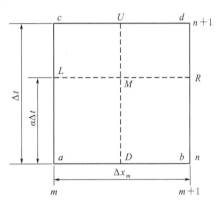

图 2.5.14   普利斯曼格式示意图

$$f_L = \alpha f_m^{n+1} + (1-\alpha)f_m^n$$

$$f_R = \alpha f_{m+1}^{n+1} + (1-\alpha)f_{m+1}^n$$

$$f_U = \frac{1}{2}(f_m^{n+1} + f_{m+1}^{n+1})$$

$$f_D = \frac{1}{2}(f_m^n + f_{m+1}^n)$$

由此得到 M 点的偏微商的差商逼近公式为

$$\left.\frac{\partial f}{\partial x}\right|_M \approx \frac{f_R - f_L}{\Delta x_m} = \alpha\frac{f_{m+1}^{n+1} - f_m^{n+1}}{\Delta x_m} + (1-\alpha)\frac{f_{m+1}^n - f_m^n}{\Delta x_m}$$

$$\left.\frac{\partial f}{\partial t}\right|_M \approx \frac{f_U - f_D}{\Delta t} = \frac{f_{m+1}^{n+1} - f_{m+1}^n + f_m^{n+1} - f_m^n}{2\Delta t}$$

圣维南方程中的系数项和非导数项若也用 f 表示，则 f 的值均采用 M 点值进行计算，即

$$f_M = \alpha\left(\frac{f_{m+1}^{n+1} + f_m^{n+1}}{2}\right) + (1-\alpha)\left(\frac{f_{m+1}^n + f_m^n}{2}\right)$$

将以上各式代入圣维南方程组，因上述差分方程中的 f_M、$\left.\dfrac{\partial f}{\partial t}\right|_M$、$\left.\dfrac{\partial f}{\partial x}\right|_M$ 中都含有 $n+1$ 时层上 m 和 $m+1$ 两点的未知量，故形成隐式差分格式。也就是说，在以 M 为代表的矩形网格中，构造的两个差分方程为非线性代数方程（系数项中含有未知量），并含有 4 个未知量 Z_{m+1}^{n+1}、Z_m^{n+1}、Q_{m+1}^{n+1}、fQ_m^{n+1}，这样对每个网格而言，方程是不封闭的。但就全渠段而言，方程的个数与未知量的个数是相同的，这是因为对于有 N 个断面的全渠段，未知

量有 $2N$ 个，全渠段共有（$N-1$）个网格，则根据前述可以构建 $2(N-1)$ 个差分方程。再由上下游边界提供两个边界条件方程，方程数一共也是 $2N$ 个，因此方程组封闭。隐格式是对非线性代数方程组联立求解才能一次性得到全渠段 $n+1$ 时层的所有未知量。不像显格式那样可以逐点求解。

隐式差分格式理论上可以证明是无条件稳定的，但实际运用中也需要对时间步长、距离步长和加权系数适当选择。经验指出 $1/2 \leqslant \alpha \leqslant 1$ 时格式是稳定的（其中 $0.5 \leqslant \alpha \leqslant 0.6$ 为弱稳定）。但 α 值越大精度越差，一般取 $\alpha=0.7 \sim 0.75$。

显式差分格式（包括准隐式）虽然计算上比较方便，但为了保证计算的收敛性和稳定性，对步长比 $\Delta t / \Delta x$ 有一定的要求（库朗条件），因而在选定 Δx 以后，Δt 不能过大。对于变化缓慢的水流，这种要求导致计算时间过长，因此用它来分析快速变化的水流比较合适。隐式差分格式的步长比 $\Delta t / \Delta x$ 比显格式大得多，故宜用于计算变化缓慢的水流。另外，正如 Chaudhry 所指出的，当用于计算快速变化的明渠瞬态流时，隐式差分法实际上也要满足库朗条件。否则，虽然不会出现计算的不稳定，但会出现解的较大误差。隐式差分法的一个最大特点是同一时间层沿渠长方向所有分隔节点同时求解，这同时也成为最大缺点。当渠道不同点的流态不同、水深和波速差异较大时，这种算法无法实现针对具体位置采用不同的段长和采用不同的求解格式，因此在很大程度上妨碍了这种方法在流态变化很大的水电站明渠流中的应用。

2.6　一维明满交替流的数值计算

在输水隧洞和水电站的尾水隧洞等管道中，无压明渠流在过渡过程中可能变为有压流，有压流也可能变为无压流，这种现象称为明满流，也称明满交替流。明满流现象使得过渡过程中可能产生较大的压力脉动，具有破坏性，有可能会给工程运行的稳定性和安全性带来复杂的影响。

2.6.1　普利斯曼虚拟狭缝原理

本书前面就已经指出过，一维瞬变流的数学模型可以归结为三种基本模型：刚性水击模型、弹性水击模型和明渠流模型。明满交替流是分时分段的有压流和明渠流混合体，所以不存在独立的基本模型。

明满交替流在明流段满足圣维南方程组，重写如下：

$$\frac{\partial h}{\partial t} + V \frac{\partial h}{\partial x} + \frac{A}{B} \frac{\partial V}{\partial x} = 0 \tag{2.6.1}$$

$$\frac{\partial V}{\partial t} + V \frac{\partial V}{\partial x} + g \frac{\partial h}{\partial x} + g(S_{\mathrm{f}} - S_0) = 0 \tag{2.6.2}$$

在满流段满足有压流水击方程组重写如下：

$$\frac{\partial H}{\partial t} + V \frac{\partial H}{\partial x} + \frac{a^2}{g} \frac{\partial V}{\partial x} = 0 \tag{2.6.3}$$

$$\frac{\partial V}{\partial t} + V \frac{\partial V}{\partial x} + g \frac{\partial H}{\partial x} + g(S_{\mathrm{f}} - S_0) = 0 \tag{2.6.4}$$

比较两个方程组可以发现，如果把明流方程中的水位 h 和满流中的压能头 H 统一起来，这两组方程就变得高度一致。如果令式（2.6.3）中的 $\dfrac{a^2}{g}$ 与式（2.6.1）中的 $\dfrac{A}{B}$ 相等，那么有压满流方程组就可以用明流方程组来代替，即

$$B=\frac{gA}{a^2} \tag{2.6.5}$$

式中：B 为自由水面宽度；A 为过流断面面积；a 为满流时水击波波速。

因为满流是没有自由水面的，但为了用明流基本方程组来等效于满流基本方程组，就虚拟了一条宽度为 $B=\dfrac{gA}{a^2}$ 的向上的狭缝，如图 2.6.1 所示，其宽度 B 满足式（2.6.5）。这就是著名的虚拟狭缝原理，是由 Priessmann 在 1961 年提出的。通过这个可以化有压满流为明流的原理，就可以用 2.5 节中介绍的求解明渠流的直接差分法或特征线法来求解明满交替流问题了。利用这个原理成功求解明满交替流的早期文献有

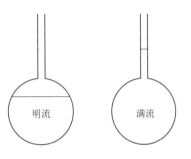

图 2.6.1　虚拟狭缝原理示意

Mahmood 和 Yevjevich（1975）的文章以及 Chaudhry 和 Kao（1976）的报告。普利斯曼虚拟狭缝原理配合直接差分法是目前工程界最为实用的求解明满流数值计算方法。在本章 2.5.5 小节介绍的准隐式差分法基础上进一步改进的新方法是本书要向读者介绍的主要方法。

2.6.2　明满交替流的数值解法

虽然 2.6.1 小节介绍的虚拟狭缝原理可以把一个明满交替流问题从求解的角度化解成一个单纯的明渠流问题，但由于这个虚拟的"纯明渠"求解并不容易，其主要难点就是当水面在波动中从真正的自由水面状态变为狭缝水面以及从狭缝水面状态过渡为真正自由水面状态的瞬间波速突变。这种可超过 100 倍的波速突变往往是造成计算失败的主要原因。本书在 2.5.6 小节中已经指出隐式差分法并不适用于流态沿渠道方向变化很大条件下的求解，而采用包括准隐式差分法在内的显式求解格式则必须满足库朗条件。在明满交替的流态条件下，满足满流段库朗条件所需要的分段长度 Δx 是满足明流段库朗条件所需要的分段长度 Δx 的 100 倍以上。这就会出现以下情况：①如果按明流段稳定性要求分段，满流段将不满足计算稳定性要求；②如果按满流段稳定性要求分段，明流段的计算将出现过大的差分计算误差。

因此，按波速针对性地采用 Δx 变段长网格势在必行。在变段长网格条件下，有必要对计算方程的各段 Δx_m 进行标注（图 2.6.2）。

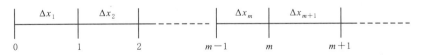

图 2.6.2　变段长网格对各段 Δx_m 标注

如果要套用 2.5.5 小节介绍的准隐式差分求解，方程组［式（2.5.46）和式（2.5.47）］必须做相应的变化：

$$Z_m^{n+1} = Z_m^n - \frac{\Delta t}{B_m^n \times (\Delta x_m + \Delta x_{m+1})}(Q_{m+1}^{n+0.5} - Q_{m-1}^{n+0.5}) \tag{2.6.6}$$

$$Q_m^{n+1} = Q_m^n - \left(\frac{Q}{A}\right)_m^{n+0.5} \frac{4\Delta t}{\Delta x_m + \Delta x_{m+1}}(Q_{m+1}^{n+0.5} - Q_{m-1}^{n+0.5})$$

$$- \frac{2\Delta t}{\Delta x_m + \Delta x_{m+1}}\left(gA - \frac{BQ^2}{A^2}\right)_m^{n+0.5}(Z_{m+1}^{n+0.5} - Z_{m-1}^{n+0.5})$$

$$+ 2\Delta t\left[\left(\frac{BQ^2}{A^2}\right)_m^{n+0.5}S_0 - g(AS_f)_m^{n+0.5}\right] \tag{2.6.7}$$

由于式（2.6.7）中的 Δx_m 和 Δx_{m+1} 有可能不同，所以上述差分式不再是严格的中心差分式。

回顾 2.5.5 小节所介绍的，通过加一个辅助的半步时长 $0.5\Delta t$ 使差分式（2.5.1）在一个时间步长 Δt 之内实现了 Z 对 t 的中间差商逼近。这种对时间步长的处理方式当然同样可以用于空间。参考图 2.6.3，对于空间线 m 线的两侧各加一条 $-0.5\Delta x_m$ 和 $+0.5\Delta x_{m+1}$ 的半步空间线，在 m 线的两侧形成了一左一右两个菱形计算格式，从而在时间与空间两方面都可以实现中间差商逼近。

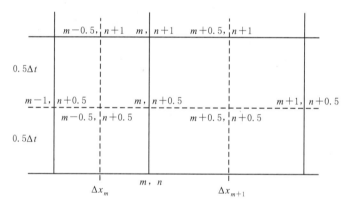

图 2.6.3　x - t 平面上的两个空间层之间也加辅助半步线

具体差分方程，左边菱形为

$$Z_{m-0.5}^{n+1} = Z_{m-0.5}^n - \frac{\Delta t}{B_{m-0.5}^n \times \Delta x_m}(Q_m^{n+0.5} - Q_{m-1}^{n+0.5}) \tag{2.6.8}$$

$$Q_{m-0.5}^{n+1} = Q_{m-0.5}^n - \left(\frac{Q}{A}\right)_{m-0.5}^{n+0.5} \frac{4\Delta t}{\Delta x_m}(Q_m^{n+0.5} - Q_{m-1}^{n+0.5}) - \frac{2\Delta t}{\Delta x_m}\left(gA - \frac{BQ^2}{A^2}\right)_{m-0.5}^{n+0.5}$$

$$(Z_m^{n+0.5} - Z_{m-1}^{n+0.5}) + 2\Delta t\left[\left(\frac{BQ^2}{A^2}\right)_{m-0.5}^{n+0.5}S_0 - g(AS_f)_{m-0.5}^{n+0.5}\right] \tag{2.6.9}$$

右边菱形为

$$Z_{m+0.5}^{n+1} = Z_{m+0.5}^n - \frac{\Delta t}{B_{m+0.5}^n \times \Delta x_{m+1}}(Q_{m+1}^{n+0.5} - Q_m^{n+0.5}) \tag{2.6.10}$$

$$Q_{m+0.5}^{n+1} = Q_{m+0.5}^n - \left(\frac{Q}{A}\right)_{m+0.5}^{n+0.5} \frac{4\Delta t}{\Delta x_{m+1}}(Q_{m+1}^{n+0.5} - Q_m^{n+0.5}) - \frac{2\Delta t}{\Delta x_{m+1}}\left(gA - \frac{BQ^2}{A^2}\right)_{m+0.5}^{n+0.5}$$

$$(Z_{m+1}^{n+0.5} - Z_m^{n+0.5}) + 2\Delta t\left[\left(\frac{BQ^2}{A^2}\right)_{m+0.5}^{n+0.5} S_0 - g(AS_f)_{m+0.5}^{n+0.5}\right] \tag{2.6.11}$$

对以上方程组中的未知独立因变量 $Q^{n+0.5}$、$Z^{n+0.5}$ 做以下替换：

$$Z_{m-1}^{n+0.5} \Rightarrow 0.5(Z_{m-1}^n + Z_{m-1}^{n+1})$$

$$Z_m^{n+0.5} \Rightarrow 0.5(Z_m^n + Z_m^{n+1})$$

$$Z_{m+1}^{n+0.5} \Rightarrow 0.5(Z_{m+1}^n + Z_{m+1}^{n+1})$$

$$Q_{m-1}^{n+0.5} \Rightarrow 0.5(Q_{m-1}^n + Q_{m-1}^{n+1})$$

$$Q_m^{n+0.5} \Rightarrow 0.5(Q_m^n + Q_m^{n+1})$$

$$Q_{m+1}^{n+0.5} \Rightarrow 0.5(Q_{m+1}^n + Q_{m+1}^{n+1})$$

非独立因变量 A、B、S_f 都是 $Z_m^{n+0.5}$、$Q_m^{n+0.5}$ 的函数。不难得出，上述计算过程因此可以用以下函数式表达：

$$Z_{m+0.5}^{n+1} = Z(Q^n,\ Z^n,\ Q^{n+1},\ Z^{n+1}) \tag{2.6.12}$$

$$Q_{m+0.5}^{n+1} = Q(Q^n,\ Z^n,\ Q^{n+1},\ Z^{n+1}) \tag{2.6.13}$$

以上隐函数表达式可以用以下迭代计算式求解（详细说明参考 2.5.5 小节）：

$$Z_{m+0.5}^{n+1}(k) = Z(Q^n,\ Z^n,\ Q^{n+1}(k-1),\ Z^{n+1}(k-1)) \tag{2.6.14}$$

$$Q_{m+0.5}^{n+1}(k) = Q(Q^n,\ Z^n,\ Q^{n+1}(k-1),\ Z^{n+1}(k-1)) \tag{2.6.15}$$

令 $m=0,1,2,\cdots,M-1$ 就可以把全渠共 M 个分段的中点的 Z 和 Q 求出，然后用下式求出加权平均值作为节点上的值：

$$Z_m^{n+1} = \text{AVERAGE}(Z_{m-0.5}^{n+1},\ Z_{m+0.5}^{n+1}) = \alpha Z_{m-0.5}^{n+1} + (1-\alpha)Z_{m+0.5}^{n+1} \tag{2.6.16}$$

$$Q_m^{n+1} = \text{AVERAGE}(Q_{m-0.5}^{n+1},\ Z_{m+0.5}^{n+1}) = Q Z_{m-0.5}^{n+1} + (1-\alpha)Q_{m+0.5}^{n+1} \tag{2.6.17}$$

其中

$$\alpha = \frac{\Delta x_m}{\Delta x_m + \Delta x_{m+1}}$$

迭代计算方程式（2.6.14）和式（2.6.15）只有当 $k>0$ 才有效。对于每一时间步的首次计算（$k=0$）时，可套用最简单的前向差分计算方程组［式（2.5.33）和式（2.5.34）］：

$$Z_{m+0.5}^{n+1} = Z_m^n - \frac{\Delta t}{B_m^n \times \Delta x_{m+1}}(Q_{m+1}^n - Q_m^n) \tag{2.6.18}$$

$$Q_{m+0.5}^{n+1} = Q_{m+0.5}^n - \left(\frac{Q}{A}\right)_{m+0.5}^n \frac{\Delta t}{\Delta x_{m+1}}(Q_{m+1}^n - Q_m^n) - \frac{\Delta t}{2\Delta x_{m+1}}\left(gA - \frac{BQ^2}{A^2}\right)_{m+0.5}^n$$

$$\times (Z_{m+1}^n - Z_m^n) + \Delta t\left[\left(\frac{BQ^2}{A^2}\right)_{m+0.5}^n S_0 - g(AS_f)_{m+0.5}^n\right] \tag{2.6.19}$$

整个计算流程假定全渠沿长度共分 M 段，有 0 到 $M+1$ 个分段端点。这个流程图也没有包括初始状态 $t=0$ 时的计算。仿真计算总时长为 N，总时间 $T=\Delta t N$。计算到第 n 步时的时间为 $t=\Delta t n$。每时间步的收敛判据为

$$|Z_m^{n+1}(k) - Z_m^{n+1}(k-1)| < \varepsilon$$

$$|Q_m^{n+1}(k) - Q_m^{n+1}(k-1)| < \varepsilon$$

这个双菱形准隐式差分格式的优点有以下几个：

（1）恢复了被变空间步长条件破坏了的（运动方程）中间差商逼近。

（2）把原方案运行方程的空间差分步长从（$\Delta x_m + \Delta x_{m+1}$）减少到 Δx_m（左）和 Δx_{m+1}（右）。

（3）解决了原方案由于采用两个空间步长实现中间差商而造成的奇数节点与偶数节点在计算中相互被隔离而造成的计算过程的不稳定局面（参考 2.5.3 小节），从而大大降低了在计算格式中加入扩散项的必要性。

这种算法表面上看增加了约一倍的计算工作量（差分节点 m 左右两组差分方程都要算），其实不然。以 m 点为例，其实其左边的差分方程组在算上一个点 $m-1$ 时就已经作为右侧差分方程组计算过，已有解；而右侧方程组的计算结果又可被下一个空间点 $m+1$ 的计算所利用。所以，除了第一个内点，其他所有点都只需要计算该点右侧的那一组差分方程。

可以看出，这里介绍的明满交替流数值解法实际上就是 2.5.5 小节中介绍的准隐式差分法的改进，也是 2.5.4 小节中介绍的单菱形法的改进。编程实践证明，如果直接采用 2.5.5 小节介绍的准隐式差分格式进行明满交替流计算，在多数情况下也能得到与本节介绍的这个计算格式十分接近的结果。

3

水轮机、水泵水轮机的水力特性

一个复杂的水力系统是由多种不同的元素组成的。有些元素，例如管道、调压室、拦污栅、节流孔、开度不变的阀门等，是不会主动造成流量的变化而产生水力过渡过程的，这类元素为被动元素。水力系统中能引发水力过渡过程的主要是系统中的水力机械，如水轮机、水泵、水泵水轮机以及开关或调节中的各种阀门等，这类元素为可以引发水力过渡过程的主动元素。

3.1 水轮机的水力特性

通常说的一个元素的水力特性，一般指的是压力或水头与流量或流速之间的关系。而水轮机的特性除了水头与流量之间的关系之外还包括了导叶开度、转速、力矩以及效率等因素。下面以混流式水轮机为例进行水轮机水力特性的说明。混流水轮机的水力特性一般是通过水轮机特性曲线来表达的，多种特性曲线在一张图中表示出来时也称为综合特性曲线（图 3.1.1）。

3.1.1 水轮机的单位参数和相似理论简介

介绍水轮机相似理论及单位参数的文献很多。图 3.1.1 所示的特性曲线图的坐标系是由水轮机的单位参数 N_{11} 和 Q_{11} 来定义的。什么是单位参数？要说清楚这个问题，就需要对水轮机，包括水泵水轮机和水泵的相似理论有一个最基本的了解。说两台水轮机相似，必须满足以下两点：

（1）几何相似。几何相似包括：蜗壳几何相似，固定导叶几何相似，活动导叶几何相似，转轮几何相似和尾水管几何相似。

（2）水力相似。即两台机在各部位的弗劳德数相同。水力相似确保了两台转轮的运动相似性。

根据水轮机的相似理论，可以得到以下结论：如果水轮机 a 和水轮机 b 满足相似条件，用 N 代表转速，D 代表标称直径，H 代表水头，则有

$$\frac{N_a D_a}{H_a^{0.5}} = \frac{N_b D_b}{H_b^{0.5}} = \mathrm{const.}$$

这个常数就被定义为水轮机的单位转速，用 N_{11} 表示：

$$N_{11} = \frac{ND}{H^{0.5}} \tag{3.1.1}$$

它代表了当 $D=1$m、$H=1$m 时该水轮机满足水力相似所对应的机组转速。

同样，相似理论中定义的单位流量为

$$Q_{11} = \frac{Q}{D^2 H^{0.5}} \tag{3.1.2}$$

它代表了当 $D=1$m、$H=1$m 时该水轮机所对应的机组流量。

单位力矩的定义为

$$M_{11} = \frac{M}{D^3 H} \tag{3.1.3}$$

它代表了当 $D=1$m、$H=1$m 时该水轮机所对应的做功力矩。

单位出力的定义为

$$P_{11} = \frac{P}{D^2 H^{1.5}} \tag{3.1.4}$$

它代表了当 $D=1$m、$H=1$m 时该水轮机所对应的机组出力。

对于两台相似的水轮机，可以得出以下结论：

（1）它们的转速 N，水头 H，流量 Q，做功力矩 M 和出力 P 可以不同，但它们的单位转速 N_{11}（也常写成 n_{11}），单位流量 Q_{11}（也常写成 q_{11}），单位力矩 M_{11}（也常写成 m_{11}）和单位出力 P_{11}（也常写成 p_{11}）是相同的。

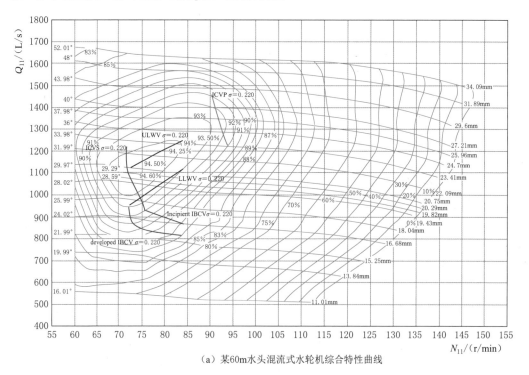

（a）某60m水头混流式水轮机综合特性曲线

图 3.1.1（一）　典型水轮机综合特性曲线

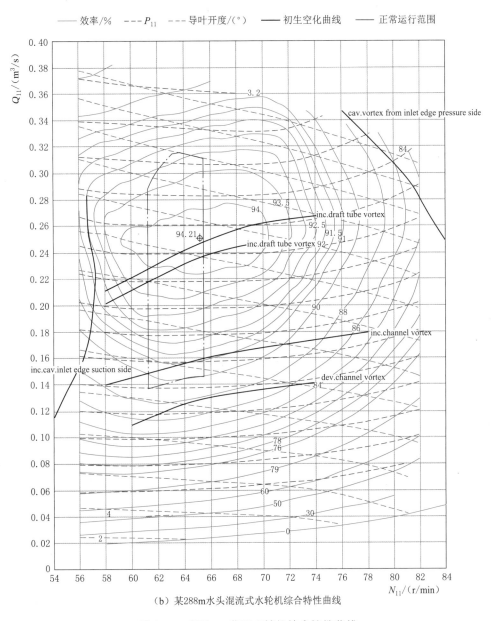

（b）某288m水头混流式水轮机综合特性曲线

图 3.1.1（二） 典型水轮机综合特性曲线

（2）如果用上述单位量表达，它们的特性曲线图就是一样的。

也就是说，要知道一台大的原型水轮机的特性曲线，只要做一个与它几何相似的小模型并使它们水力相似，可以通过模型测试得到的特性曲线并用单位量表达，就可作为原型机的特性曲线。

水轮机除了单位参数外，还有另一个重要的参数，它虽然不是单位参数，但与单位参数密切相关，这个参数就是比转速。比转速有多种定义方式，最常用的有两种，一种是以单位流量与单位转速定义的比转速 n_q，另一种是以单位出力与单位转速定义的比转速 n_s，

其表达式为

$$n_q = N_{11} \sqrt{Q_{11}} \qquad (3.1.5)$$

或

$$n_q = \frac{NQ^{0.5}}{H^{0.75}} \qquad (3.1.6)$$

$$n_s = N_{11} \sqrt{P_{11}} \qquad (3.1.7)$$

或

$$n_s = \frac{NP^{0.5}}{H^{1.25}} \qquad (3.1.8)$$

每个单位量（单位转速、单位流量和单位力矩等）都有清楚的物理意义。比转速的物理意义则不很清晰了，但其工程应用意义完全不输于其他单位参数。特别需要说明的是比转速有两大特点：

（1）水轮机的应用水头与该水轮机的比转速的值密切相关。

（2）如果两台水轮机的比转速相同并采用相对量坐标，则它们的特性曲线高度相似。对于水力过渡过程分析而言，第二个特点很有用，将在 3.4.2 小节中进一步讨论。

3.1.2 水轮机的流量特性

由于混流式水轮机的应用最为广泛，所以本章以混流式机组为主进行介绍。图 3.1.1 所示的综合特性曲线中，环形绿色曲线组（部分封闭）为等效率曲线，而大致水平走向的灰色曲线为等开度曲线。等开度曲线所代表的实际上就是水轮机的流量特性。

混流式水轮机的等开度曲线的倾斜度与该机的比转速有关，如图 3.1.2 所示。

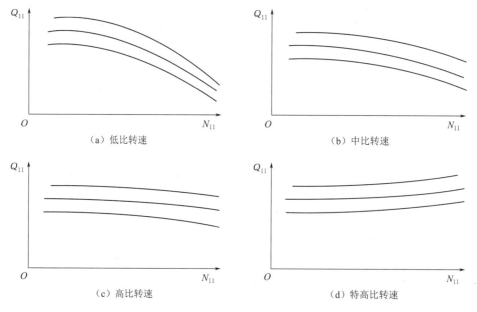

（a）低比转速 （b）中比转速

（c）高比转速 （d）特高比转速

图 3.1.2 混流式水轮机等开度曲线与比转速关系示意图

等开度线的斜率做无量纲处理后被定义为水轮机的自调节系数 Q_n：

$$Q_n = \frac{\mathrm{d}Q_{11}}{\mathrm{d}N_{11}} \frac{(N_{11})_0}{(Q_{11})_0} \qquad (3.1.9)$$

当 Q_n 的值为正时，表明图 3.1.2 中的等开度曲线随 N_{11} 值增加而上扬，Q_n 为负值时下垂。除了特高比转速的混流式水轮机或轴流转桨式水轮机，绝大多数混流式水轮机的这个值是小于零的，即 $Q_n < 0$。自调节系数的物理意义为：如果机组的转速上升（即 N_{11} 值上升），如果 $Q_n < 0$，根据式（3.1.9），dQ_{11} 必然为负，表示机组流量会自动减小，从而使机组出力减小，抑制了转速的上升趋势，这就是所谓的自调节作用。

从图 3.1.2 可以看出，除了特高比转速的机组，大部分混流式水轮机的自调节系数都小于零，也就是说有自我调节作用：比转速越低调节作用越强，机组转速的稳定性也越好；反之，当自调节系数大于零时，机组的自调节作用是一个不利于稳定的正反馈过程。这也是超低水头机组的调速稳定性一般都比较差的原因之一。

并非所有综合特性曲线都是以 N_{11} 为横坐标，以 Q_{11} 为纵坐标。图 3.1.3 所示的特性曲线就正好反过来，而等开度线就接近垂直走向了。

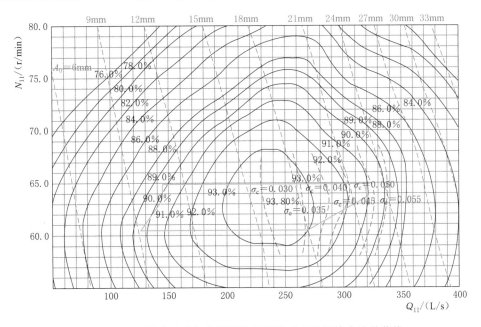

图 3.1.3　以单位流量为横坐标的某混流式水轮机综合特性曲线

3.1.3　水轮机的效率和力矩特性

水轮机作为一个水力元素，除了有一般的水力特性之外，同时还是一个能量转换装置和一个旋转机械，所以它还有效率特性和力矩特性等。图 3.1.1 和图 3.1.3 中类似山头等高线的那些曲线就是等效率曲线。也正是因为等效率曲线在形态上像山头的等高线图，国外文献一般把综合特性曲线图称为"山图"。

当 N_{11} 对应额定转速时，通过"山图"可以得到额定转速条件下的水轮机效率曲线，其主要特征如图 3.1.4 所示。水轮机效率曲线的这些主要特征不是单纯影响水能到电能的转换过程，还对调压室的稳定性有重大影响，详见第 5 章。

典型的混流式水轮机综合特性曲线中并没有力矩曲线，而力矩特性对旋转机械的动态

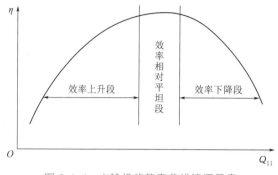

图 3.1.4　水轮机的效率曲线特征示意

过程至关重要，这一点可以由 3.1.4 小节中给出的水轮发电机组机械部分运行方程式（3.1.11）看出。事实上，仅需给出效率特性，单位力矩便可以用下式算出：

$$m_{11} = g\eta\rho q_{11}/(2\pi n_{11}/60)$$
$$= 30g\eta\rho q_{11}/(\pi n_{11}) \tag{3.1.10}$$

式中：η 和 ρ 分别为水轮机效率和水的密度。

3.1.4　水轮机的飞逸特性

机组转动部分运动方程、水轮机做功方程和负荷阻力矩方程分别为

$$J \frac{\mathrm{d}\omega}{\mathrm{d}t} = M_t - M_g \tag{3.1.11}$$

$$P = M_t\omega \tag{3.1.12}$$

$$W = M_g\omega \tag{3.1.13}$$

以上式中：P 为机组出力；W 为电网负荷；ω 为机组角速度；M_t 为水轮机主动力矩；M_g 为机组总负荷力矩。

水轮发电机组在稳态运行时满足 $M_g = M_t$。如果运行中突甩负荷，水轮机主动力矩 M_t 和机组总负荷力矩 M_g 突然出现不平衡（M_g 几乎为零），机组在 M_t 的驱动下，转速迅速上升。如果导叶不能关闭或关闭过慢，机组转速上升到一定程度后，水轮机效率会因转速过高而下降。当水轮机效率下降到零时（$\eta = 0$），根据式（3.1.10），水轮机的主动力矩 M_t 将变为零，转速上升停止。这个过程就是"飞逸过程"。由于水轮机的零效率点就是机组上升的停止点，同时也是飞逸过程中的最高转速点，所以水轮机的零效率曲线就被定义为水轮机的飞逸特性曲线。

有的综合特性曲线图本身就带有飞逸曲线（零效率线），例如图 3.1.6。但多数综合特性曲线图是不带的，例如图 3.1.3，这样的特性曲线图就必须另附一张飞逸曲线图（图 3.1.5），否则，就很难对机组的飞逸过程进行准确的计算。

3.1.5　水轮机特性图的数值化与数据区扩展

混流式水轮机特性曲线一般是通过水轮机模型试验得到的。根据有关国际规范，水轮机制造商并没有义务提供水力过渡过程数值仿真计算所需的较为完整的特性曲线。如图 3.1.1 所示的水轮机特性曲线相对较为完整，但也很罕见，而即使是这张图，也缺少小开度条件下的特性曲线。此外，特性曲线多数以图形的形式提供，水力过渡过程计算并不能直接采用。也就是说，存在一个图形数值化的问题。

一个典型的混流式水轮机流量特性图数值化之后数据存在区如图 3.1.7 所示，力矩特性图数值化之后数据存在区如图 3.1.9 所示，具体有以下几点说明：

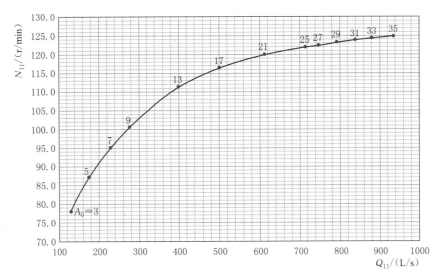

图 3.1.5　飞逸曲线图（配图 3.1.3 所示综合特性）

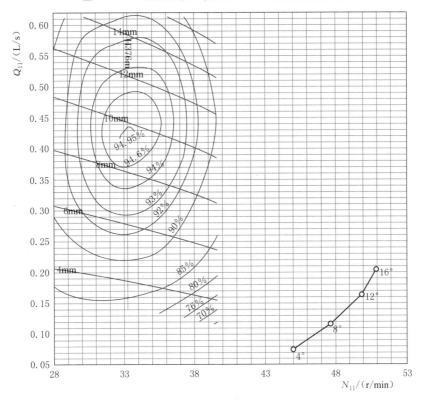

图 3.1.6　综合特性和飞逸特性在同一张图内实例

（1）中间红色方框内为综合特性曲线数据存在区，区内曲线为数值化之后由图形软件绘出的等开度流量线（图 3.1.7 和图 3.1.8），或由等效率特性曲线通过式（3.1.10）算出的等开度力矩曲线（图 3.1.9 和图 3.1.10）。

（2）图 3.1.7 和图 3.1.8 中红色方框右侧的曲线为数值化之后的飞逸特性曲线。

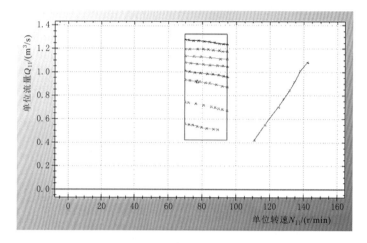

图 3.1.7　某混流式水轮机流量特性数据存在区

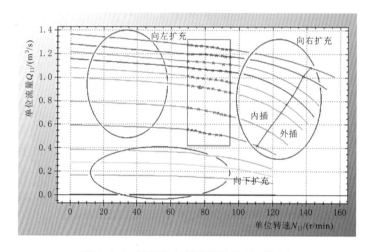

图 3.1.8　流量特性扩充特性数据示意图

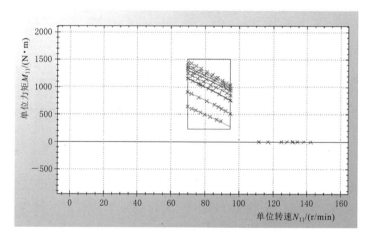

图 3.1.9　某混流式水轮机力矩特性数据存在区

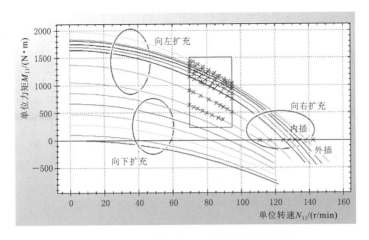

图 3.1.10   力矩特性扩充特性数据示意图

（3）由于飞逸曲线同时也是零力矩线，所以在图 3.1.9 和图 3.1.10 中飞逸特性曲线上的有效数据点由横轴上的"×"点表示。

图 3.1.11 和图 3.1.12 为由图 3.1.3 和图 3.1.5 所示非完整特性曲线经数值化扩展完成之后可直接用于水力过渡过程计算的完整特性曲线。

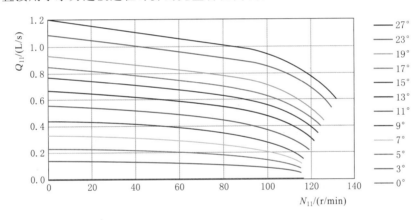

图 3.1.11   扩展完成后的流量特性图示例

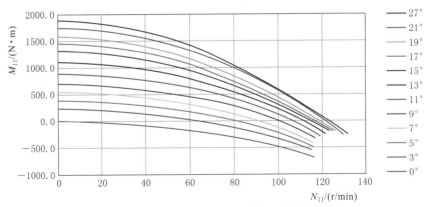

图 3.1.12   转换并扩展完成后的力矩特性图示例

图 3.1.7～图 3.1.12 由华东院水轮机特性数值化与扩展软件 ACT 产生。

3.2 水泵水轮机的水力特性

水泵水轮机与混流式水轮机一样同属法兰西斯式水轮机，在很大程度上水泵水轮机是混流式水轮机的变种，因此在国际上不少相关文献中有"Francis pump-turbine"的提法。当然，也有人认为水泵水轮机是水泵加上活动导叶之后的离心水泵变种。但是就水力特性而言，水泵水轮机与混流式水轮机有相当大的不同，与离心水泵的水力特性也不大一样。

3.2.1 水泵水轮机的四象限特性

水泵水轮机的水力特性一般不是以综合特性曲线的形式给出的，其形式正是水力过渡过程分析所需要的流量特性图（图 3.2.1）和力矩特性图（图 3.2.2），也常被称为全特性图。从图 3.2.1 可以看出，水泵水轮机的流量特性曲线有 4 个象限，力矩特性曲线占 3 个象限。相比之下，水轮机的综合特性曲线图一般则只涉及 1 个象限。由模型试验得到的水泵水轮机四象限特性曲线一般都相当完整，并不需要再作扩展。流量特性图的 4 个象限分别被称为：水轮机象限（第一象限），$N_{11}>0$，$Q_{11}>0$；耗能（制动）象限（第二象限），$N_{11}<0$，$Q_{11}>0$；水泵象限（第三象限），$N_{11}<0$，$Q_{11}<0$；反水泵象限（第四象限），$N_{11}>0$，$Q_{11}<0$。

其中第一象限里又分两个区，以机组飞逸特性线为界，线的左上区为出力区，右下侧为制动区。

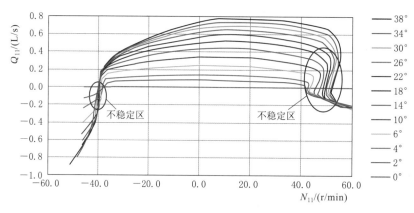

图 3.2.1　水泵水轮机的流量特性图

水泵水轮机有两个不稳定区，第一个主要在发电工况区。在发电工况区内，大开度同时 N_{11} 值大于额定值一定程度时便会进入不稳定区。如果是小开度，则在额定转速条件下就已经有可能在不稳定区里了。发电工况有三种情况可能会进入不稳定区：

（1）转速上升工况，N_{11} 值增加。

（2）低水头工况，N_{11} 值也会增加。

（3）小开度运行，例如空载工况，一个较典型的例子就是天荒坪机组。早期设计抽水蓄能机组时这个问题较为普遍，特别是高水头抽水蓄能电站。20 世纪 90 年代之后设计的

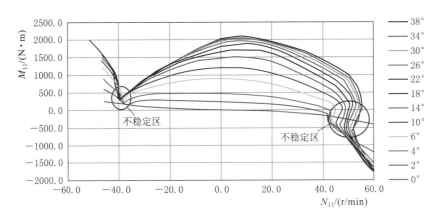

图 3.2.2　水泵水轮机的力矩特性图

多数水头 400m 以下水泵水轮机发电工况小开度运行区时不在 S 形不稳定区之内，一个较典型的例子就是额定水头为 363m 的宜兴机组该机组的空载运行工况点随水头不同必定在两条垂直红线之间的飞逸线上（图 3.2.3），离不稳定区还有相当一段距离，而且可以看出该机组的小开度特性曲线 S 形并不明显。而最新的抽水蓄能机组设计即使水头超 700m 的也可以做到空载运行区为稳定区。

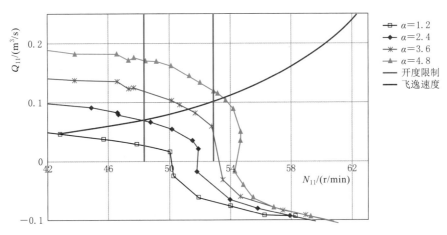

图 3.2.3　宜兴发电工况空载运行线（Runaway）不在 S 形不稳定区之内

　　第二个不稳定区为抽水工况区内当 N_{11} 值小于额定工况点 N_{11} 值一定程度时。抽水工况区内有两种情况会进入不稳定区：

（1）转速下降工况，N_{11} 值减小。

（2）高扬程工况，N_{11} 值也会减小。

　　发电工况甩负荷时，机组因转速上升和开度减小这两个不利因素同时发生，几乎肯定会进入不稳定区。从图 3.2.1 的不稳定区内的流量特性可看出，N_{11} 的小幅变化可以造成 Q_{11} 的大幅变化，而这往往会造成较为严重的压力骤升或骤降情况。而抽水工况的失电过程虽然也会因转速下降而使机组进入不稳定区，但这个不稳定区比发电工况区内的不稳定区小得多（图 3.2.1 和图 3.2.2），而且这个区内 Q_{11} 对 N_{11} 的变化率一般也远小于发电工况的不稳定区，因此，只要导叶能正常关闭，一般不会造成严重后果。所以，对于水泵水轮机的过渡过程造成困扰的主要是水轮机工况中的 S 形不稳定区。

虽然由水轮机厂家所提供的模型测试特性曲线在 S 形不稳定区内也有明确的曲线存在，但事实上并非如此。Yamabe（1971）指出，水轮机工况中的所谓 S 形不稳定区本质是一个"滞环（hysteresis）"区，见图 3.2.4 和图 3.2.5。关于这方面研究工作较新的文献来自于挪威皇家理工学院的 Nielsen 和 Olimstad 等。他们的研究表明在这个不稳定区内其实原本不存在稳定的测试数据，而且在这个区内的压力-流量脉动幅值是稳定区内的好多倍。事实上，包括天荒坪在内的不少机组在水力特性不稳定区内并不存在模型试验点（图 3.2.6）。

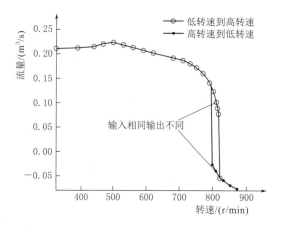

图 3.2.4　不稳定区其本质是一个"滞环（hysteresis）"区　　　图 3.2.5　不稳定区的测试数据

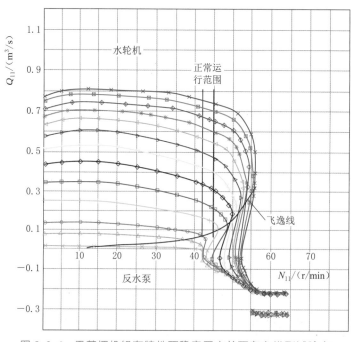

图 3.2.6　天荒坪机组在特性不稳定区内并不存在模型试验点

　　一个获得不稳定区内测试点的方法是用节流阀，但即使采用了节流阀之后流量的稳定性在一定程度上得到了改善，实测表明在不稳定区内流量和净水头的波动仍然较大，需要通过多次采样取平均值的方式作为测试结果。另一个获得不稳定区内测试点的方法，是利用在测试过程中不稳定区内工况点虽然在不断地漂移但漂移速度相对较慢的特点（3.2.2 小节中关于不稳定区内动态平衡的讨论），可采用短时段平均的动态测量方法得到不稳定区内的测试点。但这些方法所得到的测试点的可重复性和一致性并不太好。

3.2.2　不稳定区内的迭代计算收敛性问题

　　有过水泵水轮机组特性计算编程经验的人都知道，当机组的状态点进入不稳定区后，迭代计算过程的收敛性就明显变差，并有可能出现不收敛而导致计算的失败。这个情况很容易让人认为是插值方面出了问题，这也许能解释为什么讨论可逆机组特性曲线插值的文献有很多；而事实上并非如此简单。为了说明这个问题，不妨把天荒坪机组特性曲线图转化为转速固定时的 $H\text{-}Q$ 曲线来分析。图 3.2.7 为当机组转速为额定值时的 $H\text{-}Q$ 特性曲线，$N_{11}\text{-}Q_{11}$ 平面上的反 S 形区变成了 $H\text{-}Q$ 平面上的正 S 区。根据水轮机水力阻抗的定义式（3.1.14），在 S 形区内曲线的中间段显然有

$$Z = \frac{\mathrm{d}H}{\mathrm{d}Q} < 0$$

$H\text{-}Q$ 平面上的曲线斜率与机组在这个状态点的水力阻抗互为倒数：

$$S = \frac{\mathrm{d}Q}{\mathrm{d}H} = \frac{1}{Z}$$

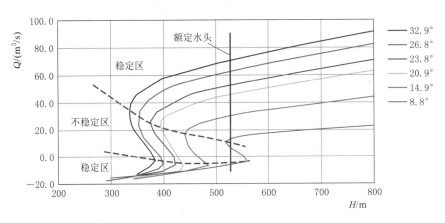

图 3.2.7　天荒坪机组在额定转速条件下的水头-流量曲线图

　　也就是说当曲线在某状态点呈垂直走向时，机组的水力阻抗为零，正向倾斜水力阻抗为正，反向倾斜水力阻抗为负。如果走向趋于水平，水力阻抗趋向无穷大。从图 3.2.8 稳定区与不稳定区的分界线上看，曲线走势是垂直的，水力阻抗为零。不稳定区内曲线呈反向倾斜，为负阻抗区。事实上并非整个 S 形区都是不稳定区，只有 $N_{11}\text{-}Q_{11}$ 平面上的曲线切线呈正向倾斜（即 $H\text{-}Q$ 平面上曲线切线呈反向倾斜）的那一部分才是真正的不稳定区。

　　由图 3.2.8 不难看出，天荒坪机组在正常转速条件下，当导叶开度低于约 8.8° 时，曲

线反向倾斜，水力阻抗值为负值，机组状态点进入不稳定区（两条虚线之间的区域）。天荒坪机组的空载开度在6°左右，这就是天荒坪机组（及多数高水头可逆机组）空载不稳定问题的原因。另外，在额定转速和大开度条件下曲线正向倾斜，水力阻抗为正值，稳定性良好。如果天荒坪机组由于甩负荷而使转速上升10%，当开度小于14.9°时就进入负阻抗不稳定区了，见图3.2.8。如果机组由于甩负荷转速上升20%，开度小于26.8°就是负阻抗不稳定区了，见图3.2.9。

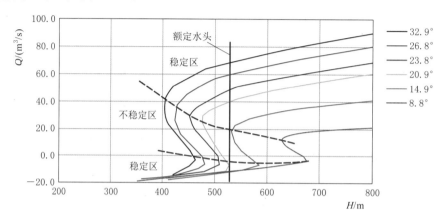

图 3.2.8　天荒坪机组在 110% 额定转速条件下的水头-流量曲线图

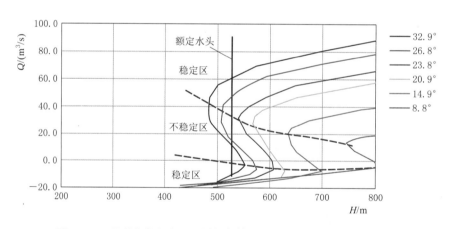

图 3.2.9　天荒坪机组在 120% 额定转速条件下的水头-流量曲线图

当机组的水力阻抗为负值时，会出现一个怪现象：在导叶开度和转速都不变的情况下，机组水头增加时流量不但不增加反而减小。

在水泵水轮机组水力过渡过程的数值计算中，迭代过程能从上一个状态点通过迭代计算收敛到一个新的状态点有一个必要的前提，那就是系统必须在这个点上达到新的平衡。那么这个前提在不稳定区内是否总是存在呢？

3.2.2.1　系统在机组特性不稳定区内的静态平衡

以一个最简单的一管一机系统进行分析，见图3.2.10。

为便于比较，可先看看在准静态前提下（流量变化极缓慢，不考虑水击因素），系统在机组的特性稳定区内的情况。对于系统的一个准静态流量点 Q_0，水道的总水头损失为

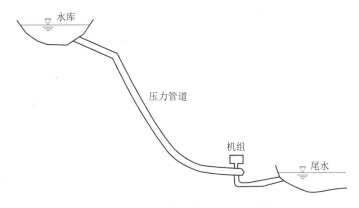

图 3.2.10 一个最简单的一管一机系统

$H_f = kQ_0^2$。k 为水道总水头损失系数。不难证明水道在这个状态点的稳态水力阻抗为

$$Z_f = \frac{dH_f}{dQ} = 2k \mid Q_0 \mid \tag{3.2.1}$$

由于机组净水头变化与水道水头损失变化符号相反，有

$$\Delta H = -\Delta H_f = -Z_f \Delta Q = -2k \mid Q_0 \mid \Delta Q \tag{3.2.2}$$

如图 3.2.11 所示，在系统稳态过程中，在机组特性稳定区内由于机组水力阻抗 $Z>0$，如果对 Q 给一个微扰动 ΔQ，系统将自动产生一个负反馈过程，将这个 ΔQ 的微扰动平衡掉，所以这个稳态点是真的。

同样在稳态过程前提下，在机组特性 S 形不稳定区内由于机组水力阻抗 $Z<0$，如果对 Q 的微扰动 ΔQ，系统所产生的是一个正反馈 $\Delta Q'$。如果这个正反馈 $\Delta Q'$ 大于原扰动值 ΔQ，即

$$\Delta Q' > \Delta Q \tag{3.2.3}$$

那么这就是一个正反馈"恶性循环"过程，见图 3.2.12。这个 $\Delta Q'$ 会越来越大，直到系统工况点跳出机组特性不稳定区才有可能达到新的平衡并稳定下来，所以这个假定的稳态点不真。那么在什么情况下会出现 $\Delta Q'>\Delta Q$ 这种情况呢？从 $\Delta Q'$ 和 ΔQ 与 ΔH_f 和 ΔH 的关系式中可以看出，只要机组水力阻抗的绝对值大于水道在稳态条件下的增量水力阻抗 Z_f，即

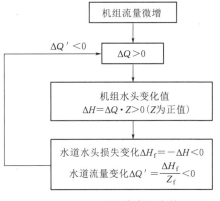

图 3.2.11 特性稳定区内的
负反馈衰减过程

$$\mid Z \mid > Z_f = 2k \mid Q_0 \mid \tag{3.2.4}$$

则不等式（3.2.3）成立。

由于水电站中水道的增量水力阻抗与机组在特性不稳定区的大部分工况点的增量水力阻抗绝对值相比是一个很小的值，所以式（3.2.4）成立的可能性远远大于不成立的可能性。因此，机组在特性不稳定区内的大部分区域内是不存在平衡点的。这就解释了为什么在模型试验中如不采取特别的流量限制手段是不可能在不稳定区内获得测试点的。

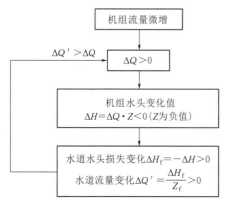

图 3.2.12　特性不稳定区内的扩散过程

在 3.2.1 小节的讨论中曾提到在模型试验中用限流阀门来作为实现特性不稳定区内获取测试数据的措施。这个方法的原理其实到现在已经很清楚了，那就是通过限流阀门来增加水道系统的总增量阻抗，以实现水道总水力阻抗 Z_f 大于机组在不稳定区内负阻抗的绝对值，即实现

$$Z_f > |Z| \qquad (3.2.5)$$

这样就破坏了不等式（3.2.3）的成立，解决了机组不稳定区内由于机组的负水力阻抗而造成的无静态平衡点问题。当然，这种方法并未解决不稳定区内的压力脉动问题。

3.2.2.2　系统在机组特性不稳定区内的动态平衡

前面已证明，如果不采取特别的限流措施，在机组特性不稳定区内是不存在静态平衡点的。但是在瞬态过程中是否可以在特性不稳定区内实现动态平衡呢？在瞬态过程中，如果假定机组内流量扰动 ΔQ 是瞬间发生的，根据直接水击计算公式，机组进口瞬间水头变化为

$$\Delta H = -\Delta Q \frac{a}{gA}$$

也可以理解为水道有一个瞬间水头差变化：

$$\Delta H_f = -\Delta H = \Delta Q \frac{a}{gA}$$

于是有

$$Z_C = \frac{\Delta H_f}{\Delta Q} = \frac{a}{gA}$$

这个参数在水力阻抗分析中被定义为"管道特征阻抗"，也就是管道的瞬态水力阻抗。在包括抽水蓄能电站在内的一般水电站中，管道特征阻抗 Z_C 一般要比管道由稳态水头损失形成的稳态水力阻抗 Z_f 要大，因此在多数情况下也比机组特性不稳定区内的水力阻抗绝对值要大，即 $Z_C > |Z|$ 于是有

$$\Delta Q' < \Delta Q \qquad (3.2.6)$$

如果式（3.2.6）成立，由图 3.2.13 的流量微动过程反馈分析图可以看出，这个过程是稳定的，这就是不稳定区内实现的动态平衡。当然，也不能排除式（3.2.6）不成立的可能性。如果式（3.2.6）在某个区域内确实不成立，则在这个区域内（即不存在静态平衡点）也不存在动态平衡点。正是因为可逆机组在不稳定区内的某些特定区有可能不存在动态平衡点，那么其数值模型在 S 形不稳定区内的这些特定区内找不到收敛点就没有什么奇怪的了，但绝不可能在整个 S 形

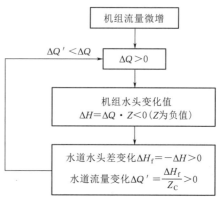

图 3.2.13　特性不稳定区的衰减过程

不稳定区内都不存在收敛点。

另外，由于 S 形不稳定区内的负水力阻抗问题造成的某个特定的部分内不存在动态平衡点进而没有计算收敛点，与因该区域没有收敛点而计算失败是两回事，因为在无收敛点区域内的迭代计算完全可以继续直到工况点跳出这个无收敛点区，那么到底是什么原因造成不稳定区内的迭代计算频频失败呢？HYSIM 软件开发团队的分析表明，不稳定区内计算收敛困难的主要原因有两点：

（1）特性曲线的不光滑。水力阻抗是机组 H-Q 曲线函数的微商。一条条看上去相当光滑的特性曲线图，但当这些由离散数据点定义的曲线经过微分之后变得很不光滑。抽蓄机组的特性曲线比起常规机组的特性曲线，其光滑性要差得多，而抽水蓄能机组在不稳定区内曲线的光滑性比稳定区内就更差了。这种高度的不光滑性和因此而造成的机组水力阻抗在这些区域内的不连续性与水力阻抗值大幅变化是造成迭代计算不易收敛或者根本不收敛的主要原因之一。

（2）曲线的曲率半径小。在 S 形不稳定区内，特性曲线的曲率半径比稳定区内要小得多，特别是 S 区的下半部分。曲率半径小意味着水力阻抗值变化剧烈。这是造成迭代计算不易收敛的另一个主要原因。即使通过离散数据点函数拟合（例如样条拟合）可以从理论上解决不光滑问题，但同时也会形成很多小弯曲，这些由于曲线拟合而人为形成的小曲率半径弯曲也会给迭代计算的收敛造成问题。

正是因为上述这两个原因，企图通过改善插值和迭代计算方式以达到不稳定区内计算的收敛性是很难行得通的。对于这样的系统，通常需要人为修正特性曲线（光滑）或降低收敛标准（加大允许迭代误差）才能使计算进行下去。

静态与动态测试都表明，抽蓄机组在不稳定区内的压力脉动比稳定区内要高得多，模型试验得到的数据点不确定性也大得多。事实上，在不稳定区内特性曲线代表的只是一条平均值线（图 3.2.6）。目前还没有什么计算软件可以对可逆机组在不稳定区内所发生的压力脉动做出准确预测。对不稳定区内的曲线做人为光滑处理或者在计算中通过增加迭代允许误差是解决计算不易收敛问题的主要手段。这么做从理论上讲会造成一定的计算误差，但这种曲线光滑处理及其产生的有限的计算误差与实际的物理系统在这个区内状态点的随机性相比应该是可以忽略的。

3.2.3　特性曲线的预处理

3.2.3 小节中的分析说明，抽水蓄能机组在其不稳定区内特性曲线的不光滑性和小半径弯曲是数值迭代计算中不易收敛的主要原因，而由厂家提供的特性曲线有很多属于这种情况，如图 3.2.14 所示。

这样的特性曲线，如果直接用于计算对于内部不带特性曲线光滑处理模块的计算软件，是很难保证计算的收敛性的，因此对这样的曲线做光滑预处理是有必要的。

3.2.4　特性曲线的变换与曲线之间的插值方法

在不稳定区内，等开度线的多值性以及曲线的垂直性和逆向性也会给数值计算带来很多的困难。混流式水轮机等开度曲线之间的插值一般不会成为一个问题，因为对于 N_{11} 而

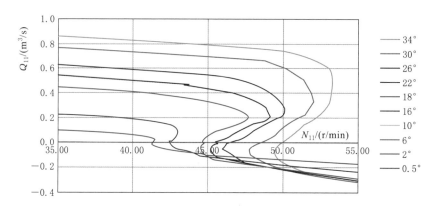

图 3.2.14 由厂家提供某抽蓄机组流量特性（部分）

言等开度曲线均为单值函数，而且也不会有曲线斜率过陡以至于对 N_{11} 的微小变化过于敏感，所以用最简单的 N_{11} 纵向插值法就行了。

而对于水泵水轮机而言，上述这两个问题（多值性及 N_{11} 值的高度敏感性）都很麻烦，完全不能用以 N_{11} 为基础的纵向插值方法。Boldy（1976）指出，当 Q_{11} 对 N_{11} 的变化率较小时，纵向插值效果较好（图 3.2.15）。但是，如果 Q_{11} 对 N_{11} 的变化率较大，即使 Q_{11} 对 N_{11} 不具多值性，以 N_{11} 为基础的纵向插值方法都会造成严重的插值失真（图 3.2.16）。

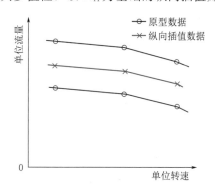

图 3.2.15 曲线坡度较小时的纵向插值效果　　图 3.2.16 曲线陡峭时的纵向插值效果

介绍有关水泵水轮机曲线的变换和插值方法的文献不少，特别是关于曲线的变换法的，其中最著名的就是叔特（Suter）变换法。Suter 变换法最初用于水泵过渡过程数值计算，至今仍是处理水泵特性最为广泛采用的方法。

Suter 变换是通过以下两个无量纲应变函数和一个自变量函数完成的，即

$$WH = \frac{h}{n^2 + q^2} \qquad (3.2.7)$$

$$WM = \frac{t}{n^2 + q^2} \qquad (3.2.8)$$

$$x = \pi + \tan^{-1} \frac{q}{n} \qquad (3.2.9)$$

式中：$h = \dfrac{H}{H_R}$；$t = \dfrac{T}{T_R}$；$q = \dfrac{Q}{Q_R}$；$n = \dfrac{N}{N_R}$（脚标 R 表示额定值）。

式（3.2.7）和式（3.2.8）可改写为

$$WH = \frac{1}{(N_{11}/N_{11R})^2 + (Q_{11}/Q_{11R})^2} \tag{3.2.10}$$

和

$$WM = \frac{M_{11}/M_{11R}}{(N_{11}/N_{11R})^2 + (Q_{11}/Q_{11R})^2} \tag{3.2.11}$$

式（3.2.9）可改写为

$$x = \pi + \tan^{-1} \frac{Q_{11}/Q_{11R}}{N_{11}/N_{11R}} \tag{3.2.12}$$

提倡采用 Suter 变换的有关文献认为，该方法主要有两个优势：①改善了（虽然仍有可能出现）水泵特性曲线可能出现的多值性问题，并使原本很陡峭的曲线变得较为平缓；②解决了水头或扬程可能为零或接近为 0 时 Q_{11} 和 N_{11} 定义无效的问题。

由于水泵没有活动导叶，因此没有开度这个参数，所以水泵特性是单曲线特性。但把 Suter 变换用于可逆机组时，就变成了多曲线特性。Suter 变换的结果是把原间距相对较为均匀分布的曲线组合 [图 3.2.17 (a)] 变得分布相当不均匀 [图 3.2.17 (b)]。这种不均匀性无疑增加了插值的难度，降低了插值的准确性。

Suter 变换的主要目的显然并非要解决插值问题，而是要解决水泵过渡过程中水头波动可能跨零时出现的困难（N_{11} 变成无意义）。对于水泵水轮机而言，水头怎么变化也不可能跨零，甚至不可能接近于零。将 Suter 变换用于水泵水轮机并不能很好地解决水泵水轮机特性曲线中的插值困难问题。

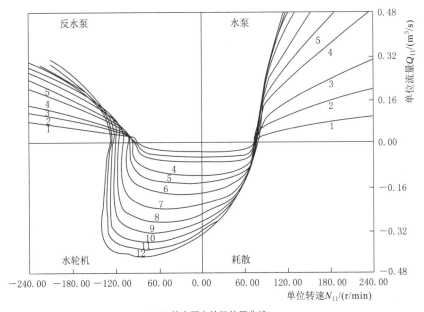

（a）某水泵水轮机的原曲线

图 3.2.17 （一）　水泵水轮机曲线 Suter 变换法示意图

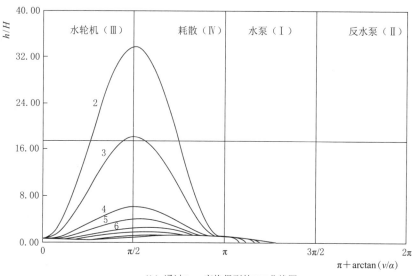

（b）通过Suter变换得到的WH曲线图

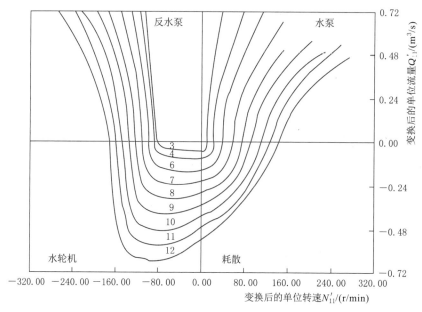

（c）将原交叉的特性曲线展开为不交叉的曲线

图 3.2.17（二）　水泵水轮机曲线 Suter 变换法示意图

　　Suter 变换只是众多变换法之一，而在这些变换法中有的变换的主要目的并非解决曲线的陡峭性和多值性问题，而是例如 Martin 建议的变换法，要把相互交叉的曲线变成不交叉［图 3.2.17（c）］。这种变换从工程应用的角度而言可以说是画蛇添足之举，因为不同导叶开度曲线的交叉其实并不会对插值计算造成问题。

　　综上所述，本书认为单从曲线变换着眼而不改变惯用的纵向插值方式，到头来只能是事倍功半，而且编程实践充分表明，如果采用了合适的插值方式，即使对原曲线不做任何变换也可以取得很好的插值效果。而水泵水轮机组在过渡过程中也根本不可能出现水头或扬程趋向于零的可能性，因此合适的插值方法可以使包括 Suter 变换在内的各种曲线变换方法成为多余。

3.2.4.1　正交插值法

单纯正交插值法是直接在 N_{11}-Q_{11} 全特性曲线组中沿曲线正交线方向进行插值。这个方法实际上也解决了 N_{11} 纵向或 Q_{11} 横向插值可能出现的多值性问题。特性曲线实际上都是由小段直线组成的。在曲线的某个小局部，通过程序求出法向直线方程是很容易的。有的文献建议在计算之前人工或软件实现建立正交网格以便插值计算。要达到一定的插值精度就需要正交网络线有足够的密度。图 3.2.18 所示为一个正交插值法示意图。正交网络只是便于正交插值的一种方式，但并非唯一。

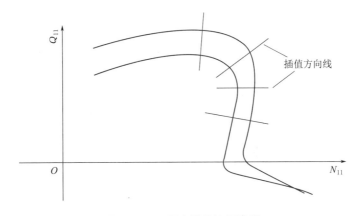

图 3.2.18　正交插值法示意图

插值总是在两条等开度线之间进行，两条曲线在插值局部的法线方向并不一定完全一致，但这并不构成问题，因为 N_{11}-Q_{11} 和 N_{11}-M_{11} 平面上的等开度线分布一般都较为均匀，两邻线走向也大致相同。选用其中一条，例如小开度那一条或者是最近的那一条，并用这条线的法线方向做插值（准正交插值），一般就可以满足插值精度要求。什么是最近的那一条呢？例如当下开度是 20.3°，需要在 19° 和 23° 两条等开度线之间插值，那么 19° 那条就是最近的。另一种准正交插值就是最小距离线插值法。最小距离线插值法就是从两条线中一条的某点为圆心，找到一个最小半径，其生成圆正好与另一曲线相切；在切点与圆心点之间做线性插值。

3.2.4.2　组合插值法

正交插值法不需要对曲线做任何变换，插值理论简单，程序实现也不算难。但与单纯的 N_{11} 纵向插值或者 Q_{11} 横向插值相比，则计算步骤长得多。在一个需要反复迭代计算的过程中，就计算的快速性而言，正交插值法显然是不利的。组合插值法是将特性曲线分区，如图 3.2.19 所示，只在有必要用正交插值的区域内用正交插值；在曲线较平坦区内可以用纵向插值，在曲线很陡的区内可以用横向插值。没必要事先把区分好，只是在迭代开始时对小局部的两条曲线的斜率做简单的判断就可以决定用哪一种插值方法。

3.2.4.3　单线插值法

前面介绍的三种方法都是两个维度的插值。单线插值法是先把一个二维插值问题变成

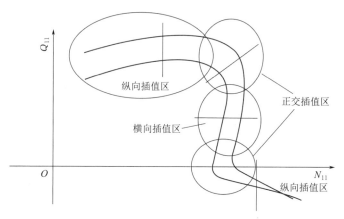

图 3.2.19　组合插值法示意图

一个一维问题。对于某一个具体的时间点，导叶开度是不变的，一个不变的开度只对应于一条曲线。如果在每一个时间步长计算迭代过程开始之前就把曲线先插出来，那么迭代过程中只用这条单线就可以了。单线的产生可以用上面介绍的组合法。由于产生单线是一个纯插值过程，不涉及系统的其他计算，所以单线的产生过程并不占用多少计算资源。到了涉及全系统的迭代计算时，机组整个特性曲线就是这条单线。单线插值的优势是显而易见的。华东院开发的 HYSIM 软件中用的就是单线插值法。产生单线的基础插值方法仍是正交或者组合插值法，因此单线插值法其实是建立在其他基础插值方法上的算法改进，而并不能替代其他基础插值方法。

3.3　冲击式水轮机的水力特性

3.3.1　冲击式水轮机的喷嘴流量特性

混流式水轮机和水泵水轮机都属于反击式水轮机，其中一个重要特性就是水轮机转子的转速对水轮机特性的影响。3.2 节中讨论的水轮机特性不稳定区就是转轮造成的。冲击式水轮机的转轮对冲击式水轮机的水力特性没有任何影响。冲击式水轮机的水力特性完全由喷嘴针阀所决定，如图 3.3.1 所示，因此在这一点上机组的水力特性与普通针式阀门无异。

在数值模拟喷嘴流量特性时，不宜采用输入某些点然后再做线性插值的办法。事实上，喷嘴流量特性很适合同简单的二次或三次幂函数拟合，如图 3.3.2 所示。

冲击式水轮机流量特性曲线的非线性特

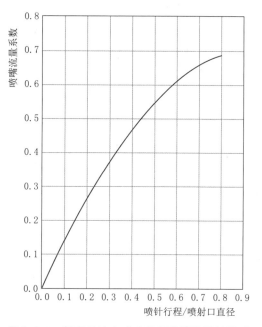

图 3.3.1　某电站冲击式水轮机喷嘴流量特性图

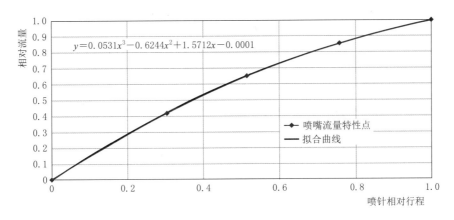

图 3.3.2　某冲击式水轮机喷嘴流量特性的二次函数拟合

征明显，这一点对调节稳定性分析有较大影响。喷嘴的流量传递系数（也被称为水轮机增益系数）定义为

$$Q_y = \frac{\mathrm{d}Q}{\mathrm{d}Y} \frac{Y_0}{Q_0} \tag{3.3.1}$$

不难发现，对于多数冲击式水轮机，针阀在全开附近的流量传递系数 Q_y 的值只有在针阀开度为 10% 时的一半或更低。针阀的非线性度与阀锥的角度有关，多数锥角设计在 55°～65° 之间。角度越大，非线性度也越高。另一个因素是针阀最大行程与喷口直径之比，比值越大，非线性度越高。这个比值一般不应超过 0.85，否则满开度时的传递系数过低。

正是因为喷嘴流量特性有如此之强的非线性，不少专门为冲击式水轮机而设计的调速器都带有流量线性化功能（图 3.3.3）。这种流量线性化功能对调节稳定性分析影响重大，但对甩负荷等因素造成的大波动水击计算没有影响。

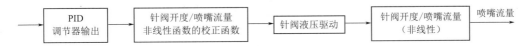

图 3.3.3　喷嘴流量特性线性化示意图

3.3.2　冲击式水轮机的折向器

当机组突然甩负荷时，为了不使机组处于飞逸状态，需要在很短时间内减少水轮机的有效流量。对高水头的冲击式水轮机来讲，迅速关闭针阀会在引水管内产生很大的水锤，因此，在水轮机喷嘴头部的机壳上装有外调节机构即折向器来解决上述矛盾。折向器就是装于喷针前，控制已离开喷嘴后的射流大小和方向的装置。

折向器的主要结构型式有推出（Push - out）式和切入（Cut - in）式两种（图 3.3.4）。最早出现的折向器是切入，但后来被推出取代；近年来切入又有回来之势，但目前仍以推出为主流。这两种折向器结构与其控制方式无直接关系。

折向器有两种典型的控制方式：

（1）协联式。目前大多数正在运行的大中型冲击式水轮机采用协联式折向器控制。当机组在稳态运行时，折向器的驱动接力器根据存储在调速器中的协联关系曲线，一直与针

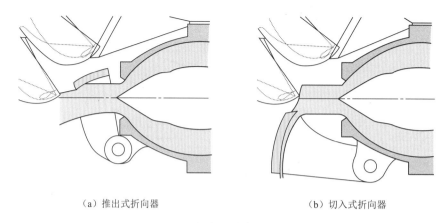

（a）推出式折向器　　　　　　　　（b）切入式折向器

图 3.3.4　折向器结构型式示意图

阀实际开度保持一一对应的协联关系。这种一一对应的协联关系在动态过程中由于针阀的限速而被破坏。为了提高折向器的敏感性，折向器的前锋在机组稳态运行时距离射流柱一般只有几毫米到十几毫米。不但在大波动时折向器会参与调节，就是在某些中小波动条件下，协联条件也可能会破坏，导致折向器直接参与有效流量的调节。所以，对折向器的功能进行正确的数值模拟是仿真计算的关键。由于折向器的作用，系统在小扰动条件下有好的稳定性并不能确保其在扰动量较大情况下稳定性也好。图 3.3.5 是典型的协联式冲击式水轮机出力与针阀及折向器位置三维关系示意图。

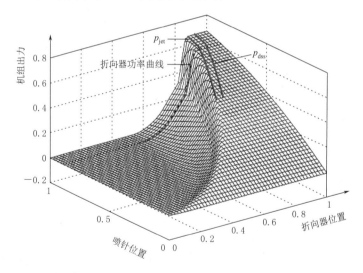

图 3.3.5　协联式冲击式水轮机出力与针阀及折向器位置三维关系示意图

（2）触发式。触发式是一种简化的折向器控制方案。在稳态运行过程中，折向器总是在全开状态，折向器动作与针阀动作毫无关系，而只受机组转速控制。一般控制方法为：当机组转速超 5％时，折向器就会触发关闭；而当转速降到一定程度后又恢复到全开。这种方式的优点是比较经济，甩负荷时转速上升值小一点。但这种方式的机组抗负荷扰动能力较差，只适用于电网容量比机组大得多的情况。

3.3.3 冲击式水轮机的效率特性

在冲击式水轮机过渡过程计算中，效率特性仅用于转速上升计算。对于冲击式水轮机，一般厂家也只提供额定转速下的效率曲线而不是 N_{11}-Q_{11} 平面上的等效率曲线图，如图 3.3.6 所示。

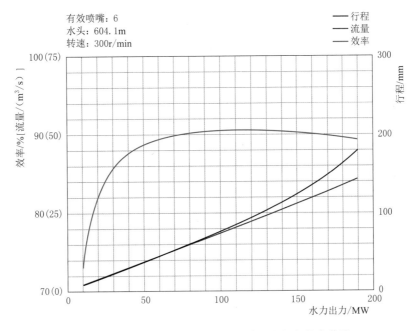

图 3.3.6　某六喷嘴冲击式水轮机喷嘴全投入效率曲线

事实上，由于有了折向器而使冲击式水轮机转速上升受效率特性的影响很有限，所以效率特性是否很准确并不重要。当转速偏离额定转速时，可用以下经验公式校正：

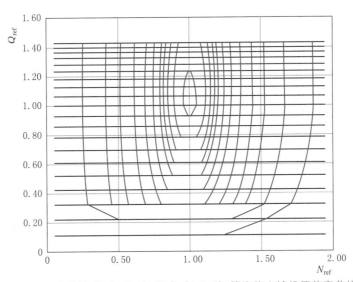

图 3.3.7　由经验式（3.3.2）和式（3.3.3）算出的水轮机等效率曲线

当转速高于额定转速时：

$$\eta = \eta_n \left[\frac{n(1-0.51n)}{0.49} - 0.2(n-1)^2 \right] \tag{3.3.2}$$

当转速低于额定转速时：

$$\eta = \eta_n \frac{n(1-0.51n)}{0.49} \tag{3.3.3}$$

式中：n 为相对转速；η_n 为额定转速下的效率；η 为任意转速下的效率。

图 3.3.7 为由上述经验公式算出的等效率曲线，其中纵坐标相对流量是相对于最佳流量而不是额定流量。

3.4 水轮机水力特性自动生成方法简介

水轮机特性数据在水电站水力过渡过程的计算中是不可或缺的，但水轮机特性数据获取往往不易，其获取主要有三种途径，见图 3.4.2。

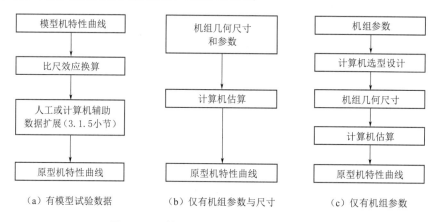

图 3.4.1 获取水轮机特性数据的三种途径

还有第四条途径，但一般只可用于水泵水轮机，将在 3.4.2 小节中介绍。上述三条途径中的第一条，包括使用相近参数（主要是比转速）机组的模型试验数据，在世界范围内是应用最多的。但在电站的设计初期，选定机组或相近参数机组的模型试验数据很可能还没有；即使是有了相近参数机组的模型试验数据，将这些不完整的数据进行人工数据扩展并整理为计算需要的格式，也是相当费时费工的。

在 20 世纪 60 年代末和 70 年代初挪威水电开发的高峰期，为了解决过渡过程计算中水轮机特性数据缺乏这个瓶颈，Kvaerner 公司的工程师们开始研究基于水轮机基本方程和设计原则的水轮机特性数据的估算技术。到 70 年代末期，在 Kvaerner 公司的 Tagland 和 Norconsult 公司的 Aga 的努力下，这项技术逐渐成熟，并在挪威全国逐步取代了模型试验曲线作为特性数据来源的国际通用作法。但是这项技术一直被所属公司作为知识产权保护起来，直到 1990 年挪威理工学院 Nielsen 在他的论文中做了十分有限的介绍。目前在挪威虽然有多个软件采用了这项技术，但是已经商业化并在世界上有一定影响，同时也代表了这项技术最高水平的软件应该是 Tagland 所领导的团队开发的 Alab。

3.4.1　混流式水轮机特性数据的估算

水轮机特性数据计算机估算法的核心是水轮机的基本方程，即欧拉水轮机方程。虽然欧拉方程一点也不复杂，但该公式的具体应用和整个计算过程却很不简单，须要做到以下几点：

（1）须有转轮的较为详细的基本尺寸数据，如图 3.4.2 所示。

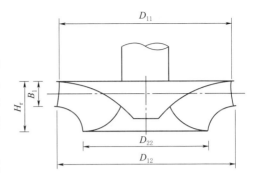

图 3.4.2　水轮机转轮基本尺寸

水在水轮机的导水机构及转轮中的流动十分复杂，不但因为水流的三维流动性质，而且因为转轮是旋转的、运动的（图 3.4.3）。

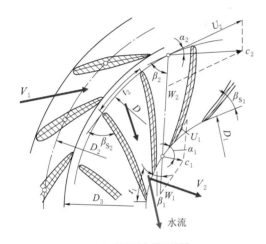

（a）水流示意图细部图

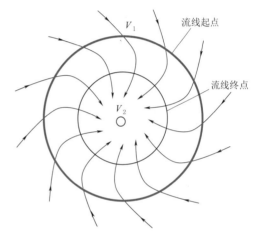

（b）水流示意平面图

图 3.4.3　水轮机水流幅面分析图

在导水机构及转轮中的水流虽然复杂，但却遵循一系列水力学原则，例如静态系统中的伯努力方程以及旋转系统中的伯努力方程。通过这些方程可以把经过转轮的水流流场流线图计算出来。

沿水流流线，可以把较宽的水道如图 3.4.4 和图 3.4.5 所示划分为流道狭窄的多个流道。然后沿流道方向做如图 3.4.6 所示的保角变换（comformal mapping），从而将水轮机水流三维流动问题简化成平面流动问题。

（2）根据转轮叶片的基本几何尺寸数据及进、出口安放角数据，同时能算出不同导叶开度条件下进、出口速度三角形（图 3.4.7）。

水轮机做功的主要描述方程为建立在进口和出口一维流基础上的欧拉水轮机方程，该式在推导过程中通过分隔转轮的进口和出口，完全不必考虑水流在转轮内部的流动过程，成功地用一个一维流方程描述了水轮机能量转换过程。

$$\eta_h H_n = (V_{x1} u_1 - V_{x2} u_2)/g$$

或

$$g\eta_h H_n = u_1 V_1 \cos\beta_1 - u_2 V_2 \cos\beta_2 \tag{3.4.1}$$

式中：η_h 为水轮机水力效率；H_n 为 水轮机净水头；u_1 为转轮进口水流中心线圆周速度；u_2 为转轮出口水流中心线圆周速度；V_1 为转轮进口水流中心线流速；V_2 为转轮出口水流中心线流速；β_1 为 V_1 与圆周切向的夹角；β_2 为 V_2 与圆周切向的夹角。

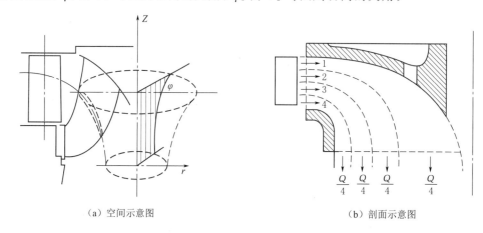

（a）空间示意图　　　　　　　　　（b）剖面示意图

图 3.4.4　水轮机水流轴面分析图

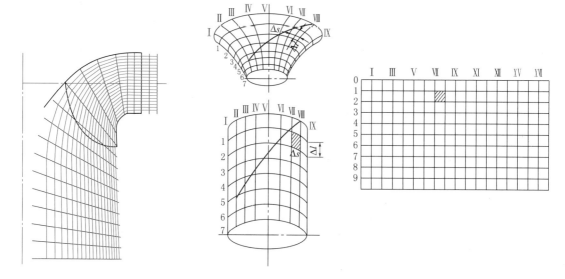

图 3.4.5　水轮机水流轴面　　　　图 3.4.6　将转轮中三维流动问题简化成平面流动的保角变换法
　流线的计算机生成图

（3）仅用欧拉水轮机方程是不够的，还必须对蜗壳、固定导叶、活动导叶、转轮进口前的无叶空间及尾水管内在不同工况点的水头损失进行计算，也必须对转轮在水中旋转时所产生的水摩阻耗能进行计算。图 3.4.8 为混流式水轮机特性估算计算流程图。

上述这些要求对水轮机特性估算软件的开发造成了相当的难度，因为仅第 1 点和第 2 点就是要求该软件必须首先是一个水轮机初步设计软件。而第 3 点要求则往往需要一些只有水轮机生产公司相关咨询公司才会有的经验数据。这样的要求对于没有水轮机初步设计能力的单位而言是很难做到的。也正是因为该技术的实际应用方面的难度以及掌握了这项技术的公司对其核心内容的保护，阻碍了它在世界范围内的推广。

3.4.2　估算水泵水轮机特性的相似特性法

　　3.4.1 小节介绍了基于水轮机欧拉方程估算水轮机特性曲线的方法。欧拉方程是建立在一维流动理论上的，所以方程本身就是真实情况的一种近似。这个方法在大量经验数据的支持下被证实达到了一定的准确性，但与真机实测特性完全一致的估算方法其实是不存在的，误差或多或少

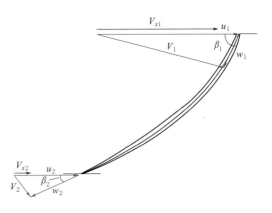

图 3.4.7　保角变换后的转轮叶片中心线及进、出口速度三角形

总是存在的。混流式水轮机的特性估算之所以能在挪威完全取代模型试验数据，除了相关公司和开发人员不懈投入、已达到相当好的精度之外，也与混流式机组过渡过程计算结果对估算得到特性曲线的精度并不十分敏感有关。可是对于水泵水轮机而言就不是那么一回事了。水泵水轮机过渡过程对特性曲线，尤其是不稳定区特性曲线的局部特征相当敏感。计算与实测的比较证明，以欧拉方程为基础的估算方法还没有达到可以信任的精度。

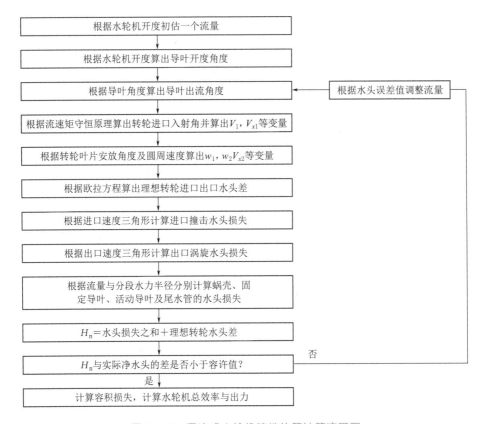

图 3.4.8　混流式水轮机特性估算计算流程图

3.1.1 小节在水轮机相似理论的介绍中曾指出，几何与水力相似的两台水轮机，其 N_{11}-Q_{11} 平面和 N_{11}-M_{11} 平面上的特性曲线基本相同。对于两台并不几何相似、更不水力相似的水轮机，如果它们的比转速相同，那么它们在用相对量定义的平面上的特性曲线有高度的相似性。这些相对量是这样定义的：

$$n = \frac{N_{11}}{N_{11R}}, \quad q = \frac{Q_{11}}{Q_{11R}}, \quad m = \frac{M_{11}}{M_{11R}}$$

式中：N_{11R} 为对应于额定工况点的 N_{11} 值；Q_{11R} 为对应于额定工况点的 Q_{11} 值；M_{11R} 为对应于额定工况点的 M_{11} 值。

本章 3.3 节中的图 3.3.7 就是采用了上述定义做出的特性曲线平面。如果将图 3.2.1 和图 3.2.2 所示的特性曲线用相对量来表达，那么结果将如图 3.4.9 和图 3.4.10 所示。

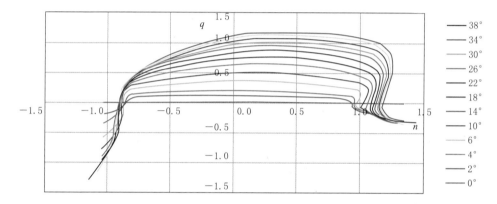

图 3.4.9 相对量 n-q 平面上的流量特性曲线

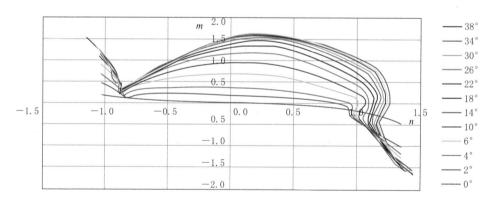

图 3.4.10 相对量 n-m 平面上的力矩特性曲线

相似特性法（也可称为"类"特性法）正是利用了同比转速水泵水轮机之间的这种相似性，用已有的特性曲线来估算尚没有的特性曲线。估算一般有两种情况。

3.4.2.1 已有特性曲线机组的比转速与待求机组的比转速相差在 5% 以内

可以直接换算已有特性曲线的坐标：

$$N_{11} = \frac{N_{11}^*}{N_{11R}^*} N_{11R}$$

$$Q_{11} = \frac{Q_{11}^*}{Q_{11R}^*} Q_{11R}$$

$$M_{11} = \frac{M_{11}^*}{M_{11R}^*} M_{11R}$$

式中：带 $*$ 的为已有特性曲线机组的单位参数值；不带 $*$ 的为待求机组的单位参数值。

3.4.2.2 已有特性曲线机组的比转速与待求机组的比转速相差超过 5%

需要有两组已有特性曲线，其比转速满足：

$$n_s^{*1} > n_s > n_s^{*2}$$

其中上标 $*1$ 表示第一台已有特性机组；上标 $*2$ 表示第二台已有特性机组。

上述条件满足后，按以下步骤用插值法求出待求机组特性曲线：

第一步：将两条已有曲线换算成相对量 $n-q$ 和 $n-m$ 平面上的曲线，导叶开度也同时相对化（已知机组的最大开度为 1.0）。

第二步：分别算出两台机相对开度为 $0.1, 0.2, \cdots, 0.9$ 的等开度曲线。

第三步：在两台已知机组的等开度线之间根据比转速参数逐条插值得到待求机组的等开度曲线。

第四步：将已算出的 $n-q$ 和 $n-m$ 平面上的等开度线换算成待求机组 $N_{11}-Q_{11}$ 和 $N_{11}-M_{11}$ 平面上的曲线。

上面的第四步也可以不要，在过渡过程计算中是可以直接用相对平面上的特性曲线的，当然需要对程序稍加修改。

3.5 水轮机特性的小波动数学模型

水电站水力过渡过程计算中的大波动计算分析部分需要用到水轮机特性曲线中的较大一部分。但小波动计算分析却只需要用到机组稳态运行点附近很小一个范围的特性，在这个小范围内对非线性的水轮机特性做线性化处理，并建立线性化的水轮机小波动数学模型，对于整个水轮机调速系统小波动解析模型的建立（详见第 4 章和第 5 章）和频率域稳定性分析都是必不可少的。

水轮机出力、单位流量与单位转速方程分别为

$$P = \rho \eta g H Q \tag{3.5.1}$$

$$Q_{11} = Q/(D^2 H^{0.5}) \tag{3.5.2}$$

$$N_{11} = N H/H^{0.5} \tag{3.5.3}$$

式中：ρ 为水的密度；η 为水轮机效率；H 为水轮机工作水头；Q 为水轮机工作流量；D 为水轮机转轮名义直径；N 为水轮机转速。

式（3.5.1）中的水轮机效率 η 为流量 Q 与水头 H 的二元函数。该式为可导的非线性函数。在稳态点 P_0 附近对该式做泰勒（Taylor）级数展开，并把二次和二次以上的级数项用符号 $\varepsilon(\Delta^2)$ 表达，该式可写为

$$P = P_0 + \left(\frac{\partial P}{\partial H}\right)_0 \Delta H + \left(\frac{\partial P}{\partial Q}\right)_0 \Delta Q + \left(\frac{\partial P}{\partial \eta}\right)_0 \left(\frac{\partial \eta}{\partial H}\right)_0 \Delta H + \left(\frac{\partial P}{\partial \eta}\right)_0 \left(\frac{\partial \eta}{\partial Q}\right)_0 \Delta Q + \varepsilon(\Delta^2)$$

$$= P_0 + \rho g \eta_0 Q_0 \Delta H + \rho g \eta_0 H_0 \Delta Q + \rho g H_0 Q_0 \left(\frac{\partial \eta}{\partial H}\right)_0 \Delta H + \rho g H_0 Q_0 \left(\frac{\partial \eta}{\partial Q}\right)_0 \Delta Q + \varepsilon(\Delta^2)$$

$$\text{(3.5.4)}$$

忽略二次和二次以上的级数项 $\varepsilon(\Delta^2)$，并引入以下相对变量：$p = \dfrac{\Delta P}{P_0}$，为相对出力增量；

$h = \dfrac{\Delta H}{H_0}$，为相对水头增量；$q = \dfrac{\Delta Q}{Q_0}$，为相对流量增量。

水轮机出力方程的级数展开式（3.5.4）可简化为以下方程：

$$p = (1 + e_q)q + (1 + e_h)h \tag{3.5.5}$$

通过式（3.5.2）和式（3.5.3）解出 Q：

$$Q = Q_{11}(N_{11}, Y)D^2 H^{0.5} = Q_{11}(ND/H^{0.5}, Y)D^2 H^{0.5} \tag{3.5.6}$$

式（3.5.6）表明，流量为 H、Y 和 N 的函数。对该函数在 Q_0 附近做泰勒（Taylor）级数展开：

$$Q = Q_0 + \left(\frac{\partial Q}{\partial H}\right)_0 \Delta H + \left(\frac{\partial Q}{\partial Y}\right)_0 \Delta Y + \left(\frac{\partial Q}{\partial N}\right)_0 \Delta N$$

$$+ \frac{1}{2}\left[\left(\frac{\partial^2 Q}{\partial^2 H}\right)_0 (\Delta H)^2 + \left(\frac{\partial^2 Q}{\partial^2 Y}\right)_0 (\Delta Y)^2 + \left(\frac{\partial^2 Q}{\partial^2 N}\right)_0 (\Delta N)^2\right]$$

$$+ \left[\left(\frac{\partial^2 Q}{\partial H \partial Y}\right)_0 \Delta H \Delta Y + \left(\frac{\partial^2 Q}{\partial Y \partial N}\right)_0 \Delta Y \Delta N + \left(\frac{\partial^2 Q}{\partial N \partial H}\right)_0 \Delta N \Delta H\right] + \cdots$$

把上式中的二次和二次以上的级数项用符号 $\varepsilon(\Delta^2)$ 表达，并写成增量式：

$$\Delta Q = \left(\frac{\partial Q}{\partial H}\right)_0 \Delta H + \left(\frac{\partial Q}{\partial Y}\right)_0 \Delta Y + \left(\frac{\partial Q}{\partial N}\right)_0 \Delta N + \varepsilon(\Delta^2) \tag{3.5.7}$$

式（3.5.7）中的偏导数可由式（3.5.6）求出：

$$\left.\begin{array}{l} \left(\dfrac{\partial Q}{\partial H}\right)_0 = 0.5 Q_{11}(N_0 D/H_0^{0.5}, Y_0)D^2 H_0^{-0.5} - 0.5 ND^3/H_0 \dfrac{\partial Q_{11}}{\partial N_{11}} \\[3mm] \left(\dfrac{\partial Q}{\partial Y}\right)_0 = D^2 H_0^{0.5} \dfrac{\partial Q_{11}}{\partial Y} \\[3mm] \left(\dfrac{\partial Q}{\partial N}\right)_0 = \dfrac{\partial Q_{11}}{\partial N_{11}} \dfrac{\partial N_{11}}{\partial N} D^2 H_0^{0.5} = D^3 \dfrac{\partial Q_{11}}{\partial N_{11}} \end{array}\right\} \tag{3.5.8}$$

令：$Q_n = \dfrac{\partial Q_{11}}{\partial N_{11}} \dfrac{(N_{11})_0}{(Q_{11})_0}$，即水轮机转速对流量的自调节系数；$Q_y = \dfrac{\partial Q_{11}}{\partial Y} \dfrac{Y_0}{(Q_{11})_0}$，即水轮机开度对流量的传递系数。

代入式（3.5.8）得

$$\left.\begin{array}{l} \left(\dfrac{\partial Q}{\partial H}\right)_0 = 0.5 \dfrac{Q_0}{H_0} + 0.5 Q_n \dfrac{Q_0}{H_0} \\[3mm] \left(\dfrac{\partial Q}{\partial Y}\right)_0 = \dfrac{Q_0 Q_y}{Y_0} \\[3mm] \left(\dfrac{\partial Q}{\partial N}\right)_0 = \dfrac{Q_0 Q_n}{N_0} \end{array}\right\} \tag{3.5.9}$$

将式（3.5.9）代入式（3.5.7），得

$$\Delta Q = Q_0\left[0.5(1 + Q_n)\frac{\Delta H}{H_0} + Q_y\frac{\Delta Y}{Y_0} + Q_n\frac{\Delta N}{N_0}\right] + \varepsilon(\Delta^2) \tag{3.5.10}$$

忽略式（3.5.10）中的高阶小量项 $\varepsilon(\Delta^2)$，并引入两个新的相对变量，$y = \Delta Y / Y_0$，$n = \Delta N / N_0$ 可得

$$q = 0.5(1 + Q_n)h + Q_y y + Q_n n \tag{3.5.11}$$

将式（3.5.11）与式（3.5.5）联立，就得到了水轮机特性小波动数学模型：

$$\left. \begin{array}{l} p = (1 + e_q)q + (1 + e_h)h \\ q = 0.5(1 + Q_n)h + Q_y y + Q_n n \end{array} \right\} \tag{3.5.12}$$

这个水轮机特性小波动数学模型将会在第 4 章、第 5 章和第 8 章中用到。

4

水轮机调速系统及水轮发电
机组的并网运行方式

　　水电站的水力过渡过程绝大部分是由水轮机调速器的调节动作造成的，所以水电站的水力过渡过程的计算与分析也常被称为"调节保证计算"。因此，水力过渡过程分析工作离不开对水轮机调节系统的了解。但是，水轮机调节系统作为一种自动控制系统，涉及的内容相当广泛，本章无法在有限的篇幅内做详细的介绍，只能对水轮机调节系统与水力过渡过程计算分析最为密切相关的部分做一个高度浓缩的介绍。

　　另外，本章要介绍的另一个主要内容是水轮发电机组并网运行方式。这部分内容主要与水电站的小波动稳定性、水力干扰分析有密切关系，并长期被不少业内人士所忽视。

4.1　水轮机调速系统

　　水轮发电机为同步交流发电机，同步发电机所发出的既然是交流电，那么这个交流电源就有一个频率。用 F 表示这个频率，那么它与转速的关系为

$$F = k\frac{N}{60}$$

式中：N 为机组转速；k 为发电机磁极对数。

　　从上式可以看出，发电机发出的交流频率与转速是成正比的，因此水轮发电机组的"调速"与"调频"是等效的。当发电机组并网之后，机组还可以以功率调节、开度调节和水位调节等调节模式运行，但水轮机调节系统的核心任务还是调速。水轮机调速系统是一种典型的"闭环控制系统"，了解闭环控制系统的基础理论对分析水轮机的调节过程是有必要的。

4.1.1　闭环控制系统基本概念

　　闭环控制系统是自动控制系统中的一种类型，与其对应的是开环控制系统。近年来发展迅速的利用变频电源对水泵的转速进行控制就是一种典型的开环控制系统，控制原理见图 4.1.1。这个系统中被控量水泵转速并未通过测速环节将转速信号反馈到控制频率的频率转换控制器输入端。

　　开环控制的优点是简单，而且一般不存在不稳定的可能性，缺点是被控制的变量与目

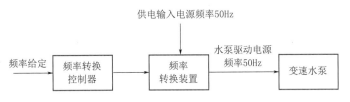

图 4.1.1 水泵转速调节的开环控制原理

标值可能会存在差异，并且这种差异常具有不可控性。同样是一个转速调节系统，水轮机的转速调节就是一个闭环控制系统。闭环控制系统指的是被控制量（被调节量）被反馈到控制系统中作为控制器的输入信号之一，如图 4.1.2 所示。反馈回路是否存在是判断一个系统是不是反馈控制系统的标志。

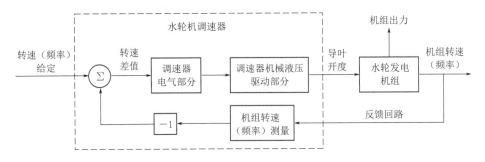

图 4.1.2 水轮机转速调节的闭环控制系统

4.1.2 反馈控制系统基本术语

（1）控制与调节。在反馈控制系统中，调节和控制这两个术语是通用的，例如自动控制和自动调节这两个词同意，控制器与调节器这两个词同意，等等。

（2）自动控制与自动控制系统。在没有人直接参与的情况下，利用外加的设备或装置（即控制装置或控制器），使机器、设备或生产过程（统称为控制对象）的工作状态或参数（即被控量）自动地按照预定规律运行。这种系统就是自动控制系统，它由控制装置和被控对象组成。

（3）控制装置（控制器，调节器）：就是对被控对象起控制作用的控制装置总体。例如，水轮机调速器就是一个控制装置。

（4）被控对象就是要求实现自动控制的机器、设备或生产过程。例如，水轮发电机组就是一个被控对象。

（5）被控量（被调节量，系统输出量）：被控对象要求实现自动控制的物理量称为被控量或系统输出量。水轮机调节系统的被控量可以是机组转速，也可以是输出功率，导叶开度，甚至可以是前池水位。

（6）控制装置的输出。控制装置的直接输出一般并非该控制系统的系统输出，但可以改变系统输出。例如，水轮机调速器的直接输出为导叶（接力器）开度。当调速系统的被控量为转速、机组出力或前池水位时，调速器是通过调节导叶开度来间接控制机组转速、机组出力或者前池水位的。

（7）控制装置的比例调节、积分调节和微分调节规律。典型反馈控制系统控制装置的输出与输入之间存在以下关系：

1）比例调节规律，也称为 P（Proportional）调节规律。

2）比例＋积分调节规律，也称 PI（Proportional and Integral）调节规律。

3）比例＋积分＋微分调节规律，也称 PID（Proportional，Integral and Derivative）调节规律。

单纯的 P 调节器在工程界应用很少，但 PI 和 PID 调节应用较多。例如，所有的传统的机械调速器都是 PI 型调速器，多数近代电液（电子液压）调速器和数值（PLS，PLC 及微处理器）调速器都采用 PID 调节规律。在一个 PID 控制器中实现 P 调节规律的称为"比例环节"，实现 I 调节规律的称为"积分环节"，实现 D 调节规律的称为"微分环节"或者"加速度环节"。一个理想的 PI 型调速器的输入 x 与输出 y 之间的关系为

$$y = K_p x + \frac{1}{T_y} \int x \mathrm{d}t \tag{4.1.1}$$

式中：K_p 为比例系数；T_y 为积分时间常数。

一个理想的 PID 型调速器的输入 x 与输出 y 之间的关系为

$$y = K_p x + \frac{1}{T_y} \int x \mathrm{d}t + T_n \frac{\mathrm{d}x}{\mathrm{d}t} \tag{4.1.2}$$

式中：T_n 为微分（或加速）时间常数。

如果将式（4.1.2）两端对时间取微分并同乘以 T_y，便得到理想 PID 型调速器的微分方程式：

$$T_y \frac{\mathrm{d}y}{\mathrm{d}t} = T_y T_n \frac{\mathrm{d}^2 x}{\mathrm{d}^2 t} + K_p T_y \frac{\mathrm{d}x}{\mathrm{d}t} + x \tag{4.1.3}$$

（8）目标值、给定值、参考值、系统输入量。这几个词一般是通用的，是作用于控制器的输入端、给控制器提供调节的目标值。

（9）反馈。将系统输出（被控制）量反馈送到系统输入端，并与给定（目标）输入量进行比较，这个过程称为反馈。比较的差值（目标值－被控值）即为调节差值。调节差值是闭环控制系统中控制器的真正输入。这种反馈称为"系统反馈"或"主反馈"。因为在求调节差值时被控值前面总是加了一个负号（图 4.1.2），因此也常称这种反馈为负反馈。控制器内部也常存着一些子系统，也有反馈回路，这些控制器内部子系统的反馈称为"局部反馈"。

（10）无差调节与有差调节。如果一个调节过程结束并进入稳态之后，目标值与被控量之间的调节差值为零，则这个调节过程就被称为无差调节；如果差值不为零，则被称为有差调节。

（11）扰动。破坏系统输入量和输出量之间预定规律的信号称为扰动。如水轮机调速系统中的外界负荷变化，或非本机组调节过程所引起的水轮机工作水头的波动等。

4.1.3　水轮机调速器功能块及数学模型

在经典控制理论中对一个自动控制系统的描述往往离不开系统方框图与传递函数。图 4.1.2 是一个水轮机调节系统方框图，但它是用文字表达的，并无实质性内容的黑箱式方

框图，因此不可能对这种方框图做具体的分析。4.1.2 小节提到，现代水轮机调速器一般都是具有 PID 调节规律的控制器。如果对一个标准化的 PID 控制器的微分积分方程式（4.1.2）进行拉普拉斯变换（简称拉氏变换），微分积分方程就变成了代数方程（为方便计，拉氏变换后的控制器输入 x 和输出 y 仍用原字母表达）：

$$y = G(s)x \qquad\qquad (4.1.4)$$

式中：s 为拉普拉斯算子；$G(s)$ 为输入 x 与输出 y 之间的传递函数，$G(s) = K_{\mathrm{p}} + \dfrac{1}{T_i s} + T_{\mathrm{n}} s$。

图 4.1.3 为标准的并列布置的 PID 控制器的两种传递函数方框图。

一个典型的 PID 型调速器的三个功能环节的主要功能如下：

（1）积分环节。此环节的主要功能是实现无差调节。因为调节器的输入是调误差值，只要这个调节误差值还存在，积分环节就会对它进行积分累加，调节过程就不会结束。积分调节过程停止的必要条件是输入为零，即调节误差值为零。

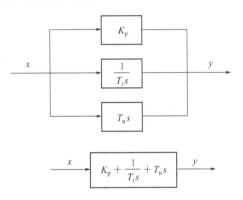

（2）比例环节。积分调节虽然能实现无差调节，但积分过程缓慢，调节速度较慢，而且其调节的滞后性是闭环控制系统不稳定的重要根源之一，采用比例＋积分的控制规律能大大增加系统的速动性和稳定性，同时又能保持调节结束时的无差性。

图 4.1.3　标准的并列布置的 PID 控制器的两种传递函数方框图

（3）微分环节。也称加速度环节，主要功能是进一步增加系统调节的速动性。适当的参数整定也可增加系统的稳定性。

水轮机调速器是一个 PI 型或 PID 型调速器，但无论是传统机械型的，或现代电子或数值化的都不是一个标准的 PI 型或者 PID 型调速器，水轮机调速器与标准的 PID 型调速器的主要区别在于：

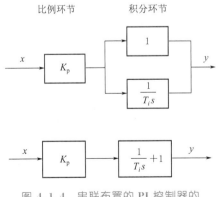

（1）PI 型或 PID 型水轮机调速器的功能块一般采用串联布置（图 4.1.4 和图 4.1.5）。布置上虽有区别，但不难证明，除了参数值有所区别，串联布置与并联布置在本质上是一样的。

（2）真正的区别在于水轮机调速器中有一个局部反馈回路，该反馈回路的目的是使机组在并网运行的条件下有可能作"有差调频"运行。（关于机组的并网运行方式，本书将在 4.2 节中介绍。）而正是因为这个反馈回路的存在，使得水轮机调速器的 PID 调节过程有别于标准的 PID 型调速器。

图 4.1.4　串联布置的 PI 控制器的传递函数方框图

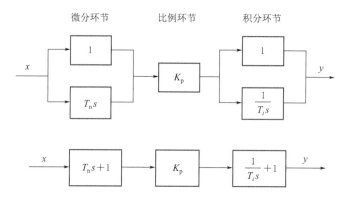

微分环节　　　　比例环节　　　　积分环节

图 4.1.5　串联布置的 PID 控制器的传递函数方框图

水轮机调速器还有一个液压放大系统，其作用是把一个微弱的电子控制信号放大，变成足以驱动水轮机导叶的强大机械动作。这个液压放大环节只是一个电子指令的执行装置，就调节功能而言其本身并不会对调节的过程产生重大影响。因此，为了突出重点，在下面的介绍中先忽视这部分的存在。在上述假定条件下，PI 型和 PID 型调速器的简化方框图分别如图 4.1.6 和图 4.1.7 所示。

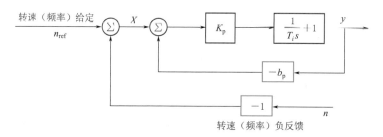

图 4.1.6　实际的 PI 型调速器的传递函数简化方框图

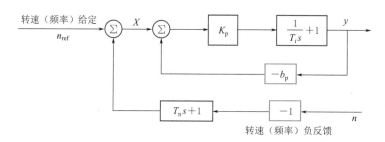

图 4.1.7　实际的 PID 型调速器的传递函数简化方框图

实际的 PID 型调速器的微分环节一般布置在转速给定值输入点之前，也即是在转速反馈回路上。这样的布置是为了避免微分环节对转速给定值在改变过程中的微分作用，使改变过程较为平稳。

图中局部反馈回路中的反馈系数 b_p 在电站并网运行中一般是一个取值为 0.03～0.06 的常数。当电站中只有一台机并向一个孤立电网输电时，也可取 $b_p = 0$，这时该反馈实际上不复存在，在这种情况下调速器才变成一个典型的 PID 型调速器。不过除了偏远地区的小水电，这种情况在电站的实际运行中几乎不可能出现。调速器中的这个参数 b_p 在不同的历史时期和在不同的场景中有多个不同的术语表达方式：①永态转差系数；②硬反馈系数；③转速调差系数；④频率调差系数。

这个局部反馈存在形成了调速器的有差调节模式，因此，这个反馈也被称为调差反馈。调差反馈并非只有图 4.1.6 或图 4.1.7 这一种结构布置，有关调差反馈的其他结构布置和有差调节的进一步介绍见 4.2 节。

水轮机调速器在 20 世纪 60 年代之前仍以机械型调速器为主，那个年代之前的有关文献、规范等，都还没有涉及 PI 或 PID 调节器这个概念。不少行业中那个时代的经典术语、符号等和参数优化经验公式等也与图 4.1.6 和图 4.1.7 所示的方框图有些对不上号。如果令 $T_d = T_i$，$K_p = 1/b_t$，就可得到用传统符号表示的方框图，见图 4.1.8 和图 4.1.9。

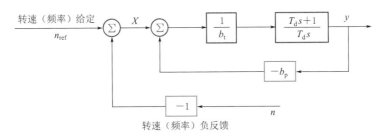

图 4.1.8　用传统符号表达的 PI 型调速器的传递函数方框图

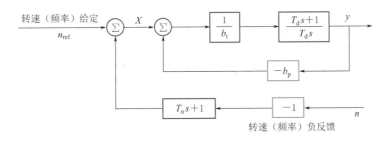

图 4.1.9　用传统符号表达的 PID 型调节器的传递函数方框图

和转速调差系数 b_p 一样，传统的调速器参数 b_t 也有多种术语表达：①缓冲强度；②暂态转差系数；③软反馈系数。

传统的调速器参数 T_d 的术语表达有：①缓冲时间常数；②暂态转差时间常数；③软反馈时间常数。

根据传递函数方框图简化方法，图 4.1.8 所示 PI 型调速器方框图可简化为图 4.1.10。

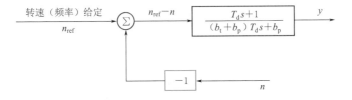

图 4.1.10　简化后的用传统符号表达的 PI 型调速器的传递函数方框图

于是得到 PI 型调速器的传递函数表达式：

$$y = (n_{\text{ref}} - n) \frac{T_d s + 1}{(b_t + b_p) T_d s + b_p}$$

或写为

$$G(s) = \frac{y}{n_{\text{ref}} - n} = \frac{T_d s + 1}{(b_t + b_p) T_d s + b_p} \tag{4.1.5}$$

其中 n_{ref} 为转速给定动态量相对值。如果在一个动态过程中转速给定值不变，则有 $n_{\text{ref}} = 0$，上式因此也可写为

$$G(s) = \frac{y}{n} = \frac{-(T_d s + 1)}{(b_t + b_p) T_d s + b_p} \tag{4.1.6}$$

通过对式（4.1.6）的拉氏反变换就可得到 PI 型调速器的微分方程：

$$(b_t + b_p) T_d \frac{\mathrm{d}y}{\mathrm{d}t} + b_p y = -T_d \frac{\mathrm{d}n}{\mathrm{d}t} - n \tag{4.1.7}$$

通过相同的步骤，由图 4.1.9 可得 PID 型调速器的传递函数：

$$G(s) = \frac{y}{n} = \frac{-(T_n s + 1)(T_d s + 1)}{(b_t + b_p) T_d s + b_p} \tag{4.1.8}$$

由上式可得 PID 型调速器的微分方程为

$$(b_t + b_p) T_d \frac{\mathrm{d}y}{\mathrm{d}t} + b_p y = -T_n T_d \frac{\mathrm{d}^2 n}{\mathrm{d}t^2} - (T_n + T_d) \frac{\mathrm{d}n}{\mathrm{d}t} - n \tag{4.1.9}$$

调速器传递函数式（4.1.6）和式（4.1.8）是在忽略调速器的液压放大部分和调速器中一些小的时间滞后环节的假定下得到的。调速器的液压放大部分最主要的环节是主接力器和主配压阀。主接力器一般是由一对推拉活塞伺服器组成的，如图 4.1.11 所示。

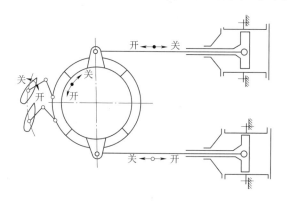

图 4.1.11　水轮机主接力器示意图

主配压阀也是由一个活塞伺服器驱动的。接力器活塞的位移 y_s 等于活塞缸进出流量 q 对时间的积分：

$$y_s = \frac{1}{T_y} \int q \mathrm{d}t$$

式中：T_y 为伺服器积分时间常数。

由前面对 PID 型调速器中积分环节的分析，可直接做出其缸体液压流 q 与活塞位移 y_s 传递函数方框图（图 4.1.12）。通过杠杆或者电气信号把接力器活塞位移对控制压力油

流量的配压阀开度形成单位负反馈，如图 4.1.13 所示。图 4.1.13 简化后就得到配压阀驱动信号与接力器位移的传递函数框图（图 4.1.14）。这个传递函数所描述的是一个以 T_y 为时间常数的一阶随动环节（或者一阶惯性环节）。

图 4.1.12　$q - y_s$ 传递函数方框图　　　　图 4.1.13　$x - y_s$ 传递函数方框图

不同供产商的调速器液压放大系统的具体构造有很多不同的设计，油压等级也不尽相同，本书不再逐一介绍。但在忽略一些次要因素之后不同的调速器液压放大系统有一个共同点：一般需要至少两级放大，第一级为电液转换器到主配活塞位移，第二级为主配活塞位移到主接力器位移。每一级都可以用一个一阶惯性环节来近似，这两个一阶惯性形成串联，如图 4.1.15 所示。

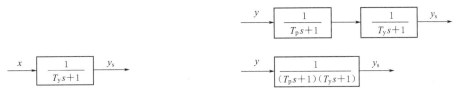

图 4.1.14　简化后的 $x - y_s$ 传递函数方框图　　　图 4.1.15　调速器油压放大系统传递函数方框图

油压放大系统中的这两个时间常数的值一般都很小，T_y 一般小于 $0.25\mathrm{s}$，T_p 一般小于 $0.1\mathrm{s}$。因此，在对调速系统的计算和分析中如果忽略这两个时间常数一般不会造成明显的计算误差。由图 4.1.15 和图 4.1.9 就可绘制包括油压放大系统在内的整个调速器方框图。

因为调速器中的转速负反馈来自于机组的测速（测频）环节，而微分环节对测速环节中的噪声分量十分敏感，所以实际微分环节中一般会带一个一阶滤波器。一阶滤波器的传递函数与一阶惯性环节相同，其时间常数一般为微分环节的微分时间常数的 $1/10\sim1/5$。也就是说图 4.1.16 微分环节中的 k_n 值为 $0.1\sim0.2$。

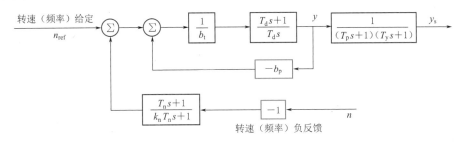

图 4.1.16　包括油压放大系统在内的调速器方框图

4.1.4　水轮机调速器的调节对象

水轮机调速器的调节对象是水轮发电机组，只有包括了调节对象才能构成一个水轮机调节系统。水轮发电机组不但包括了水轮机和发电机，也包括水道系统。水轮机本身的数学模型完全是由水轮机特性曲线决定的。在大波动计算中，水轮机的数值模型就是水轮机特性曲线本身，而这一部分已在本书的第 3 章中讨论过。水轮机特性的小波动数学模型，已由式（3.5.12）给出。用 y_s 表示水轮机导叶开度，用 p_t 表示水轮机相对出力，将式（3.5.12）重写为

$$\begin{cases} p_t = (1 + e_q)q + (1 + e_h)h \\ q = 0.5(1 + Q_n)h + Q_y y_s - Q_n n \end{cases}$$

式中：Q_n 为水轮机转速对流量的自调节系数；Q_y 为水轮机开度对流量的传递系数；e_h 为效率对水头变化率相对值；e_q 为效率对流量变化率相对值。

根据上面这个方程组，并假定水道流量与水头之间的传递函数为 $\dfrac{h}{q}$，不难得到水轮机的传递函数方框图（图 4.1.17）。

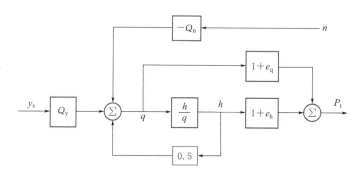

图 4.1.17　水轮机传递函数方框图

水轮机流量与水头之间的传递函数 $\dfrac{h}{q}$ 到目前为止仍然是未知的。该传递函数涉及整个水道系统，在考虑水道弹性波的情况下这个函数不是一个有理函数，在多数情况下这个函数非常复杂，详见第 8 章对这个函数的讨论。

对于最简单的短压力钢管的一管一机系统，就可以用刚性水击简化模型，式（8.6.5）改写为

$$\frac{h}{q} = -T_w s \tag{4.1.10}$$

其中

$$T_w = \frac{LQ_0}{H_0 gA} = \frac{LV_0}{gH_0}$$

式中：T_w 为压力管水流加速时间常数，在水轮机调节系统稳定性分析中是一个很有代表性的参数。

当发电机并网之后，发电机与电网就联成一体。建立发电机局部模型就需考虑电网的因素。但因电网的高度复杂性与时变性，很难建立一个包括电网在内的严格模型，因此有必要对电网做一定的理想化的简化，其中"理想孤网"假定最为简单。本小节将只介绍在理想孤网条件下的发电机及负载局部模型，其他更多有关电网方面的讨论详见 4.2 节。

理想孤网假定具体包括：①电网中除了本发电机组之外，无其他发电机组；②无电动

机等会增加电网等效转动惯量的负荷;③电网负荷不随电网频率的变化而变化。

发电机组转动部分运动方程、水轮机做功方程和负荷阻力矩方程分别为

$$J\frac{\mathrm{d}\omega}{\mathrm{d}t}=M_\mathrm{t}-M_\mathrm{g} \tag{4.1.11}$$

$$P_\mathrm{t}=M_\mathrm{t}\omega \tag{4.1.12}$$

$$P_\mathrm{L}=M_\mathrm{g}\omega \tag{4.1.13}$$

式中:J 为机组转动惯量;P_t 为水轮机出力;P_L 为发电机负荷;M_t 为水轮机主动力矩;M_g 为机组总负荷力矩;ω 为机组角速度。

以上方程组中,忽略了发电机自身功率损失。对上面三式在稳态点 P_0 附近对变量做增量表达:$M_\mathrm{t}=M_\mathrm{t0}+\Delta M_\mathrm{t}$,$M_\mathrm{g}=M_\mathrm{g0}+\Delta M_\mathrm{g}$,$\omega=\omega_0+\Delta\omega$,$P_\mathrm{t}=P_\mathrm{t0}+\Delta P_\mathrm{t}$。由于在稳态点有 $P_\mathrm{t0}=M_\mathrm{t0}\omega_0$,主动力矩与负荷力矩平衡,即 $M_\mathrm{t0}=M_\mathrm{g0}$,因此有

$$J\omega_0\frac{\mathrm{d}\dfrac{\Delta\omega}{\omega_0}}{\mathrm{d}t}=\Delta M_\mathrm{t}-\Delta M_\mathrm{g} \tag{4.1.14}$$

$$\Delta P_\mathrm{t}=M_\mathrm{t0}\Delta\omega+\Delta M_\mathrm{t}\omega_0+\Delta\omega\Delta M_\mathrm{t} \tag{4.1.15}$$

$$\Delta P_\mathrm{L}=M_\mathrm{L0}\Delta\omega+\Delta M_\mathrm{L}\omega_0+\Delta\omega\Delta M_\mathrm{L} \tag{4.1.16}$$

引入相对变量:$n=\dfrac{\Delta\omega}{\omega_0}$,$m_\mathrm{t}=\dfrac{\Delta M_\mathrm{t}}{M_\mathrm{t0}}$,$m_\mathrm{g}=\dfrac{\Delta M_\mathrm{g}}{M_\mathrm{g0}}$,$p_\mathrm{t}=\dfrac{\Delta P_\mathrm{t}}{P_\mathrm{t0}}$,$p_\mathrm{L}=\dfrac{\Delta P_\mathrm{L}}{P_\mathrm{L0}}$,式 (4.1.14) 两侧同时除以 $M_0(M_0=M_\mathrm{t0}=M_\mathrm{g0})$,得

$$\frac{J\omega_0}{M_0}\frac{\mathrm{d}n}{\mathrm{d}t}=m_\mathrm{t}-m_\mathrm{g}$$

定义机组惯性时间常数 $T_\mathrm{a}=\dfrac{J\omega_0}{M_0}$ 代入上式中,并对两侧进行拉普拉斯变换:

$$T_\mathrm{a}sn=m_\mathrm{t}-m_\mathrm{g} \tag{4.1.17}$$

式中:s 为拉普拉斯算子。

忽略式 (4.1.15) 和式 (4.1.16) 中的高阶项,两侧同时除以 $P_0(P_0=P_\mathrm{t0}=P_\mathrm{g0})$ 得

$$p_\mathrm{t}=n+m_\mathrm{t} \quad\text{或}\quad m_\mathrm{t}=p_\mathrm{t}-n \tag{4.1.18}$$

$$p_\mathrm{L}=n+m_\mathrm{L} \quad\text{或}\quad m_\mathrm{g}=p_\mathrm{L}-n \tag{4.1.19}$$

将以上两式代入式 (4.1.17),得

$$T_\mathrm{a}sn=p_\mathrm{t}-p_\mathrm{L} \tag{4.1.20}$$

得出在不计发电机损耗的情况下机组转速对水轮机出力的传递函数:

$$\frac{n}{p}=\frac{1}{T_\mathrm{a}s} \tag{4.1.21}$$

其中

$$p=p_\mathrm{t}-p_\mathrm{L}$$

当考虑发电机损耗,尤其是计入损耗项中的转速相关损耗时,其传递函数为

$$\frac{n}{p}=\frac{1}{T_\mathrm{a}s+E_\mathrm{n}} \tag{4.1.22}$$

式中:E_n 为发电机自调节系数,一般小于 0.02,在多数分析中可以忽略。

由式 (4.1.22) 和图 4.1.10 可以画出包括水轮机和发电机在内的水轮发电机组传递函数方框图 (图 4.1.18)。

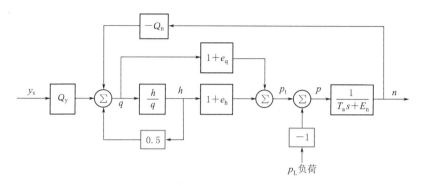

图 4.1.18　水轮发电机组传递函数方框图

由调速器的传递函数方框图（图 4.1.9）和调节对象水轮发电机组的传递函数方框图（图 4.1.18）共同构成了完整的水轮机调速系统的方框图（图 4.1.19）。

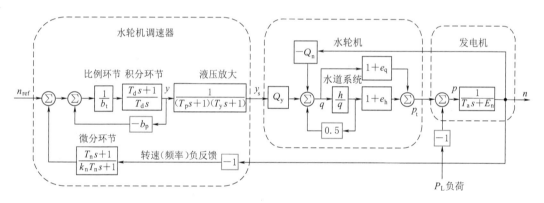

图 4.1.19　完整的水轮机调速系统传递函数方框图

4.1.5　调速系统的时间域响应分析法

对于一个任意的动态系统，如果在输入端输入突变量，其输出端变量会随之发生变化，这个变化过程就被称为"响应"。如果这个响应过程用以时间为横坐标的曲线表示，就被称为"时间域响应"（图 4.1.20）。对时间域响应进行分析的方法被称为"时间域分析法"。如果输入信号是个阶越信号，这个响应也被称为"阶越响应"。如果输入信号是一个脉冲信号，系统所产生的响应就称为"脉冲响应"。经典控制理论中的时间域分析方法主要是分析这两种响应。但在工程界一般只用阶越响应分析，本书也只介绍这种分析。工程应用中的水力过渡过程计算中的小波动分析，其实用的就是这种分析方法。因为小波动分析计算在第 7 章中还要详细介绍，为避免内容重复，本小节只介绍与之相关的基本概念。下面用图示法介绍。

4.1.5.1　单位阶越输入与单位阶越响应

如果一个阶越信号的阶越幅值为 1.0，如图 4.1.21 所示，那么系统对这个信号的响应就是单位阶越响应。

图 4.1.20　系统的时间域响应示意图

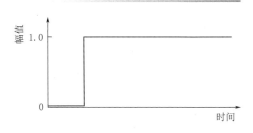

图 4.1.21　单位阶越函数

4.1.5.2　比例环节的单位阶越响应（图 4.1.22）

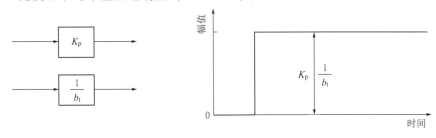

图 4.1.22　比例环节的单位阶越响应

4.1.5.3　积分环节的单位阶越响应（图 4.1.23）

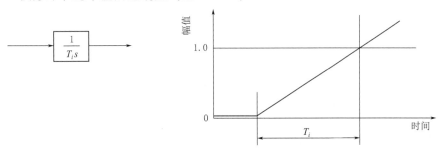

图 4.1.23　积分环节的单位阶越响应

4.1.5.4　微分环节的单位阶越响应（图 4.1.24）

这里的这个微分环节并非一个标准的理想微分环节，而是一个实用的微分环节。理想微分环节对单位阶越输入的响应幅值在阶越发生点是无穷大，在实际应用理想的微分环节中对高频噪声的放大作用太强，所以并不适用。

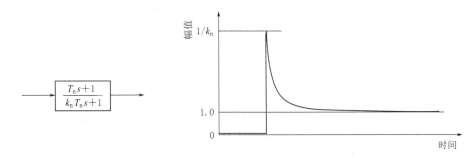

图 4.1.24　微分环节的单位阶越响应

4.1.5.5 PI 型调速器的单位阶越响应（图 4.1.25）

这里的 PI 型调速器没有包括调速器中的调差反馈。

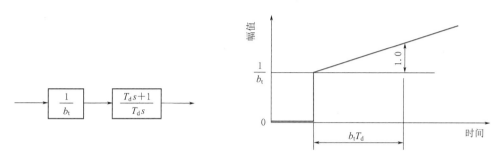

图 4.1.25　PI 型调速器的单位阶越响应

4.1.5.6 PID 型调速器的单位阶越响应（图 4.1.26）

由于调速器的微分环节在反馈回路上，所以信号输入端也应在那里。这里的 PID 型调速器也没有包括调速器中的调差反馈。

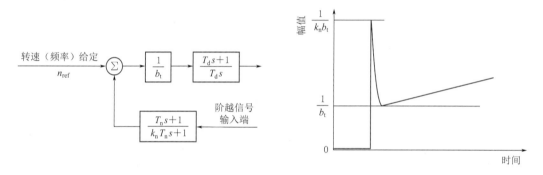

图 4.1.26　PID 型调速器的单位阶越响应

对 PI 型调速器或 PID 型调速器单位阶越响应的了解，可用于在调速器的验收测试中检验调速器的实际参数是否与整定值相符。

整个水轮机调速系统的时间域分析的阶越扰动输入点有两处：一是在频率给定端给一个阶越的给定值变化；二是给机组一个阶越变化的负荷扰动（图 4.1.27）。由于负荷扰动更接近机组在实际运行中可能遇到的负荷波动情况，分析机组对负荷扰动的响应更能反映机组调速系统的调节品质，所以负荷扰动方式更多地被工程界所采用。由于调速系统中有不少非线性因素，例如水轮机特性曲线和调速器液压放大系统中的节流限速等，其扰动量不能太大，需把扰动量和响应都限制在小波动范围之内，详见第 7 章。

4.1.6　调速系统的频率响应分析法

频率响应法（Frequency-response Analysis）是 20 世纪 30 年代发展起来的一种经典工程实用方法，是一种利用频率特性进行控制系统分析的方法，可方便地用于控制工程中的系统分析与设计。频率响应法是经典控制理论中频率域分析方法中的一个重要组成部分，在分析闭环控制系统的稳定性方面有一套完整并且非常实用的理论。这个方法完全建

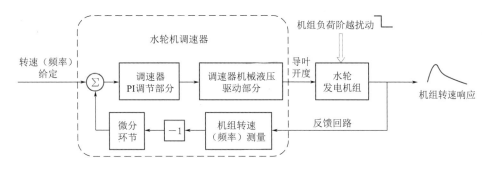

图 4.1.27　水轮机调节系统时间域分析中阶越扰动输入点及响应输出点示意

立在线性系统分析的理论基础上，但是由于调速器的油压放大系统，水轮机特性和水道系统都不是真正的线性系统，所以在对这样的系统应用频率响应法分析时，必须对系统做必要的线性化处理。如果一个系统是非线性的，但只要其特性曲线是光滑的，就可通过小波动假定对其做线性化处理，例如 3.6 节中对水轮机特性所做的线性化处理。

4.1.6.1　系统的频率特性

线性系统理论告诉我们，如果一个线性系统的输入信号是一个固定频率的并且稳定的等幅值波动的谐波（见第 8 章中的定义），那么这个系统的输出（也就是响应）必定也是一个等幅的谐波波动量，并且频率与输入信号相同（图 4.1.28）。一般来说，如果输入信号为谐波 $A_{in}\sin(\omega t)$ 输出的波动部分则一定可以表达为 $A_{out}\sin(\omega t+\varphi)$。

图 4.1.28　系统的频率响应原理图

系统的频率特性定义为波动响应（response）的波动部分与波动输入（input）之比，用一复函数表达：

$$\frac{response^{\sim}}{input^{\sim}}=C(j\omega)=A(\omega)\mathrm{e}^{j\varphi(\omega)} \tag{4.1.23}$$

式中：$A(\omega)=|C(j\omega)|=\dfrac{A_{out}}{A_{in}}$，为幅值特性，为响应谐波幅值与输入谐波幅值之比，幅值特性在控制系统分析中也常被称为"增益特性"；$\varphi(\omega)$ 为相角特性，为响应谐波与输入谐波之间的相位差，正值为超前，负值为滞后。

幅值特性和相角特性都是谐波动角频率 ω 的函数。

4.1.6.2　系统频率特性与系统传递函数之间的关系

如果一个系统或环节的传递函数是 $G(s)$，那么这个系统的频率特性可以通过把这个传递函数中的拉氏算子 s 换成 $j\omega$ 得到。例如一个调节器的传递函数为

$$G(s)=\frac{T_d s+1}{(b_t+b_p)T_d s+b_p}$$

那么这个调速器的频率特性就是：

$$G(j\omega)=\frac{T_d j\omega+1}{(b_t+b_p)T_d j\omega+b_p}$$

下面用一个简单的例子来证明。

【例 4.1.1】 如果某积分环节的传递函数为

$$C(s) = \frac{1}{T_d s} \tag{4.1.24}$$

试证明该环节的频率特性为

$$C(j\omega) = \frac{1}{T_d j\omega} \tag{4.1.25}$$

证：传递函数式（4.1.24）的积分表达式为 $y = \frac{1}{T_d}\int x \mathrm{d}t$，令 $x = A_{in}\sin(\omega t)$，于是有

$$y = \frac{1}{T_d}\int A_{in}\sin(\omega t)\mathrm{d}t = \frac{1}{T_d \omega}A_{in}\sin\left(\omega t + \frac{\pi}{2}\right) + C$$

上式中 C 是一个待定积分常数，上式的波动分量为

$$y \approx \frac{A_{in}}{T_d \omega}\sin\left(\omega t - \frac{\pi}{2}\right)$$

根据系统频率特性的定义可知，该积分环节的幅值特性为 $\frac{T}{T_d \omega}$，相位特性为 $-\frac{\pi}{2}$，式

（4.1.25）可以变换为：$C(j\omega) = \frac{1}{T_d j\omega} = \frac{1}{T_d \omega}(-j) = \frac{1}{T_d \omega}\mathrm{e}^{-j(0.5\pi)}$。

可知上面复函数的幅值特性为 $\frac{1}{T_d \omega}$，相位特性为 $-\frac{\pi}{2}$。证毕。

这也就是说知道一个系统的传递函数等于知道了这个系统的频率特性。这也是为什么常把一个系统的传递函数称为系统的频率域数学模型，而把描述系统的微分方程或微分方程组称为系统的时间域数学模型。

4.1.6.3 闭环控制系统的开环频率特性

用频率特性法分析一个闭环控制系统稳定性的最重要的一点是该闭环系统的"开环频率特性"。什么是"闭环系统的开环频率特性"？

如果把一个闭环系统的主反馈回路（图 4.1.29）的打叉点断开，断开点两侧分别为 A 和 B，那么由 A 点到 B 点之间的传递函数就是该系统的开环传递函数，由 A 点到 B 点之间的频率特性就是该系统的开环频率特性。在控制系统分析中，常把开环频率特性中的幅值特性用"增益特性"来表达，不过在定义上稍有区别。

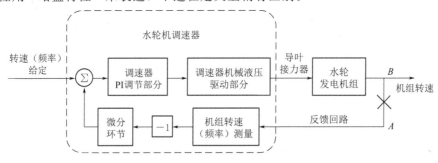

图 4.1.29 将闭环系统变为开环示意图

4.1.6.4 系统的开环频率特性奈奎斯特图和奈奎斯特稳定判据

奈奎斯特图（Nyquist diagram）是对于一个连续时间的线性系统，将其频率响应的增益及相位以极坐标的方式绘出，常在控制系统或信号处理中使用，可以用来判断一个反馈系统是否稳定。奈奎斯特图的命名是来自贝尔实验室的电子工程师 Nyquist。

设某系统的开环频率特性为 $C(j\omega)=A(\omega)e^{j\varphi(\omega)}$，如果将某个特定频率范围内 $\omega=\omega_s \rightarrow \omega_f$ 所对应的该复函数的值的轨迹在复平面上画出来，那么这个复平面显示的图形就是奈奎斯特图。从理论上讲，ω_s 应该趋于零，而 ω_f 应趋于无穷大。但在实际工程应用中并不需要，例如对于水轮机调节系统，其范围 $\omega=0.001 \rightarrow 10$ 就足够了，多数情况实际比这个范围还可以小一点。奈奎斯特稳定判别法要从学术层面说清楚还是有一定难度的，但实际工程应用却很简单。下面就从实用角度说明其应用，希望深入了解的读者可参阅控制理论的教材或著作。

图 4.1.30 上所示的曲线就是某系统开环频率特性函数当角频率 $\omega=\omega_s \rightarrow \omega_f$ 所经过的轨迹。奈奎斯特复平面上实轴上有一个点（-1，0），是应用本方法的关键点：

（1）如果该轨迹线从点（-1，0）的左边和上方通过，如图 4.1.30 所示，表示该系统不稳定。系统波动过程发散。

（2）如果该轨迹线恰好从点（-1，0）通过，如图 4.1.31 所示，表示该系统处于临界状态，系统受扰后将做等幅波动，从工程角度而言也是不稳定的。

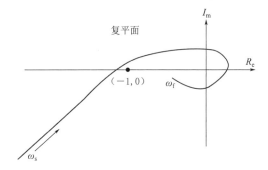

图 4.1.30 奈奎斯特图一：系统不稳定

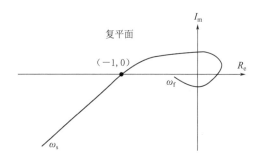

图 4.1.31 奈奎斯特图二：系统处于临界状态

（3）如果该轨迹线从点（-1，0）的下方和右方通过，如图 4.1.32 所示，表示该系统受扰后波动将收敛，从学术角度而言该系统是稳定的。

（4）如果一个闭环调节系统从学术角度而言是稳定的，并不意味着可满足工程实际应用的需要。在实际应用中，还需要判断这个系统稳定性的好坏，或者说调节品质的优劣。于是在开环频率特性的分析中还需要了解一个稳定系统的稳定裕量。稳定裕量有两个指标，即相角裕量与增益裕量。

（5）图 4.1.32 所示的频率特性曲线与以极坐标原点为圆心的单位圆的交点和原点之间画一条直线，那么这条直线的长度就是 1.0，表示在这个角频率 ω 点开环系统的幅值特性为 1.0。这条直线与实轴正方向的夹角的负值（$-\varphi$）就是该 ω 点的相角特性，φ 为滞后角。只有当滞后角 $\varphi < \pi$ 或者说小于 180° 时这个系统才是稳定的。于是角 $\alpha = \pi - \varphi$ 就被定义为该系统的"相角裕量"。

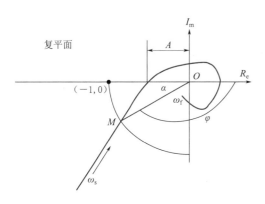

图 4.1.32　奈魁斯特图三：系统稳定

（6）频率特性曲线与以坐标横轴的交点与原点之间的距离 A 表示当频率特性曲线的相角特性为 $-180°$ 时的幅值特性，A 值必须小于 1.0 系统才是稳定的。如果幅值特性用以 10 为底的对数所定义分贝（dB）值表达 $K=20\lg A$，那么这个 K 值必须小于 0dB。于是 $0-K=-K=-20\lg A$ 就被定义为增益裕量。

4.1.6.5　系统的开环频率特性伯德图

开环频率特性的伯德图（Bode Diagram）只是奈魁斯特图的变异，其特点是更容易在图上直接读出系统的相角裕量和增益裕量，而且特性曲线上每一个点所对应的频率也可以读出，所以其应用比原奈魁斯特图更加广泛一些。伯德图的主要缺点是相角裕量和增益裕量的数学原意不是很直观。图 4.1.33 为某真实水轮机调节系统开环伯德图，其中蓝色线为相角特性，红色线为增益特性。图 4.1.34 为图 4.1.33 中小方框界定区的局部放大图。

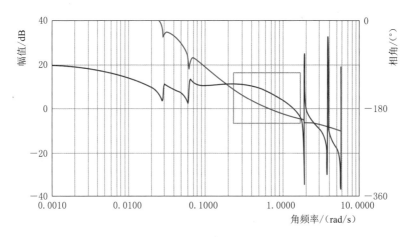

图 4.1.33　某水轮机调节系统的开环伯德图

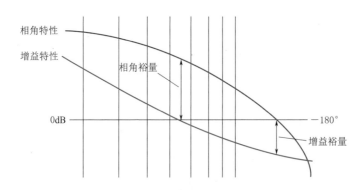

图 4.1.34　图 4.1.33 中小方框界定区的局部放大图

相角裕量对应的频率点为增益特性为零那一点（即幅值特性为1.0）。增益裕量所对应的频率点为相角特性为−180°那一点。图4.1.35中给出的是图4.1.33所对应的奈魁斯特图。对于水轮机调节系统，相角裕量的要求一般为25°～45°，增益裕量的要求一般是3～4.5dB。相角裕量和增益裕量不足时可以通过调整调速器参数进行优化，具体如下：

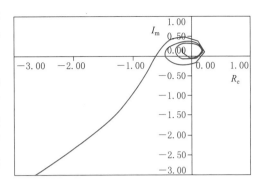

图4.1.35　图4.1.33所对应的奈魁斯特图

（1）增加调节参数b_t值可使系统的增益裕量和相角裕量同时增加，但以加大增益裕量为主，以加大相角裕量为辅。

（2）增加调节参数T_d值也可使系统的增益裕量和相角裕量同时增加，但以加大相角裕量为主，以加大增益裕量为辅。

（3）增加调节参数T_n值可使系统相角裕量增加但增益裕量减小。

相角裕量和增益裕量并非越大越好。这两个裕量的增加一般都是以牺牲调节速动性为代价的。调节系统的速动性与稳定性同等重要。调节系统的速动性在伯德图上的反映是增益特性曲线的过零频率，即曲线与0dB线交叉那个点。这个点的角频率就是过零频率。过零频率一般不应低于0.3rad/s。

4.1.6.6　系统的闭环频率响应图

设定开环增益特性曲线的最低过零频率限制是确保系统的速动性的方法之一，但不是最好的方法。最好的办法是通过系统的闭环频率响应曲线图（图4.1.36）的特征来判断，因为闭环才是系统运行时的真正状态。

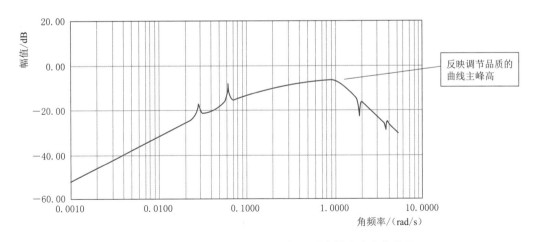

图4.1.36　图4.1.33所对应的闭环系统频率响应曲线图

闭环系统频率响应产生的输入与输出端与图4.1.27所示相同，不同的是闭环频率响应的输入不是一个阶越信号，而是一个谐波信号。需要特别强调的一点是，闭环系统频率特性只有对一个稳定的系统才有意义。一个不稳定的系统根本不存在闭环频率特性。所以，在计算闭环系统之前必须先用奈魁斯特判据判定该系统是否稳定。闭环频率响应曲线的形态可以说是系统动态特性的综合表现。一个动态系统有可能存在一个或多个自然频率（也称特征频率），当系统的输入频率与这些自然频率一致或相近时就会发生共振现象。闭环频率响应曲线能反映出这个系统的自然频率发生在什么频率，在这个自然频率下系统与输入信号频率发生共振时的共振峰值是否过高。有时这种共振会造成运行稳定性方面的问题，有些则无关紧要，而闭环频率响应曲线的形态可以反映这一点。以图 4.1.36 为例，曲线低频一侧的第一个尖峰表现的是上游调压室的自然频率共振峰，第二个尖峰表现的是尾水调压室的自然频率共振峰。曲线的主峰（一般在 $\omega = 0.3 \rightarrow 1.5$），即看上去并不很尖的山顶状的钝峰，才是调速系统本身的自然频率。由于调速系统本身的自然频率具有宽频特征，因而表现为钝峰。因此可以说闭环系统频率响应曲线反映的不仅仅是调速系统调节品质的好劣。关于水力发电系统中的共振现象详细讨论见第 8 章。

4.1.7　调节参数的优化整定

无论机组以何种方式并网运行，调节参数的优化整定都是在理想孤网条件假定下进行的，不但因为理想孤网是一种对调节器而言的最不利条件，而且因为该假定排除了任何电网因素的影响而使得计算分析变得相对简单。

在 4.1.6 小节中简单介绍了一下调速器中的调节参数对频率响应分析法中相角裕量和增益裕量的影响。调节参数的整定在水利水电类专业相关的教材涉及"水轮调节"的内容中有较为详细的介绍，教材中所介绍的参数整定经验公式之一的 Stein 公式是被大量工程实例验证的一个用于决定调节参数初选值的实用经验公式。

4.1.7.1　Stein 公式依据的两个主要参数

（1）机组惯性时间常数 T_a，详见式（4.1.16）中的相关定义。T_a 的另一个更适合于工程计算的表达式为

$$T_a = \frac{GD^2 N^2}{365 P_0}$$

（2）压力管道水流加速时间常数 T_w，详见式（4.1.10）中的相关定义。但那个定义只适用于一管一机的简单系统。对于较为复杂的系统，T_w 的定义为

$$T_w = \frac{\sum\limits_{i=1}^{n} L_i V_i}{g H_0}$$

式中的各段压力管需要从离水轮机进口最近的自由水面，例如上库或者调压室水平面算起，一直要算到机组下游离尾水管出口最近的自由水面［注意，尾水闸门井水面一般不能认为是自由水面，如果没有尾水调压室（尾调），用上式计算时需算到下库］。管中的流速 V_i 可能是真实的流速，也有可能是虚拟的。例如，有联接管的调压室，连接管中稳态流量为零，就要虚拟一个流量。虚拟方式为假定流经水轮机的流量 Q 是全部从最近的那个自由水面流过来的，也就是使实际稳态流量为零。对于气垫式调压室，水与压缩空气的界面也被认为是自由水面。

对于一个 PI 型调速器，Stein 经验公式为

$$b_t = 2.6 \frac{T_w}{T_a} - b_p, \quad T_d = 6T_w$$

对于一个 PID 型调速器，Stein 经验公式为

$$b_t = 1.5 \frac{T_w}{T_a} - b_p, \quad T_d = 3T_w, \quad T_n = 0.5T_w$$

作为一个调节参数的初选值公式，本书不准备介绍更多其他经验公式及其变异公式。选这个公式的原因不是因为这个公式算出来的优化参数有多么准确，而是因为公式的知名度比较高，同时也比较简单易用。

4.1.7.2　Stein 公式的局限性

调节参数的优化根本不可能仅仅用 T_a 和 T_w 这两个参数就可以决定。包括 Stein 公式在内的所有调节参数优化经验公式都基于这两个参数，因此有很大的局限性。在应用这些公式时如果不了解这些局限性，有可能被误导。对调节参数的优化有明显影响的其他因素有以下几个：

（1）水击波反射时间 T_r。这个参数反映了弹性波传递与反射对调节过程的影响。特别是高水头电站这个问题更为突出。

（2）调速系统中的液压放大系统的时间常数 T_p 和 T_y（图 4.1.16）。经验数据表明，液压系统的综合时间常数为 $0.2 \sim 0.3s$，较差的可到 $0.4s$ 左右，较现代的油压等级 $60 \sim 100bar$ 的系统的值有可能在 $0.2s$ 以下，但一般认为至少有 $0.15s$。

（3）水轮机相对流量对导叶开度的梯度值（即开度-流量关系曲线上对应运行工况点，一般指额定流量点，切线的斜率）。例如图 4.1.37（a）所示关系曲线的近满开度时有饱和趋势，流量/开度梯度值较小。而图 4.1.37（b）所示关系曲线的近满开度时有饱和趋势，流量/开度梯度值较大。这个梯度值对 b_t 参数的优化值有很大影响。

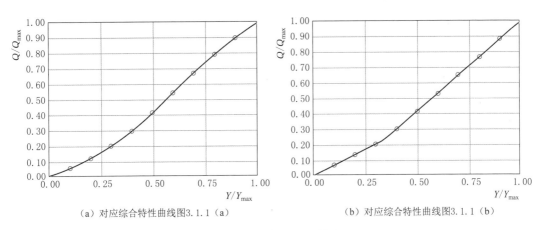

（a）对应综合特性曲线图3.1.1（a）　　　　　　（b）对应综合特性曲线图3.1.1（b）

图 4.1.37　流量-开度曲线

（4）尾水闸门井水面波动的不利影响。当尾水闸门井的水位自然波动频率与调速系统的特征频率在一个数量级上时，尾水闸门井会对调速系统产生严重不利影响。这种不利影响主要发生在机组出力较大时，对机组空载时的转速调节影响不大。闸门井的水位自然波动频率可用第 5 章中的式（5.2.3a）计算。调速系统的特征频率一般为 $\omega = 0.3 \sim 0.4rad/s$。

关于这个问题的一个典型的例子就是锦屏二级水电站的尾水闸门井。闸门井的水平断面有两种可能值，当尾水位较高时为 274m²，对应的水位波动频率为 $\omega = 0.198\text{rad/s}$；水位低时为 45.1m²，对应的水位波动频率为 $\omega = 0.48\text{rad/s}$。这两个水位波动频率离调速系统的特征频率都特别近。请参阅第 9 章中的锦屏二级调速系统闭环频率特性图 9.2.15 和图 9.2.16 及其说明。

Stein 及其他经验公式用上述这几个因素算出来的参数与真正的最优值相差很多，有可能差 50% 以上。特别是如果机组的尾水闸门井的水位波动频率接近调速系统的特征频率时，误差可能成倍。在这种情况下 Stein 公式就基本上完全无用了。以锦屏二级水电站为例，该电站 $T_w \approx 1.7\text{s}$，$T_a \approx 9.5\text{s}$ 按 Stein 公式算出的 b_t 参数小于 0.3。而实际的 b_t 最佳值为 0.6 左右，是公式算出的值的两倍。所以，通过以数值模型计算的频率响应分析法或者时间域响应分析为基础的调节参数优化方法才是正确的途径。经验公式算出的参数仅可以作为优化计算的初试参数。基于数值计算调节参数的优化过程详见第 7 章 7.3.4 小节。

4.1.7.3　PI 型或者 PID 型调速器的选择

在调节参数优化之前，还应根据水道关键参数先选择调速器的调节规律，是用 PI 调节还是 PID 调节？PID 型调速器比 PI 型调速器多了一个微分环节。代表微分环节的参数传统上是用微分时间常数 T_n。如果令 $T_n = 0$，那么 PID 型调速器就变成了 PI 型调速器，所以在现代调速器中，PI 型调速器只是 PID 型调速器中 $T_n = 0$ 时的一个特例。微分环节并不是在所有情况下都能改善调节品质。投入微分环节有以下两个不利结果：

（1）微分环节会放大测频噪声分量。测频噪声分量来源不一定是测频回路本身产生的，齿盘测频装置，机端残压测频装置，机组的振动等因素都有可能产生测频噪声。电站运行经验表明，当 T_n 值较大时，调速器对测频噪声敏感性增加，因此 T_n 取值大于 1.5s 时要谨慎。建议在任何情况下 T_n 值都不应大于 2.0s。

（2）弹性水击波周期偏长（频率偏低）。图 4.1.33 所示的开环频率特性图中相角特性曲线中的相角骤变就是弹性水击波造成的。微分环节的投入会加剧弹性波造成的不利影响。

分析以上两点原因，特别是第二点，可知，当水击波反射时间 $T_r (T_r = 2L/a)$ 过长时不应投入微分环节。具体可按以下三点划分：

（1）当 $T_r > 2.0\text{s}$ 时不管 T_w 是多少，不投入微分环节。

（2）当 $1.0\text{s} < T_r < 2.0\text{s}$ 同时 $T_w/T_r < 0.6$ 时不投入微分环节。

（3）当 $T_w < 0.6\text{s}$ 时不管 T_r 是多少，不投入微分环节。

4.1.7.4　用频率响应分析法调节参数优化

频率响应分析法调节参数优化比较简单，可按以下三步进行：

（1）按前面所介绍的原则选择 PI 或者 PID 调节规律。

（2）用 Stein 经验公式初选调节参数。

（3）计算调速器闭环特性曲线，并反复微调各调节参数直到曲线主峰高度最低，优化完成。

4.1.7.5　用时间域分析法调节参数优化

时间域分析法调节参数优化也是三步，前两步与频率响应分析法相同，第三步麻烦一点，具体如下：

(1) 按前面所介绍的原则选择 PI 或者 PID 调节规律。

(2) 用 Stein 经验公式初选调节参数。如果机组的水头较高（大于 200m），应在公式计算出的 b_t 和 T_d 值上乘以一个 $1.3 \sim 1.5$ 的修正系数。

(3) 时间域分析法调节参数优化是传统调节保证计算中小波动计算分析中的一个组成部分，其中涉及优化的时间域判据，内容较多，将在第 7 章中具体介绍。

需要说明的是，由于优化判据完全不一样，频率响应分析法得到的优化参数与时间域分析法优化参数并不完全一致。频率域的优化参数对谐波类扰动的调节品质最好，时间域优化参数对阶越性扰动的调节品质最好，但二者相差并不大。

4.2　水轮发电机组的并网运行方式

中文名称"水轮机调速器"应该说不太名副其实。水轮机调速器的英文名为 Turbine Governor，意思是"水轮机管理器"。现代水轮机调速器不但可以做调速（调频）运行，还可以做功率调节运行、前池水位调节运行和固定开度运行等。调速器还担任着机组启动与停机过程的管理。在前面 4.1 节中所介绍的只是调速器的基本功能模块。本节要介绍的内容与水轮发电机组的并网运行方式密切相关，因此有必要介绍一下相关术语。

(1) 孤立电网和孤网运行。当一个电网中只有唯一的一座电站供电时，这个电网就被称为孤立电网，这座电站的运行条件就被称为孤网运行条件。

(2) 多机孤网和单机孤网。如果做孤网运行的某电站有多于一台机组在供电，那么这个电站的运行条件就是多机孤网条件，否则，如果这个电站只有一台机组向一个孤立电网供电，或者这个电站有 N 台机组分别向 N 个互不相联的孤立电网供电，就是"单机孤网"条件。

(3) 大电网和理想大电网假定。当电网总容量远大于所要分析的对象电站的容量时，例如为十几倍以上，这个电网就可以被认定为"大电网"。在计算分析时，往往把大电网的容量假定为无穷大以简化分析过程，这个假定就被称为"理想大电网"假定。

(4) 局域电网。一个电网如果既不满足上述孤网的定义，也算不上是大电网，那么这个电网就可以认为是"局域电网"。

(5) 电网的自调节性。如果一个孤立电网或者局域电网的负荷会随着电网频率的变化而有规律地变化，那么这个电网就被认为具有自调节性。

(6) 理想孤网。如果一个孤立电网不具有自调节性，并且电网中没有电动机等会增加电网等效转动惯量的负荷，那么这个孤立电网就是理想孤网。

4.2.1　无差调频和有差调频运行模式

由于发电机是同步电机，发电机转速与机端频率成正比关系。当一台水轮发电机组并网之后机组转速就与电网频率成正比关系，调节机组转速就等于调节电网频率。当机组作调频运行时，分为无差调频和有差调频，前者的稳态运行频率与机组的开度和出力无关，而后者的稳态运行频率会随着开度或者出力的增加而下降，见图 4.2.1。

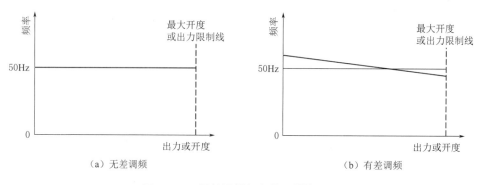

(a) 无差调频   (b) 有差调频

图 4.2.1　无差调频与有差调频的区别

无差调频能保持网频不随电网负荷的变化而变化，这当然是很理想的。但遗憾的是，无差调频运行模式只有在孤网和小微型局部电网才有可能。随着现代电网的大型化，对于一台特定的机组无差调频运行方式差不多变成一种只有在理论上才存在的运行方式。为什么说在大电网条件下无差调频运行对于单一机组而言是不现实的？

当机组在孤网或小微型局部电网条件下做无差调频运行时，当电网负荷波动，例如上升，电网频率就会下降，当频率低于机组给定频率时，调速器的 PI 或 PID 模块的输入端输入（$n_{ref}-n$）值就是一个正值，调速器输出 y 和导叶开度 y_s 就会增加，从而使机组出力 P 增加，当机组出力大于电网总负荷，电网频率 n 就会上升。调节过程最后使 $n_{ref}-n=0$，系统回到稳态。

当电网容量很大时，电网负荷波动的波动幅值往往远大于一台机组的最大负荷调节范围，因此，一台机组的调节对网频变化基本没有什么作用。这样，无论网频 n 的波动范幅值多么小，只要在波动，n 要么大于目标值 n_{ref}，要么小于 n_{ref}。当 $n>n_{ref}$ 时机组就会一直关到最小开度，当 $n>n_{ref}$ 时机组就会一直开到最大开度。机组的开度和出力只会在最大与最小之间来回波动，出现机组出力的"拉锯式"不稳定，见图 4.2.2。

相比之下，机组在大电网做有差调频运行则能大幅减小开度与出力的波动，见图 4.2.3。最重要的是，电网做有差调频运行时，对于一个特定的电网频率，机组只有一个特定的开度或出力与之对应；无差调频运行时，网频与机组开度和出力之间是没有这种一一对应关系的。

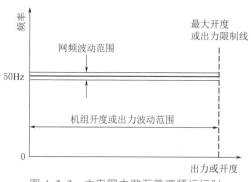

图 4.2.2　大电网内做无差调频运行时
机组出力的大幅波动示意图

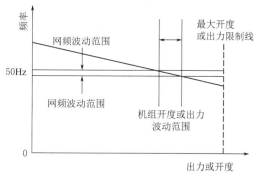

图 4.2.3　大电网做有差调频运行开度
和出力的小幅波动示意图

有差调频的实现方式是通过调差反馈。调差反馈有三种典型的结构布置方式：

（1）调差反馈信号来自于 PI 型或 PID 型调速器的输出，液压放大之前的"准接力器"信号 y（图 4.1.16）。

（2）调差反馈信号来自于液压放大之后的导叶接力器（图 4.2.4）。

（3）调差反馈信号来自发电机出力（图 4.2.5）。

这三种调差反馈的前两种在功能上没有什么区别，因为导叶接力器反馈与准接力器反馈之间只存在一个很小的液压放大装置的时间滞后，因此二者都属于导叶开度反馈。图 4.2.2 和图 4.2.3 中的横标有两种可能——导叶开度或者机组出力，取决于调差反馈的信号来源：如果是导叶开度反馈，横坐标就是导叶开度；如果是机组出力反馈，横坐标就是机组出力。

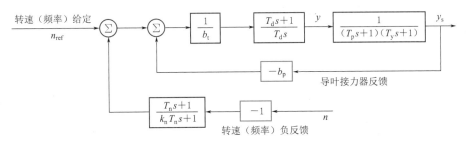

图 4.2.4　调差反馈信号来自于导叶接力器的结构布置

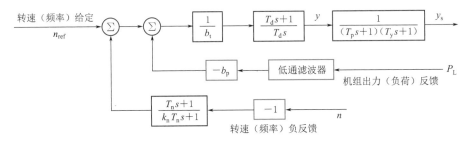

图 4.2.5　调差反馈信号来自于机组出力的结构布置

有差调频运行方式是水电机组并网运行中占统治地位的运行方式，因此有必要对这种运行方式做充分的了解。

4.2.2　有差调频模式下的机组出力调节

当机组并入大电网运行时，除了开停机操作最频繁的一种运行操作，就是机组的增减负荷操作。如果机组是做有差调频运行，机组的增减负荷可以通过以下两种方式完成：

方式（1）：通过调节调速器的频率给定值调节机组出力。

方式（2）：通过在调速器中增设出力或开度给定环节。

图 4.2.6 可以说明通过调节调速器频率给定值调整机组出力的原理。该图仅适用于调差反馈的信号源为机组出力的情况。假如电网的中间频率为 50Hz，根据机组的出力调节目标值可以用下式决定频率给定的设定值：

$$频率给定设定值 = 50\text{Hz}\left(1 + b_\text{p}\,\frac{机组出力目标值}{机组满负荷出力值}\right) \tag{4.2.1}$$

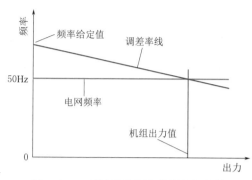

图 4.2.6　通过调节调速器频率给定值
调整机组出力的原理

由式（4.2.1）可以看出，如果频率给定设在 50Hz，机组出力将为零，为空载运行。如果频率给定设在 $50\text{Hz}(1+b_\text{p})$，机组将做满出力运行。

现代电子调速器一般都不用上述方式（1）通过改变频率给定来调出力，而是通过在调速器中增设负荷（或开度）给定环节。具体实现的方案较多，图 4.2.7 或图 4.2.8 是采用较多的两种。

图 4.2.7 所示这种方式的优点是可以直接给定机组出力，缺点是并不能保证机组实际稳态出力等于给定值，因为频率给定和频率调节也同时在起作用。只有当电网频率等于本机组的频率给定值时，机组的稳态出力才会与出力给定值一致。

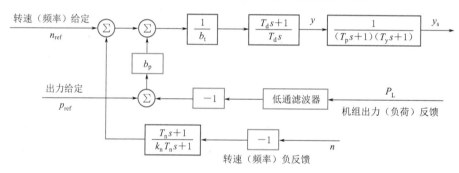

图 4.2.7　在调速器中增设出力给定环节的常用方案

图 4.2.8 虽然不能直接给定出力，但开度的大小可间接决定出力的大小。事实上，此方案由于其稳定性优于基于出力调差反馈的图 4.2.7 方案，所以在实际应用中更多采用。通过开度给定环节来调节机组出力的另一种布置是为开度给定环节设一个前馈通道，见图 4.2.9。开度给定前馈方案将开度给定信号绕过调速器的 PI 调节部分直接与 PI 调节器的输出信号相加作为准导叶开度信号，因此能大大增加开度给定环节的响应速度。

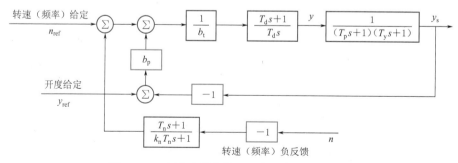

图 4.2.8　在调速器中增设开度给定环节的方案

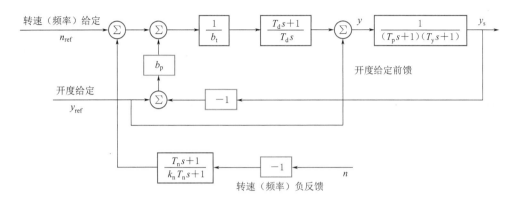

图 4.2.9　带前馈通道的开度给定环节的方案

4.2.3　调速器的出力调节模式

调速器的出力调节模式也常被称为"自动调功"（power regulation）。需要指出的是4.2.2 小节中所介绍的在有差调频运行模式下的出力调节方案并不是真正意义上的自动调功。有些学者把图 4.2.7 或类似于该图的有差调频模式下的出力调节方案当作自动调功，这是一个认识误区，因为真正的自动调功模式运行是要把频率调节（测频反馈）这部分功能切除掉的。

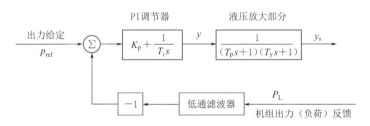

图 4.2.10　现代调速器中的自动调功模块功能方框图

现代调速器中的自动调功模块功能方框图见图 4.2.10。自动调功一般只用 PI 调节规律，系统结构比频率调节要简单一些。当机组做自动调功运行时，调节系统对电网频率的正常波动是没有反应的。这个调节系统的调节目标就只有出力。虽然多数现代电子调速器中有这个功能模块，做自动调功运行的电站对电网的频率稳定性没有什么贡献，是一种只顾本电站负荷稳定性的"自私"的运行方式。相比之下，做有差调频运行的电站是电网频率稳定性的重要贡献者。当电网频率下降低于 50Hz 时，做有差调频运行的电站会按图 4.2.3 所示的调差规律，出力自动小幅增大，而当网频上升超过 50Hz 时，机组会自动小幅减小出力。每台机组的这种小幅调节在一个大电网中或许微不足道，但当并网运行的所有机组都做出自己微小的频率调节贡献，那么这个电网的频率稳定性就会大大提高。事实上，正是因为这个原因，有些电网（例如北欧电网）就不接受网内电站采用自动调功这种运行方式。

当然自动调功这种运行方式也并非全无优点。自动调功运行模式下，电站抗水力干扰的能力是最好的。如果一个电站中机组之间的水力干扰过于严重，考虑采用这种运行方式可能是最好的。

需要补充说明一点，前面讲到有差调频运行是对电网频率稳定性最好的一种运行方式。但是多数现代调速器中有一个"人工频率死区"环节。如果电站为了自身的出力稳定性而投入该环节并把死区调成大于 $50\mathrm{Hz}\pm0.1\mathrm{Hz}$，那么有差调频运行对电网频率稳定性的贡献就会在很大程度上被限制甚至消失。在过大人工频率死区设定下的有差调频运行也是一种自私的、不受电网欢迎的运行方式。如果死区整定区过大，还会影响机组甩负荷时调速器对转速上升的反应速度，所以一般情况下电网是把死区范围控制在 $50\mathrm{Hz}\pm0.05\mathrm{Hz}$ 之内，这样既能减少机组过于频繁的调节动作，同时也不会对机组在电网中的稳频作用产生较大的负面影响。

电站并大电网运行模式的比较见表 4.2.1。

表 4.2.1   电站并大电网运行模式的比较

运行模式	机组出力调节	出力在网频波动下的稳定性	出力在水力干扰下的稳定性	对调压室稳定性的影响	对电网频率的影响
有差调频1：开度反馈（图4.2.8）	调节响应慢，因为是通过调开度间接调出力，一般要多次调节	较差，加大调差率 b_p 值和投入人工频率死区可改善	较差	有利，调压室不必满足托马条件	参与一次调频，对网频稳定有利
有差调频2：开度反馈＋开度给定前馈（图4.2.9）	调节响应快，因为是通过调开度间接调出力，一般要多次调节	较差，加大调差率 b_p 值和投入人工频率死区可改善	较差	有利，调压室不必满足托马条件	参与一次调频，对网频稳定有利
有差调频：出力反馈（图4.2.7）	调节响应慢，调节通过出力给定，一次到位	在高频波动下较差，在低频波动下较好	在高频干扰下较差，在低频干扰下较好	不能一概而论，但多数情况下有利	参与一次调频，对网频稳定有利
自动调功（图4.2.10）	调节响应快，调节通过出力给定，一次到位	很好	好	调压室必须满足托马条件	不参与一次调频，对网频稳定不利

现代水轮机调速器不但可以做调频调节运行和功率调节运行，还可以做前池或小型水库的水位调节运行以及给定开度运行。有的特别设计调速器甚至还有流量调节运行模式。但除了调频与调功，其他运行模式不但在实际电站中应用很少，而且与电站的水力过渡过程分析的相关性也较低，所以就不在本书中逐一介绍了。

4.2.4   一次调频和二次调频

电网频率的稳定性取决于电网中并网电站（水电、火电、核电、风电和光伏）的总出力与电网总负荷之间的平衡。电网的负荷是不断变化的，电网中电站的出力也是不断变化的，出力与负荷之间的平衡不断被打破，使电网频率的波动成为常态。尤其是电网中风电、光伏发电这些出力波动性很大的供电单元比例的不断增加，给电网的出力-负荷不平衡增加了新的变数。

　　具有一定规模的电网中的水电站、火电厂机组所配备的调速器如果参与调频，这种以机组为调节单位的调频在电网调频中被定义为一次调频（primary control）。一次调频的调频方式必然是有差调频（见 4.2.1 小节）。有差调频的特点是，当调频过程完成，机组进入稳态，机组的输出频率（即网频）与调节目标频率（50Hz 或 60Hz）之间会存在一定的调节误差。为了消除这种误差，电网调度会对一些特定的电站和机组发出负荷调节指令，以达到把电网频率调回到目标频率的目的，这个过程就是二次调频（secondary control）。所以一次调频、二次调频都是电网运行层面的术语，与机组的运行并不直接相关。二次调频的调节可以是自动控制装置自动发出的，例如参与二次调频电站（厂）层面的 AGC（Automatic Generation Control）系统可对电站内多台机组发出的成组同步调节指令，或区域控制中心的 LFC（Load - Frequency Control）系统可对区内多个电站同时发出的负荷调节指令；也可以是电网调总对预先已定好的参与二次调频机组，包括作为备用运行机组的调相-发电互转机组发出的人工负荷调节指令。二次调频是规模电网实现无差调频的主要手段，但其调节过程比一次调频要缓慢得多，一次调频的典型调节时间为 30s，而二次调频的典型调节时间为 15min，是一次调频典型调节时间的 30 倍，见图 4.2.11。

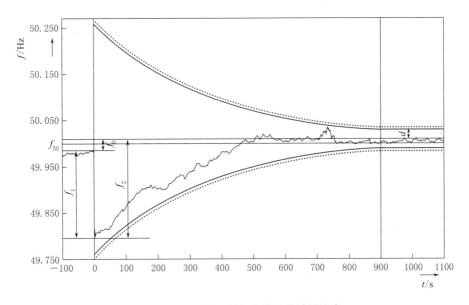

图 4.2.11　二次调频的典型调节过程示意

　　由此可见，对于电网负荷的快速变化（尤其是冲击性增减负荷，电网中大容量机组的突然甩负荷等）所造成的网频波动，二次调频是无能为力的。因此可以说，一次调频主要负责快速的网频波动的调节，而二次调频则主要负责缓慢的准稳态频率误差的调节。所以电网中每一台水电和火电机组的调速系统的调节速动性是该调节系统调节品质的最重要的指标之一。

　　除了一次和二次调频之外，还有一个电网运行术语叫作三次调频。既然二次调频已经解决了一次调频留下的频率误差问题为什么还要有三次调频？三次调频是英文 Tertial

Control 的翻译术语，应该说翻译得有些牵强。一次和二次调频的调节目标都是电网频率，而三次调频的目标则是电网的优化运行和经济调度方面的，包括电网负荷的优化分配及对抽蓄机组发出的开机发电或开机抽水的指令等（图 4.2.12）。

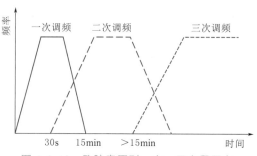

图 4.2.12 欧陆电网对一次、二次和三次调频在调节时间方面的界定

4.2.5 水力过渡过程分析中的局域电网模拟简介

虽然早在 20 世纪 70 年代，在水电站调节保证计算这个领域内就已经有"水-机-电联合过渡过程"这种提法，但传统主流水力过渡过程计算与分析是不包括电网部分的模拟的。的确，有不少水力过渡过程计算工况确实与电网及机组的并网运行方式无关，例如机组的甩负荷工况是机组跳闸之后的过程，机组与电网这时已无关联，自然不必考虑电网，调压室的大波动涌波分析也与电网毫无关系。由于机组甩负荷工况和调压室大波动分析工况在水力过渡过程计算工况所占的比重很大，可以说工程上所需的水力过渡过程计算的大部分工况是与电网无关的。而与电网有关的那部分工况，有些也可以通过"理想大电网"假定或"理想孤网"假定而使电网的模拟成为多余。那么，从水力过渡过程分析的角度而言，到底还有没有电网模拟的需要？如果有，哪些工况分析需要电网的模拟？以下为需要模拟的情况：

（1）传统水力过渡过程计算与分析不包括机组之间通过电网联接的模拟。默认各发电机组之间为完全独立运行，无电气联接。例如，在水力干扰工况中，如果三机一洞系统中一台机甩负荷，两台受扰机组仍在网上。传统的计算不把这两台同步机组的转速绑定在一起，而是假定两台机互不相干、各转各的。而事实上，绝大多数水电站即使是向一个孤立电网供电，电站中的各机组也是并同一电网的，因此，网中各机组之间是有电气联系的。由于发电机为同步电机，各机组只要并网，其转速就被绑定了，是属于"多机孤网"条件。多机孤网条件与传统默认中的各机组各联一个独立电网的"单机孤网（每机一网）"条件是很不一样的（图 4.2.13）。

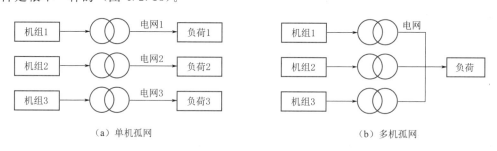

（a）单机孤网   （b）多机孤网

图 4.2.13 单机孤网与多机孤网条件的区别示意图

（2）除了联网机组之间的转速绑定问题之外，传统默认的"孤网"条件的另一个问题是，甩负荷机组甩掉的负荷不是自动转移到了仍然在网上挂着的受扰机组上，而是默认那部分负荷凭空消失了。事实上，除了理想大电网条件，一个容量有限的电网内，一台机增

或减负荷，必会造成其他机组的负荷变动。也就是说，产生水力干扰的同时电力负荷冲击干扰也是不可避免的。

（3）多数电站在正常情况下一般都是并大电网运行，但不能排除在特殊条件下并一个局部小电网运行。局部小电网与孤网（无论是多机孤网还是单机孤网）的运行条件差别也较大，特别是在机组的小波动调节品质和调压室稳定性方面。

（4）本小节前面曾提到，调压室的大波动分析与电站并什么样的电网和电站本身的并网运行方式没什么关系，但调压室的小波动稳定性却与所并电网的性质及电站的并网运行方式有很大关系（参见表 4.2.1）。

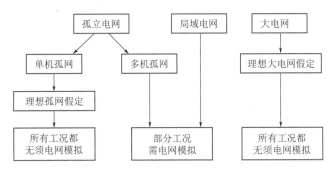

图 4.2.14　需要电网模拟的情况

图 4.2.14 所示判断方框图的具体说明如下：

（1）大电网条件。当电网容量远大于电站总容量时，可假定电网容量为无穷大，即理想大电网假定。在这种条件下，电网频率不随某具体机组的负荷的变化而变化，网频总保持在 50Hz。具体机组只要还挂在网上，其转速就保持额定转速不变。大电网条件在软件计算时的设置就是 $N=$ 额定转速$=$ 常数，所以相当于不需要模拟。

（2）单机孤网条件。通过假定电站中每台机分别带一个理想孤网。由于理想孤网里没有电动机类负荷所提供的附加转动惯量，各机组的电网也互不相联，其实就等于无网。这正是传统水力过渡过程分析中对孤立电网的处理方式，实现起来也十分简单，所以也相当于不需要模拟。不过这种条件真实存在的可能性不大。

（3）多机孤网条件。虽然电站也是向一个孤立电网供电，但电站中各机组之间是通过电网联在一起的。如果所要分析的工况在扰动发生之后仍然至少还有一台机组挂在网上，这种情况是需要电网模拟的。

（4）局域电网条件。电站所供电网不是孤立电网，但电网总容量与本电站总容量之比不是特别大。如果所要分析的工况在扰动发生之后本电站仍然至少还有一台机组挂在网上，这种情况是需要电网模拟的。

然而，即便是相对简单的多机孤网和容量不大的局域电网，如果不做合理的简化，要实现完全真实的模拟还是非常困难的。由于电网中影响水力过渡过程和电站运行稳定性的因素并不多，如果电网的模拟只需要包括这些有较大影响的因素而忽视其他没有影响或影响很小的因素，那么电网的模拟就不是很难。

电网中可能对电站运行的稳定性水力过渡过程有较大影响的因素有以下几种：

（1）电网对所有并网的发电机的转速的捆绑。并网发电机转速与电网频率的关系：

$$N = \frac{60f}{k}$$

式中：f 为电网瞬时频率；N 为发电机网瞬时转速；k 为发电机磁极对数。

由于网频对于所有并网发电机是一样的，所以，所有并网发电机组转速成比例。如果磁极对数相同，那么转速就相同。

（2）如果电网中除了分析对象电站（该电站）之外还有其他电站，就最好要建立这些电站的完整模型。如果由于信息不全不可能建立其他电站的完整模型，可做简化处理。

（3）如果建立其他电站的完整模型不可能时，可以只考虑其他电站的静特性和这些电站发电机所具有的转动惯量，而忽略这些电站的动特性。这种简化处理当然会造成一定的误差，但比完全不考虑电网的模拟要更接近实际。算出除本电站外电网中其他电站（厂）的总出力与电网总实际容量之比（或者本厂实际发电出力与电网总实际容量之比），以及电网中其他电厂发电平均频率调差系数。电厂的频率调差系数一般设为 $0.03\sim0.06$，电网中其他电站平均频率调差系数是每台正在发电的机组频率调差系数用该机组的额定出力加权之后的平均值。

（4）由电网中其他电厂发电机和电网负荷中的同、异步电动机所形成的电网机电惯性时间常数 H。H 值是局部电网稳定分析中要用到的一个参数，与电网中的电动机，发电机的转动惯量有关。对于电网中的一台电动机或者发电机，其 H 值是这样定义的（单机）：

$$H = 0.5\frac{\omega^2 I}{S}$$

式中：ω 为该转动机械的角频率；I 为转动惯量；S 为视在功率。

H 与机组加速时间常数 T_a 的关系为

$$H = 0.5T_a \times 功率因素$$

对于单机，知道了 T_a 等于知道了 H。如果局部电网中有多（n）台发电机（不包括被分析的机组）和电动机，该电网的总 H 值为

$$H = \frac{\sum_1^n H_i S_i}{S_T}$$

式中：S_T 为全电网总的视在功率。

发电机的 T_a 值一般是容易得到的，而电动机的 T_a 值较难得到。小电动机的 T_a 多在 1s 以下，加上容量小，完全可以忽略。

（5）电网负荷的自调节系数 ε。该参数是反映电网负荷随网频变化而变化的参数，具体定义为

$$\varepsilon = \frac{f_0}{l_0}\frac{\partial l}{\partial f}$$

式中：l 为电网瞬时总负荷；l_0 为电网特定时间点稳态负荷；f 为电网瞬时网频；f_0 为电网特定时间点稳态网频。

从定义可知，电网自调节系数是一个函数，它与网频并非只是线性相关，它既有线性

相关部分，也有二次与高次相关部分。

（6）直流输电连接。由于直流输电的隔离作用，如果一个局域电网通过直流输电与一个大交流网连接，这并不会改变这个局域电网的性质。直流输电有两种输电模式，即固定功率输电模式和和频率调差输电模式（frequency droop mode）。频率调差输电模式会根据输电线两端交流电网的频率差按设定的调差率自动调节所输送的功率的大小，由于这种模式能增加两端交流电网的频率稳定性，因而得到日益广泛的应用。

5

水 电 站 调 压 室

调压室，又称调压井或调压塔，是一种具有一定水容积的井型建筑物，除了气垫式调压室外，都具有自由水面。调压室一般需要在地质地貌条件、水电站布置及工程造价允许的条件下尽可能安排在离厂房近一些的上下游水道上。调压室的主要作用如下：

（1）反射并降低水击压力波动的幅值，从而提高水电站运行的安全性。

（2）改善机组转速调节的调节品质，从而提高向电网供电的质量，有利于电网整体的频率稳定性。

（3）提高机组启动时的速动性，从而有利于开机过程。在关停机方面，也因调压室允许相对较为快速的导叶关闭而利于快速安全的停机过程。

从理论角度而言，调压室之所以有以上三大作用，无非是改善了压力水道的两个重要参数：一个是调压室能减小甚至大幅减小机组压力水道的水流加速时间常数 T_w，较小的 T_w 值是调压室三大作用中的主要因素；另一个是减小水击波反射的时间常数 T_r，较小的 T_r 值主要对改善机组调节品质有利。

调压室的位置应尽量靠近厂房，这样可以保护大部分压力管道免遭水击压力的影响，但是越靠近厂房，越可能导致调压室高度的增加，从而增加工程造价，所以调压室的布置应该综合考虑压力管道线路上的地形条件、地质条件和水电站的布置形式，经技术经济对比分析后确定。通常上游最合理的位置是将调压室布置在压力管道纵向转折处，此时调压室高度最小。

5.1 调压室的基本类型与特点

调压室的基本类型有简单式、阻抗式、差动式、水室式、斜井式、溢流式和气垫式。调压室类型的选择应该根据水电站的工作特点，结合地形条件和地质条件，对比分析各种类型调压室的优缺点及适用性和经济性进行确定。调压室在设计上有非常大的灵活性，在实际工程应用中，可以选取两种或两种以上基本类型调压室，取长补短，形成组合式调压室。

5.1.1 简单式调压室

如图 5.1.1 所示，简单式调压室包括无连接管和有连接管两种形式，可以防止过大的水击压力穿过调压室。简单式调压室的优点是结构简单，水击反射条件好。其缺点是波动振幅较大，导致调压室容积较大，造价较高；另外，调压室内水位波动衰减较慢，对水轮机工作影响的时间较长；正常运转时引水隧洞与调压室连接处水力损失较大，损失了引水隧洞内的全部流速水头。

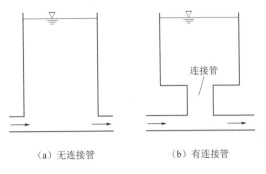

（a）无连接管　　　　　（b）有连接管

图 5.1.1　简单式调压室示意图

简单式调压室只适用于引水隧道较短的高水头小流量电站，不适用于低水头大流量电站，其原因有两方面：

（1）大流量引水电站引水隧道中的水体惯性大，容易造成调压室内涌波水位波幅过大，而简单式调压室在抑制波幅方面是所有调压室型式中最差的。

（2）大流量引水隧洞的流速水头一般较高，因而流速水头损失也较大，并且压力钢管在调压室处有进口局部损失更加不利的是，由于电站的有效水头本来就低，这两项由简单式调压室造成的水头损失占电站总水头较大的百分比，从而使电站发电的总效率下降过多。

而对于短引水隧道的高水头小流量水电站而言，上面提到的这两点均不成立。以挪威的 Skjork 水电站为例，水电站水头超过 1000m，流量不到 $10m^3/s$。引水隧道只有 2km 多一点，隧道流速水头不到 0.3m。所建简单式调压室断面仅 $9m^2$。调压室造成的水头损失不到 0.5m，这对于一个水头超千米的水电站来说实在微不足道。长甸引水式水电站采用的是下部设置固定拦污栅的简单式调压室，剖面布置如图 5.1.2 所示。

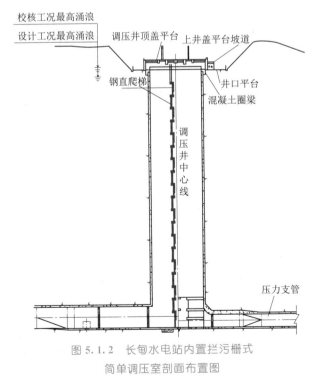

图 5.1.2　长甸水电站内置拦污栅式
简单调压室剖面布置图

5.1.2　阻抗式调压室

阻抗式调压室与简单式调压室的区别在于阻抗式调压室是用较小断面尺寸的短管或者孔口隔板将调压室的室身与隧洞连接起来。其中短管或孔口称为阻抗孔，阻抗孔的断面面积一般远远小于与调压室相连接处的引水隧洞的面积，目的是为了增加局部水流阻力。

阻抗式调压室的优点是：正常运行时，流经调压室底部的水流水头损失较小；调压室内水位波动时，由于阻抗孔的存在，水流流进和流出调压室时的能量损失较大，减小了调压室内水位波动的振幅，从而减小了调压室的高度。阻抗式调压室的缺点是：由于阻抗孔的存在，水击波的反射相对差一些。计

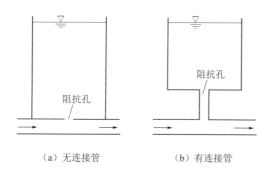

（a）无连接管　　　（b）有连接管

图 5.1.3　阻抗式调压室示意图

算与应用实践都表明，只要在设计时合理选择阻抗孔的尺寸，就能够使得阻抗孔既能有效地减小波动的振幅值，同时又可有效地反射水击波。事实上，合理确定阻抗孔的尺寸并不困难。

阻抗式调压室是应用范围最广的调压室型式（图 5.1.3）。应用实例有福建仙游抽水蓄能电站下游调压室、浙江仙居抽水蓄能电站下游调压室、江西洪屏抽水蓄能电站上、下游双调压室以及金沙江白鹤滩水电站下游调压室（图 5.1.4）等。

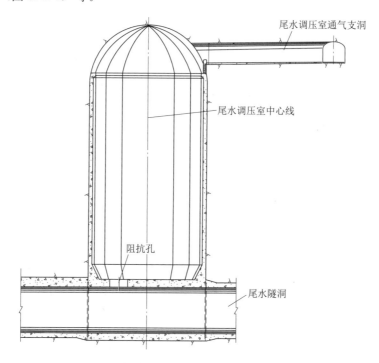

尾水调压室通气支洞

尾水调压室中心线

阻抗孔

尾水隧洞

图 5.1.4　白鹤滩水电站阻抗式调压室剖面布置图

5.1.3　差动式调压室

差动式调压室由带溢流堰的升管、大室和阻抗孔组成。升管是设置在调压室内的一个小直径的圆筒，其上部为溢流堰，下部设有阻抗孔。调压室大室的水体通过阻抗孔与升管相通，升管底部设有连接管与引水隧洞相连接，其典型布置如图 5.1.5（a）所示。大室直径较大，主要起到储水和保持稳定的作用。当电站机组甩负荷时，升管内水位迅速升高，顶部溢流堰很快开始溢流，同时升管中一部分水体通过阻抗孔流入大室；当水电站机组增负荷运行时，升管中的水位迅速下降，同时大室中水体通过阻抗孔流入升管，进而流入引水隧洞，补充水轮机增加的流量。

差动式调压室也可以把阻抗孔设在底板上，阻抗孔与升管分开，如图 5.1.5（b）所示，这样可以使结构相对简单一些。差动式调压室能够迅速有效地减小有压引水隧洞内压力的变化，水位波动衰减较快，同时所需容积较小。差动式调压室的缺点是结构较复杂，施工难度较大，适用于水位波动周期较长、电站运行又要求加快衰减速度且地形和地质条件不允许采用大断面调压室的中低水头水电站。我国水电站中采用差动式调压室较多，如官厅、大伙房、狮子滩和锦屏二级水电站等。

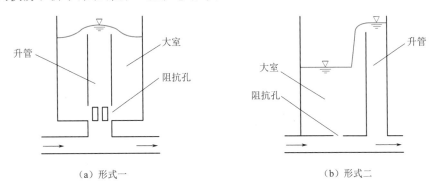

（a）形式一 　　　　　　　　　　　　　（b）形式二

图 5.1.5　差动式调压室示意图

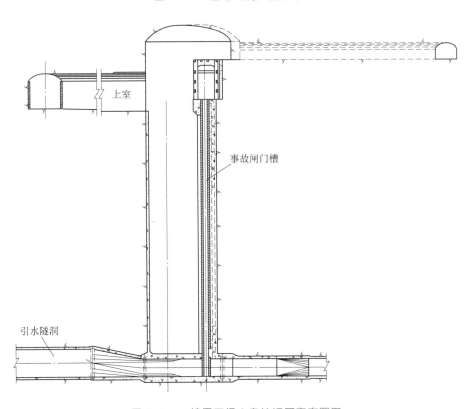

图 5.1.6　锦屏二级水电站调压室布置图

锦屏二级水电站上游调压室并非典型的差动式调压室，而是差动式与水室式结合的复合型调压室（图 5.1.6），中、下部为典型的差动式设计，上部则安排了一个巨大的上室，为典型水室式调压室的上部设计。

5.1.4　水室式调压室

水室式调压室由一个竖井和一个或者两个水室组成。有两个水室的也称为双室式调压室，如图5.1.7所示。上室的功能是抑制最高涌波水位。在不高于最高允许上涌波水位的前提下，上室容积的高程越高，其单位容积的工作效果越好，因而所需的上室总容积越小。下室的功能是抑制最低涌波水位。在不高于最低允许下涌波水位高程的前提下，下室容积的高程越低，其单位容积的工作效果越好，因而所需的下室总容积越小。多数水室式调压室只有上室而没有下室，因为在这些水电站的设计中最低下涌波水位不构成问题，所以不需要设置下室。

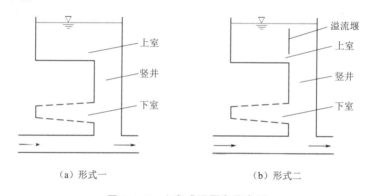

（a）形式一　　　　　　　　　（b）形式二

图5.1.7　水室式调压室示意图

水室式虽然能有效限制最高与最低涌波水位，但当波动幅度在上室与下室之间时，水室作用就完全消失，水室式蜕变为简单式调压室，波动衰减相当缓慢。

水室式调压室适用于具有长引水隧道的中、高水头水电站。水室式调压室可与阻抗式、差动式及斜井式结合，形成带有上室或下室或二者都带的复合型调压室。例如丹巴水电站在可行性设计中采用了带长上室的阻抗式调压室。锦屏二级水电站在可行性设计中采用的也是带长上室的阻抗式调压室，而最终设计改成了带上室的差动式调压室（图5.1.6）。

5.1.5　斜井式调压室

斜井式调压室（也称调压井）是一种开挖断面较小而稳定断面（水平截面）较大的调压室。斜井的典型斜率为1∶6～1∶7。由于坡度很小，与引水隧道无太大区别，所以也被称为调压隧洞（surge tunnel）。多数斜井式调压室由于坡度很小，便于施工车辆行驶，因此常在施工时用作施工交通洞。水电站运行之后，斜井又可用作机械和车辆进入隧洞进行检查与清理的方便通道。

由于斜井式尾水调压室的经济性与施工的方便性，再加上挪威某水电站以高水头（300m以上）居多，调压斜井的应用率在所有已建调压室中占有绝对优势（图5.1.8）。由于斜井所形成的自由水面面积是斜井断面的6～7倍还多，很容易满足调压室稳定性对自由水面面积的要求，同时也很容易满足上下涌波水位对容积的要求。但是，如果由于地

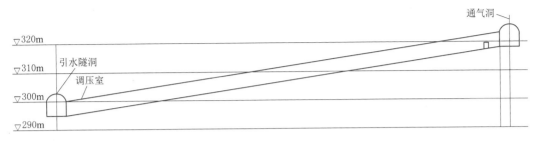

图 5.1.8　挪威某水电站斜井式尾水调压室设计

质条件不好而需要较厚的衬砌，那么调压斜井的经济性优势就有可能丧失很多，所以目前已建成的调压斜井几乎全都是不衬砌的。与其他型式的调压室相比，调压斜井的主要缺点是对电站水道 T_w 值的减小作用不及其他型式，因而有可能对机组的调频品质产生不利影响。也正是因为这个问题，低水头水电站不应该采用斜井式调压室，因为多数低水头电站的 T_w 值本身就很难降下来，采用斜井式调压室无异于雪上加霜。

5.1.6　溢流式调压室

溢流式调压室在调压室顶部设有溢流堰（图 5.1.9）。当电站机组甩负荷时，调压室内水位迅速上升，当水位达到溢流堰顶后，开始溢流，从而限制了水位的继续上升。溢流式调压室的主要优点是可以减小调压室的高度，从而适应不同的地形条件，另外可以降低工程造价，但必须设置排泄水道以溢弃水量。因此，此种调压室使用得也相对较少，适用于在调压室附近可经济安全地布置泄水道的电站。

5.1.7　气垫式调压室

气垫式调压室内自由水面以上为密闭空间，其中充满高压空气，示意图如图 5.1.10所示。在电站机组甩负荷或增负荷时，调压室内的压缩气体压缩或者膨胀，可以减小水位波动的振幅，在一定程度上起到普通自由水面调压室的作用。

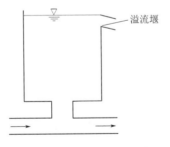

图 5.1.9　溢流式调压室示意图

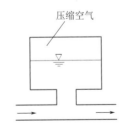

图 5.1.10　气垫式调压室示意图

气垫式调压室的主要优点是环保，因为不需改变地貌，可以布置在离主厂房很近的地方，大幅降低电站的水流加速时间常数 T_w 值。

其主要缺点是室内需要保持设计气量，而气量的损失在运行过程中不可能完全避免，因而需要配置空气压缩机，增加了运行费用。如果不加防漏衬砌设计（一般不加），一旦发生大的漏气，很难找到补救办法。虽然采用这种调压室的电站有较小的 T_w 值，但已用这种调压室的电站的调频品质并不高，原因是这种调压室的等效自由水面面积很小，造成水体振荡周期过短，有可能与调频的调节周期相近，因而干扰了调节过程。

气垫式调压室适用于表层地质条件不适于建造常规调压室且深埋于地下的引水式地下水电站。从已有这种调压室的电站运行经验来看，还是尽量避免采用。挪威是世界上第一个使用、也是使用气垫式调压室最多的国家，但尽量少用气垫式调压室在挪威水电行业内已形成共识。

各种类型调压室的优缺点与适用范围见表 5.1.1。

表 5.1.1　　　　　　　　各种类型调压室的优缺点与适用范围

调压室类型	优　点	缺　点	适用范围
简单式	结构简单，水击反射条件好	波动振幅较大，导致调压室容积较大；调压室内水位波动衰减较慢；引水隧洞与调压室连接处水力损失较大	适用于引水距离较短或水头很高的电站；适用电站较少
阻抗式	有效地减小水位波动的振幅，加快了衰减速度，因而所需调压室的体积小于简单式	如果设计不当形成过阻抗，水击波不能完全反射，压力引水道中可能受到水击的影响	适用范围较广，是应用最多的室型
差动式	在水力性能的各方面均优于阻抗式，是水位波动衰减最快的室型，所需容积也小于阻抗式	对升管和底板抗压差的强度要求较高，因此造价较高	适用于运行要求加快衰减速度且地形和地质条件不允许大断面的中低水头水电站
水室式	是限制最高和最低涌波水位最有效的室型。调压室总容积一般远小于其他非复合型调压室，降低了工程投资	当波动幅度在上室与下室之间时，水室作用就完全消失，蜕变为简单调压室，波动衰减缓慢。如果不是地下结构，水室的布置很困难	适用于引水距离较长的中高水头电站，常可用于结合其他室型组成复合型调压室，只要是最高和（或）最低涌波水位成问题时，都应考虑采用
斜井式	对于采用不衬砌隧道引水的中高水头电站，采用斜井是最经济的；同时提供了电站发电之后车辆和机械进入隧道的方便通道	使水道的 T_w 值高于其他所有室型，对调频稳定有可能不利，对地质条件也要求较高	采用不衬砌隧道引水的中高水头电站
溢流式	可以减小调压室的高度，从而适应调压室布置位置不同高程的地形条件，工程造价低	要有合适条件，须设置排泄水道以溢弃水量，此种调压室使用的相对较少	适用于在调压室附近可经济安全地布置泄水道的电站
气垫式	环保，不改变地貌；可以布置在离主厂房很近的地方，大幅降低 T_w 值	需要配置空气压缩机，增加了运行费用。一旦发生大的漏气，很难找到补救办法；业主一般都不喜欢	适用于表层地貌条件不适于建造常规调压室且深埋于地下的引水式地下水电站

5.2　调压室的水位波动和稳定断面

5.2.1　调压室的水位波动

调压室的水位波动分析和计算，传统上可以分为三个部分：调压室小波动稳定性分析、调压室大波动稳定性分析、调压室水位大波动计算（也称"调压室涌波水位计算"）。

调压室小波动稳定性分析由于在小波动假定下进行，传统的线性系统理论中的稳定性分析方法都可以用，较常用的有特征方程（或特征行列式）法、频率响应法、根轨迹法，其中可以完全用解析方法进行的只有特征方程法。

在大波动稳定性分析方面，多数调压室设计人员并不知道某些调压室在满足了小波动稳定条件后在大波动条件下仍可能出现不稳定。有关调压室大波动稳定性的相关内容见本章5.7节。

要认识调压室系统的动态特性，就要首先认识调压室系统的一个最重要的物理现象，那就是水体振荡。水体振荡的实质是一种特殊边界条件的 U 形管振荡，即系统内水体动能转换成势能、势能转换成动能的周期性物理现象。

调压室系统水体振荡的主要外在表现是调压室的水位波动。一个有调压室的水电站任何快速的流量变化都会引起不同程度的调压室水位的波动。如图 5.2.1 所示调压室系统的基本方程组介绍如下。

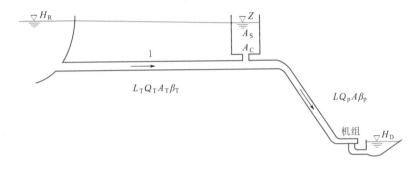

图 5.2.1　水电站调压室

引水隧道运动方程（刚性水击方程）为

$$\frac{dQ_T}{dt} = \frac{gA_T}{L_T}(H_R - Z - \beta_T \mid Q_T \mid Q_T) \tag{5.2.1}$$

式中：β_T 为压力引水隧道水头损失系数，$\beta_T = \alpha/A_T^2$。

调压室水位运动方程为

$$\frac{dZ}{dt} = \frac{Q_T - Q_p}{A_S} \tag{5.2.2}$$

式中：Z 为调压室水位；Q_p 为压力管流量。

如果电站因甩负荷而流量变为零即 $Q_p = 0$，同时忽略隧道水头损失，式（5.2.1）和式（5.2.2）简化为

$$\frac{dQ_T}{dt} = \frac{gA_T}{L_T}(H_R - Z)$$

$$\frac{dZ}{dt} = \frac{Q_T}{A_S}$$

通过不难证明，该系统将进入"无阻尼自由振荡"状态，即调压室水位作不衰减等幅波动，其角频率为

$$\omega = \sqrt{\frac{gA_T}{L_T A_S}} \tag{5.2.3a}$$

周期为

$$T = 2\pi \sqrt{\frac{L_T A_S}{g A_T}} \tag{5.2.3b}$$

如果不忽略阻尼因素，那么振荡过程就会是衰减的。根据系统稳定性的定义，这样的系统是稳定的。关于"自由振荡"的基本概念，见第 8 章 8.1.2 小节。

5.2.2 调压室的稳定断面

如果电站处于运行状态，在调速器通过水轮机导叶开度调节的作用下，调压室的水位波动不再是一种自由振荡，而且有可能进入一种不稳定状态。1904 年德国汉堡（Heimbach）水电站投入试运行，在运行中发现当电站负荷较大时，调压井水位波动出现扩散，变换调速器参数不起作用。德国慕尼黑技术大学（Technischen Hochschule Munchen）托马（Thoma）研究了这个问题，并于 1910 年发表了著名的关于调压井小波动稳定的托马断面计算公式：

$$A_S > A_{th} = \frac{LA_T}{2g\alpha(H_r - h_{w0})} \tag{5.2.4}$$

式中：A_S 为调压室断面面积；A_{th} 为调压室稳定临界断面面积；L 为压力引水隧道长度；A_T 为压力引水隧道断面面积；α 为压力引水隧道水头损失系数，$\alpha = h_{w0}A_1^2/Q_T^2$；$h_{w0}$ 为压力引水隧道水头损失；H_r 为毛水头；Q_T 为压力引水隧道流量。

除了调压室基本方程式（5.2.1）和式（5.2.2）外，要推导托马公式最关键的一点是托马假定。托马为了简化数学模型在推导过程中作了以下假定：①引水道及水道内的水体为刚性（刚性水击理论）；②调压室内波动幅值微小（小波动假定）；③水电站在正常运行条件下，一台理想化的水轮机在理想化的调速器控制下可以保持调压井与压力引水道联通点的下游一端的水头与流量之积为一常数，即

$$HQ = H_0 Q_0 = \mathrm{Const.} \tag{5.2.5}$$

式中：H 为调压室下游的瞬态水头；Q 为调压室下游的瞬态流量；H_0 为调压室下游的稳态水头；Q_0 为调压室下游的稳态流量。

托马公式（5.2.4）这一假定虽然并不完全符合事实，但所得出的式（5.2.4）简单易用，其可用性为许多工程实践所证明。就是在问世后百年的今天，托马公式仍为水电工程设计人员必须了解的重要基本公式之一。当然，对于水电站调压室小波动稳定临界断面，更为准确的公式研究与推导也从未停止过。调压室稳定性分析的主要目标就是计算调压室稳定断面，工程界常称其为调压室的"托马断面"。

1947—1948 年间，Scimemi 在三个有调压室的水电站做现场试验，这三个水电站调压室的面积都小于托马临界断面（详见 5.2.3 小节）。Scimemi 的试验结果表明，这三个水电站在不满足托马条件的情况下，电站运行稳定。如果不作深入的分析，Scimemi 的试验结果无疑可以认为是对托马公式有效性的挑战。1957 年 Chevalier 和 Hug 通过在 Cordeac 水电站的试验所得结果，认为实际上调速器根本就不能保持出力不变而是会滞后 20s 左右。Chevalier 和 Hug 认为造成"亚托马（sub - Thoma）调压井"稳定这种情况很

有可能是调速器的滞后造成的。Chevalier 和 Hug 的这一猜想影响十分深远，被几乎所有相关领域的人们所接受。

Jeager 在 1977 年引用了 Chevalier 和 Hug 的看法，但他也提出反例：Heimbach 水电站调压井的安全系数为 0.92，为什么不能通过调整调速器参数使该电站稳定呢？Jeager 同时指出，Cordeac 水电站的调压井不是一个亚托马调压井，因为它的安全系数是 1.25。同时 Jeager 认为，Scimemi 的试验结果极有可能是在水轮机效率的上升区做的。因为在这个上升区内，所需的稳定断面本来就可能比托马断面小很多。托马公式是在理想水轮机、理想调速器假定下推导出来的。而早在 1927 年，Gaden 就研究过实际水轮机特性的影响这个问题。Gaden 认为水轮机的效率特性对调压井小波动稳定临界断面有重大影响。他的推导给出了调压井小波动稳定断面的修正公式：

$$A_S \geqslant A_{th}\left(1 - 1.5\frac{P_0}{\eta_0}\frac{\mathrm{d}\eta}{\mathrm{d}P}\right) \tag{5.2.6}$$

式中：$\dfrac{\mathrm{d}\eta}{\mathrm{d}P}$ 为水轮机效率在稳态点对出力的微分；P_0 为稳态出力；η_0 为稳态点效率。

Evangelisti 在 1954 年、Gradel 在 1956 年也研究过这个问题。Evangelisti 的工作给出了以下稳定断面修正公式：

$$A_S \geqslant A_{th}\left(\frac{1 + \dfrac{H_0}{\eta}\dfrac{\partial \eta}{\partial H}}{1 + \dfrac{Q_0}{\eta}\dfrac{\partial \eta}{\partial Q}}\right) \tag{5.2.7}$$

式中：$\dfrac{\partial \eta}{\partial Q}$ 为水轮机效率在稳态点对流量的偏微分；$\dfrac{\partial \eta}{\partial H}$ 为水轮机效率在稳态点对有效水头的偏微分；H_0 为稳态净水头；Q_0 为稳态流量。

Calame 和 Gaden 在 1927 年也注意到，当调压井与引水隧洞之间的连通面积较小，引水隧洞中的流速水头在流经调压井底部损失很小时，调压井下流速水头对调压井的稳定断面的影响不能忽视。他们通过数学推演给出了以下修正公式（在推演过程中，他们假定了隧洞的过流断面与调压井下的过流断面相等，有 $A_T = A_C$）：

$$A_S > \frac{LA_T}{2g\left(\alpha + \dfrac{1}{2g}\right)(H_r - h_{w0} + 2h_v)} \tag{5.2.8}$$

式中：h_v 为过井或引水隧道的流速水头。

刘启钊与彭守拙在《水电站调压室》一书中认为，当考虑了从调压井到水轮机进口这段水道的水头损失之后，调压井稳定断面的公式应修正为

$$A_S > \frac{LA_T}{2g\left(\alpha + \dfrac{1}{2g}\right)(H_r - h_{w0} + 2h_v - 3h_{wm})} \tag{5.2.9}$$

式中：h_{wm} 为从调压井到水轮机进口这段水道的水头损失。

我国水电站调压室设计规范中推荐采用的调压室小波动稳定临界断面解析计算公式为

$$A_S > \frac{LA_T}{2g\left(\alpha + \dfrac{1}{2g}\right)(H_r - h_{w0} - 3h_{wm})} \tag{5.2.10}$$

但该公式从以下角度来看是不严格的：

（1）式（5.2.10）完全忽视了 Gaden、Evangelisti 等学者的研究结果，没有反映水轮机效率特性的影响。而水轮机效率特性对稳定断面的影响远远大于调压室下流速水头的影响，也远远大于压力钢管中水头损失的影响。根据挪威 Norconsult 公司的统计数据，低水头混流式水轮机的效率特性对调压室稳定断面的影响可高达 30%［运用式（5.2.6）］。而对于高水头的混流式水轮机，这种影响也达 10% 左右。

（2）式（5.2.10）不适合于引水隧洞中的流速水头与过井流速水头不相等时的情况。在绝大多数的水电站中，上述两个流速水头是不相等的。因为流速水头与流速的平方成正比，因此，这种差别是不能也不应该被忽略的。

为配合调压室设计规范新版的编写，华东院在 2010 年与挪威 Norconsult 公司合作，对调压室稳定断面的计算公式做了进一步的分析与重新推导，并成功得出了至今为止最完善、最严格的计算调压室稳定断面的解析公式：

$$A_\mathrm{S} > \frac{LA_\mathrm{T}}{2g\left(\alpha + \frac{1}{2g\eta}\right)\left[\frac{H_\mathrm{r}}{\delta} - \frac{h_\mathrm{w0}}{\delta} - \left(2 + \frac{1}{\delta}\right)h_\mathrm{wm} + 2h_\mathrm{v}\right]} \tag{5.2.11}$$

其中
$$\eta = \frac{A_\mathrm{C}^2}{A_\mathrm{T}^2} \quad \delta = \frac{1 + e_\mathrm{n}}{1 + e_\mathrm{q}} \quad e_\mathrm{h} = \frac{\partial \eta}{\partial H}\frac{H_0}{\eta_0} \quad e_\mathrm{q} = \frac{\partial \eta}{\partial Q}\frac{Q_0}{\eta_0}$$

式中：η 为调压室底部过井断面面积与引水道断面面积之比的平方；e_h 为水轮机相对效率对相对水头的变化率；e_q 为水轮机相对效率对相对流量的变化率。

但即便是这个迄今最完善的公式，也是在理想孤网假定下得到的。实际上在考虑了真实的电网因素之后，调压室的稳定断面会比这个公式算出的结果小很多，详情请参阅 5.4.3 小节。

有记载的各种调压室稳定断面计算公式比较见表 5.2.1。

表 5.2.1　　　　　　　　　各种调压室稳定断面计算公式的比较

序号	公 式 名 称	年份	是否考虑井下流速水头的影响	是否考虑水轮机效率特性的影响	是否考虑井后水道水头损失的影响	是否考虑过井断面与隧道断面的差别
1	托马（Thoma）公式	1910	—	—	—	—
2	Calame - Gaden 修正公式	1927	是	—	—	—
3	Gaden 修正公式	1927	—	是，但不完全	—	—
4	Evangelisti 修正公式	1954	—	是	—	—
5	《水电站调压室设计规范》（DL/T 5058—1996）推荐公式	1996	是	—	是	—
6	刘启钊与彭守拙修正公式	1993	是	—	—	是
7	华东院/修正公式	2010	是	是	是	是

注　1. 为方便计，在本节之后修正公式名称中的定语"修正"一词将会省去。

　　2. 以上所有与井下流速水头有关的公式都是在默认调压室位于上游水道上而推导出来的，因此只适用于上游调压室。对于下游调压室，请参阅 5.4.5 小节。

以上讨论的调压室稳定断面计算公式，适用于调压室水位波动振幅较小即所谓的小波动条件。当调压室的水位波动振幅较大时，不能再近似地认为波动是线性的。调压室水位波动的大波动稳定性，实质上是考虑基本方程中非线性项的非线性稳定性问题。总而言之，非线性波动的稳定问题是一个困难问题，目前还没有可供应用的严格的理论解答。研究引水道-调压室系统大波动稳定问题的最好方法是数值解法，它可以将所有必要的因素考虑在内（如机组效率变化等），求出波动的过程，研究其是否衰减。研究表明，如果小波动的稳定性不能保证，则大波动必然不能衰减，或者只能衰减到一定程度（极限环现象）。为了保证大波动衰减，调压室的断面必须大于临界断面，并有一定的安全余量。关于调压室在大波动条件下的稳定性介绍见 5.7 节。

5.2.3　稳定断面的安全系数

调压室稳定断面公式一般是用不等式表达的。用等式表达的不能称为稳定断面，而应该是临界断面，即稳定与不稳定之间的临界点。因此，工程应用中在临界断面前加一个大于 1 的系数 K 以便算出稳定断面的具体值是必要的，这个系数工程上称为"安全系数"，但学术界也有的称其为"放大系数"：

$$A_S = KA_{th}$$

式中：A_{th} 为托马临界断面，文献中也有的用 A_{CR}。

由于假定条件的不同，5.2.4 小节中介绍的稳定断面计算公式算出的临界断面是不一样的。在多数情况下，以 Calame - Gaden 的式（5.2.8）算出的最小，而 Evangelisti 的式（5.2.7）算出的最大，二者相差一般在 1.1～1.4 倍之间。个别情况下，特别是低水头时，这两个公式可相差 1.5 倍甚至更多，但这毕竟是极少数。工程界一般倾向于用表达简单和参数较少的公式如托马原始公式或式（5.2.8），然后再乘以一个较大的放大系数以覆盖因使用简单公式所造成的误差。Jaeger 在他的专著中讨论了这个问题，并建议放大系数为 1.4～1.8。多数欧洲水电咨询公司，包括挪威的 Norconsult 公司放大系数为 1.3～1.5。

我国工程界倾向于用较小的放大系数 1.05～1.1 以节省工程投资。实践证明，没有电站因为用了小的安全系数而出现调压室不稳定的现象。这个问题早就有人提出来过：在 1947—1948 年间，Scimemi 在三个有调压井的水电站做过现场试验，这三个水电站调压井的面积与托马临界断面的关系为：

Pelos 水电站：$A_S = 0.71A_{th}$；

Fadalto 水电站：$A_S = 0.66A_{th}$；

Partido 水电站：$A_S = 0.49A_{th}$。

这三个水电站在不满足托马条件的情况下，水电站稳定运行。

本书到目前为止介绍的所有内容似乎都不能解释这个现象。这个问题的答案其实是有的，那就是电网因素的影响。详情请参阅 5.4.3 小节。事实就是这么简单，所有关于调压室稳定断面的计算公式，包括 5.4.3 小节之前介绍的各种修正公式都是在孤网运行条件假定的前提下得到的，而真正做孤网运行的电站为数极少。在中国，除了个别农用小电站，可能根本没有电站在孤网条件下带满负荷运行过。所以，采用 1.05～1.1

的安全系数，并用统一的简单公式［例如我国规范推荐的式（5.2.10）］计算，既不能满足该电站在孤网条件下带满负荷的稳定性要求，又过于保守，在该电站总是并大电网运行的情况下。

综上所述，选用什么样的安全系数很大程度上取决于电站按哪种运行方式设计。本书的建议如下：

（1）如果电站按孤网带满负荷设计，并用我国规范推荐式（5.2.10）计算，安全系数应在 1.3～1.6 之间选取。如果用华东院或 Norconsult 公式计算，安全系数应在 1.05～1.1 之间选取。

（2）如果电站按偶尔孤网带少量负荷（单机低于额定负荷的 75%）运行设计，建议用托马原始公式或者用我国规范推荐式（5.2.10）计算满负荷时的临界断面，安全系数在 0.8～1.0 之间选取（亚托马调压室设计，详见 5.4.2 小节）。

（3）如果电站按总是并大电网运行设计，建议按调压室在机组空载运行条件下稳定设计，安全系数可初选为 0.5 左右（亚托马调压室设计，详见 5.4.3 小节）。

5.2.4　调压室稳定性的频率响应分析法

本书在第 4 章中已系统地介绍了机组转速调节系统稳定性的频率响应分析法。这个方法也适用于调压室的稳定性分析，主要优点有：①特别适用于复杂水道系统；②可将多种因素包括在分析模型中（如 5.4 节中讨论的全部因素，但不限于）；③结果显示直观，易理解；④适合于做参数敏感分析，工程应用性强。这个方法的主要局限是：①只存在数值解，依赖于频率响应分析软件；②只能做小波动分析。

在工程应用软件及数值计算如此普及的今天，频率响应分析依赖于应用软件这点局限，与其优势比较起来确实不值一提。事实上，频率响应分析软件与时间域水力过渡过程分析软件相比，软件编制要容易得多。频率响应分析软件的核心是频率域数值模型的建立，这方面的内容在第 7 章中有详细的介绍。本小节将略过建模过程，只对频率响应分析过程在调压室小波动分析中的应用举例说明。

【例 5.2.1】　用频率响应法求调压室稳定断面及进行安全系数敏感分析。

某水电站水道系统如图 5.2.1 所示，主要参数如下：

混流式水轮机一台（单机电站），机组额定水头 98m，额定流量 90m³/s，额定点效率 93.8%，调压室型式为阻抗式，L_T 为 7000m，A_T 为 55m²，曼宁糙率为 0.03，L_P 为 150m，A_P 为 20m²，达西水头损失系数为 0.012。

上述系统的频率域分析模型参考本书 8.5.4 节例题。根据模型开环系统频率响应计算，不同调压室断面时的统频率响应如图 5.2.2～图 5.2.8 所示。当调压室断面 A_S 为 80.4m² 时，复平面上的奈魁斯特曲线正好穿过稳定临界点（−1.0,0），该值（80.4m²）即为调压室的临界断面。

【例 5.2.2】　尾水闸门井对调频特性的影响。

尾水闸门井不是调压室，但其水力特性等同于一个不满足托马条件的亚托马调压井。调压室的断面在孤网运行条件下并不是越小越不稳定。根据系统稳定性方面的有关定义，说一个系统不稳定，就是说该系统受扰之后的波动会扩散。如果波动不扩散也不收敛，这

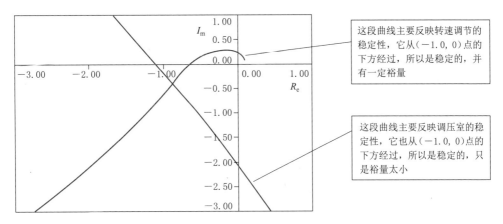

图 5.2.2　$A_s = 80.5 m^2$ 时的开环系统频率响应图

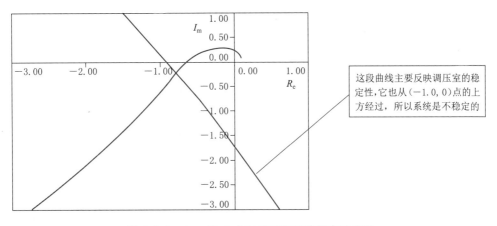

图 5.2.3　$A_s = 80.3 m^2$ 时的开环系统频率响应图

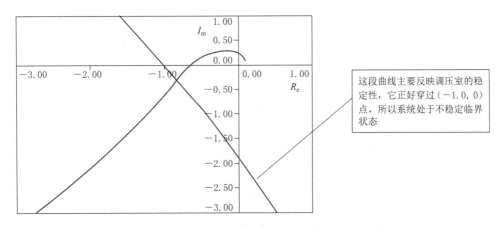

图 5.2.4　$A_s = 80.4 m^2$ 时的开环系统频率响应图

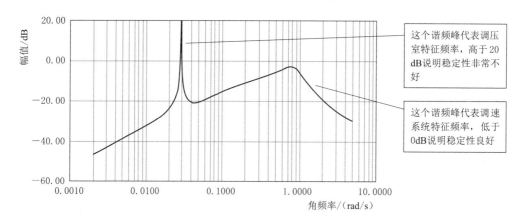

图 5.2.5　$A_s = 80.5 \text{m}^2$（安全系数 1.0012）时的闭环系统频率响应图

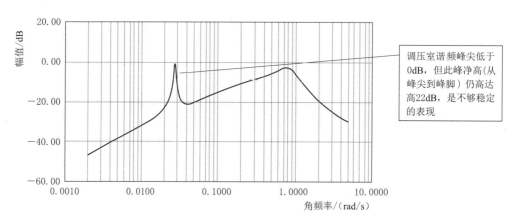

图 5.2.6　$A_s = 88.44 \text{m}^2$（安全系数 1.1）时的闭环系统频率响应图

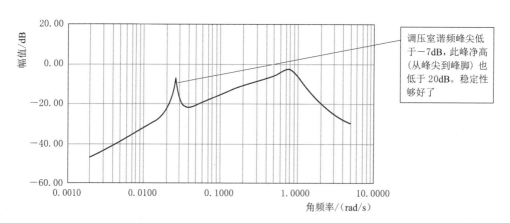

图 5.2.7　$A_s = 96.48 \text{m}^2$（安全系数 1.2）时的闭环系统频率响应图

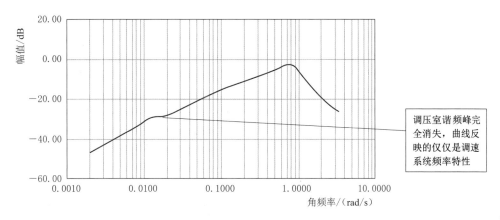

图 5.2.8　$A_S = 402m^2$（安全系数 5.0）时的闭环系统频率响应图

是临界状态，在工程界认为是不稳定的，但在学术界根据李亚普诺夫（Lyapuov）的定义则是稳定的。对于不稳定的系统，也存在着一个不稳定的程度问题，因为波动扩散也存在着一个扩散快慢的问题。扩散越快，则被认为越不稳定。1989 年李新新用"根轨迹"法证明，当调压室的实际断面等于托马临界断面的 50% 时调压室为最差稳定断面。当一个亚托马调压室的实际断面远小于临界断面的 50% 时，这个调压室又会变为稳定。多数尾水闸门井实属于这种情况。

　　但上面所述只是问题的一个方面。问题的另一个方面就是：尾水闸门井的波动频率一般比调压室高很多，因此有可能跟调速系统的特征频率相近，如果是这样，闸门井就会对调速系统的工作造成干扰。图 5.2.9 和图 5.2.10 分别为丹巴水电站首次预可行性设计和锦屏二级水电站可行性最终设计调速系统闭环频率响应计算结果，其中红线为未受尾水闸门井和上游调压室谐振波影响的调速系统自身的闭环频率特性。可以看出丹巴受影响情况比较严重而锦屏二级则受影响不大。

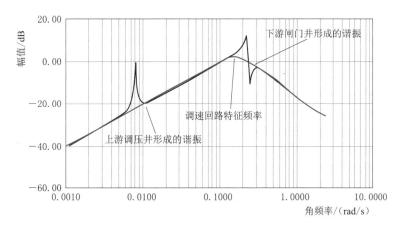

图 5.2.9　丹巴水电站首次预可行性设计时的调速
系统闭环频率响应计算结果

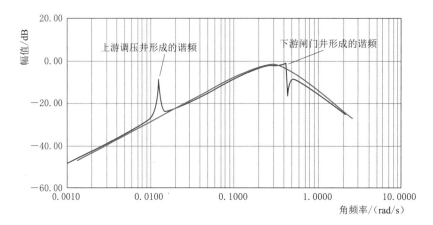

图 5.2.10　锦屏二级水电站可行性设计时的调速系统闭环频率响应计算结果

5.3　调压室系统的高阶数学模型和华东院/Norconsult 公式

包括托马公式和其他（华东院/Norconsult 公式除外）所有修正公式在内的调压室稳定断面计算公式，在推导过程中所用的解析模型都未能突破二阶动态模型的局限。2010年华东勘测设计研究院有限公司通过与挪威 Norconsult 公司合作，建立了一个分析这个问题的 4 阶和 5 阶动态解析模型。因为只有通过 4 阶或 4 阶以上的模型，才有可能把调速器及机组转动惯量等因素包括在整体数学模型之内。

如图 5.3.1 所示的水电站上游调压室及水道相关参数示意图，全系统可以分为以下部分：

（1）引水隧洞，主要参数为：洞长 L_T，断面 A_T，流量 Q_T 和水头损失系数 β_T。

（2）调压室，主要参数为：水平断面 A_S 和过井断面 A_C。

（3）压力管道，主要参数为：管长 L_p，断面 A_p，流量 Q_p 和水头损失系数 β_p。

（4）水轮机，主要参数为：水头 H，流量 Q，$e_q = \dfrac{\partial \eta}{\partial Q}\dfrac{Q_0}{\eta_0}$ 和 $e_h = \dfrac{\partial \eta}{\partial H}\dfrac{H_0}{\eta_0}$。

（5）发电机，主要参数为：机组惯性时间常数 T_a。

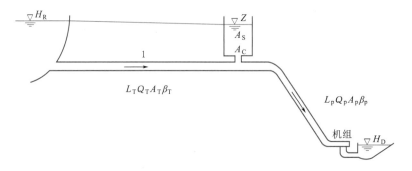

图 5.3.1　水电站上游调压室及水道相关参数示意图

（6）水轮机调速器，主要参数为：b_t、b_p、T_d 和 T_n。

因为要建立的是一个小波动稳定性分析模型，所以大波动分析相关参数没有在上面列出。同时，为了简化推导过程，也忽略了尾水道部分。

5.3.1　水道部分模型

调压室水位波动的频率与水击波反射频率完全不在一个数量级上，所以调压室稳定分析的数学模型都是建立在刚性水体假定条件下的。引水隧洞刚性水击方程为

$$\frac{\mathrm{d}Q_\mathrm{T}}{\mathrm{d}t} = \frac{gA_\mathrm{T}}{L_\mathrm{T}}\left(H_\mathrm{R} - Z - \beta_\mathrm{T} \mid Q_\mathrm{T} \mid Q_\mathrm{T} - \frac{1}{2gA_\mathrm{C}^2} \mid Q_\mathrm{T} \mid Q_\mathrm{T}\right) \tag{5.3.1}$$

调压室水位运动方程：

$$\frac{\mathrm{d}Z}{\mathrm{d}t} = \frac{Q_\mathrm{T} - Q_\mathrm{p}}{A_\mathrm{S}} \tag{5.3.2}$$

压力管刚性水击方程：

$$\frac{\mathrm{d}Q_\mathrm{p}}{\mathrm{d}t} = \frac{gA_\mathrm{p}}{L_\mathrm{p}}\left(Z + \frac{1}{2gA_\mathrm{C}^2} \mid Q_\mathrm{T} \mid Q_\mathrm{T} - \beta_\mathrm{p} \mid Q_\mathrm{p} \mid Q_\mathrm{p} - H - H_\mathrm{D}\right) \tag{5.3.3}$$

将有关变量作增量化表示，即令 $Z = Z_0 + \Delta Z$，$Q_\mathrm{p} = Q_0 + \Delta Q_\mathrm{p}$，$Q_\mathrm{T} = Q_0 + \Delta Q_\mathrm{T}$，并代入式（5.2.8）、式（5.2.9）和式（5.2.10），可得

$$A_\mathrm{S} \frac{\mathrm{d}\Delta Z}{\mathrm{d}t} = \Delta Q_\mathrm{T} - \Delta Q_\mathrm{p} \tag{5.3.4}$$

$$\frac{\mathrm{d}\Delta Q_\mathrm{T}}{\mathrm{d}t} = \frac{gA_\mathrm{T}}{L_\mathrm{T}}\Big[H_\mathrm{R} - (Z_0 + \Delta Z) - \beta_\mathrm{T} \mid Q_0 + \Delta Q_\mathrm{T} \mid (Q_0 + \Delta Q_\mathrm{T})$$
$$- \frac{1}{2gA_\mathrm{C}^2} \mid Q_0 + \Delta Q_\mathrm{T} \mid (Q_0 + \Delta Q_\mathrm{T})\Big] \tag{5.3.5}$$

$$H_0 + \Delta H = Z_0 + \Delta Z - H_\mathrm{D} - \frac{L_\mathrm{p}}{gA_\mathrm{p}}\frac{\mathrm{d}\Delta Q_\mathrm{p}}{\mathrm{d}t} - \beta_\mathrm{p} \mid Q_0 + \Delta Q_\mathrm{p} \mid (Q_0 + \Delta Q_\mathrm{p})$$
$$+ \frac{1}{2gA_\mathrm{C}^2} \mid Q_0 + \Delta Q_\mathrm{T} \mid (Q_0 + \Delta Q_\mathrm{T}) \tag{5.3.6}$$

定义以下参数：

$h_{w0} = \beta_\mathrm{T} \mid Q_0 \mid Q_0$，为引水水隧洞稳态水头损失；

$h_{wm} = \beta_\mathrm{p} Q_0 Q_0$，为压力管稳态水头损失；

$h_\mathrm{v} = \dfrac{\mid Q_0 \mid Q_0}{2gA_\mathrm{C}^2}$，为过井流速水头；

$k_1 = \dfrac{2h_{w0}}{H_0}$，为无量纲引水隧洞稳态水头损失系数；

$k_2 = \dfrac{2h_{wm}}{H_0}$，为无量纲压力管稳态水头损失系数；

$k_3 = \dfrac{2h_\mathrm{v}}{H_0}$，为无量纲过井流速水头系数。

式（5.3.1）的稳态表达式为 $H_\mathrm{R} = Z_0 + h_{f1} + h_\mathrm{v}$。

式（5.3.3）的稳态表达式为 $H_0 = Z_0 - H_\mathrm{D} - h_{f2} + h_\mathrm{v}$。

消去式（5.2.5）、式（5.2.6）中的稳态平衡量，并忽略高阶小量项（即增量平方项），可得

$$\frac{\mathrm{d}\Delta Q_{\mathrm{T}}}{\mathrm{d}t} = \frac{gA_{\mathrm{T}}}{L_{\mathrm{T}}}\left(-\Delta Z - 2h_{\mathrm{w0}}\frac{\Delta Q_{\mathrm{T}}}{Q_0} - 2h_{\mathrm{v}}\frac{\Delta Q_{\mathrm{T}}}{Q_0}\right)$$

$$\Delta H = \Delta Z - \frac{L}{gA}\frac{\mathrm{d}\Delta Q_{\mathrm{p}}}{\mathrm{d}t} - 2h_{\mathrm{wm}}\frac{\Delta Q_{\mathrm{p}}}{Q_0} + 2h_{\mathrm{v}}\frac{\Delta Q_{\mathrm{T}}}{Q_0}$$

引入变量相对表达，令 $z = \frac{\Delta Z}{H_0}$，$h = \frac{\Delta H}{H_0}$，$q_{\mathrm{T}} = \frac{\Delta Q_{\mathrm{T}}}{Q_0}$，$q = \frac{\Delta Q_{\mathrm{p}}}{Q_0}$ 可得

$$A_{\mathrm{s}}H_0\frac{\mathrm{d}z}{\mathrm{d}t} = Q_0 q_{\mathrm{T}} - Q_0 q \tag{5.3.7}$$

$$Q_0\frac{\mathrm{d}q_{\mathrm{T}}}{\mathrm{d}t} = \frac{gA_{\mathrm{T}}}{L_{\mathrm{T}}}\left(-zH_0 + 2h_{\mathrm{f}}q_{\mathrm{T}} - 2h_{\mathrm{v}}q_{\mathrm{T}}\right) \tag{5.3.8}$$

$$hH_0 = zH_0 - \frac{L}{gA}Q_0\frac{\mathrm{d}q}{\mathrm{d}t} - k_2 H_0 q + k_3 H_0 q \tag{5.3.9}$$

引入以下定义：

$T_{\mathrm{e}} = \dfrac{L_{\mathrm{T}}Q_0}{gA_{\mathrm{T}}H_0}$，为引水隧道水流加速时间常数；

$T_{\mathrm{w}} = \dfrac{L_{\mathrm{p}}Q_0}{gA_{\mathrm{p}}H_0}$，为压力管水流加速时间常数；

$T_{\mathrm{g}} = \dfrac{A_{\mathrm{s}}H_0}{Q_0}$，为调压室容积时间常数。

整理式（5.3.7）、式（5.3.8）和式（5.3.9）得

$$T_{\mathrm{g}}\frac{\mathrm{d}z}{\mathrm{d}t} = q_{\mathrm{T}} - q \tag{5.3.10}$$

$$T_{\mathrm{e}}\frac{\mathrm{d}q_{\mathrm{T}}}{\mathrm{d}t} = -z - k_1 q_{\mathrm{T}} - k_3 q_{\mathrm{T}} \tag{5.3.11}$$

$$h = z - T_{\mathrm{w}}\frac{\mathrm{d}q}{\mathrm{d}t} - k_2 q_{\mathrm{p}} + k_3 q_{\mathrm{p}} \tag{5.3.12}$$

对式（5.3.10）～式（5.3.12）进行拉普拉斯变换，并引入拉普拉斯算子 s，可得

$$T_{\mathrm{g}}zs = q_{\mathrm{T}} - q_{\mathrm{p}} \tag{5.3.13}$$

$$T_{\mathrm{e}}q_{\mathrm{T}}s = -z - (k_1 + k_3)q_{\mathrm{T}} \tag{5.3.14}$$

$$h = z - T_{\mathrm{w}}qs - (k_2 - k_3)q_{\mathrm{p}} \tag{5.3.15}$$

联合式（5.3.10）～式（5.3.12）并消去变量 z 和 q_{T} 得

$$\frac{h}{q_{\mathrm{p}}} = -\frac{T_{\mathrm{e}}T_{\mathrm{g}}T_{\mathrm{w}}s^3 + \left[(k_1+k_3)T_{\mathrm{g}}T_{\mathrm{w}} + (k_2-k_3)T_{\mathrm{e}}T_{\mathrm{g}}\right]s^2 + \left[T_{\mathrm{w}} + T_{\mathrm{e}} + (k_1+k_3)(k_2-k_3)T_{\mathrm{g}}\right]s + (k_1+k_2)}{T_{\mathrm{e}}T_{\mathrm{g}}s^2 + (k_1+k_3)T_{\mathrm{g}}s + 1}$$

$$\tag{5.3.16}$$

等号右侧表达式

$$-\frac{T_{\mathrm{e}}T_{\mathrm{g}}T_{\mathrm{w}}s^3 + \left[(k_1+k_3)T_{\mathrm{g}}T_{\mathrm{w}} + (k_2-k_3)T_{\mathrm{e}}T_{\mathrm{g}}\right]s^2 + \left[T_{\mathrm{w}} + T_{\mathrm{e}} + (k_1+k_3)(k_2-k_3)T_{\mathrm{g}}\right]s + (k_1+k_2)}{T_{\mathrm{e}}T_{\mathrm{g}}s^2 + (k_1+k_3)T_{\mathrm{g}}s + 1}$$

就是包括调压室在内的水道系统压力管道流量与水轮机有效水头之间的传递函数。研究表明，压力钢管水流加速时间常数 T_{w} 对调压室稳定断面影响极小，完全可以忽略。因此，

式（5.3.16）可简化为

$$\frac{h}{q_{\mathrm{p}}} = -\frac{(k_2 - k_3)T_{\mathrm{e}}T_{\mathrm{g}}s^2 + [T_{\mathrm{e}} + (k_1 + k_3)(k_2 - k_3)T_{\mathrm{g}}]s + (k_1 + k_2)}{T_{\mathrm{e}}T_{\mathrm{g}}s^2 + (k_1 + k_3)T_{\mathrm{g}}s + 1}$$

（5.3.17）

式（5.3.16）或式（5.3.17）即为包括调压室在内的水道部分局部模型。

5.3.2　水轮发电机组的模型

水轮发电机组的模型包括三个部分：水轮机、发电机和水轮机调速器。水轮机特性的小波动分析模型已在第 3 章 3.5 节中介绍，其表达式为方程式（3.5.12）：

$$\begin{cases} p = (1 + e_{\mathrm{q}})q + (1 + e_{\mathrm{h}})h \\ q = 0.5(1 + Q_{\mathrm{n}})h + Q_{\mathrm{y}}y + Q_{\mathrm{n}}n \end{cases}$$

研究发现，水轮机转速-流量自调节系数 Q_{n} 对调压室稳定断面的影响极其轻微，完全可以忽略不计。因此式（3.5.10）可进一步简化为

$$\begin{cases} p = (1 + e_{\mathrm{q}})q + (1 + e_{\mathrm{h}})h \\ q = 0.5h + Q_{\mathrm{y}}y \end{cases}$$

（5.3.18）

孤网条件下的发电机及负荷模型已在第 4 章 4.1.3 节中介绍，式（4.1.22）为

$$\frac{n}{p} = \frac{1}{T_{\mathrm{a}}s + E_{\mathrm{n}}}$$

（5.3.19）

第 4 章 4.1.3 节给出的 PI 型调速器传递函数式（4.1.5）为

$$G(s) = \frac{y}{n_{\mathrm{ref}} - n} = \frac{T_{\mathrm{d}}s + 1}{(b_{\mathrm{t}} + b_{\mathrm{p}})T_{\mathrm{d}}s + b_{\mathrm{p}}}$$

（5.3.20）

5.3.3　系统整体模型

将式（5.3.17）、式（5.3.18）和式（5.3.19）联立并忽略发电机自调节系数项 E_{n} 得

$$\begin{cases} h = -\dfrac{(k_2 - k_3)T_{\mathrm{e}}T_{\mathrm{g}}s^2 + [T_{\mathrm{e}} + (k_1 + k_3)(k_2 - k_3)T_{\mathrm{g}}]s + (k_1 + k_2)}{T_{\mathrm{e}}T_{\mathrm{g}}s^2 + (k_1 + k_3)T_{\mathrm{g}}s + 1}q_{\mathrm{p}} \\ p = (1 + e_{\mathrm{q}})q + (1 + e_{\mathrm{h}})h \\ q = 0.5h + Q_{\mathrm{y}}y \\ \dfrac{n}{p} = \dfrac{1}{T_{\mathrm{a}}s} \end{cases}$$

（5.3.21）

应用刚性水击理论及水流连续性原理，压力钢管流量与水轮机流量应该相等，即 $q_{\mathrm{p}} = q$。整理联立方程组，消去 h、q、p 后可得到带调压室的水轮发电机组由导叶开度到机组转数的开环传递函数为

$$W(s) = \frac{n}{y} = \frac{b_2 s^2 + b_1 s + b_0}{a_3 s^3 + a_2 s^2 + a_1 s + a_0}$$

（5.3.22）

其中

$$b_2 = T_{\mathrm{g}}T_{\mathrm{e}}[(1 + e_{\mathrm{q}}) - (k_2 - k_3)(1 + e_{\mathrm{h}})]$$

$$b_1 = (k_1 + k_3) T_g [(1 + e_q) - (k_2 - k_3)(1 + e_h)] - T_e (1 + e_h)$$

$$b_0 = (1 + e_q) - (k_1 + k_2)(1 + e_h)$$

$$a_3 = (1 + 0.5k_2 - 0.5k_3) T_g T_e T_a$$

$$a_2 = (k_1 + k_3) T_g T_a (1 + 0.5k_2 - 0.5k_3) + 0.5 T_e T_a$$

$$a_1 = (1 + 0.5k_1 + 0.5k_2) T_a$$

$$a_0 = 0$$

带调压室的水轮机调节系统闭环传递函数可以用图 5.3.2 表达：

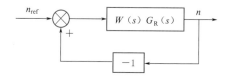

图 5.3.2 带调压室的水轮机调节系统闭环系统方框图

根据单位反馈系统闭环传递函数计算公式，带调压室的水轮机调节系统闭环传递函数为

$$N(s) = \frac{n}{n_{ref}} = \frac{G_R(s)W(s)}{1 + G_R(s)W(s)} = \frac{B_3 s^3 + B_2 s^2 + B_1 s + B_0}{C_4 s^4 + C_3 s^3 + C_2 s^2 + C_1 s + C_0} \tag{5.3.23}$$

其中 $B_3 = [1 + (k_2 - k_3)\delta] T_d T_g T_e$

$B_2 = (k_1 + k_3)[1 - (k_2 - k_3)\delta] T_g T_d - \delta T_e T_d + [1 - (k_2 - k_3)\delta] T_e T_g$

$B_1 = [1 - (k_1 + k_2)\delta] T_d + (k_1 + k_3)[1 - (k_2 - k_3)\delta] T_g - \delta T_e$

$B_0 = 1 - (k_1 + k_2)\delta$

$C_4 = \gamma(1 + 0.5k_2 - 0.5k_3) T_g T_e T_a b_t' T_d$

$C_3 = [1 - (k_2 - k_3)\delta] T_d T_g T_e + (k_1 + k_3)(1 + 0.5k_2 - 0.5k_3) \gamma b_t' T_g T_a T_d$
$\qquad + 0.5 \gamma b_t' T_e T_a T_d + (1 + 0.5k_2 - 0.5k_3) \gamma b_p T_g T_a T_e$

$C_2 = (k_1 + k_3)[1 - (k_2 - k_3)\delta] T_g T_d - \delta T_e T_d + (1 + 0.5k_1 + 0.5k_2) \gamma b_t' T_a T_d$
$\qquad + [1 - (k_2 - k_3)\delta] T_e T_g + (1 + 0.5k_2 - 0.5k_3)(k_1 + k_3) \lambda b_p T_g T_a$
$\qquad + 0.5 \gamma b_p T_e T_a$

$C_1 = [1 - (k_1 + k_2)\delta] T_d + (k_1 + k_3)[1 - (k_2 - k_3)\delta] T_g - \delta T_e$
$\qquad + (1 + 0.5k_1 + 0.5k_2) \gamma b_p T_a$

$C_0 = 1 - (k_1 + k_2)\delta$

在上述表达式中，用到了两个新的参数 δ 和 γ，其定义分别为

$$\delta = (1 + e_h)/(1 + e_q)$$

$$\gamma = 1/(1 + e_q)$$

式 (5.3.23) 就是建立在理想孤网运行条件下，用于做调压室稳定分析的整体数学模型。这个模型用传递函数表达，是一个 4 阶动态模型。这个 4 阶模型是忽略了压力钢管水流惯性作用，即令 $T_w = 0$ 前提下得到的。如果不忽略 T_w，得到的就是一个 5 阶系统模型，详情请参阅 5.4.4 节。

5.3.4　华东院/Norconsult 公式

一个闭环系统传递函数的分母即为该系统的特征多项式，因此 4 阶系统式（5.3.23）的特征方程为

$$C_4 s^4 + C_3 s^3 + C_2 s^2 + C_1 s + C_0 = 0 \tag{5.3.24}$$

如果假定调速器为理想调速器，即可令 $b'_t = 0$，$b_p = 0$，$T_d = 0$，系统的特征方程式由 4 次变为 2 次：

$$D_2 s^2 + D_1 s + D_0 = 0 \tag{5.3.25}$$

其中

$$D_0 = 1 - (k_1 + k_2)\delta$$
$$D_1 = (k_1 + k_3)[1 - (k_2 - k_3)\delta]T_g - \delta T_e$$
$$D_2 = [1 - (k_2 - k_3)\delta]T_e T_g$$

根据 Routh - Hurwiz 稳定判据，对于一个 2 阶系统，系统稳定应满足的充分必要条件是特征多项式的三个系数均大于零：$D_0 > 0$，$D_1 > 0$，$D_2 > 0$。

通过对参数 k_1、k_2 和 k_3 的分析可知，在一般的水电站中其值均远小于 1（以锦屏二级水电站为例：k_1 约为 0.1，k_2 约为 0.022，k_3 约为 0.009）。δ 值约为 1.1~1.3，因此式（5.3.25）中 $D_0 > 0$ 和 $D_2 > 0$ 这两个条件可以满足。所以系统的稳定只要满足 $D_1 > 0$ 即可，临界条件为 $D_1 = 0$，即

$$(k_1 + k_3)[1 - (k_2 - k_3)\delta]T_g - \delta T_e = 0 \tag{5.3.26}$$

由式（5.3.26）推导可得调压室临界稳定断面计算公式为

$$A_{th} = \frac{L_T A_T}{2g\left(\alpha + \dfrac{1}{2g}\dfrac{A_T^2}{A_C^2}\right)\left(\dfrac{1}{\delta} - k_2 + k_3\right)H_0} \tag{5.3.27}$$

根据对 k_2、k_3 的定义，式（5.3.27）可整理为

$$A_{th} = \frac{L A_T}{2g\left(\alpha + \dfrac{1}{2g\eta}\right)\left[\dfrac{H_r}{\delta} - \dfrac{h_{w0}}{\delta} - \left(2 + \dfrac{1}{\delta}\right)h_{wm} + 2h_v\right]} \tag{5.3.28}$$

式中：A_{th} 为调压室临界稳定断面积；L_T 为引水隧洞长度；A_T 为引水隧洞断面积；η 为调压室底部过井断面积与引水隧洞断面积之比的平方，$\eta = \dfrac{A_C^2}{A_T^2}$；$\alpha$ 为引水隧洞水头损失系数，$\alpha = h_{w0}/V^2$；H_r 为发电毛水头；h_{w0} 为引水隧洞水头损失；h_{wm} 为压力管道水头损失；h_v 为调压室底部的流速水头，$h_v = \dfrac{|Q_0|Q_0}{2gA_C^2}$。

式（5.3.28）是目前最为完整的调压室稳定断面临界值的修正公式，由华东院和 Norconsult 公司于 2010 年首次推出，因此被命名为"华东院/Norconsult 修正公式"或简称"华东院/Norconsult 公式"。

5.3.5　华东院/Norconsult 公式与其他公式的兼容性

1. 命题一：华东院/Norconsult 公式与托马原始公式兼容

托马原始公式的假定前提：

（1）在理想水轮机下，水轮机效率为常数，$e_q = 0$，$e_h = 0$，即得 $\delta = 1$。

（2）忽略调压井下流速头的影响，相当于假定 A_C 趋向于无穷大，于是 $h_v = 0$，$\dfrac{1}{2g\eta} = 0$。

（3）不计压力钢管内水头损失，有 $h_{wm} = 0$。

将以上条件应用于式（5.3.28），得

$$A_{th} = \frac{LA_T}{2g\alpha(H_r - h_{w0})}$$

命题得证。

2. 命题二：华东院/Norconsult 公式与 Calame-Gaden 修正公式兼容

Calame-Gaden 修正公式的假定前提：

（1）在理想水轮机下，水轮机效率为常数，即 $\delta = 1$。

（2）忽略过井断面与引水隧道平均断面的区别，相当于假定 $A_T = A_C$，于是 $\eta = 1$。

（3）不计压力钢管内水头损失，有 $h_{wm} = 0$。

将以上条件应用于式（5.3.28）得

$$A_{th} = \frac{LA_T}{2g\left(\alpha + \dfrac{1}{2g}\right)(H_r - H_{w0} + 2h_v)}$$

命题得证。

3. 命题三：华东院/Norconsult 公式与 Evangelisti 修正公式兼容

Evangelisti 修正公式的假定前提：

（1）忽略调压井下流速水头的影响，相当于假定 A_C 趋向于无穷大，于是 $h_v = 0$，$\dfrac{1}{2g\eta} = 0$。

（2）不计压力钢管内水头损失，有 $h_{wm} = 0$。

将以上条件应用于式（5.3.28）得

$$A_{th} = \frac{LA_T}{2g\alpha(H_r - h_{w0})}\delta$$

命题得证。

4. 命题四：华东院/Norconsult 公式与刘启钊与彭守拙《水电站调压室》一书中推导的修正公式兼容

刘启钊与彭守拙修正公式的假定前提：

（1）在理想水轮机下，水轮机效率为常数，即 $\delta = 1$。

（2）忽略过井断面与引水隧道平均断面的区别，相当于假定 $A_T = A_C$，于是 $\eta = 1$。

将以上条件应用于式（5.3.28），得

$$A_{th} = \frac{LA_T}{2g\left(\alpha + \dfrac{1}{2g}\right)(H_r - H_{w0} - 3h_{wm} + 2h_v)}$$

命题得证。

需要说明的是，调压室设计规范建议公式是一个在刘启钊与彭守拙修正公式的基础上去掉 $2h_v$ 项之后的缺项公式。在任何一种假定条件下都无法通过正确的解析推导得到这个公式。

5.4　影响调压室小波动稳定性的各种因素

　　虽然托马公式发表已超过百年，而之后有关调压室稳定性的文献成百上千，但至于各种因素如何影响调压室的稳定断面也即调压室小波动稳定性，无论是学术界还是工程界至今在某些方面仍存在争议。对这些问题做更深入的分析讨论显然是有必要的。

5.4.1　水轮机效率特性对调压室稳定断面的影响

　　虽然计算调压室稳定断面的 Gaden 公式、Evangelisti 公式和华东院/Norconsult 公式已经在理论上无争议地解决了水轮机效率特性对调压室稳定性影响的问题，但是由于解析公式不太直观，加上水轮机特性的复杂性和难求性，这几个公式至今都没有在工程界得到广泛应用。这三个公式中又以 Gaden 公式［见式（5.2.6）］最为简单和直观，尽管在理论上讲，这个公式并不那么严格。水轮机的种类很多，但反击式水轮机无论是从台数、总容量、单机最大容量几个方面来看都占据绝对的统治地位。反击式水轮机的效率曲线大体可以分为三段（图 5.4.1，具体数值上不同的机组可能会有些出入，但大的规律是这样的）：第一段，从空载到额定出力的 80％ 左右，为效率曲线的上升区；第二段，从额定出力的 80％ 左右到 90％ 左右，为水轮机效率曲线的相对平坦区，也是最高效率区；第三段，从额定出力的 90％ 左右到满开度发电，为水轮机效率的下降区。

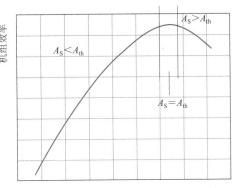

图 5.4.1　水轮机的效率特性对调压井稳定断面的影响

　　观察 Gaden 公式不难得出以下判论：

　　第一段，效率曲线的上升区 $\dfrac{\mathrm{d}\eta}{\mathrm{d}P}>0$，调压室稳定断面小于托马断面。

　　第二段，效率曲线的相对平坦区 $\dfrac{\mathrm{d}\eta}{\mathrm{d}P}\approx0$，调压室稳定断面基本上等于托马断面。

　　第三段，效率曲线的下降区 $\dfrac{\mathrm{d}\eta}{\mathrm{d}P}<0$，调压室稳定断面大于托马断面。

　　Evangelisti 公式虽然比 Gaden 公式复杂一点，但也是一个突出水轮机特性影响而忽略其他因素影响的修正公式，比把多项因素影响都包括的华东院/Norconsult 公式要简单很多。Evangelisti 公式中有一个机组效率对水头的微分项 $\dfrac{\partial\eta}{\partial H}$ 和一个机组效率对流量的微分项 $\dfrac{\partial\eta}{\partial Q}$。$\dfrac{\partial\eta}{\partial H}$ 值变化的规律性不强，如果忽略这一项，Evangelisti 公式就变得与 Gaden 公式一样简单：

$$A_{\rm S} \geqslant A_{\rm th} \left[\cfrac{1}{1 + \cfrac{Q_0}{\eta_0} \cfrac{\partial \eta}{\partial Q}} \right]$$

在机组的设计水头附近，$\dfrac{\partial \eta}{\partial Q}$ 的变化规律及对稳定断面的影响与 $\dfrac{{\rm d} \eta}{{\rm d} P}$ 几乎完全相同：

第一段，从空载到额定流量的 75% 左右，为水轮机效率曲线的上升区，实际的调压井稳定临界断面小于托马公式所求值。

第二段，从额定流量的 75% 左右到 85% 左右，为水轮机效率曲线的相对平坦区，也是最高效率区，实际的调压井稳定临界断面与托马公式所求值相当。

第三段，从额定流量的 85% 左右到满开度发电，为水轮机效率曲线的下降区，实际的调压井稳定临界断面大于托马公式所求值。

这就说明了 Evangelisti 公式和 Gaden 公式是相互支持的。以 Gaden 和 Evangelisti 等学者为代表的理论分析以及近年来所做的数值仿真计算结果都表明，水轮机的效率特性对普通调压室稳定断面有重大影响。Gaden 公式、Evangelisti 公式和华东院/Norconsult 公式的主要意义就在于它们修正了调压室规范中推荐使用的公式在这个重要方面的缺失。

运用式（5.2.6）中对参数 δ 的定义，Evangelisti 公式可写为

$$A_{\rm S} \geqslant \delta A_{\rm th}$$

式中：$A_{\rm th}$ 为托马断面；$\delta A_{\rm th}$ 为实际临界断面。

当 $\delta < 1$ 时，实际临界断面小于托马断面（效率曲线的上升区）；当 $\delta = 1$ 时，实际临界断面等于托马断面（效率曲线的平坦区）；当 $\delta > 1$ 时，实际临界断面大于托马断面（效率曲线的下降区）。

当机组空载运行时，混流式水轮机的值很小：$\delta = 0.3 \sim 0.5$，所以在机组空载时，所需的调压室稳定断面是很小的。利用这一点，对于并大电网做有差调频运行的电站（电站的主流并网运行方式），其调压室是不需要满足托马条件的，详情请参阅 5.4.3 节。将这类电站调压室设计成"亚托马"调压室可节省大量没必要的工程投资。

如果一定要按孤网发电或直流输电设计调压室，就必须用额定或满负荷条件下的 δ 值计算稳定断面。图 5.4.2 为锦屏二级水轮机效率特性参数 δ 值的变化趋势。当水头为额定值 288m，流量约为 187m³/s（约为额定值的 0.82）时，δ 值为 1.0，当流量达到额定流量 229m³/s 时，δ 值在 $1.14 \sim 1.17$ 之间。

采用 Evangelisti 公式或华东院/Norconsult 公式的一个最主要问题是如何确定反映水轮机效率特性的 δ 参数值。1994 年 Norconsult 公司的 Jan Aga 建议在用 Evangelisti 修正公式时以下经验公式计算额定负荷时 δ 的最大值：

$$\delta = 0.0009 n_{\rm s} + 1.044$$

或

$$\delta = 0.0029 n_{\rm q} + 1.044$$

其中，比转速 $n_{\rm s}$ 的定义为 $n_{\rm s} = \dfrac{N P^{0.5}}{H^{1.25}}$，比转速 $n_{\rm q}$ 的定义为 $n_{\rm q} = \dfrac{N Q^{0.5}}{H^{0.75}}$。

由于这是一个经验公式，而且不同厂家的水轮机特性在比转速相当的情况下也不完全一致，所以在应用时应该会有一定误差存在。该经验公式从其值上来看是一个大于 1.08

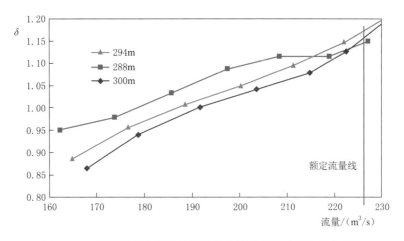

图 5.4.2　锦屏二级水电站水轮机效率特性参数 δ 值的变化趋势

的数，并随比转速的增加而增加。以锦屏二级水电站水轮机为例，比转速 n_s 约为 109，经验公式算得 $\delta = 1.14$。如图 5.4.2 所示，锦屏二级水电站水轮机 δ 值计算结果与 Norconsult 经验公式比较显示，Norconsult 经验公式计算结果与实际计算值相比，虽有出入，但不是特别大。与其他不考虑这个因素的公式（用理想水轮机假定下的那几个公式时，即 $\delta = 1.0$）相比，其误差还是小多了。

以上内容集中在额定负荷或者满开度负荷这个不利条件。当机组带部分负荷时，特别是出力或流量小于额定值的 75% 时，δ 是小于 1.0 的，也就是说，稳定断面小于托马临界断面。5.4.3 小节将要揭示，只要电网容量大于本电站发电容量一定程度后，调压室的稳定性就不是问题。如果本电站多数情况下是并较大电网运行，但偶尔也会出现只向周边小区域供电的孤网运行情况。在这种情况下，如果孤网负荷总是小于本电站单机额定出力的75%，那么这个电站就不必满足托马条件。调压室因此就可以设计成"亚托马"调压室，即在确定调压室断面时所用安全系数可以小于 1.0，具体见 5.2.3 小节。

5.4.2　调速器参数、发电机自调节特性及机组 T_a 值对调压室稳定断面的影响

有关水轮机调速器参数对调压室稳定断面的影响这个问题可以说是工程界与学术界认识最为混乱和误区最大的一个问题。调速器参数的调整对调压井稳定性有较大影响的看法占了上风。绝大多数行业内人士认为，由于真实调速器并不能如托马所假定的那样保持水轮机的出力不变，用托马公式算出的断面应该大于实际所需断面。例如 1957 年 Chevalier 和 Hug 通过 Cordeac 电站的试验所得结果，认为实际上调速器根本就不能保持出力不变而是会滞后 20s 左右。Chevalier 和 Hug 认为，造成"亚托马调压井"稳定这种情况很有可能是调速器的滞后造成的。而 1993 年刘启钊与彭守拙老师在《水电站调压室》一书中也有类似的论述，并提出可以通过增加调速器参数中的 b_t 和 T_d 这两个值来减小调压室所需的稳定断面。

李新新通过建立一个包括真实的水轮机特性和调速器模型在内的高阶解析模型，并用根轨迹法求解调压室系统的稳定性。他的研究成果揭示，在合理的范围内（不过分牺牲调

速系统的调节品质）增加调速器参数中的 b_t 和 T_d 这两个值对调压室的稳定性并非有利，而是不利。因此，想通过增 b_t 和 T_d 这两个值来减小调压室所需稳定断面的建议是没有理论根据的。

5.3 节中所建立的调压室稳定性分析高阶解析模型在华东院/Norconsult 公式推导中并未得到充分的应用。通过理想调速器假定，一个 4 阶动态模型降阶成为 2 阶。从阶数上而言，这个降阶模型与托马公式及其他所有修正公式的阶数相同，但是要分析调速器参数对调压室稳定性的影响时，就必须用到原 4 阶模型。

5.4.2.1 系统特征多项式与 Routh-Hurwiz 稳定判据应用

原 4 阶动态模型的特征多项式为

$$A(s) = C_4 s^4 + C_3 s^3 + C_2 s^2 + C_1 s + C_0 \tag{5.4.1}$$

建立在分析系统特征多项式基础上的 Routh-Hurwiz 稳定判据，对于一个 4 阶系统，系统稳定应满足的充分必要条件是特征多项式系数组成的特征矩阵"正定"：

$$\begin{bmatrix} C_1 & C_3 & 0 \\ C_0 & C_2 & C_4 \\ 0 & C_1 & C_3 \end{bmatrix}$$

也即是该矩阵的所有主子行列式大于零，即

$$C_0 = 1 - (k_1 + k_2)\delta > 0 \tag{5.4.2}$$

$$C_1 = [1 - (k_1 + k_2)\delta]T_d + (k_1 + k_3)[1 - (k_2 - k_3)\delta]T_g - \delta T_e$$
$$+ (1 + 0.5k_1 + 0.5k_2)\gamma b_p T_a > 0 \tag{5.4.3}$$

$$C_2 = (k_1 + k_3)[1 - (k_2 - k_3)\delta]T_g T_d - \delta T_e T_d + (1 + 0.5k_1 + 0.5k_2)\gamma b'_t T_a T_d$$
$$+ [1 - (k_2 - k_3)\delta]T_e T_g + (1 + 0.5k_2 - 0.5k_3)(k_1 + k_3)\lambda b_p T_g T_a$$
$$+ 0.5\gamma b_p T_e T_a > 0 \tag{5.4.4}$$

$$C_3 = [1 - (k_2 - k_3)\delta]T_d T_g T_e + (k_1 + k_3)(1 + 0.5k_2 - 0.5k_3)\gamma b'_t T_g T_a T_d$$
$$+ 0.5\gamma b'_t T_e T_a T_d + (1 + 0.5k_2 - 0.5k_3)\gamma b_p T_g T_a T_e > 0 \tag{5.4.5}$$

$$C_4 = \gamma(1 + 0.5k_2 - 0.5k_3)T_g T_e T_a b'_t T_d > 0 \tag{5.4.6}$$

$$C_1 C_2 - C_0 C_3 > 0 \tag{5.4.7}$$

$$C_1 C_2 C_3 - C_0 C_3^2 - C_1^2 C_4 > 0 \tag{5.4.8}$$

同前文所述，k_1、k_2 和 k_3 的值都远小于 1.0（以锦屏二级水电站为例：k_1 约为 0.1，k_2 约为 0.022，k_3 约为 0.009），而 δ、γ 的值为 1.1~1.25，容易判断式（5.4.2）、式（5.4.5）和式（5.4.6）总是成立的，即 $C_0 > 0$、$C_3 > 0$ 和 $C_4 > 0$ 成立。所以有 $C_0 C_3^2 > 0$ 和 $C_1^2 C_4 > 0$。

如果式（5.4.4）和式（5.4.8）成立，必有式（5.4.3）和式（5.4.7）成立，故只需要式（5.4.4）和式（5.4.8）的成立就可以保证该系统的稳定性。

5.4.2.2 调速器参数对调压室稳定断面的影响

目前绝大多数研究认为调速器参数对调压井稳定断面有较大的影响，但没有严格的解析分析能证明这一点。本节将针对这个问题进行完整的理论分析。

1. 忽略发电机自调节特性条件下的分析

如果不考虑电网方面的因素，发电机本身的自调节作用是非常微弱的，因此忽略其作用为调速系统稳定性分析的惯例。在 5.4.2.1 小节中可知，式（5.4.4）和式（5.4.8）成立是调压室稳定的充要条件，以锦屏二级水电站第一水力单元额定工况点为例进行分析。该单元在额定工况点的主要不变参数为

水轮机净水头 $H_0 = 288\text{m}$；

水轮机流量 $Q_0 = 2 \times 229\text{m}^3/\text{s}$；

引水隧洞水流加速时间常数 $T_e = 26.34\text{s}$；

与引水隧洞水头损失有关的无量纲参数 $k_1 = 0.106$；

与高压管水头损失有关的无量纲参数 $k_2 = 0.02269$；

与调压井过井流速水头有关的无量纲参数 $k_3 = 0.00917$；

水轮机效率特性参数一 $\delta = 1.16$；

水轮机效率特性参数二 $\gamma = 1.12$；

机组加速时间常数 $T_a = 9.46\text{s}$。

在没有具体的水轮机效率特性数据时，γ 取值可与 δ 取值相等，在研究中需变动的待定参数为：T_d、b_t、b_p 和 T_g（调压室积分时间常数，为调压室断面的函数）。

根据不等式（5.4.4）和式（5.4.8）中调压室临界条件的计算，计算结果如图 5.4.3 和图 5.4.4 所示，可以看出，在发电机自调节系数 $E_n = 0$ 假定前提下有：

（1）调压室的稳定临界断面随 b_t 值的增加而增加。这说明在合理范围内增加 b_t 值对调压室的稳定性是不利的。但这种不利影响十分轻微，临界断面最多只变动了 0.34%（具体数值不具一般性），并无工程上的意义。

（2）调压室的稳定临界断面随 T_d 值的增加而增加。这说明在合理范围内增加 T_d 值对调压室的稳定性是不利的。但这种不利影响十分轻微，临界断面最多只变动了 0.26%（具体数值不具一般性），并无工程上的意义。当然，如果全不顾调速器的调节品质而无限度地增加 T_d 和 b_t 的值，调压室的稳定性是有可能变得与调压室断面面积无关的。事实上，当 b_t 值大到 1.0，T_d 值大到 25s 时，无论其他参数如何，调速系统的调节品质就已经很差了。

（3）当电站做有差调频运行时，所需调压室稳定断面略小于当电站做无差调频运行时所需的稳定断面。

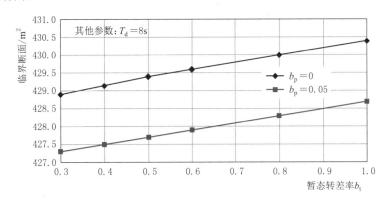

图 5.4.3　当 $E_n = 0$ 时 b_t 对调压室临界断面的影响

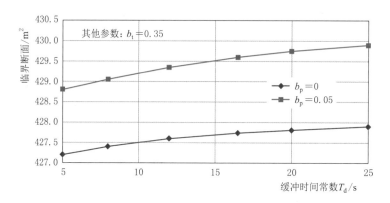

图 5.4.4 当 $E_n = 0$ 时 T_d 对调压室临界断面的影响

2. 考虑发电机自调节特性条件下的分析

前文提到如果不考虑电网方面的因素，发电机本身的自调节作用是非常微弱的，因此将其忽略是调速系统稳定性分析的惯例。但对调压室稳定性分析而言，情况未必如此。本节主要目的之一就是研究这种特性的影响。在 5.3.2 小节中给出了考虑发电机自调节特性的发电机及负荷模型式（5.3.19）。发电机的自调节特性很弱，反映在式中的自调节系数 E_n 值很小，一般认为其值远小于 0.1。如果发电机及负荷模型采用式（5.3.19），则系统整体模型的特征多项式（5.4.1）的各系数分别为

$$C_4 = \alpha(1 + 0.5k_2 - 0.5k_3)(T_a + T_m)T_g T_e b_t' T_d$$

$$\begin{aligned}C_3 &= (1 - k_2\beta + k_3\beta)T_d T_g T_e + 0.5\alpha(T_a + T_m)b_t' T_d T_e \\ &\quad + \alpha(1 + 0.5k_2 - 0.5k_3)(T_a + T_m)[(k_1 + k_3)T_g b_t' T_d + E_n T_e b_t' T_d + T_e T_g b_p]\end{aligned}$$

$$\begin{aligned}C_2 &= (1 - k_2\beta + k_3\beta)[(k_1 + k_3)T_g T_d + T_e T_g] + 0.5\alpha(T_a + T_m)T_e b_p \\ &\quad + \alpha(1 + 0.5k_1 + 0.5k_2)(T_a + T_m)b_t' T_d + 0.5\alpha(E_n + F_n)T_e b_t' T_d \\ &\quad + \alpha(1 + 0.5k_2 - 0.5k_3)[(k_1 + k_3)E_n T_g b_t' T_d + (k_1 + k_3)(T_a + T_m)T_g b_p \\ &\quad + E_n T_e T_g b_p] - \beta T_e T_d\end{aligned}$$

$$\begin{aligned}C_1 &= (1 - k_1\beta - k_2\beta)T_d + (k_1 + k_3)[1 - (k_2 - k_3)\beta]T_g \\ &\quad + \alpha(1 + 0.5k_1 + 0.5k_2)[E_n b_t' T_d + (T_a + T_m)b_p] + 0.5\alpha E_n T_e b_p - \beta T_e \\ &\quad + \alpha(k_1 + k_3)(1 + 0.5k_2 - 0.5k_3)E_n b_p T_g\end{aligned}$$

$$C_0 = \alpha b_p E_n(1 + 0.5k_1 + 0.5k_2) + 1 - k_1\beta - k_2\beta$$

前文"系统特征多项式与 Routh - Hurwiz 稳定判据应用"部分讨论的调压室稳定充要条件，同样适用于以上模型，即式（5.4.4）和式（5.4.8）成立是调压室稳定的充要条件。与 5.4.2.1 小节中所用的模型相比，本节模型中只多出一个参数 E_n。由不等式（5.4.4）和式（5.4.8）调压室临界条件计算，结果比较如图 5.4.5～图 5.4.8 所示。

通过图 5.4.5～图 5.4.8 所示结果分析，可以得出以下结论：

（1）发电机的自调节特性对调压室稳定临界断面有一定的正面影响，与水轮机的自调节特性对调压室稳定断面的影响形成鲜明的对比，后者的影响极为微小。

（2）发电机的自调节特性还会影响到调速器参数如何对调压室稳定断面发挥影响。由前文叙述可知，当 $E_n=0$ 时，增加 b_t 或 T_d 值会造成调压室所需稳定断面小幅增加。而图 5.4.6 和图 5.4.8 所示结果表明，当 $E_n=0.03$ 时，增加 b_t 或 T_d 值会造成调压室所需稳定断面小幅减少，但减小程度微弱。

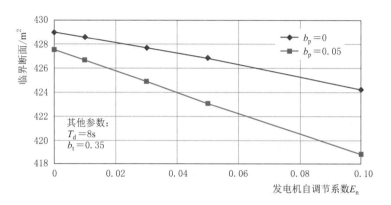

图 5.4.5　发电机自调节系数对调压室临界断面的影响

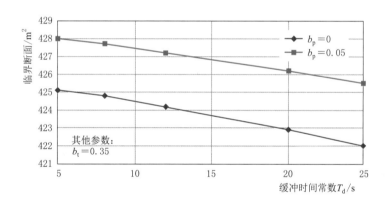

图 5.4.6　当 $E_n=0.03$ 时，调压室稳定断面随调速器 T_d 值的增加而减少

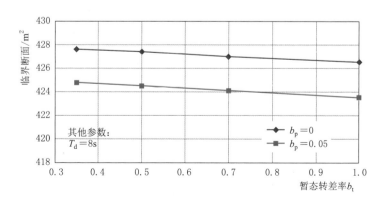

图 5.4.7　当 $E_n=0.03$ 时，调压室稳定断面随调速器 b_t 值的增加而减少

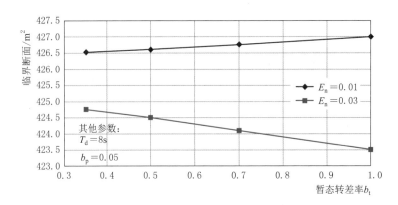

图 5.4.8　当 E_n 值大于或小于临界值时，临界断面随 b_t 的增加朝相反的方向变化

图 5.4.8 所示结果表明，对于本实例而言，E_n 有一个临界值大约在 0.02。E_n 小于这个临界值时，调速器参数值 b_t、T_d 的增加对调压室稳定性是不利的。而 E_n 大于这个临界值时，调速器参数值 b_t、T_d 的增加对调压室稳定性是有利的。这里给出的具体值并不具备一般性。对于不同的系统，这个临界值是不同的，但这个临界值的存在是没有疑问的。事实上，在工程实际中，E_n 的值有可能大于也有可能小于这个临界值。这也就是说，调速器参数有可能对调压室稳定断面产生正面影响也可能产生负面影响，不能一概而论。

图 5.4.8 所示结果同时也表明，无论 E_n 值是大于还是小于临界值，调速器参数对调压室稳定断面产生正面或负面影响都十分微弱，没有工程上的意义。试图通过调整调速器参数的值来缩小调压室稳定断面的做法，其结果只会是牺牲了调速系统的调节品质却获得微不足道的调压室稳定断面的减小，甚至在某些情况下根本没有减小。

5.4.2.3　机组惯性时间常数 T_a 对调压室稳定断面的影响

机组惯性时间常数 T_a 出现在 4 阶动态模型特征多项式（5.4.1）的四个系数中的 C_3、C_2 和 C_1 中，因此，用这个模型研究 T_a 值对调压稳定断面的影响并不难。研究表明，只有当 T_a 值与调压室的波动周期在同一个数量级上时这个参数才会有一定影响。当机组的容量和转速确定之后，决定这个参数的就只有机组的（主要是发电机的）GD^2。发电机的 GD^2 并不是一个可以任意改变的参数。工程经验表明，这个参数在其设计优化值的基础上增减 20% 之内一般还是可以实现的。如果要求增减 30% 以上，那么即使是技术上可以做到，其机电成本的增加也会使之成为事实上的不可能。多数电站机组的 T_a 值都远远小于调压室的波动周期，加上这个参数值的小范围变动性，所以它的影响一般都小到可以忽略，因此就不在这里进一步介绍了。

5.4.3　电网因素对调压室稳定性的影响

到目前为止，本章所有关于调压室稳定性的讨论都是在理想孤网运行假定下进行的。而事实上，理想或接近理想孤网条件在真实世界中是很少出现的，当然，这并不是这种条件根本不会出现。可能的近理想孤网条件有：

（1）电站输电方式为直流输电（非主流的电站输电方式）。

（2）并网运行方式为自动调功，切除调频回路（非主流的电站运行方式）。

（3）电站输电方式为交流输电，并网运行方式为有差调频。当远程高压输电线路由于灾害性天气或其他原因出现问题，电站被孤岛化但仍需向周边地区输电。

上面的这三种情况已被前面几节的讨论所覆盖，本节要讨论的前提假定是：

（1）本电站作有差调频运行（主流的电站运行方式）。

（2）所并电网为局域小电网。

（3）电网中其他电站的运行和输电方式与本电站相同。

假定中之所以排除并大电网运行，是因为在大电网这种情况下根本就不存在调压室稳定性这个问题。上述假定中的第（3）条，多少有些理想化。并非所有局域电网都是这样，但在电网二次调频普及的今天，这条假定基本符合多数电网的事实。对于直流输电（HVDC）的电站，如果直流输电具有频率调差辅助控制（Frequency-droop Supplementary Control），该电站的并网运行方式也构成事实上的有差调频方式。

局域小电网指的是电网总容量不大，电网中也存在其他正在运行的电站（因此不满足孤网定义）。所谓电网总容量不大指的是电网总容量与本电站发电容量之比不大。怎样才算不大呢？例如，电网总容量没有超过本电站并网发电容量的5倍。事实上，目前行业内并没有对此做出明确的定量界定。但有一点可以肯定，那就是如果电网供电总容量大于本电站并网容量（不是装机容量）的5倍，在讨论该电站调压室稳定性这个问题时这个电网完全可以被看作是大电网。

为了排除其他因素的影响，把注意力集中在电网因素上并简化分析过程。本节除了电网因素之外，其他的假定将和托马假定完全相同。

回顾一下托马假定：在孤网条件下，由于调速器的速动性，在调压室的波动中，机组的出力基本保持常数，即

$$g\rho\eta HQ = g\rho\eta H_0 Q_0 = \mathrm{const.}$$

将托马假定用到局域电网上时，有

$$g\rho\eta HQ + \Delta P_n = g\rho\eta H_0 Q_0 = \mathrm{const.}$$

式中：$\Delta P_n = \sum_{i=1}^{n} \Delta P_i$，为电网中其他机组由于调节行动而产生的出力变化量之和。

也就是说，当调压室水位波动引起本电站水头波动，进而造成频率波动。频率的波动对于并网的所有机组是一样的。由于有上面提到的假定第（3）条，电网中的其他机组也都有调节行动和出力的变化 ΔP_n，于是基于托马假定的式（5.2.5）的局域电网条件下的对应表达式应为

$$g\rho\eta HQ + \Delta P_n = P_0 = \mathrm{const.}$$

上式的增量表达式为

$$g\rho\eta (H_0 + \Delta H)(Q_0 + \Delta Q) + \Delta P_n = P_0 = \mathrm{const.}$$

其中
$$P_0 = g\rho\eta H_0 Q_0$$

展开上式并略去高阶小量可得

$$g\rho\eta Q_0 \Delta H = -(g\rho\eta H_0 \Delta Q + \Delta P_n) \tag{5.4.9}$$

机组流量变化 ΔQ 由两个部分组成，ΔQ_H 为调节过程造成，ΔQ_H 为水头变化造成：

$$\Delta Q = \Delta Q_H + \Delta Q_R$$

式（5.4.9）更明确的表达式为

$$g\rho\eta Q_0\Delta H + g\rho\eta H_0\Delta Q_H = -(g\rho\eta H_0\Delta Q_R + \Delta P_n)$$

或写成

$$\Delta P_H + \Delta P_{HQ} = -(\Delta P_Q + \Delta P_n) \tag{5.4.10}$$

式中：$\Delta P_H = g\rho\eta Q_0\Delta H$，为调压室水位波动直接引起的出力波动量；$\Delta P_{HQ} = g\rho\eta H_0\Delta Q_H$，为调压室水位波动引起流量变化进而间接引起的出力波动量；$\Delta P_R = g\rho\eta H_0\Delta Q_R$，是由调速器的调节所产生的出力变化量，式中的 ΔP_R 和 ΔP_n 都是由调速器的调节作用产生的。

根据第 4 章有

$$\Delta P_n = \Delta P_R \times \frac{P_n \times b_p}{P_r \times b_{pn}} \tag{5.4.11}$$

式中：b_p 为本电站调差系数；b_{pn} 为其他电站参与一次调频的容量加权平均调差系数；P_r 为本电站并网机组的额定出力；P_n 为其他电站并网各参与一次调频机组额定出力之和。

将式（5.4.11）代入式（5.4.10），有

$$\Delta P_H + \Delta P_{HQ} = -\Delta P_Q/K \tag{5.4.12}$$

其中

$$K = \frac{P_r \times b_{pn}}{P_r \times b_{pn} + P_n \times b_p}$$

当各电站调差率相同时（多数情况下可以这样认为），$K = \dfrac{P_r}{P_r + P_n}$，为本电站在电网中的参与一次调频容量占比。

式（5.4.12）就是在局域电网条件下基于托马假定，电网的出力由于本电站调压室水位波动与调节作用产生的补偿出力平衡关系式。

由于托马假定忽略了调压室下游的所有水头损失和井下流速水头，调压室水位与下库水位差 Z 就是机组的水头，即 $H = Z$，调压室水位运动方程式（5.2.2）因此可写为

$$\frac{\mathrm{d}H}{\mathrm{d}t} = \frac{Q_T - Q}{A_S} \tag{5.4.13}$$

引水隧道水流运动方程式（5.2.1）可写为

$$\frac{\mathrm{d}Q_T}{\mathrm{d}t} = \frac{gA_T}{L_T}(H_R - H - \beta_T \mid Q_T \mid Q_T) \tag{5.4.14}$$

引入变量相对表达，令 $h = \dfrac{\Delta H}{H_0}$，$q_T = \dfrac{\Delta Q_T}{Q_0}$，$q = \dfrac{\Delta Q}{Q_0}$ 可得

$$A_S H_0 \frac{\mathrm{d}h}{\mathrm{d}t} = Q_0 q_T - Q_0 q \tag{5.4.15}$$

$$Q_0 \frac{\mathrm{d}q_T}{\mathrm{d}t} = \frac{gA_T}{L_T}(-hH_0 - 2h_f q_T) \tag{5.4.16}$$

应用 5.3 节中定义的参数 T_g、T_e 和 k_1，式（5.4.15）和式（5.4.16）可写为

$$T_g \frac{\mathrm{d}h}{\mathrm{d}t} = q_T - q \tag{5.4.17}$$

$$T_e \frac{\mathrm{d}q_T}{\mathrm{d}t} = -h - k_1 q_T \tag{5.4.18}$$

对式（5.4.17）和式（5.4.18）进行拉普拉斯变换，并引入拉普拉斯算子 s，可得

$$T_g h s = q_T - q \tag{5.4.19}$$

$$T_e q_T s = -h - k_1 q_T \tag{5.4.20}$$

结合式 (5.4.19) 和式 (5.4.20) 消去 q_T，有

$$T_e T_g h s^2 + (k_1 T_g h + T_e q)s + h + k_1 q = 0 \tag{5.4.21}$$

式 (5.4.12) 的详细表达式为

$$\rho g \eta Q_0 \Delta H + \rho g \eta H_0 \Delta Q_H = -\rho g \eta H_0 \Delta Q_R / K$$

变换后可得

$$K \rho g \eta Q_0 \Delta H + K \rho g \eta H_0 \Delta Q_H = -\rho g \eta H_0 \Delta Q \tag{5.4.22}$$

由于 $H_0 \Delta Q_H = 0.5 Q_0 \Delta H$，式 (5.4.22) 可写为

$$\rho g \eta Q_0 \Delta H (1.5K - 0.5) = -\rho g \eta H_0 \Delta Q \tag{5.4.23}$$

引入变量相对表达，令 $h = \dfrac{\Delta H}{H_0}$，$q = \dfrac{\Delta Q}{Q_0}$，式 (5.4.23) 可化简为

$$q = -[1 - 1.5(1 - K)]h \tag{5.4.24}$$

将式 (5.4.24) 代入式 (5.4.21) 得

$$T_e T_g h s^2 + \{k_1 T_g - [1 - 1.5(1 - K)]T_e\}hs + \{1 - k_1[1 - 1.5(1 - K)]\}h = 0$$
$$\tag{5.4.25}$$

这是一个 2 阶系统，其特征多项式为

$$T_e T_g s^2 + \{k_1 T_g - [1 - 1.5(1 - K)]T_e\}s + \{1 - k_1[1 - 1.5(1 - K)]\}$$
$$\tag{5.4.26}$$

根据式 (5.4.12) 的定义可知 $K \leqslant 1$。而 $k_1 \ll 1$，零次与 2 次项系数恒为正，该系统稳定的充分必要条件为

$$k_1 T_g - [1 - 1.5(1 - K)]T_e > 0$$

将上式的各参数定义式代入，最后可得

$$A_S > [1 - 1.5(1 - K)] \frac{L A_T}{2g\alpha(H_r - h_{w0})}$$

即

$$A_S > [1 - 1.5(1 - K)]A_{th} \tag{5.4.27}$$

事实上，对于式 (5.4.27)，Calame 和 Gaden 还有 Stein 早就推出来过。不同的是，本书之前的推导都是建立在假定电网中所有机组都以相同的调差率运行前提下，这并不完全符合事实，因此在应用上有了很大的局限性，从这点上来说是不严谨的。本书中参数 K 的定义因此与之前的也有所不同，包含了电站运行调差率有可能不一样这个因素。

关于式 (5.4.27) 的讨论：

(1) 该式与托马公式是兼容的，如果是托马假定的孤网条件，根据 K 的定义得 $K = 1$，该式便蜕变成为托马公式。

(2) 公式有效地前提是电站的运行方式必须是有差调频。如果是无差调频，即 $b_p = 0$，根据 K 的定义得 $K = 1$，该式便蜕变成为托马公式。但电网二次调频技术已得到普遍应用，单机做无差调频运行这种方式在很多年之前就已在世界范围内被淘汰，所以此命题没有什么实际意义。

(3) 电站并网运行的主流方式是有差调频。以北欧电网为例，所有并网机组都以有差调频方式运行。调差率一般在 $0.04 \sim 0.06$ 之间选取，变化范围很小。因此，Calame 和

Gaden 还有 Stein 关于 b_p 值相同的假定并没有太出格。如果他们的假定成立，从该式可以看出，如果本电站并网运行容量小于或等于电网供电总容量的 1/3，则调压室无论断面多大都是稳定的。由此可见电网因素（主要是电网容量）对调压室稳定断面的影响有多大。

（4）即使各电站运行的调差率设定不尽相同，只要在符合实际的范围内变化，该式算出的调压室断面就比托马公式算出的小很多。这就解释了为什么在世界范围内有不少电站的调压室断面并不满足托马条件，仍能稳定地运行。

以法国 20 世纪 70 年代初设计的两座电站 La Rhue 电站和 Jouques 电站为例，设计中正是利用了电网容量因素对调压室稳定性的影响，将调压室断面面积大幅减小。La Rhue 水电站：$A_S = 0.25 A_{th}$；Jouques 水电站：$A_S = 0.077 A_{th}$。

上述法国成功的工程实践证明了电网容量因素对调压室稳定性的强大影响力是不容置疑的。中国绝大多数电站的并网运行方式也是有差调频方式（不含直流输电电站），所以中国的一般的电站设计实际上也是完全没有必要满足托马条件的。从规范层面认可"亚托马"调压室的应用可节省大量没有必要的投资。"亚托马"调压室设计没有在中国得到认可，不能不说是一种遗憾。尽管如此，本书并不建议将并大电网运行的"亚托马"调压室断面设计成小于托马断面的 50%，因为在机组空载并网之前，电网的稳定作用是没有的。为了保证调压室在空载条件下的稳定性以有利于机组并网准同期操作，本书建议将调压室断面最好保持在不小于托马断面 50% 水平上，这样，空载条件下的稳定性一般可以保证（详情见 5.4.1 小节）。当然最好的办法是通过数值仿真计算来最后调整并确认空载条件下所需的调压室稳定断面，得到小于托马断面 50% 的结果也是完全可能的。最后需要强调的是，通过直流变换向电网输电的电站，只有当直流输电系统配备"频率调差辅助控制"电站的运行方式时才相当于有差调频方式，否则电网对该电站的调压室没有稳定作用。

除了调频容量占比系数 K，电网中可能对调压室小波动稳定分析和水力过渡过程有影响的因素一般认为有电网负荷的自调节系数和电网 H 参数。

（1）电网负荷的自调节系数。此参数是反映电网负荷随网频变化而变化的参数，具体定义为

$$\varepsilon = \frac{f_0}{l_0} \frac{\partial l}{\partial f}$$

式中：l 为电网瞬时总负荷；l_0 为电网特定时间点稳态负荷；f 为电网瞬时网频；f_0 为电网特定时间点稳态网频。

从定义可知，电网自调节系数是一个函数，它与网频并非只是线性相关，它既有线性相关部分，也有二次与高次相关部分。

在 Calame、Gaden 和 Stein 关于电网容量影响的研究之前，关于电网因素影响的研究局限在关于电网负荷的自调节性对调压室稳定性的影响这一点上。有关研究表明这种影响十分有限。更主要的是，反映电网自调节性的自调节系数的不可知性和时变性，使这个研究的实用意义打上了问号。电网负荷的自调节性主要是由电动机类负荷提供的，而事实上，现代电网中的电动机类负荷所占比例越来越小，而且随着变频电源的普遍应用，连电动机也不能为电网提供自调节性了。总之，现代大电网的负荷自调节性对调压室稳定性的影响微小而不确定，与式（5.4.26）所反映的电网发电容量因素的强大影响相比，完全可以忽略。

（2）电网 H 参数。电网的 H 参数主要是由电网中其他电厂发电机和电网负荷中的同、异步电动机所形成的电网机电惯性时间常数。H 值是局部电网稳定分析中要用到的一个参数，与电网中的电动机、发电机的转动惯量有关。对于电网中的一台电动机或者发电机，其 H 值是这样定义的（单机）：

$$H = 0.5 \frac{\omega^2 I}{S}$$

式中：ω 为该转动机械的角频率；I 为转动惯量；S 为视在功率。

H 与机组加速时间常数 T_a 的关系为

$$H = 0.5 T_a \times 功率因素$$

对于单机，知道了 T_a 等于知道了 H。如果局部电网中有多（n）台发电机（不包括被分析的机组）和电动机，该电网的总 H 值为

$$H = \frac{\sum_{i=1}^{n} H_i S_i}{S_T}$$

式中：S_T 为全电网总视在功率。

在 5.4.2 小节中已说明，机组的 T_a 值对电站调压室稳定断面的影响是小到可以忽略的。而电网的 H 参数实际上反映的主要就是电网中的发电机、电动机等的转动惯量总和。如果本电站在电网中不占统治地位（容量占比率 $K \ll 1.0$），那么这个参数的影响就不再可以被忽视。反之，如果 K 值为 1.0 或接近 1.0，仅仅 H 参数（主要就是 T_a 的变相表达）是没有什么影响力的，也就是说，关键的影响参数仍然是 K。

5.4.4　压力管道水流惯性对调压室稳定断面的影响

在 5.3.5 小节中给出了分析调压室小波动稳定性的 4 阶动态模型。到目前为止，前面所述都用的是忽略了压力管道的水流惯性的 4 阶或 2 阶模型，要分析压力管道水流惯性对调压室稳定断面的影响就必须要用到更高阶的动态模型。通过 5.3 节中已经得到的系统各部分局部数学模型，通过推出 4 阶整体模型相同的步骤就可以得包含压力钢管水流惯性时间常数项 T_w 的 5 阶动态模型：

$$N(s) = \frac{n}{n_{ref}} = \frac{G_R(s)W(s)}{1 + G_R(s)W(s)} = \frac{B_4 s^4 + B_3 s^3 + B_2 s^2 + B_1 s + B_0}{C_5 s^5 + C_4 s^4 + C_3 s^3 + C_2 s^2 + C_1 s + C_0}$$

$$(5.4.28)$$

式中

$$B_4 = -\delta T_e T_g T_w T_d$$

$$B_3 = -\delta T_e T_g T_w - \delta(k_1 + k_3) T_g T_w T_d + [1 - (k_2 - k_3)\delta] T_e T_g T_d$$

$$B_2 = -\delta T_e T_d - \delta T_w T_d + (k_1 + k_3)[1 - \delta(k_2 - k_3)] T_g T_d$$
$$\quad + [1 - \delta(k_2 - k_3)] T_e T_g + \delta(k_1 + k_3) T_g T_w$$

$$B_1 = -\delta T_e - \delta T_w + [1 - \delta(k_1 + k_2)] T_d + (k_1 + k_3)[1 - \delta(k_2 - k_3)] T_g$$

$$B_0 = 1 - (k_1 + k_2)\delta$$

$$C_5 = 0.6 b'_t T_e T_g T_w T_a T_d$$

$$C_4 = 0.5\gamma T_e T_g T_w T_a T_p + 0.5\gamma(k_1 + k_3) b'_t T_g T_a T_w T_d - \delta T_e T_g T_w T_d$$
$$\quad + \gamma(1 + 0.5 k_2 - 0.5 k_3) b'_t T_e T_g T_a T_d$$

$$C_3 = [1 - (k_2 - k_3)\delta]T_e T_g T_d - \delta T_e T_g T_w - \delta(k_1 + k_3)T_g T_w T_d$$
$$+ \gamma(1 + 0.5k_2 - 0.5k_3)T_e T_g T_a b_p + 0.5\gamma(k_1 + k_3)T_g T_a T_w b_p$$
$$+ (1 + 0.5k_2 - 0.5k_3)(k_1 + k_3)\gamma b'_t T_g T_a T_d$$
$$+ 0.5\gamma b'_t T_e T_a T_d + 0.5\gamma b'_t T_a T_w T_d$$

$$C_2 = (1 + 0.5k_2 - 0.5k_3)(k_1 + k_3)\lambda T_g T_a b_p + 0.5\lambda T_a T_w b_p$$
$$+ [1 - (k_2 - k_3)\delta]T_e T_g + (1 + 0.5k_1 + 0.5k_2)\gamma b'_t T_a T_d$$
$$- \delta T_e T_d - \delta T_w T_d + (k_1 + k_3)[1 - \delta(k_2 - k_3)]T_g T_d$$
$$- \delta(k_1 + k_3)T_g T_w + 0.5\lambda T_e T_a b_p$$

$$C_1 = [1 - (k_1 + k_2)\delta]T_d + (k_1 + k_3)[1 - (k_2 - k_3)\delta]T_g - \delta T_e$$
$$- \delta T_w + (1 + 0.5k_1 + 0.5k_2)\gamma b_p T_a$$

$$C_0 = 1 - (k_1 + k_2)\delta$$

式（5.4.27）中参数较多，有关定义请参阅5.3节。这是一个以传递函数表示的闭环传递函数，其分母即为该系统的特征多项式。因此该系统的特征方程为

$$C_5 s^5 + C_4 s^4 + C_3 s^3 + C_2 s^2 + C_1 s + C_0 = 0$$

根据 Liénard-Chipart 稳定判据，对于一个5阶系统，系统稳定应满足的充分必要条件为

$$C_0 > 0; \quad C_1 > 0; \quad C_2 > 0; \quad C_3 > 0; \quad C_4 > 0; \quad C_5 > 0$$

$$C_3 C_4 - C_2 C_5 > 0$$

$$\begin{vmatrix} C_4 & C_2 & C_0 & 0 \\ C_5 & C_3 & C_1 & 0 \\ 0 & C_4 & C_2 & C_0 \\ 0 & C_5 & C_3 & C_1 \end{vmatrix} > 0$$

【例 5.4.1】 锦屏二级水电站。

锦屏二级水电站计算参数见表5.4.1，T_w 与调压室稳定临界断面面积之间的关系如图5.4.9所示。

表 5.4.1 锦屏二级水电站计算参数

机组参数		引水系统参数	
参　数	数　值	参　数	数　值
b_t	0.35	k_1	0.0897
T_d	8	k_2	0.018
		k_3	0.006437
b_p	0.06	T_e	23.84149
T_a	9.46	T_w	虚拟输入自变量
		T_g	应变量，待算结果
γ	1.1	Q_0	457.2（一个水力单元）
δ	1.1433	H_0	288

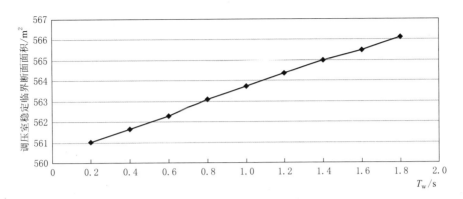

图 5.4.9   锦屏二级水电站 T_w 与调压室稳定临界断面面积之间的关系

【例 5.4.2】   江边水电站。

江边水电站计算参数见表 5.4.2，T_w 与调压室稳定临界断面面积之间的关系如图 5.4.10 所示。

表 5.4.2   江边水电站计算参数

机组参数		引水系统参数	
参　数	数　值	参　数	数　值
b_t	0.3	k_1	0.080882353
T_d	5	k_2	0.0274
		k_3	0.004394314
b_p	0	T_e	8.0979275
T_a	6.655	T_w	虚拟输入自变量
γ	1.1	T_g	应变量，待算结果
		Q_0	135.6
δ	1.135	H_0	272

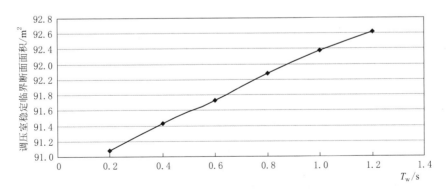

图 5.4.10   江边水电站 T_w 与调压室稳定临界断面面积之间的关系

上述计算结果表明，锦屏二级水电站压力管道水流惯性时间常数 T_w 值由 1.8s 减小至 0.2s，调压室稳定临界断面面积仅仅减小了 5.08m² ，相当于减小了 0.9%；江边水电站压力管道水流惯性时间常数 T_w 值由 1.2s 减小至 0.2s，调压室稳定临界断面面积仅仅减小了 1.54m²，相当于减小了 1.7%。另外，利用锦屏二级水电站的相关资料为基础，通过电站水头、流量和压力引水道长度的敏感性分析，压力管道水流惯性时间常数对调压室稳定临界断面面积的影响都在 1% 以内（具体数值不具一般性），因此可以说压力管道水流惯性时间常数 T_w 对调压室临界稳定断面面积的影响是十分微弱的。本书 5.3 节在建立调压室系统高阶模型的过程中忽略 T_w，把一个 5 阶动态模型降为 4 阶的做法应该说是有根据的。

5.4.5 过井流速水头对下游调压室稳定断面的影响

调压室下流速水头在工程界也常被称为"过井流速水头"。把过井流速水头反映在上游调压室稳定断面计算中这个工作早在 1927 年就被 Calame 和 Gaden 解决，即 5.2 节中的式（5.2.8）：

$$A_s > \frac{LA_T}{2g\left(\alpha + \frac{1}{2g}\right)(H_r - h_{w0} + 2h_v)}$$

这个式子中过井流速水头的作用出现在两个地方：

（1）分母第一个括号中的 $\frac{1}{2g}$ 项。这一项相当于增加了引水隧道的水头损失项，因此对调压室稳定性有利。这一项的物理意义也很清楚：过井流速水头与隧道水头损失对调压室水位的作用是相同的。例如流量增加时隧道水头损失增加会拉低调压室水位。同时过井流速水头也增加并拉低了调压室水位。

（2）分母第二个括号中的 h_v 项。这一项的存在增加了公式分母的值，从而减小了稳定断面的值，也是对调压室稳定有利的一项。

对于 Calame 和 Gaden 这个公式，请注意以下两点：①它假定过井流速水头与隧道流速水头相等，这在多数实际设计中并非事实；②它不能用于尾水调压室的分析，因为尾水调压室的过井流速水头对调压室水位的作用与尾水隧洞水头损失的作用是相反的。

除以上两点之外，该公式也没有考虑压力钢管中的水头损失影响，不过这不是本小节讨论的重点。上面第一点的问题已被于 2010 年发表的华东院/Norconsult 公式即式（5.2.11）解决。而第二点则算不上是个问题，只是在应用上有局限。

过井流速水头对下游调压室稳定性的影响学术界讨论较少，而工程界对于要不要包括和怎样包括流速水头这一项一直存在争议。下面将通过详细、严谨的解析推导得出严格的尾水调压室稳定断面计算公式。为了把分析的注意力集中在过井流速水头这个因素上，推导过程中可以通过托马假定把水轮机、调速器等因素排除在外。推导过程共有以下三个假定：

假定一（托马假定），理想调速器保持机组出力不变，理想水轮机效率保持不变。

假定二，压力钢管水流惯性可忽略，即 $T_w = 0$（理由见 5.4.4 小节）。

假定三，上游无引水隧洞和调压室（上下游都有调压室的情况在 5.6.2 小节中讨论）。

假定一也实际上假定了机组的并网运行方式为孤网调频。尾水调压室的基本方程组如下：

调压室水位运动方程：

$$\frac{\mathrm{d}Z}{\mathrm{d}t} = \frac{Q - Q_T}{A_S} \tag{5.4.29}$$

隧洞刚性水击方程：

$$\frac{\mathrm{d}Q_T}{\mathrm{d}t} = \frac{gA_T}{L_T}\left(Z + \frac{1}{2gA_C^2}\mid Q\mid Q - \beta_T\mid Q_T\mid Q_T - H_D\right) \tag{5.4.30}$$

压力管刚性水击方程：

$$\frac{\mathrm{d}Q_P}{\mathrm{d}t} = \frac{gA_P}{L_P}\left(H_r - \beta_P\mid Q_P\mid Q_P - H - Z - \frac{1}{2gA_C^2}\mid Q\mid Q\right) \tag{5.4.31}$$

将有关变量做增量化表示，即令 $Z = Z_0 + \Delta Z$，$Q_P = Q_0 + \Delta Q_P$，$Q_T = Q_0 + \Delta Q_T$；引入变量相对表达，令 $z = \dfrac{\Delta Z}{H_0}$，$h = \dfrac{\Delta H}{H_0}$，$q_T = \dfrac{\Delta Q_T}{Q_0}$，$q_P = \dfrac{\Delta Q_P}{Q_0}$，$q = \dfrac{\Delta Q}{Q_0}$，得

$$A_S H_0 \frac{\mathrm{d}z}{\mathrm{d}t} = Q_0 q_T - Q_0 q \tag{5.4.32}$$

$$Q_0 \frac{\mathrm{d}q_T}{\mathrm{d}t} = \frac{gA_T}{L_T}(zH_0 + 2h_v q - 2h_{w0} q_T) \tag{5.4.33}$$

$$hH_0 = -zH_0 - k_3 H_0 q - \frac{L_P}{gA_P}Q_0 \frac{\mathrm{d}q}{\mathrm{d}t} - k_2 H_0 q_P \tag{5.4.34}$$

定义以下参数：

$h_{w0} = \beta_T\mid Q_0\mid Q_0$，为尾水隧洞稳态水头损失；

$h_{wm} = \beta_P\mid Q_0\mid Q_0$，为压力管稳态水头损失；

$h_v = \dfrac{\mid Q_0\mid Q_0}{2gA_C^2}$，为过井流速水头；

$k_1 = \dfrac{2h_{w0}}{H_0}$，为无量纲尾水隧洞稳态水头损失系数；

$k_2 = \dfrac{2h_{wm}}{H_0}$，为无量纲压力管稳态水头损失系数；

$k_3 = \dfrac{2h_v}{H_0}$，为无量纲过井流速水头系数；

$T_e = \dfrac{L_T Q_0}{gA_T H_0}$，为尾水隧道水流加速时间常数；

$T_w = \dfrac{L_P Q_0}{gA_P H_0}$，为压力管水流加速时间常数；

$T_g = \dfrac{A_S H_0}{Q_0}$，为调压室容积时间常数。

经过与 5.3.1 小节相同的步骤，并根据连续性原理 $q_P = q$，推导可得

$$T_g \frac{\mathrm{d}z}{\mathrm{d}t} = q - q_T \tag{5.4.35}$$

$$T_e \frac{\mathrm{d}q_T}{\mathrm{d}t} = z + k_3 q - k_1 q_T \tag{5.4.36}$$

$$h = -z - T_w \frac{\mathrm{d}q}{\mathrm{d}t} - (k_2 + k_3) q \tag{5.4.37}$$

对式（5.4.35）～式（5.4.37）进行拉普拉斯变换，并引入拉普拉斯算子 s，并根据假定

二，令 $T_w = 0$ 可得

$$T_g zs = q - q_T \tag{5.4.38}$$

$$T_e q_T s = z + k_3 q - k_1 q_T \tag{5.4.39}$$

$$h = -z - (k_2 + k_3) q \tag{5.4.40}$$

根据托马假定写出机组出力方程：

$$g\rho\eta HQ = g\rho\eta H_0 Q_0 = \mathrm{const.} \tag{5.4.41}$$

式 (5.4.41) 的增量表达式为

$$g\rho\eta (H_0 + \Delta H)(Q_0 + \Delta Q) = P_0 = \mathrm{const.}$$

其中

$$P_0 = g\rho\eta H_0 Q_0$$

展开上式并略去高阶小量可得

$$g\rho\eta Q_0 \Delta H = -g\rho\eta H_0 \Delta Q$$

上式两端除以 $g\rho\eta H_0 Q_0$ 得

$$q = -h \tag{5.4.42}$$

用式 (5.4.42) 代入式 (5.4.38)、式 (5.4.39) 和式 (5.4.40) 中先消去 q，然后再用式 (5.4.38) 中的 q_T 消去式 (5.4.39) 中的 q_T，得到包含式 (5.4.38)～式 (5.4.41) 四个方程的系统方程：

$$(1 - k_2 - k_3) T_e T_g h s^2 + [k_1(1 - k_2 - k_3) T_g - T_e] h s + (1 - k_1 - k_2) h = 0$$
$$\tag{5.4.43}$$

式中拉氏算子 s 的最高次为 2，说明这是一个 2 阶动态系统，其特征多项式为

$$(1 - k_2 - k_3) T_e T_g s^2 + [k_1(1 - k_2 - k_3) T_g - T_e] s + (1 - k_1 - k_2) \tag{5.4.44}$$

根据定义可知 $k_1 \ll 1$，$k_2 \ll 1$，$k_3 \ll 1$，该多项式的零次与 2 次项系数恒为正，该系统稳定的充分必要条件为

$$k_1(1 - k_2 - k_3) T_g > T_e$$

不难导出：

$$A_S > \frac{L A_T}{2ga(H_r - h_{w0} - 3h_{wm} - 2h_v)} \tag{5.4.45}$$

比较式 (5.2.8) 和式 (5.4.45) 可以看出：

（1）式 (5.2.8) 的临界断面表达式中第一个括号及该括号中的 $\frac{1}{2g}$ 这个反映过井流速水头有利影响的一项消失。

（2）第二个括号中的 $-2h_v$（过井流速水头的两倍）符号由正变负，也就是说由有利变为不利。

（3）式 (5.4.45) 分母括号中比 Calame 和 Gaden 的公式多了 $-3h_{wm}$ 这一项。此项反映了压力钢管水头损失的不利影响。

我国 1996 年版的调压室设计规范中推荐的尾水调压室公式与上面推出的式 (5.4.45) 十分接近，只是分母中缺少了 $-2h_v$ 项。由于这一项与和它相加的毛水头项 H_r 相比数值很小，所以该推荐公式从学术角度看不那么严格，但从工程应用角度来看误差并不大。

5.5 气垫式调压室的稳定性

自由水面的调压室的小波动稳定性与调压室的型式无关。本节之前的阐述内容与结论对所有具有自由水面的调压室都有效。当然，这里指的是上游调压室。对于下游自由水面的调压室，除过井流速水头的处理上不同之外，其他内容也是有效的。而对于气垫式调压室，情况就大不一样了。气垫式调压室也在相关文献中被称为"封闭式调压室"（closed surge tank）或者"空气室"（air chamber）。

世界上第一个使用气垫式调压室的水电站是 1973 年建成的挪威 Driva 水电站。关于气垫式调压室的稳定问题，最早的研究者是 Svee 和 Brekke。Svee 在 1972 年发表的公式为

$$A_S > A_{th}\left(1 + \frac{nH_{p0}A_S}{V_0}\right) \tag{5.5.1}$$

式中：A_S 为气室水平断面面积，m^2；A_{th} 为按自由水面调压室算出的托马临界断面，m^2；n 为气体多变指数，无量纲，一般可取值为 $1.25\sim1.4$；H_{p0} 为绝对气压，mWC；V_0 为气体体积，m^3。

Svee 的这个原始公式中 A_S 出现在不等式的两边（隐函数形式），不大方便应用，所以后面出现过多种实质一样的变化形式。

Brekke 研究的是另一条思路。他把气垫式调压室等效为一个自由水面调压室，推出其等效断面。这么做的优势是，一旦求出等效断面，那么所有关于调压室稳定断面的公式，包括托马原始公式和后来的各种修正公式，就都可以用了。Brekke 的有效断面公式也发表于 1972 年：

$$A_{eqv} = \frac{1}{1/A_S + nH_{p0}/V_0} \tag{5.5.2}$$

式中：A_{eqv} 为气室等效面积，m^2。

Brekke 的等效面积法与 Svee 的稳定体积算法在本质上是一样的。Brekke 第一个认识到，与自由水面调压室不同，决定气垫调压室稳定性的主要因素是空气体积而不是调压室断面。因此，控制变量应该用气体体积，尽管断面面积也是多个不可忽视的因素之一，但因为其对调压室稳定性的影响力比气体体积要弱得多而不应被选为控制变量。等效面积法没有违背控制变量应该是气体体积而不是断面面积的原则。观察式（5.5.2）就可以看出，气体体积是决定等效断面的决定因素。因为式（5.5.2）分母中 nH_{p0} 的值一般较大，造成等效面积较小。如果想增加等效面积的值，就要减小式（5.5.2）中的分母值。增加 V_0 作用显著，而增加 A_S 的值而保持 V_0 不变，则作用甚微。当然，A_S 的值也不能太小，否则 $1/A_S$ 的值就会太大，等效断面 A_{eqv} 的值也上不去。我国 2014 年版调压室设计规范十分明确地把气体体积作为控制变量并推荐了稳定体积的计算公式，但公式中完全忽略了气室断面 A_S 这个参数而不作任何说明的做法其实是不可取的。从这个忽略了 A_S 的简化公式中，设计人员不可能知道把气垫室设计成矮而粗所需的稳定体积更小。当然如果气室断面 A_S 足够大，则该项确实可以忽略。

如果采用规范推荐的自由水面调压室临界断面计算表达式，根据 Brekke 的等效断面公式，可得出气垫式调压室小波动稳定条件为

$$\frac{1}{1/A_S + nH_{p0}/V_0} > \frac{LA_T}{2g\left(\alpha + \dfrac{1}{2g}\right)(H_r - h_{w0} - 3h_{wm})} \tag{5.5.3}$$

如果采用更为严格的华东院/Norconsult 公式计算自由水面调压室临界断面，根据等效断面原理，得出的气垫式调压室小波动稳定条件为

$$\frac{1}{1/A_S + nH_{p0}/V_0} > \frac{LA_T}{2g\left(\alpha + \dfrac{1}{2g\eta}\right)\left[\dfrac{H_r}{\delta} - \dfrac{h_{w0}}{\delta} - \left(2 + \dfrac{1}{\delta}\right)h_{wm} + 2h_v\right]} \tag{5.5.4}$$

如果气室断面 A_S 足够大，式（5.5.4）可简化为

$$V_0 > \frac{nH_{p0}LA_T}{2g\left(\alpha + \dfrac{1}{2g\eta}\right)\left[\dfrac{H_r}{\delta} - \dfrac{h_{w0}}{\delta} - \left(2 + \dfrac{1}{\delta}\right)h_{wm} + 2h_v\right]} \tag{5.5.5}$$

自由水面调压室的稳定断面近似地与机组净水头成反比，水头越低，算出的稳定断面越大。而对于气垫式调压室而言，由式（5.5.5）可以看出，H_{p0} 项的作用与 H_r 项的作用会相互抵消，所以气垫式调压室的稳定体积对水头不太敏感。但在多数情况下，较高上库水位对气垫式调压室的稳定体积不利。

5.6 串联的调压室的小波动稳定断面

5.6.1 上游串联的调压室

对于上游串联的调压室（图 5.6.1），假设其压力引水道上有 n 座调压室串联布置，其稳定断面面积可以用 Evangelisti 公式计算：

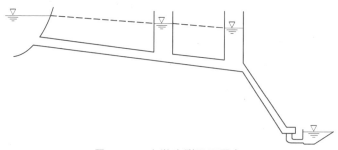

图 5.6.1 上游串联双调压室

$$A_n = \sum_{i=1}^{n-1} n_i A_i > A_{th} \tag{5.6.1}$$

其中

$$n_i = \left(1 - 2\frac{\sum\limits_{j=i+1}^{n} h_{wi}}{H_0 - h_{w0}}\right)\frac{\sum\limits_{j=1}^{i} h_{wi}}{h_{w0}}$$

$$h_{w0} = \sum_{i=1}^{n} h_{wi}$$

最靠近机组的称为主调压室，编号为 n，其余的自进水口顺水流向厂房方向依次编号为 $1,2,3,\cdots,n-1$；带下标 i 者表示与第 i 座调压室有关的参量；A_i 为第 i 座调压室的断面面积；h_{wi} 为第 $(i-1)$ 座到第 i 座调压室之间的局部和沿程水头损失之和。

对于只有一个副调压室的上游串联调压室系统，式（5.6.1）变为

$$A_2 + nA_1 > A_{th} \tag{5.6.2}$$

其中

$$n = \left(1 - \frac{2h_{w2}}{H_0 - h_{w0}}\right)\frac{h_{w1}}{h_{w0}}$$

$$h_{w0} = h_{w1} + h_{w2}$$

式中：A_1 为副调压室的面积；A_2 为主调压室的面积；$h_{w1} = \alpha_1 V_1^2$，为进水口到副调压室之间的沿程和局部水头损失之和；$h_{w2} = \alpha_2 V_2^2$，为副调压室到主调压室之间的沿程和局部水头损失之和；α_1、α_2 均为水头损失系数，s^2/m。

从学术角度看，并联、串联调压室及具有泄水支洞的调压室满足小波动稳定的约束条件较多，因而需同时满足的判别式也较多，加之这几种调压室应用较少，为了节省篇幅，相关计算公式不一一列出，需要时，可以查阅相关文献。

从工程角度看，各调压室之间的距离相差最远的如果不超过引水隧道长度的 20%，人工计算时可以把各调压室当作一个处理，合成的调压室面积为各调压室面积之和，隧道长度为上库进口到主调压室，而隧道水头损失则用从进口算到离上库最近的那个副调压室。这样的简化处理在人工计算阶段的精度与式（5.6.1）或式（5.6.2）相差无几，一般会大 3% 以内，足以满足工程初期方案选择阶段精度的要求。在设计初期做多方案比较时，这样的简化处理可以大大提高工作效率。在过渡过程与稳定性数值仿真计算如此普及的今天，在设计方案初步确定之后，详细的数值模拟是必不可少的，所以没有必要一定要在公式计算阶段用繁琐的公式去追求微不足道的精度。

5.6.2　上下游串联双调压室

与上游串联调压室相比，上下游串联双调压室的分析要困难得多。关于上下游串联双调压室（图 5.6.2）的文献并不少，比较有影响的有 Jaeger 的研究成果。他首次在上下游串

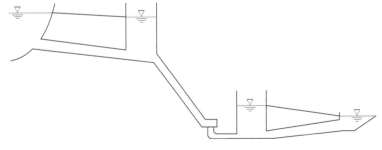

图 5.6.2　上下游串联双调压室

联调压室稳定性的研究中使用了上下游调压室"托马断面放大系数"定义平面上的稳定域，类似图 5.6.3 所示。陈家远也讨论了这个问题，并引用了 Jaeger 的部分研究成果。虽然从学术的角度这个问题似乎已解决，但从工程设计的角度这些成果应用起来较为困难。杨建东等以解析分析为基础、以数值计算为辅助手段，发现并建议用一组近似公式来确定上下游串联双调压室的稳定断面。

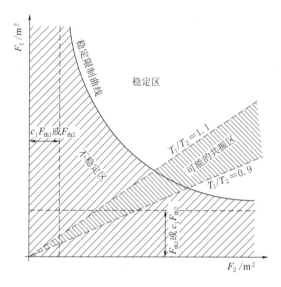

图 5.6.3　上下游串联双调压室的稳定域和频率错开原理

这些研究虽然都提到了上下游串联调压室的一个关键性问题，那就是两个调压室之间可能发生的水力共振，但所用方法却不是分析共振问题的最佳方法。得到的成果既不易理解，也因其黑箱性而很难做参数敏感性分析。有兴趣的读者请参阅前述学者的相关文献，本书不准备在此做更深入的介绍。

我国工程界常用简单的波动频率错开法，即将两个调压室的自由波荡频率错开至少 10%，如图 5.6.3 所示。

上下游串联调压室稳定性问题的实质是该系统有两个特征（自然）频率，它们会相互影响。如果这两个频率过于接近，不排除发生水力共振的可能性。在没有发生共振的前提下，这两个特征频率等于或十分接近调压室水位波动的自由振荡频率，频率值可用上游调压室和上游引水隧洞、尾水调压室和尾水隧洞相关参数根据式（5.2.3a）分别算出。将这两个频率错开 10% 完全是一个经验数据，其可靠性有待分析。

分析系统的自然频率及他们之间的相互影响的最好方法不是特征方程法，不是 Routh-Hurwiz 稳定判据，而是频率特性法（或称频率响应法，见 5.2.4 小节和第 8 章 8.2 节）。

频率响应法分析上下游串联双调压室系统参数敏感性，以中东地区某 350MW 抽水蓄能电站为例（图 5.6.4），主要参数见表 5.6.1。

表 5.6.1　　　　　　　　　中东地区某 350MW 抽水蓄能电站主要参数

参　数	数　值	参　数	数　值
设计毛水头	400.7～443.55m	上游调压室初定断面	153.84m²
额定出力	2×2175MW	压力管道长	640m
额定流量	2×48.5m³/s	压力管道断面	12.57m²
额定转速	600r/min	尾水隧道长	874.15m
上游引水隧道长	874.15m	尾水隧洞过流断面	26.42m²
上游引水隧道过流断面	26.42m²	尾水调压室初定断面	111.83m²

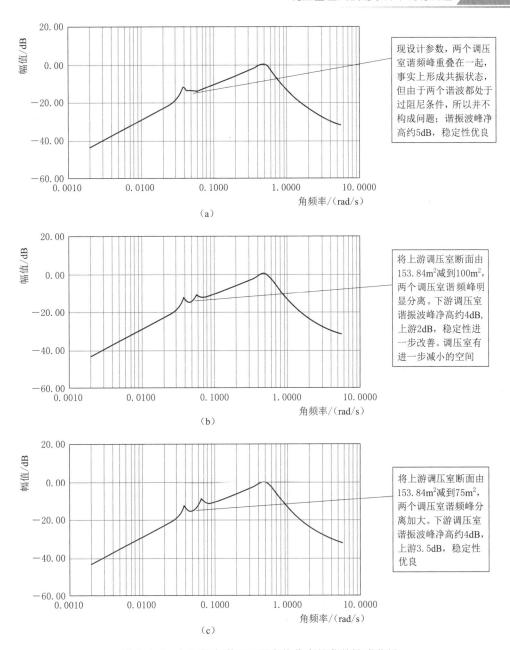

图 5.6.4　上下游串联双调压室的稳定性参数敏感分析

5.7　调压室在大波动条件下的稳定性

　　调压室大波动分析应该包括两部分内容：①涌波水位（大波动）幅值的计算；②大波动过程的稳定性分析。

　　关于第一点，本书将在第 7 章中介绍数值算法。至于解析算法、曲线图解法等，水电站调压室设计规范中有较详细的介绍，但这些算法与数值算法相比，不但较烦琐、出错率较高，而且即使在不出错的情况下算出的准确度也较低，本书不准备做具体介绍。在数值仿真软件如此普及和使用方便的今天，即使是在规划和方案选择阶段，本书也建议使用数值算法。

至于第二点，多数设计人员并不知道某些调压室在满足了小波动稳定条件后，在大波动条件下仍可能出现不稳定，所以有必要做一个简单的介绍。

由于调压室系统的非线性，解析分析调压室大波动稳定性问题相当困难，即使看上去好像是解析方法的相平面分析法，其实最后相轨迹的画出还是需要通过数值计算才能得到。用电算和相平面分析法分析调压室水位大波动稳定的文献不在少数。

早期的调压室大波动稳定性研究也是在理想水轮机和理想调速器假定条件下进行的，即托马假定式（5.2.5）成立。Paynter 在数字计算机尚不普及的 1953 年用模拟计算机技术研究了简单调压室的大波动稳定性问题并得出以下大波动稳定临界条件：

$$Y = 2X^2(1-Y)^2 \tag{5.7.1}$$

其中
$$X = \alpha V_0 / (L_T A_T / gA_{cr})^{0.5}$$
$$Y = \alpha V_0^2 / H_0$$

式中：Y 为引水道相对水头损失；A_{cr} 为大波动临界断面；V_0 为引水道稳态流速；H_0 为机组稳态水头。

Marris 在他的研究中得到的大波动稳定临界条件：

$$X^2 = Y\big[(2-Y) + (2-Y)^2 + 24Y\big]^{0.5})/8 \tag{5.7.2}$$

Jaeger 用了一种他称为"平均法（Averaging）"的方法得出以下临界条件：

$$A_{cr} = A_{th}(1 + 0.5z/H_0) \tag{5.7.3}$$

式中：A_{th} 为小波动临界断面（托马断面）。

$$z = V_0 L_T A_T / (gA_{cr})$$

Jaeger 的公式物理意义最为明显，那就是调压室大波动稳定临界断面为小波动临界断面乘以一个大于 1.0 的系数。

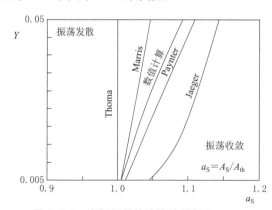

图 5.7.1　李新新数值计算结果与 Paynter、Marris 和 Jaeger 研究成果的比较

李新新在 1989 年用与上述研究完全相同的假定条件，用数值计算的方式计算了调压室大波动的稳定边界并与上述文献所发表的成果进行了比较，见图 5.7.1，其中纵坐标 Y 为相对于机组稳态水头的引水道相对水头损失，横坐标 $a_S = A_S / A_{th}$ 为相对于托马临界断面 A_{th} 的调压室相对断面面积。

如图 5.7.1 所示，上述不同学者在不同时间采用不同方法所得到的研究成果都表明，对于简单式调压室有：①大波动所需要稳定断面大于小波动稳定断面；②引水道水头损失越大，大波动稳定所需要的相对断面 a_S 增加也越多。（注：相对断面 a_S 的增加并不意味要求调压室真实断面 A_S 的增加，因为引水道水头损失越大，相对量参考值

A_{th}越小。)

对于阻抗式调压室，情况就完全不一样了，见图 5.7.2，图中 $f=RV_0^2/H_0$，为阻抗孔相对水头损失，R 为阻抗孔水头损失系数。图中 $f=0$ 的那条曲线当然就是相当于简单调压室。可以看出，也只有 $f=0$ 的那条曲线调压室稳定所需相对断面大于 1.0，而真正的阻抗式调压室，a_S 临界值都小于 1.0，也就是说，大波动稳定断面小于小波动稳定断面。这说明阻抗式调压室的大波动稳定性比小波动稳定性要好。

如果一个阻抗式调压室只满足大波动稳定条件而不满足小波动稳定条件会发生什么结果呢？那就会出现所谓的"极限环"现象。图 5.7.3 是典型的调压室波动相平面显示法的计算实例，其中横坐标为引水隧道相对波动流量 $q_t=\Delta Q_T/Q_0$，纵坐标为调压室相对水位波动 $h_S=\Delta H_S/H_0$。该相平面的原点（0，0）就是电站的稳态运行点。

图 5.7.3 相轨迹显示，当波动量超出极限环②时，波动会收敛，但不是收敛到原点，而是收敛至极限环②。当波动很小时，波动发散，但发散有限，仅发散至极限环②。该极限环的大小取决于阻抗孔的阻抗系数 R，也就是取决于阻抗孔的大小。阻抗孔越小，极限环也越小。

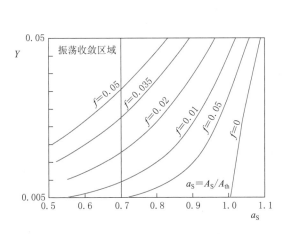

图 5.7.2　阻抗式调压室大波动稳定边界

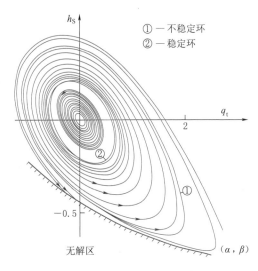

图 5.7.3　阻抗式调压室大波动的极限环现象

这个计算结果说明，如果阻抗式调压室只满足大波动稳定条件而不满足小波动稳定条件，那么有下列情况：

（1）小波动仍然会出现波动发散的不稳定情况，但波动幅值会被极限环所限制，最后进入即不扩散也又收敛的等幅值波动情况。

（2）从理论上讲，只要阻抗孔足够小，等幅波动的幅值也会很小。也就是说在电站的设计中如果允许调压室水位在某一限定值内波动，那么即便是该电站必须做孤网运行也可以利用极限环这个特性对阻抗式调压室（含差动式）采用"亚托马"调压室设计。但由于阻抗孔的过度缩减会降低调压室对水击波的反射能力，所以利用阻抗式调压室的极限环现象来设计"亚托马"调压室的可行性并不高。

6

复杂水道系统的数值模拟

6.1 基本概念

以数值仿真计算为基础的水力过渡过程的分析方法已经击败其他包括解析法、图解法和整体模型试验在内的所有其他方法、成为这个领域的主流，已是不争的事实。水力过渡过程数值计算成功的关键就在于其数值模型的建立，对于一个复杂的水力系统更是如此。因此，正确地对水力过渡过程进行数值模拟就成了关键。复杂水力系统水力过渡过程计算数值模型的建立有多种方法，但无论哪一种都包括以下三个基本步骤：

（1）将复杂系统分解为简单元素。任何一个复杂的水力系统，都可以被分解为简单元素的组成，例如管道、阀门、水轮机、水泵、调压室以及水库等。

（2）简单水力元素相关方程或方程组数值模型的建立。一个元素众多的复杂水力系统中，数量最多的当然会是有压管道元素。对单个管道元素的水击波动方程组的数值求解方法较简单且成熟，已在第 2 章中介绍，这部分难度相对大一点的还是水泵水轮机元素和明满交替流元素数值模型的建立，也已分别在第 3 章和第 2 章中进行了介绍。

（3）系统方程组的联立求解。系统由元素联接组成，元素与元素之间的联接点被称为节点。一方面，节点对于各元素而言就是它们的边界，节点平衡方程就是它们的边界条件，系统中的所有元素通过这些节点和元素边界条件有机地将第一步建立的元素数值模型联系在一起，成为这个系统的整体数值模型。另一方面，节点对于整个系统而言就是其状态点，状态点与状态点通过元素联成了一个系统，所以系统的状态点之间是相互影响的。所谓系统方程组就是所有相互联接元素之间的边界条件方程的联立。由于系统内的节点就是元素的边界点，所以元素的边界条件方程也常被称为节点方程，推导节点方程的过程也被称为节点处理。求解复杂水道系统水力过渡过程方法有多种，前面提到的两个步骤都是一样的（或者类似的），区别就在这第三步，这也是本章要介绍的主要内容。

6.1.1 五种基本解法

复杂水道系统数值解法主要有五种：①单节点逐个平衡法；②单回路逐个平衡法；③多节点同步平衡法；④多回路同步平衡法；⑤结构矩阵法。

6.1.2 两个基本原理

以上五种方法基本都用到了以下两个基本原理。

6.1.2.1　流入节点流量之和为零（节点水流连续性）原理

$$\sum_{i=1}^{n} Q_i = 0 \tag{6.1.1}$$

式（6.1.1）成立的条件是必须把与该节点相联的所有元素流入该节点定义为流量正方向。如果某流量实际上是流出，那么流量值即为负值。当然也可以把所有元素流出该节点定义为流量的正方向。

6.1.2.2　回路水头变化（差）之和为零原理

$$\sum_{i=1}^{n-1} (H_{i+1} - H_i) + (H_1 - H_n) = 0 \tag{6.1.2}$$

6.1.3　水力阻抗

水力阻抗这个术语在第3章中就已经介绍过，但其应用远不止第3章中所介绍的应用范围。水力阻抗是复杂水道系统分析中的一个重要概念，分为元素水力阻抗，回路水力阻抗和节点水力阻抗。两个端点的元素的水力阻抗定义为元素两端水头差值对流量的微分值：

$$Z = \frac{\mathrm{d}h_f}{\mathrm{d}Q} = \frac{\mathrm{d}(H_1 - H_2)}{\mathrm{d}Q} \tag{6.1.3a}$$

在数值计算中常用以下差分值代替：

$$Z = \frac{h_f(Q + \Delta Q) - h_f(Q)}{\Delta Q} = \frac{\Delta h_f}{\Delta Q} \tag{6.1.3b}$$

显然，元素的水力阻抗不是一个常数，而是流量的函数，有不少元素的水力阻抗可用简单的解析式表达。以一个标准的以 K 为水头损失系数的阻抗元素节流孔为例，其两端水头差为

$$h_f = KQ^2 \tag{6.1.4}$$

根据式（6.1.3）可解析得出其水力阻抗即为

$$Z = 2KQ \tag{6.1.5}$$

这个表达式当然也适用于稳态时的管道，局部水头损失点和部分开启的阀门等。

对于单端点元素，例如调压室，水力阻抗定义为（流量的正方向定义为流进该元素）

$$Z = \lim_{\Delta Q \to 0} \frac{H(Q + \Delta Q) - H(Q)}{\Delta Q} = \lim_{\Delta Q \to 0} \frac{\Delta H}{\Delta Q} \tag{6.1.6}$$

虽然物理意义稍有区别，式（6.1.6）与式（6.1.3）在数学上其实是等价的。

一个管网回路的水力阻抗定义为回路中所有元素在某状态下水力阻抗之和：

$$Z = \sum_{i=1}^{n} Z_i \tag{6.1.7}$$

元素与回路水力阻抗都是针对两个端点而定义的，而节点水力阻抗则是针对某一个节点而定义的。假定一个复杂多节点水道系统处于平衡状态（稳态）。如果对其中某个节点注入一个微小流量 ΔQ，并造成该节点的水头产生一个微小变化 ΔH。将式（6.1.3a）定义为该节点的水力阻抗：

$$Z = \lim_{\Delta Q \to 0} \frac{\Delta H}{\Delta Q}$$

这个表达式与单节点元素的水力阻抗表达式完全一致，与式（6.1.3）也是等价的。

节点的水力阻抗一般不存在解析解，应该用数值法求解。在实际求解过程中 ΔQ 也不能取得太小，因为水道系统是非线性系统，需要经过多次迭代求解，ΔQ 必须比可能产生的数值计算误差大 2～3 个数量级。

6.1.4 静态与动态水力阻抗

水力阻抗与电学中的电阻抗在概念上高度相似。电阻抗分直流阻抗和交流阻抗，而水力阻抗也分静态（或称稳态）水力阻抗与动态（或称瞬态）水力阻抗。在水力阻抗计算中，如果不考虑水体惯性与波动，所算出的水力阻抗即为静态水力阻抗；如果考虑，算出的就是动态水力阻抗。以管道为例，由其稳态水头差流量函数关系式（6.1.4）可得稳态水力阻抗表达式（6.1.5）。管道的动态水力阻抗很难用解析式准确表达，但对于短管，可以在刚性水击方程式（2.1.1）基础上忽略弹性及反射因素后得出动态水力阻抗的近似表达：

$$Z \approx \frac{\Delta H}{\Delta Q} = \frac{L}{gA} \frac{1}{\mathrm{d}t} + 2\beta \mid Q \mid \tag{6.1.8}$$

长管两端之间是没有动态水力阻抗这个概念的，原因是长管两端的动态流量可以不一样，两端动态流量的变化也可以不一样，这样就没有办法应用水力阻抗的定义式（6.1.3）。但长管的两个端点中的任意一个端点可以用单端点元素水力阻抗的定义式（6.1.6）求出该端点的水力阻抗。长管的端点动态水力阻抗与管道水力摩阻的相关性不大。在忽略了水力摩阻与弹性波反射等次要因素之后，由直接水击计算公式可得

$$Z \approx \frac{\Delta H}{\Delta Q} = \frac{a}{gA} = Z_{\mathrm{c}} \tag{6.1.9}$$

而这正好就是该管的特征阻抗 Z_{c}，见式（2.3.17）中关于管道特征阻抗的定义。

一般只有管道元素和渠道元素才存在动态与静态阻抗的区别。动态水力阻抗不但与流量有关，还与计算的时间步长有关。

6.1.5 场元素与点元素

上面提到的复杂水道系统数值解析法的五种方法中，前四种都是为了用于求解复杂水道系统的稳态（而非动态）而设计的。事实上，复杂水道系统动态过程的求解过程在很多情况下比稳态的求解过程要容易得多。其原因就是系统中的管道元素在动态过程中把节点与节点之间的相互瞬间影响隔离开来，这样就把一个原本可能很复杂的系统分隔为很多个相对简单的系统，而这些分隔开的多个简单系统可以分别独立求解。管道元素之所以有这个特点是因为其动态方程组是波动方程。由于波的传播是需要时间的，所以管道一端所发生的流量或压力变动不可能瞬间影响到管道的另一端，而是要经过一个 $\Delta t = L/a$ 的延时。除了管道元素，明渠流元素和明满交替流元素也具有这个特点。在复杂系统分析中，我们把具有这种瞬间隔离特点的元素统称为场元素，而把其他不具有这一特点的水道元素统称为点元素。由于任何一个复杂系统中的场元素都在数量上占有统治地位，所以多数复杂水道系统被其中的场元素分割成许多只有一个或者两个节点的简单子系统（当然不能排除少量节点多于两个子系统的可能性），而这些简单子系统的动态过程求解并不需要用到那些

求解复杂系统的方法。

6.2　单节点循环平衡法简介

本方法是以 6.1 节介绍的基本原理之一的节点水流连续性原理为基础的，对系统中各节点逐个进行循环迭代求解，最终求得系统内各元素的流量和节点的水头的分布的方法。

这种方法既可用于求解稳态流问题，也可用于求解瞬态流问题。该方法基本概念始见于文献，但这里介绍是在具体程序实现上做了较大的修正，使其更适于现代数值解法。先考虑一个简单的环状管网系统中的稳态流动问题（图 6.2.1）。设该管网系统的节点数为 n（图中为 9）、元素数为 m（图中为 12），设环状管网的元素编号为 $k=1,2,\cdots,m$，节点编号为 $i=1,2,\cdots,n$，每个节点上连接的元素数为 L。Q_{in}、Q_{out} 为进、出口总流量，H_i 为各节点的水头、q_k 为各元素的流量。假定进出口总流量和出口水头已知，求系统进口水头。如果是已知进口水头求出口水头或已知进出口水头求流量本法也适用，仅需根据进出口边界条件修改判别的判据即可。

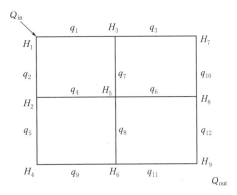

图 6.2.1　单节点循环法系统示意图

6.3　单回路循环平衡法简介

本方法应用 6.1 节中的回路水头差之和为零原理。对系统中各自然集回路（自然集回路是指其中不再包含其他回路的最小回路的集合）逐个进行循环迭代求解，最终求得系统内所有回路所经过的各元素的流量分布和各节点的水头分布。这种方法只适用于求解环状管网系统稳态流问题，不适用于以枝状管线为主的系统，也不太适于求解水力过渡过程问题。由于迭代计算是基于将"自然集"回路设定为相对独立的回路，且所采取的方法是依次对各个回路的流量逐个进行修正、然后对整个系统进行循环迭代，故可称为单回路循环平衡法，又称管网平差法；又由于这个方法最早是由 Hardy－Cross 提出来的，因此又称为 Hardy－Cross 方法。本节仅对该方法的基本原理做一下简介。

设该管网系统的节点数为 n（图 6.3.1 中为 9）、元素数为 m（图 6.3.1 中为 12）、回路数为 l（图 6.3.1 中为 4）。每个节点上连接的元素数为 L。Q_{in}、Q_{out} 为进、出口总流量，H_k 为各节点的水头、Q_i 为各元素的流量。运用单回路循环平衡法需要事先对系统的单元、回路和节点

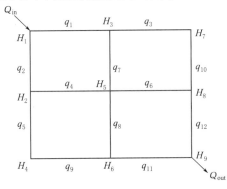

图 6.3.1　单回路循环法系统示意图

进行编号。设环状管网的元素编号为 $i=1,2,\cdots,m$，回路编号为 $j=1,2,\cdots,l$，节点编号为 $k=1,2,\cdots,n$，各元素的流量和水头差分别为 Q_i、h_{fi}，各节点的供水流量为 q_k（流入节点流量为正）。根据连续性原理和能量损失理论，环状管网中的水流必须满足以下两个条件：①流出任一节点的流量之和（包括节点供水流量）减去流入该节点的流量之和等于 0，见式（6.3.1）；②对于任一闭合回路，沿顺时针流动的水头差之和减去沿逆时针流动的水头差之和等于 0，见式（6.3.2）。

$$\sum_{i=1}^{m} B_{ik}Q_i + q_k = 0 \qquad k=1,2,\cdots,n \qquad (6.3.1)$$

$$\sum_{i=1}^{m} A_{ij}h_{fi} = 0 \qquad j=1,2,\cdots,l \qquad (6.3.2)$$

式中：A_{ij}、B_{ik} 为系数。当环路 j 中没有元素 i，则 $A_{ij}=0$；当回路 j 中元素 i 的流动方向为逆时针方向，$A_{ij}=+1$，否则 $A_{ij}=-1$；当节点 k 处没有元素 i，则 $B_{ik}=0$；当节点 k 处元素 i 的水流方向为流出节点，$B_{ik}=+1$，否则 $B_{ik}=-1$。

如果系统中某些回路中的元素都是管道元素，水头损失计算方法各管段的流量和沿程水头差之间应满足：

$$h_{fi}=S_i L_i Q_i \mid Q_i \mid \qquad i=1,\cdots,i_m \qquad (6.3.3)$$

式中：S_i 为各管段单位长度单位流量的水头差，称为比阻；L_i 为管道长度。

当水流处于紊流粗糙区时 S_i 只与管段特性如直径、粗糙系数有关。

$$S_i = \frac{64}{\pi^2 C^2 d^5}$$

使用曼宁公式 $C=\frac{1}{n}R^{1/6}$。

对于一个任意的水力元素，例如水轮机、阀门、节流孔、水泵等的水头差由元素的特性曲线确定，一般情况下是流量的函数。即 $h_{fi}=h_{fi}(Q)$。其水力阻抗已在 6.1 节中定义。并可以由式（6.1.3）进行数值求解。

6.4 多节点联立法简介

本节以复杂管网的稳定流为基础介绍一种管网系统的数值计算方法。此方法由 Shamir 提出，认为单节点平衡循环法和单回路平衡循环法计算的收敛性并不理想，因此有必要开发更好的方法。

由于这种解法是要求管网中的每个节点必须满足水量平衡方程式（6.1.1）、通过联立求解方式得到各节点和元素的未知水头和流量等状态变量，故称为节点同时平衡法或多节点联立法。本方法只能用于复杂管网系统稳态计算。

6.5 多回路联立法简介

在这一节中介绍一种基于回路上的阻力平衡原理来进行环状系统的求解方法。此方法由 Epp 和 Fowler 提出。由于此法主要是通过对定义的回路联立求解以达到对整个环状系统求解的方法，故称其为多回路联立法。这个方法与多节点联立求解法一样，也只能用于求解复杂水道系统稳态的计算。

此方法要求系统内的流动限定在稳定状态，并且所讨论的水道系统具有以下特点：

（1）系统的物理特性是已知的，它包括管道的直径、长度、粗糙系数，其他元素的物理特性和运行方式。节点上的进出水量、节点的高程以及其他有关信息（例如有关水库的水位、水泵以及关闭阀门时的压力特征等）。

（2）水道系统可以不在同一个平面上，即存在可能在空间交叉且不相连接的管道。

（3）系统可以认为是由回路组成的，而且回路中的元素不具有供水功能，或者说回路上的任何节点上没有水量进出（输出或输入）。

（4）任何节点上都可能出现使得水头增加或减少的水泵或减压阀。

6.6　结构矩阵法

前面介绍的四种方法除了单节点循环平衡法既可用于复杂水道系统的稳态，也可用于动态计算外，其他三种只适用于系统稳态的计算。单节点循环平衡法在计算中的收敛性在一定程度上取决于计算流程的第一步，即对节点的水头的预估。如果最初水头估计值相差太远，计算不收敛的可能性是很大的。

6.6.1　结构矩阵法的基本概念与特点

如果有一个钢架结构的某一部分有三条钢梁有一共同节点，如图 6.6.1 所示，假定每根梁的向外推力 F 为力的正方向，而向内拉的力为负方向，钢架结构处于平衡状态而且本节点未受外力作用，于是三条梁对节点的作用力满足：

$$\sum_{i=1}^{3} F_i = 0$$

同时，如果钢架在受力后发生了变形，并造成本节点发生位移 s，那么这三根梁与该节点相联的三个端点的位移 s_1、s_2、s_3 满足（图 6.6.1）：

$$s_1 = s_2 = s_3 = s$$

与此对应，三个有压流元素交汇节点处元素流量与端点水头满足（图 6.6.2）：

$$\sum_{i=1}^{3} Q_i = 0$$

$$H_1 = H_2 = H_3 = H$$

当一个框架结构所有节点都无外力作用时，如果下式成立：

$$[K]\vec{S} = \vec{0}$$

当有外力作用时，下式成立：

$$[K]\vec{S} = \vec{F}$$

式中：$\vec{S}$ 为节点位移数组，在线性代数中也常被称为向量；$\vec{F}$ 和 $\vec{0}$ 分别为节点外力向量和节点零外力向量；矩阵 $[K]$ 则为该框架结构的刚性矩阵。

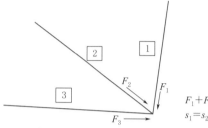

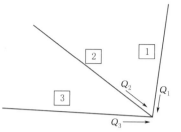

图 6.6.1　钢架结构在节点处力
与位移变量的特点

图 6.6.2　有压流元素交汇节点处流量
与端点水头变量特点

在复杂电路分析中也有类似的算法表达：

$$[Y]\vec{V} = \vec{I}$$

式中：$\vec{V}$ 为节点电压向量；$\vec{I}$ 为节点输入电流向量；$[Y]$ 为导纳矩阵。

所谓导纳矩阵就是矩阵中的每一项都是导纳（一个电学量，其值为电阻抗的倒数 $y = 1/z$）。同样，对于一个复杂的水道系统，也可以找到类似的矩阵方程表达式，来作为系统的数值计算模型：

$$[E]\vec{H} = \vec{Q} + \vec{C} \tag{6.6.1}$$

式中：$\vec{H}$ 为节点水头向量；$\vec{Q}$ 为节点输入流量向量；$\vec{C}$ 为与系统非线性有关的补充向量；$[E]$ 为系统结构矩阵。

系统结构矩阵是由系统中的各个元素按一定规律构建而成，其构建步骤如图 6.6.3 所示。其中最为关键的是第二步，即元素矩阵的建立。

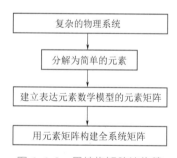

图 6.6.3　用结构矩阵法构建
系统模型的基本步骤

结构矩阵法的一个很大的优点是，稳态计算与动态计算的模型构建过程的计算流程基本上是一样的，唯一的区别是某些元素的元素矩阵在稳态计算与动态计算中是不一样的。具有不同稳态与动态元素矩阵的元素有：有压管道元素，明渠流元素，明满交替流元素。在动态计算中，这几种元素流量发生变化时，其端点水头差 ΔH 分为两部分：

$$\Delta H = \Delta H_s + \Delta H_d$$

式中：ΔH_s 为静态水头分量；ΔH_d 为动态分量，其实就是水击分量（有压管流时）或涌波水位分量（明流时）。

多数其他种类的元素，例如节流孔、各种阀门、闸门、水轮机、水泵等元素中的水体惯量在动态计算中是可以忽略的，因此，这些元素的元素矩阵没有动态与静态的区别。

6.6.2　常见元素的元素矩阵

6.6.1 小节中已经强调了结构矩阵法中建立元素矩阵的重要性，这一小节里将用不同的方式具体介绍几个最常用的元素矩阵。除了 6.6.1 小节介绍的那些特点之外，元素矩阵还具有以下特点：

（1）元素矩阵的维数与其端点数相同。例如管道有两个端点，它的元素矩阵就是一个 2×2 矩阵。普通调压室只有一个端点，它的元素矩阵就是一个 1×1 的矩阵。一个三联调压室的元素矩阵是一个 3×3 矩阵。

（2）所有元素的元素矩阵都是对称矩阵。结构矩阵法与其他所有方法的一个重要不同之处就是元素流量方向的定义。假定系统中一个任意的两端点元素编号为 m，两端分别与节点相联，该元素两端的流量 $Q_{m,i}$ 和 $Q_{m,j}$ 正方向都是流出元素而流向所联节点，如图 6.6.4 所示。对于一个双端元素，元素矩阵就是要把端点的四个状态变量联系起来。

图 6.6.4　双端点元素的流量正方向都是流出元素

6.6.2.1　管道恒定流元素矩阵

管道恒定流元素矩阵方程式是用于系统稳态计算的，管道恒定流公式可由式（2.1.1）并令 $\dfrac{\mathrm{d}Q}{\mathrm{d}t}=0$ 并采用图 6.6.4 中变量的脚标，可得

$$H_i-H_j=h_{ij}=\beta Q_j\mid Q_j\mid \tag{6.6.2}$$

如果 $Q_j>0$，式（6.6.2）可写为

$$h_{ij}=\beta Q_j^2$$

这是一个二次非线性方程。对于任意一个起始平衡点 (h_{0ij},Q_{0j})，必满足 $h_{0,ij}=\beta Q_{0j}^2$。对于该平衡点附近的另一个任意状态点 (h_{ij},Q_j) 的牛顿线性迭代逼近式为

$$h_{ij}=h_{0ij}+\left.\frac{\mathrm{d}h_{ij}}{\mathrm{d}Q_j}\right|_0(Q_j-Q_{0j}) \tag{6.6.3}$$

$$h_{ij}=h_{0ij}+2\beta Q_{0j}(Q_j-Q_{0j}) \tag{6.6.4}$$

类似以上步骤，当 $Q_j>0$ 时可得

$$h_{ij}=h_{0ij}-2\beta Q_{0j}(Q_j-Q_{0j}) \tag{6.6.5}$$

将式（6.6.4）和式（6.6.5）写成一个与符号无关的表达式：

$$h_{ij}=h_{0ij}+2\beta\mid Q_{0j}\mid(Q_j-Q_{0j}) \tag{6.6.6}$$

根据水力阻抗定义式（6.1.3），该元素起始平衡点 (h_{0ij},Q_{0j}) 的水力阻抗为

$$Z_0=\left.\frac{\mathrm{d}h_{ij}}{\mathrm{d}Q_j}\right|_0=2\beta\mid Q_{0j}\mid \tag{6.6.7}$$

$$h_{ij}=h_{0ij}+Z_0(Q_j-Q_{0j}) \tag{6.6.8}$$

由式（6.6.8）和式（6.6.1）并注意到 $Q_i=-Q_j$，不难写出管道元素恒定流条件下的元素矩阵方程：

$$\begin{bmatrix}\dfrac{-1}{Z_0} & \dfrac{1}{Z_0}\\[2ex] \dfrac{1}{Z_0} & \dfrac{-1}{Z_0}\end{bmatrix}\begin{bmatrix}H_i\\[1ex] H_j\end{bmatrix}=\begin{bmatrix}Q_i\\[1ex] Q_j\end{bmatrix}+\begin{bmatrix}-Q_{i0}-\dfrac{h_{0ij}}{Z_0}\\[2ex] -Q_{j0}+\dfrac{h_{0ij}}{Z_0}\end{bmatrix} \tag{6.6.9}$$

由式（6.6.2）可知，$h_{0ij} = \beta Q_{0j} |Q_{0j}|$。

6.6.2.2 管道瞬态流元素矩阵

由图 6.6.4 可以看出，元素矩阵方程只涉及该元素端点（也就是元素边界）的 4 个状态变量。不妨假定图 6.6.4 所示元素的 i 端为上游端，根据由第 2 章中弹性水击基本方程组式（2.2.30）和式（2.2.31）推出的特征线方程组式（2.3.16）和式（2.3.17），并注意到 Q_i 与原式中的 Q_p 符号相反，写出 i、j 两端边界特征方程：

$$Q_i = -C_n - \frac{1}{Z_C} H_i \tag{6.6.10}$$

$$Q_j = C_m - \frac{1}{Z_C} H_j \tag{6.6.11}$$

式中：Z_C 为管道特征阻抗，$Z_C = \dfrac{a}{gA}$。

$$C_n = Q_B - \frac{gA}{a} H_B - R\Delta x Q_B |Q_B| \quad \text{（其中 } B \text{ 点见图 6.6.5）}$$

$$C_m = Q_A + \frac{gA}{a} H_A - R\Delta x Q_A |Q_A| \quad \text{（其中 } A \text{ 点见图 6.6.5）}$$

$$R = \frac{f}{2DA}$$

当计算进行到时间 t 时，变量 Q_B、H_B、Q_A 和 H_A 均为上一个时间步 $t - \Delta t$ 时的值，所以都是已算出的已知值。

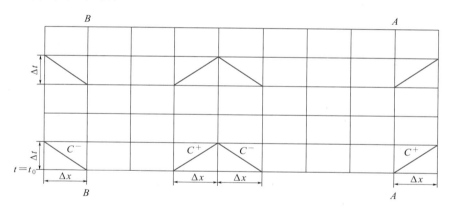

图 6.6.5 管道两端边界的正负特征线及 A 和 B 分割点

由式（6.6.10）和式（6.6.11）可得出管道元素瞬态流矩阵方程：

$$
\begin{bmatrix} \dfrac{-1}{Z_C} & 0 \\[2mm] 0 & \dfrac{-1}{Z_C} \end{bmatrix}
\begin{bmatrix} H_i \\ H_j \end{bmatrix}
=
\begin{bmatrix} Q_i \\ Q_j \end{bmatrix}
+
\begin{bmatrix} \dfrac{C_n}{Z_C} \\[2mm] \dfrac{C_p}{Z_C} \end{bmatrix}
\tag{6.6.12}
$$

这是一个对角线矩阵，也就是说这其实是两个完全独立方程的组合，两端的状态变量在任意一个特定的时间点并无耦合关系。管道是一个场元素，这个特点已在 6.1 节中讨论过。场元素的这种去耦作用能大大加快大系统瞬态过程的计算。

6.6.2.3　阻抗元素的元素矩阵

阻抗元素包括节流孔，部分开启的各个阀门和闸门，以及局部水头损失点等一类元素。这类元素内部不存在水击因素，或者小到可以忽略，所以其元素矩阵不存在静态与瞬态的区别，一般化阻抗元素及其边界状态变量见图 6.6.6。

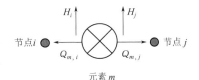

图 6.6.6　一般化阻抗元素及其边界状态变量

除了少数特别阀门，其两端水头差方程为

$$H_i - H_j = h_{ij} = k Q_j |Q_j| \tag{6.6.13}$$

其元素矩阵方程就是式 (6.6.9)。

$$\begin{bmatrix} \dfrac{-1}{Z_0} & \dfrac{1}{Z_0} \\[2mm] \dfrac{1}{Z_0} & \dfrac{-1}{Z_0} \end{bmatrix} \begin{bmatrix} H_i \\ H_j \end{bmatrix} = \begin{bmatrix} Q_i \\ Q_j \end{bmatrix} + \begin{bmatrix} -Q_{i0} - \dfrac{h_{0ij}}{Z_0} \\[2mm] -Q_{j0} + \dfrac{h_{0ij}}{Z_0} \end{bmatrix} \tag{6.6.14}$$

其中

$$Z_0 = \frac{\mathrm{d} h_{ij}}{\mathrm{d} Q_j}\bigg|_0 = 2k |Q_{0j}|$$

$$h_{0ij} = k Q_{0j} |Q_{0j}|$$

所以对于任何一种阻抗元素，只要知道了 k 值，元素矩阵方程就知道了。

注意，当 Q_{0j} 或 k 的值为零时，会出现 $Z_0 = 0$ 而发生除以零的情况，所以在计算中要用一个很小的量 $Z_0 = \varepsilon$ 代替。只要 ε 足够小，并不会影响到计算精度。ε 取值并非越小越好，因为在迭代计算的过程中节点水头总是有一定变化的，某元素的水力阻抗 Z_0 值越小，该元素中的流量变化随节点水头的变化程度就越大。在实际的工程计算中，Z_0 取值一般不宜小于 1.0×10^{-8}。

6.6.2.4　简单阻抗式调压室元素矩阵

简单阻抗式常规调压室为单端点元素。对于非阻抗型简单调压室，只要将阻抗系数给定为零即可。简单阻抗式调压室指的是：①调压室内水体在运行中的惯性可以忽略；②调压室内壁对室内水体在运行中的摩阻可以忽略；③水面面积 A_S 基本保持为常数，也即等于调压室断面面积 A_S。

这样的调压室可以用下列方程组描述（图 6.6.7）：

连续方程：

$$\frac{\mathrm{d} V_S}{\mathrm{d} t} + Q_S = 0 \tag{6.6.15}$$

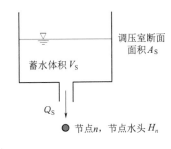

图 6.6.7　调压室元素边界符号定义

能量方程：

$$H_L - H_n - k |Q_S| Q_S = 0 \tag{6.6.16}$$

式中：k 为阻抗孔水头损失系数。

因为式 (6.6.16) 与式 (6.6.1) 除变量脚标差异之外完全相同，通过推导方程式 (6.6.8) 相同的过程可得

$$H_L - H_n = H_{0L} - H_{0n} + Z_0 (Q_S - Q_{0S}) \tag{6.6.17}$$

式中：$Z_0 = \dfrac{\Delta t}{2 A_S} + 2k |Q_{0S}|$，$\Delta t$ 为时间步长。

如果是没有阻抗孔的简单调压室，可令 $k=0$。

而 $H_{0L}-H_{0n}=k|Q_{0S}|Q_{0S}$，于是可写出简单调压室元素矩阵方程：

$$\left[-\frac{1}{Z_0}\right]H_n=Q_S+\left(-Q_{0S}+\frac{k|Q_{0S}|Q_{0S}-H_L}{Z_0}\right) \tag{6.6.18}$$

式中 H_L 可由式（6.6.15）推出：

$$H_L=H_L(t-\Delta t)-0.5\Delta t[Q_S+Q_S(t-\Delta t)]/A_S=0 \tag{6.6.19}$$

式中：$H_L(t-\Delta t)$ 和 $Q_S(t-\Delta t)$ 分别为上一个时间步的调压室水位和流量的值。

6.6.2.5 气垫式调压室元素矩阵

参考图 6.6.8，气垫式调压室可以用下列方程组描述：

空气压缩方程：

$$V_a^e\,H_a-V_{a0}^e\,H_{a0}=0 \tag{6.6.20}$$

连续性方程：

$$\frac{\mathrm{d}V_a}{\mathrm{d}t}-Q_S=0 \tag{6.6.21}$$

能量方程：

$$H_a-H_{atm}+H_L-H_n-k|Q_S|Q_S=0 \tag{6.6.22}$$

式中：k 为阻抗孔水头损失系数，若无阻抗孔，此值为零；V_{a0}^e 为初始稳态时的空气体积；e 为多变气体指数，工程应用中可作为常数处理，$e=1.25\sim1.4$；H_{a0} 为初始稳态时的绝对空气压力，m；H_{atm} 为大气压力，m。

定义等效水位高程 $H_L^*=H_a-H_{atm}+H_L$，式（6.6.22）可写为

$$H_L^*-H_n-k|Q_S|Q_S=0 \tag{6.6.23}$$

参考由式（6.6.16）变到式（6.6.17）的过程，可得

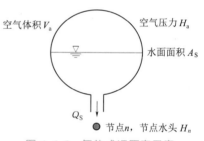

图 6.6.8 气垫式调压室元素
边界符号定义

$$H_L^*-H_n=H_{0L}-H_{0n}+Z_0(Q_S-Q_{0S}) \tag{6.6.24}$$

$$\left[-\frac{1}{Z_0}\right]H_n=Q_S+\left(-Q_{0S}+\frac{k|Q_{0S}|Q_{0S}-H_L^*}{Z_0}\right) \tag{6.6.25}$$

其中

$$H_L^*=H_a-H_{atm}+H_L$$

$$Z_0=\frac{\Delta t}{2A_{eqv}}+2k|Q_{0S}|$$

$$A_{eqv}=\frac{1}{1/A_S+eH_{0a}A_S/V_{a0}}$$

$$H_a=\frac{V_{a0}^e\,H_{a0}}{V_a^e}$$

$$V_a=0.5\Delta t[Q_S+Q_S(t-\Delta t)]+V_a(t-\Delta t)$$

$$H_L=H_L(t-\Delta t)-0.5\Delta t[Q_S+Q_S(t-\Delta t)]/A_S$$

式中：$V_a(t-\Delta t)$、$H_L(t-\Delta t)$ 和 $Q_S(t-\Delta t)$ 分别为上一个时间步的调压室空气体积、调压

室水位和流量；Z_0 为水力阻抗；A_{eqv} 为等效自由水面面积（见 5.5 节）。

6.6.2.6 三联调压室元素矩阵

当多个水力单元共用同一个调压室时，这个调压室就有了多个进出端口。实际工程应用中以双联和三联为主。双联调压室处理比较简单，这里只讨论三联调压室。三联调压室一般水平断面巨大，水位在波动过程中，室内流速极小，考虑室内流速并无太大工程上的意义，所以可以忽略室内水体惯性与室壁的阻尼效应，在这一点上，对待三联调压室与对待简单单联调压室相同。

单联调压室如果不存在稳态溢流或者稳态进流（例如溪流进水口），是不需要参与系统稳态计算的。事实上，除了无初始流量的单联调压室，所有初始零流量的元素，例如全关阀门、多数保护性阀门、气垫式调压室和压缩空气罐等都不需要参与初始状态计算。但是双联和单联调压室不属于零初始流量元素。作为一个把三个水力单元连在一起的三端点调压室，其稳态三个流量之和确实应该为零，但各端口流量一般并不为零，而会存在各水力单元之间的互流，因此需要参与系统稳态的计算。同时，双联和三联调压室的稳态元素矩阵与动态也不一样。

从水力阻抗的角度来看，三联调压室的水力阻抗主要就是三个阻抗口的水力阻抗，其等效图如图 6.6.9 所示。等效图中的调压室当然并不是该元素的边界节点，而是一虚拟的元素内部节点，仅用于三联调压室元素数学模型的建立过程。

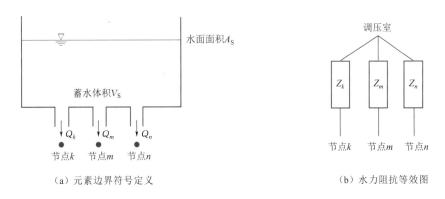

（a）元素边界符号定义　　　　　　　（b）水力阻抗等效图

图 6.6.9　三联调压室元素边界符号定义及水力阻抗等效图

参考图 6.6.9 中的变量符号及节点标注，三联调压室可以用下列方程组描述：

连续方程：

$$\frac{\mathrm{d}V_S}{\mathrm{d}t} + Q_k + Q_m + Q_n = 0 \tag{6.6.26}$$

能量方程：

$$\left.\begin{array}{l} H_L - H_k - k_k \mid Q_k \mid Q_k = 0 \\ H_L - H_m - k_m \mid Q_m \mid Q_m = 0 \\ H_L - H_n - k_n \mid Q_n \mid Q_n = 0 \end{array}\right\} \tag{6.6.27}$$

式中：k_k、k_m 和 k_n 为三个阻抗孔水头损失系数。

由于系统稳态求解必须包括三联调压室，因此有必要先推出用于稳态计算的元素矩阵方程。稳态时，$\dfrac{\mathrm{d}V_\mathrm{S}}{\mathrm{d}t}=0$，连续方程式（6.6.26）变为

$$Q_k + Q_m + Q_n = 0 \tag{6.6.28}$$

方程式（6.6.27）中的每一个方程都与方程式（6.6.16）实质性相同，参考方程式（6.6.17）不难写出方程式（6.6.27）的线性迭代计算逼近式：

$$\left.\begin{array}{l} H_\mathrm{L} - H_k = H_{0\mathrm{L}} - H_{0k} + Z_{0k}(Q_k - Q_{0k}) \\ H_\mathrm{L} - H_m = H_{0\mathrm{L}} - H_{0m} + Z_{0m}(Q_m - Q_{0m}) \\ H_\mathrm{L} - H_n = H_{0\mathrm{L}} - H_{0n} + Z_{0n}(Q_n - Q_{0n}) \end{array}\right\} \tag{6.6.29}$$

其中 $\qquad Z_{0k} = 2 k_k |Q_{0k}|, \qquad Z_{0m} = 2 k_m |Q_{0m}|, \qquad Z_{0n} = 2 k_n |Q_{0n}|$

方程组中的变量 H_L 为虚拟的内部节点 L 的水头（即室内水位），是一个多余的未知量，因无其他方程可解出此值，所以应设法将其消去。

令，$e_k = 1/Z_{0k}$，$e_m = 1/Z_{0m}$，$e_n = 1/Z_{0n}$，可得

$$\left.\begin{array}{l} Q_k = e_k(H_\mathrm{L} - H_k) - e_k(H_{0\mathrm{L}} - H_{0k}) + Q_{0k} \\ Q_m = e_m(H_\mathrm{L} - H_m) - e_m(H_{0\mathrm{L}} - H_{0m}) + Q_{0m} \\ Q_n = e_n(H_\mathrm{L} - H_n) - e_n(H_{0\mathrm{L}} - H_{0n}) + Q_{0n} \end{array}\right\} \tag{6.6.30}$$

参考 6.6.1 小节中对电导纳参数的定义，e_* 为水力阻抗的倒数，不妨称其为水力导纳。将式（6.6.30）代入式（6.6.28），并令 $e = e_k + e_m + e_n$ 可得

$$H_\mathrm{L} = \frac{1}{e}\left(e_k H_k + e_m H_m + e_n H_n - \frac{Q_{0k} + Q_{0m} + Q_{0n}}{2}\right) \tag{6.6.31}$$

$$H_{0\mathrm{L}} = \frac{1}{e}(e_k H_{0k} + e_m H_{0m} + e_n H_{0n}) \tag{6.6.32}$$

将式（6.6.31）和式（6.6.32）代入式（6.6.30）可得

$$\begin{cases} \left(\dfrac{e_k^2}{e} - e_k\right)H_k + \dfrac{e_k e_m}{e}H_m + \dfrac{e_k e_n}{e}H_n = Q_k - Q_{0k} + \left(\dfrac{e_k^2}{e} - e_k\right)H_{0k} + \dfrac{e_k e_m}{e}H_{0m} + \dfrac{e_k e_n}{e}H_{0n} \\[2mm] \dfrac{e_k e_m}{e}H_k + \left(\dfrac{e_m^2}{e} - e_m\right)H_m + \dfrac{e_m e_n}{e}H_n = Q_m - Q_{0m} + \dfrac{e_k e_m}{e}H_{0k} + \left(\dfrac{e_m^2}{e} - e_m\right)H_{0m} + \dfrac{e_m e_n}{e}H_{0n} \\[2mm] \dfrac{e_k e_n}{e}H_k + \dfrac{e_m e_n}{e}H_n + \left(\dfrac{e_n^2}{e} - e_n\right)H_n = Q_n - Q_{0n} + \dfrac{e_k e_n}{e}H_{0k} + \dfrac{e_m e_n}{e}H_{0m} + \left(\dfrac{e_n^2}{e} - e_n\right)H_{0n} \end{cases}$$

将其变形即得三联调压室稳态计算用元素矩阵式：

$$\begin{bmatrix} e_{kk} & e_{km} & e_{kn} \\ e_{mk} & e_{mm} & e_{mn} \\ e_{nk} & e_{nm} & e_{nn} \end{bmatrix} \begin{bmatrix} H_k \\ H_m \\ H_n \end{bmatrix} = \begin{bmatrix} Q_k \\ Q_m \\ Q_n \end{bmatrix} - \begin{bmatrix} e_{kk}H_{0k} + e_{km}H_{0m} + e_{kn}H_{0n} + Q_{0k} \\ e_{mk}H_{0k} + e_{mm}H_{0m} + e_{mn}H_{0n} + Q_{0m} \\ e_{nk}H_{0k} + e_{nm}H_{0m} + e_{nn}H_{0n} + Q_{0n} \end{bmatrix} \tag{6.6.33}$$

各项表达式为

$$e_{kk} = \frac{e_k^2}{2} - e_k; \qquad e_{km} = \frac{e_k e_m}{e}; \qquad e_{kn} = \frac{e_k e_n}{e}$$

$$e_{mk} = e_{km}; \qquad e_{mm} = \frac{e_m^2}{e} - e_m; \qquad e_{mn} = \frac{e_m e_n}{e}$$

$$e_{nk} = e_{kn}; \qquad e_{nm} = e_{mn}; \qquad e_{nn} = \frac{e_n^2}{e} - e_n$$

三联调压室瞬态流元素矩阵相对简单一些，因为室内水位 H_L 可通过连续方程式

(6.6.26) 求解。由方程式 (6.6.29)，三联调压室瞬态流元素矩阵方程可写为

$$
\begin{bmatrix}
-\dfrac{1}{Z_k} & 0 & 0 \\[2mm]
0 & -\dfrac{1}{Z_m} & 0 \\[2mm]
0 & 0 & -\dfrac{1}{Z_n}
\end{bmatrix}
\begin{bmatrix} H_k \\ H_m \\ H_n \end{bmatrix}
=
\begin{bmatrix} Q_k \\ Q_m \\ Q_n \end{bmatrix}
+
\begin{bmatrix}
-Q_{0k} + \dfrac{k_k\,|Q_{0k}|Q_{0k} - H_{\mathrm{L}}}{Z_k} \\[3mm]
-Q_{0m} + \dfrac{k_m\,|Q_{0m}|Q_{0m} - H_{\mathrm{L}}}{Z_m} \\[3mm]
-Q_{0n} + \dfrac{k_n\,|Q_{0n}|Q_{0n} - H_{\mathrm{L}}}{Z_n}
\end{bmatrix}
\tag{6.6.34}
$$

其中　　$Z_k = \dfrac{\Delta t}{2A_{\mathrm{S}}} + 2k_k|Q_{0k}|$，　　$Z_m = \dfrac{\Delta t}{2A_{\mathrm{S}}} + 2k_m|Q_{0m}|$，　　$Z_n = \dfrac{\Delta t}{2A_{\mathrm{S}}} + 2k_n|Q_{0n}|$

　　　　H_{L} 可由式 (6.6.26) 推出下式：

$$
H_{\mathrm{L}} = H_{\mathrm{L}}(t-\Delta t) - 0.5\Delta t\,[Q_{\mathrm{S}} + Q_{\mathrm{S}}(t-\Delta t)] / A_{\mathrm{S}} = 0
$$

$$
Q_{\mathrm{S}} = Q_k + Q_m + Q_n
$$

式中：$H_{\mathrm{L}}(t-\Delta t)$ 和 $Q_{\mathrm{S}}(t-\Delta t)$ 分别为上一个时间步的调压室水位和总流量的值。

6.6.2.7　复杂调压室元素矩阵

复杂调压室这里指的是以下几种情况下的调压室。

（1）细高型调压室。除了高水头特别高的电站调压室，电站水工结构中的闸门井，通气孔等在数值模型中一般都是用调压井来模拟的。这类细井内的水体在运行中的惯性是不可以忽略的，井壁对运动中水体的摩阻也是不应被忽略的。

（2）调压斜井。在挪威（其他北欧国家中也有较多的使用），高水头电站中的不衬砌调压斜井在调压室设计中占据统治地位。调压斜井的坡度多为 17%～12%，横断面为水平断面的 1/6～1/8。不但横断面很小，井中心线长度一般是井高度的 6～8 倍，总长达数百米的不在少数，是典型的细长调压井。加上不衬砌设计，井内水体的惯性和井壁对水体的摩阻都是绝不可以忽略的。

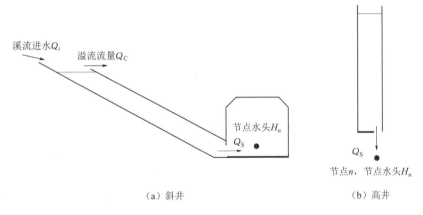

（a）斜井　　　　　　　　　　　　　（b）高井

图 6.6.10　复杂调压室元素中的高井和斜井示意图

（3）溪流进水口。在引水隧道沿程将山间溪流引入以增加水量在欧洲是一种常见的设计。溪流进水口在水力过渡过程计算数值模拟中一般也是可用调压室元素的，一种有进水的调压斜井。很多这种进水口在上涌波水位过程中由进水变为出水（溢流）。

（4）调压室水面面积 A_{S} 随高程多次大幅变化。

假如某复杂调压室沿中心线可分为 n 段，每段中心线长 L_i，中心线垂直横断面积为 A_i，每段的水头损失系数为 β_i，可用以下方程组描述：

连续方程：
$$\frac{dV_S}{dt} + Q_S - Q_i + Q_C = 0 \tag{6.6.35}$$

运动方程：
$$\sum_{i=1}^{n} \frac{L_i}{gA_i} \frac{dQ_S}{dt} + H_m - H_L + (k_S + \sum_{i=1}^{n} \beta_i) Q_S \mid Q_S \mid = 0 \tag{6.6.36}$$

式（6.6.35）和式（6.6.36）中：V_S 为调压室内蓄水体积；Q_S 为调压室下部出流流量；Q_i 为调压室上部溪流进流；Q_C 为调压室上部溢流堰流量；H_m 为调压室底部与水道相联节点处水头；H_L 为调压室水面高程；k_S 为阻抗孔阻抗系数。

令 $I = \sum_{i=1}^{n} \frac{L_i}{gA_i}$ 为调压室内水体总惯量，是一个变量，是水位的函数；$k = (k_S + \sum_{i=1}^{n} \beta_i)$ 为调压室内总摩阻系数，也是水位的函数；运动方程可简化为

$$I = \frac{dQ_S}{dt} + H_m - H_L + kQ_S \mid Q_S \mid = 0 \tag{6.6.37}$$

将式（6.6.37）中的微分项用差分逼近，时间增量 Δt 与计算的时间步长相同并用 $Q_S(t - \Delta t)$ 表示上一个时间步的 Q_S 值：

运动方程可简化为

$$I \frac{Q_S - Q_S(t - \Delta t)}{\Delta t} + H_m - H_L + kQ_S \mid Q_S \mid = 0$$

可写为

$$I \frac{Q_S}{\Delta t} + H_m - H_L + kQ_S \mid Q_S \mid = I \frac{Q_S(t - \Delta t)}{\Delta t} \tag{6.6.38}$$

等式右边为上一时间步已知值，在本时间点的迭代计算中可以作为常数。

假如已知相近点 (Q_{0S}, H_{0m}, H_{0L}) 满足式（6.6.38）：

$$I \frac{Q_{0S}}{\Delta t} + H_{0m} - H_{0L} + kQ_{0S} \mid Q_{0S} \mid = I \frac{Q_S(t - \Delta t)}{\Delta t} \tag{6.6.39}$$

将式（6.6.38）表示成点 (Q_{0S}, H_{0m}, H_{0L}) 的增量表达：

$$I \frac{Q_{0S} + \Delta Q_S}{\Delta t} + H_{0m} + \Delta H_m - (H_{0L} + \Delta H_L) + k(Q_{0S} + \Delta Q_S \mid Q_{0S} + \Delta Q_S) \mid = I \frac{Q_S(t - \Delta t)}{\Delta t}$$

以上两式等号两端之差为

$$I \frac{\Delta Q_S}{\Delta t} + \Delta H_m - \Delta H_L + kQ_{0S} + 2k\Delta Q_S \mid Q_{0S} \mid = 0 \tag{6.6.40}$$

如果本时刻的调压室溢流 $Q_C = 0$，水面面积为 A_S 于是有

$$H_L = H_L(t - \Delta t) - \Delta t \frac{0.5[Q_S(t - \Delta t) + Q_S] + Q_C}{A_S}$$

$$H_{0L} = H_L(t - \Delta t) - \Delta t \frac{0.5[Q_S(t - \Delta t) + Q_{0S}] + Q_C}{A_S} \tag{6.6.41}$$

合并上两式得：$\Delta H_L = -\Delta t \frac{0.5 \, Q_S}{A_S}$，将其代入式（6.6.40），整理后得

$$-\frac{\Delta H_m}{\Delta Q_S} = \frac{I}{\Delta t} + \frac{0.5\Delta t}{A_S} + 2k \mid Q_{0S} \mid \tag{6.6.42}$$

根据单端点元素水力阻抗定义式（6.1.4）及其流量正方向的定义可知，复杂调压室的水力阻抗为

$$Z_0 = \frac{I}{\Delta t} = \frac{\Delta t}{2A_S} + 2k \mid Q_{0S} \mid \qquad (6.6.43)$$

与简单调压室相比，这个复杂调压室的水力阻抗项中多出了一个水体惯量影响项 $\frac{I}{\Delta t} + \frac{\Delta t}{2A_S}$。同时，水头损失系数 k 中包括了井壁对调压室中水体的摩阻。

由式（6.6.43）、式（6.6.42）和式（6.6.39）可写出复杂调压室的元素矩阵方程：

$$\left[-\frac{1}{Z_0}\right]H_m = Q_S + \left(-Q_{0S} + \frac{k \mid Q_{0S} \mid Q_{0S} - H_L + h_a}{Z_0}\right) \qquad (6.6.44)$$

式中：h_a 为井中水击效应，$h_a = I\dfrac{Q_{S0} - Q_S(t - \Delta t)}{\Delta t}$。

6.6.2.8 水轮机元素矩阵

如果水轮机的某一已知状态点水头和流量分别用 H_0 和 Q_0 表示，可以用牛顿一次逼近，将该已知状态点与相近的另一状态点的水头 H 和流量 Q 用以下方程联系起来：

$$H = H_0 + \frac{dH}{dQ}(Q - Q_0)$$

根据第 3 章水轮机水力阻抗定义式可得

$$H = H_0 + Z_0(Q - Q_0)$$

式中：Z_0 为水头为 H_0、流量为 Q_0 时的水轮机水力阻抗。

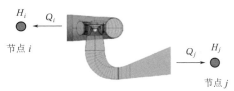

水轮机也是一个两端点元素，结构矩阵法的端点状态变量及流量方向如图 6.6.11 所示，上式因此可写为

图 6.6.11 水轮机端点状态变量及流量方向

$$H_i - H_j = H_0 + Z_0(Q_j - Q_{0j})$$

或

$$\frac{1}{Z_0}(H_i - H_j) = Q_j + \frac{1}{Z_0}H_0 - Q_{0j}$$

由于 $Q_i = -Q_j$，因此也有

$$\frac{1}{Z_0}(-H_i + H_j) = Q_i - \frac{1}{Z_0}H_0 - Q_{0i}$$

将上两式写成矩阵形式，即得水轮机元素矩阵方程表达：

$$\begin{bmatrix} -\dfrac{1}{Z_0} & \dfrac{1}{Z_0} \\[2mm] \dfrac{1}{Z_0} & -\dfrac{1}{Z_0} \end{bmatrix}\begin{bmatrix} H_i \\[1mm] H_j \end{bmatrix} = \begin{bmatrix} Q_i \\[1mm] Q_j \end{bmatrix} + \begin{bmatrix} -\dfrac{1}{Z_0}H_0 - Q_{0i} \\[2mm] \dfrac{1}{Z_0}H_0 - Q_{0j} \end{bmatrix} \qquad (6.6.45)$$

和其他元素矩阵方程一样，水力阻抗也是这个元素矩阵方程中最主要的参数。对于一个特定的时间点 t，导叶开度总是一定的，所以 Q_0 也可以认为是 H_0 的函数，或者说是 H_0 的因变量 $Q_0(H_0)$。因此可在实际的水力过渡过程计算分析中，如果转速不变（例如稳态运行），一般可以认为水轮机的水力阻抗 Z_0 仅为水头的函数 $Z_0(H_0)$。当然也可以反过来，把水头作为流量的函数 $H_0(Q_0)$，水力阻抗 Z_0 仅为流量的函数 $Z_0(Q_0)$。但在过渡

过程工况中，转速也是变量。水轮机的水力阻抗是由水轮机特性曲线决定的。那张图中的水力阻抗仅仅是额定转速条件下的。这些曲线实际上会随转速变化而变化，所以水力阻抗不但可以表达为流量和转速的函数 $Z_0(Q_0, N)$，也可以表达为水头和转速的函数 $Z_0(H_0, N)$，见图 6.6.12。

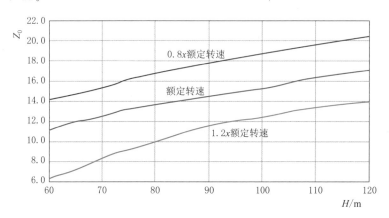

图 6.6.12　对应于流量特性图 3.1.11 中导叶开度为 19° 的水力阻抗曲线

对于混流式水轮机而言，只要水头与转速在正常范围内变化，其水力阻抗总是大于零的。

冲击式水轮机的水力特性实际上就相当于喷嘴水力特性，其水力阻抗与针式阀门无异，与机组转速无关，当然也不会出现水力阻抗趋向于零的情况。

如果水力阻抗真的趋向于零甚至变为负值，机组的运行就进入了不稳定区，这正是水泵水轮机机组在运行和甩负荷工况下都有可能发生的情况。特别是在机组转速上升的甩负荷工况下，为了防止水泵水轮机机组在数值计算过程中出现 Z_0 的绝对值过小而出现 $1/Z_0$ 计算溢出错误，有必要对 Z_0 的绝对值作限制。有关水泵水轮机机组数值计算中的不稳定区的进一步讨论，请参阅第 7 章中的 7.7 节。

6.6.2.9　水库元素矩阵

水库，在除了结构矩阵法的其他任何一种方法中，都是作为系统边界条件来处理的。在结构矩阵法中，所有的系统边界都可以被当作一个元素来处理，这么做的好处是系统的边界节点变成了系统的内节点（将在 6.2.3 中介绍）。当把进出水库的水头损失也考虑在内时，水库的元素矩阵与简单调压室在形式上是一样的，不同的是水位 H_L 不再是一个需要计算决定的变量，而是一个输入的给定值。

$$\left[-\frac{1}{Z_0}\right]H_n = Q_R + \left(-Q_{0R} + \frac{k \mid Q_{0R} \mid Q_{0R} - H_L}{Z_0}\right) \tag{6.6.46}$$

式中：Z_0 为水库水力阻抗；k 为水库进出流水头损失系数；Q_R 为水库出流流量；Q_{0R} 为上次迭代计算中已算出的水库出流流量；H_L 为水库水位；H_n 为水库水位节点水头。

显然，水库也是一个单端点元素。

6.6.3　系统矩阵的构建

系统矩阵的构建是结构矩阵法建模的最后一步。有了系统中各种元素的元素矩阵，系统矩阵的构建其实是一件很容易的事。首先要对系统中所有节点按从 1 开始进行自然数编号，同时，也需要对系统中所有元素按从 1 开始进行自然数编号。按这个编号构建成之后的系统矩阵具有以下特点：

（1）系统矩阵的维数与这个系统的节点数相同。例如一个系统有 n 个节点，那么这个系统的系统矩阵就必定是一个 $n \times n$ 矩阵。这个特点与本书第 8 章中介绍的分析频率域结构矩阵法是不一样的。

（2）与元素矩阵类似，系统矩阵也是一个关于主对角线对称的矩阵。

系统构成后的一般形式为式（6.6.1）。但如果系统所有的边界点都用边界元素表示，例如水库元素，那么这个边界点就变成了一个内点。如果一个系统中只有内点，那么根据内点流量和为零原理，$\vec{Q} = \vec{0}$，流量向量消失，式（6.6.1）就变成：

$$[E]\dot{H} = \vec{C} \tag{6.6.47}$$

6.6.4　系统矩阵方程求解过程

系统矩阵方程的建立很简单，而求解过程却不是仅仅求解系统矩阵方程那么简单。求解一个线性矩阵方程的现成子程序很多，随便调用一个就可得出解来。但结构矩阵法构建的系统矩阵方程只是原本很难求解的非线性方程组的小偏差前提下的线性逼近而已，要获得原非线性系统真正的解，需要通过迭代计算一步步逼近。

系统矩阵中的非零元都是来自系统各元素的元素矩阵，而所有元素矩阵中的元都与这个元素的水力阻抗有关。而水力阻抗并不是常数，而是流经该元素流量或者该元素两端水头差的函数。也即是结构矩阵法中的系统矩阵方程只是在形式上是线性的，当矩阵中的元不是常数、而是要求解的节点水头向量 $\vec{H}$ 和元素流量的函数时，其本质就不再是线性的了。但事实上不光是结构矩阵法，在计算数学中，非线性系统通过线性化过程迭代求解是一种十分常用的方法。结构矩阵法的一个重要特点就是稳态计算流程与瞬态计算流程十分相似。

7

水电站系统稳定性及水力过渡过程的数值分析

虽然不排除解析分析法在稳定性分析领域仍有一席之地，但随着计算机应用和数值计算技术的飞速发展，水电站的稳定性及水力过渡过程的数值计算和数值分析方法在工程界已占据了统治地位。

7.1　基本概念

水电站运行中为满足电力系统电力生产的供需平衡，需要不间断地进行频率与出力调节，电网中的水电站由于其出力调节的快速性往往在电网中担任调频、调功和调峰等任务，这些调节过程都可能引起电站出力与流量在短时间内大幅变化。机组也可能因为电站内部或电网系统事故而甩负荷快速关机，从而引发水道系统瞬变流的发生。有压水道系统瞬变流的直接结果就是水击现象，严重时将危及水道、机组及整个水电站的安全。

因为绝大多数水力发电系统的水力过渡过程都是由于调速器的动作而产生的，所以在国内水力发电系统的水力过渡过程也被称为调节保证计算。需要说明的是，调节保证计算是一个非国际化的术语，在国际上并没有一个术语与其完全对应。调节保证计算中又通常包括小波动分析和大波动分析两大部分，而小波动分析和大波动分析这两个术语也是非国际化的。对应调节保证计算中小波动分析的术语在国际上为稳定性分析（analysis of stability），而大波动分析对应的是真正符合定义的过渡过程分析（analysis of transients）。也就是说，从严格的学术角度而言，水力过渡过程分析（狭义）是不包括稳定性分析的。

稳定性分析如果按分析手段而分，又可分为时间域分析和频率域分析。如果按分析内容而分，又分为调压室稳定性分析和调速系统稳定性分析。调速系统稳定性分析也常被称为调节品质分析或调频稳定性分析。本章要介绍的稳定性分析仅限于时间域分析，因为频率域分析方法已经在第 4 章中介绍过了。

水力过渡过程大波动分析只能在时间域进行，主要包括：

（1）水击与转速上升分析。主要工况为甩负荷工况和可能的增-甩组合工况。

（2）调压室涌波水位分析。主要工况为甩负荷工况和可能的增-甩及甩-增组合工况。

（3）水力干扰分析。水力干扰分析只对有两机组或多机组共有水道单元的系统才有意义，主要工况为同一水道单元发生机组甩负荷或快速增负荷但至少还有一台在正常运行的情况。

7.2　调压室稳定性的数值分析

第 5 章已对调压室稳定分析的解析方法做了较为详细的介绍，本节仅介绍数值计算分析方法。

7.2.1　孤网运行假定条件

无论是解析分析还是数值分析，其分析的前提假定中有一条是一样的：电站做孤网运行。解析分析中给出的其他种种近似假定在数值分析中都不需要，这无疑是数值分析在更接近物理真实性方面的一大优势，主要表现在以下几个方面：

（1）对于复杂水道系统，无需对水道进行简化，各段水道参数及各局部水头损失项只要有可靠数据都可包括在分析中。

（2）水轮机的效率和自调节特性的影响自动地包括在分析结果中。

（3）调速器参数的影响自动地包括在分析结果中。

（4）如果数值模型包括了对调压室下过井流速水头的模拟，过井流速水头的影响就包括在分析结果中。

（5）如果数值模型包括了对调压室内水体惯性的模拟，调压室内水体惯性的影响就包括在分析结果中。这一点对于斜井式调压室较为重要。

由于上述优势，大大增加了数值分析的可信度［但多数相关数值模拟软件并未包括上述（4）和（5）两点］。

调压室稳定分析的工况定义对分析结果的有效性至关重要，我们先来看一下某电站可行性设计阶段的调压室稳定计算实例（图 7.2.1），一个水力单元设两台机，机组的单机额定出力为 600MW。

该计算实例表明，采用不同的负荷扰动量计算，得到的结果截然不同。原因主要有以下两点：

（1）虽然扰动前的负荷是一样的，但扰动后不同，分别为 540MW、570MW 和 588MW。参考第 5 章中 5.4.1 小节的讨论可知，在这三个不同的负荷条件下调压室稳定性的差别本来就较大。

（2）该电站调压室为差动式，其阻抗孔比一般阻抗式调压室小很多。负荷扰动量越大，调压室水位波动越大，波动流量也越大。由于调压室阻抗孔的非线性，阻尼与波动流量的平方成正比。

由于调压室稳定分析的工况定义对分析结果的重要性，工况定义时务必注意以下几点：

（1）如果需要计算某稳态工况点调压室的稳定性，在定义扰动时要注意扰动之后的收敛点为该稳定工况，而不是扰动之前。例如要计算额定负荷条件下调压室的稳定性，必须是扰动之后的负荷是额定负荷。如果扰动信号是阶越负荷，那么扰动前的负荷就必须大于或小于额定负荷。

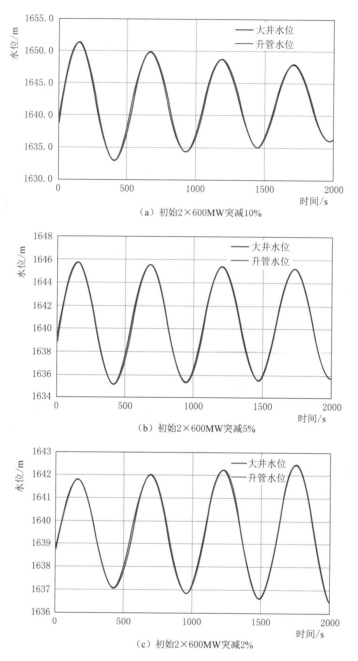

（a）初始2×600MW突减10%

（b）初始2×600MW突减5%

（c）初始2×600MW突减2%

图 7.2.1　某工况调压室水位随时间变化过程线

（2）扰动可以是负荷增减扰动，也可以是频率增减扰动，建议采用负荷扰动。

（3）负荷扰动的扰动量不宜大于额定负荷的3%，建议采用1%～2%。理论上小波动稳定的定义是波动量趋向无穷小时系统的稳定性，扰动过大时调压室阻抗孔的非线性作用开始明显，计算得到的波动收敛不能反映真实的收敛度。经验表明，扰动量小于3%时，阻抗孔的作用很小，系统基本在线性区域内。扰动量过小时计算本身产生的误差比例会增加，在计算中也应避免。

（4）采用增负荷扰动时，要注意计算结果中接力器行程是否受到最大开度的限制。

只要注意以上四点，孤网假定条件下调压室小波动稳定计算还是相对简单的。

7.2.2　非孤网运行假定条件

非孤网条件运行的电站，如果其运行方式是自动调功运行（调节目标是功率，测频回路有条件切除，详见第4章），对于调压室稳定性而言与孤网条件无区别。但做自动调功运行的电站是很少见的。本小节只讨论电站在非孤网条件下的主流并网发电模式，即有差调频运行模式。

只有采用"亚托马"调压室（调压室断面小于或十分接近托马断面）的电站才需要做此计算分析。所谓非孤网条件就是电网中还有其他电站和电厂在供电，主要有以下三种情况：

（1）大电网。对于调压室稳定分析而言，如果电网总发电量为本厂发电量的5倍以上，都可以认为是大电网。在这种条件下，调压室不存在不稳定性问题，所以没有必要计算分析。

（2）局域小电网，电网总发电量为本厂发电量的2～5倍。在这种条件下，调压室很有可能存在不稳定性，采用第5章5.4.3小节介绍的解析公式算一下就可以了，建立全电网所有电站在内的总体数值模型进行计算分析较困难。

（3）局域小电网，电网总发电量小于本厂发电量的2倍。可以考虑建立全电网所有电站在内的总体数值模型进行计算分析。

【7.2.1】　以下为用 HYSIM 计算在局域小电网条件下锦屏二级水电站调压室稳定性计算实例。局域小电网调压室稳定分析计算实例模型见图7.2.2。

（1）锦屏二级水电站仅第四水力单元发电，出力 $2 \times 600MW = 1200MW$。

（2）官地电站第一水力单元发电，出力 $2 \times 600MW = 1200MW$。

（3）两电站局域成网，直流无调差输电。局域电网总发电量为锦屏二级电站的2倍。

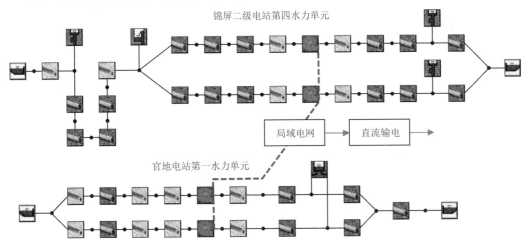

图7.2.2　局域小电网调压室稳定分析计算实例模型

（4）直流输电出力阶越突减 2%。

局域小电网调压室稳定分析计算结果见图 7.2.3。相比之下，如果是锦屏二级第四水力单元单独直流输电 1200MW（相当于孤网条件），阶越突减 2%，其结果如图 7.2.4 所示。电网因素对调压室稳定性分析的重大影响可见一斑。

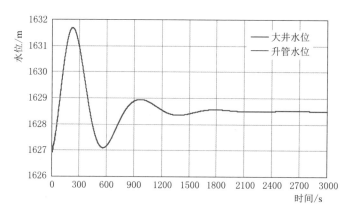

图 7.2.3 局域小电网调压室稳定分析计算结果

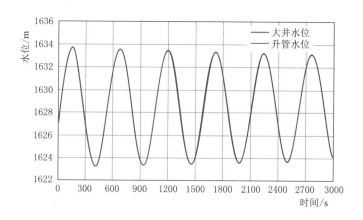

图 7.2.4 锦屏二级第四水力单元单独直流输电计算结果

7.3 调速系统稳定性的数值分析

调频稳定性分析、水轮机调速系统稳定性分析和调节品质分析，这三个术语在本质上是一样的。调速系统稳定性分析可以在频率域内进行，也可以在时间域内进行，前者已在第 4 章中介绍过，本小节介绍时间域分析方法。与频率域分析相比，时间域分析的主要优点是不需要经典控制理论方面的基础知识且分析过程直观易懂，缺点主要是时间域模型仿真计算软件的开发比频率域软件开发的工作量大得多。而事实上因为用于时间域调速系统稳定分析的软件与水力过渡过程（大波动）计算的软件基本上是相同的，上述缺点在一定程度上又变成了优点，因为只需要一个软件就把两类分析的需求都解决了。

7.3.1 决定调速系统稳定性的主要因素

从调节对象角度来考虑，决定水电站调速系统稳定性的有两个方面的因素，即水道参数和机组参数。水道参数主要有压力水道水流加速（或称惯性）时间常数 T_w 和水击波反射时间 T_r。机组参数有机组加速（或称惯性）时间常数 T_a。

7.3.1.1 水流加速时间常数 T_w

T_w 这个参数在本书中最早出现在第 4 章中的式（4.1.10），不过在那里指的是某一段管道的参数。而这里的这个参数指的是多段串联管道的综合参数。这多段串联管道包括从机组上游离机组最近的自由水面一直到机组下游离机组最近的自由水面与之间的所有管道。自由水面包括水库和调压室，但不包括闸门井。管道则包括蜗壳当量管和尾水管当量管。T_w 这个参数的定义与式（4.1.10）中的定义自然有些区别，因为要包括这多段串联管道中的所有管道：

$$T_w = \frac{\sum L Q_0}{H_0 g A} = \frac{\sum L V_0}{g H_0} \tag{7.3.1}$$

式中：H_0 为水轮机稳态运行点净水头；Q_0 为各管道中的稳态流量；L 为各管道长度。

这其实就是多段串联管道中各单一管道 T_w 之和。注意：如果调压室有连接管，或为斜井式调压室，连接管或斜井中的实际稳态流量虽然为零，但在进行参数计算时需要用连接管所连接的主流道中的流量作为 Q_0。T_w 对于调速系统的稳定性而言是一个不利参数。

7.3.1.2 水击波反射时间 T_r

T_r 反映的是水体的惯量，这是一个刚性水击参数。水体及管壁的弹性不但是形成弹性波和弹性水击的原因，在一定条件下（长压力管道）对调速系统的稳定性也有不可忽视的不利影响，其定义为

$$T_r = \sum \frac{2L}{a} \tag{7.3.2}$$

式中：a 为水管中水击波波速。

7.3.1.3 机组加速时间常数 T_a

T_a 反映的是机组的转动惯量，所以更准确一点的称谓是机组惯性时间常数。T_a 是一个对调速系统稳定性有利的参数，其定义为

$$T_a = \frac{J \omega_0}{M_0}$$

式中：ω_0 为机组稳态运行角频率；M_0 为水轮机稳态运行点力矩；J 为机组惯性矩（转动惯量）。

严格地说，三个参数中只有 J 是真正的常数，M_0 和 ω_0 都会随运行工况点的变化而变化，所以 T_a 实际上是运行工况点的函数。但是在工程界 T_a 一般都是指在额定工况下，转动惯量也一般用 GD^2 表达而不是惯性矩 J，所以在工程界更常见的 T_a 表达式为

$$T_a = \frac{GD^2 \cdot N^2}{365 P_r}$$

式中：N 为机组额定转速，r/min；P_r 为额定出力，kW。

需要强调的是，T_a 只有在额定条件的限制下才是一个常数，在小波动分析中，理论

上要求波动幅值趋向于无穷小，也可把 T_a 当作常数处理。而在偏离额定工况点时，T_a 不能用该式表达。国际国内有不少文献和计算分析报告把该式用于所有工况的分析，这显然需要引起注意。

以上讨论的这三个参数中，T_a 和 T_w 更加被人们熟知与重视，因为反映水体弹性的参数 T_r 一般只有在压力钢管总长度大于 600m（GRP 等合成材料管总长度大于 150m）时才开始显现，大于 1000m（GRP 等合成材料管总长度大于 250m）时才有显著影响，所以在多数国家的工程界不太被认为是一个重要参数。但是在北欧和智利，特别是在挪威，压力管道长于 1000m 的电站比比皆是，所以 T_r 这个参数在挪威工程界是相当被重视的。我国长压力管道水电站虽然不多，但还是有的，了解一点这个弹性波参数对调速系统稳定性的影响还是有必要的。

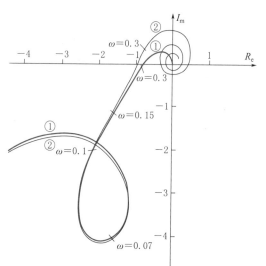

图 7.3.1 水道弹性波对调速系统开环奈奎斯特图的影响
①—刚性模型；②—弹性模型

除了 T_r 之外，另一个反映弹性水击影响的参数，就是著名的阿列维管道参数 ρ。这个参数在理论界用得更多：

$$\rho = \frac{aQ_0}{2gAH_0} = \frac{T_w}{T_r}$$

用这个参数判断弹性波因素对调速系统稳定性的影响条件为：$\rho \leq 0.5$ 时，有重大不利影响；$0.5 < \rho \leq 2.0$ 时，有一定不利影响；$\rho > 2.0$ 时，影响不大。

本书第 4 章 4.1.6 小节所介绍的频率域分析法是分析弹性波对调速稳定性影响的最佳方法。在图 7.3.1 中，曲线①是忽略水道弹性波影响时的系统开环奈奎斯特曲线。曲线①从平面实轴上的关键点（−1，0）的右侧通过，离关键点还有一段距离，这就表示系统是稳定的。曲线②是考虑了水道弹性波影响之后的系统开环奈奎斯特曲线。曲线②差不多正好从平面实轴上的关键点（−1，0）通过，这就表示系统是处于临界状态，也就是工程意义上的不稳定状态。这个系统的主要参数为

水道主要参数：$T_w = 2.0\text{s}$，$T_r = 1.333\text{s}$，$\rho \approx 1.5$（属于有一定不利影响）；

机组相关参数：$T_a = 7.0\text{s}$；

调速器相关参数：$b_t = 0.5$，$T_d = 10\text{s}$，$T_n = 0\text{s}$。

相比参数 T_r 或者 ρ，水流加速时间常数 T_w 和机组加速时间常数 T_a 对调速系统的影响更大也更为广大工程界所熟知。例如我国相关设计规范中就强调了电站压力水道的值对调速稳定性的不利影响并建议其值不应超过 4s，同时比值 T_a/T_w 应大于 2.5。以水力发电为主的电网在这方面的要求更为严格。挪威 20 世纪 80 年代以后设计的 10MW 以上的电站中没有一座 T_w 值大于 2s 的，多数在 1.0s 左右，有的特高水头电站如 Tyin 的 T_w 值

只有 0.5s 左右。

7.3.2　时间域稳定分析判据

　　时间域调速系统稳定性分析与调压室稳定性分析一样，也是通过给系统一个负荷或频率扰动来分析系统的响应。调压室稳定性分析是观察调压室水位波动的情况，而调速系统稳定性分析则是观察机组转速（或机端频率）来进行的。调压室水位波动只要收敛（衰减）就可以说调压室是稳定的，如果每个波动周期波动幅值能衰减 10%，就可以认为调压室稳定性良好。而行业对调速系统稳定性的期待和要求就高得多了，因为调压室水位波动对电力供应稳定性的两项指标（电压与频率）并无直接影响，间接影响也很微弱，而调速品质的好坏影响却是直接的。尽管如此，国际国内都并不存在一个有关时间域调速系统稳定性分析判据方面的国家或行业规范。挪威电网中因水电比例接近 100%，是世界上国家电网中水电比例最高的，而且挪威水电站的水道系统多数都很复杂，可能造成不稳定的因素较多。因此挪威国家电网有一个水电站并网申请在调频稳定性方面要求也是最高的。但这个入网标准判据是以频率域参数（开环相角裕量和增益裕量，详见第 4 章 4.1.6 小节）的形式给出的。采用频率域标准在很大程度上是由于历史方面的原因，因为在 20 世纪六七十年代挪威水电开发的高峰期复杂水电系统时间域过程仿真还不那么成熟和普及，而频率域数学模型的建立与计算对复杂系统而言要相对容易一些。

　　事实上频率域标准比较抽象，不直观，因此对于没有经典控制理论基础的工程技术人员而言较难理解，因此对分析人员的相关理论基础要求也较高。国际水电工程界在这方面的一些实践后，采用了表 7.3.1 所示判据。

表 7.3.1　　　　　　**时间域调速品质分析判据（转速对负荷阶越变化的响应）**

品　　质	项　　目	控　制　值	备　　注
优良	最大转速偏差率	≤0.6	同时满足
	波动次数	≤1.0	
	调节时间	≤25s	
良好	最大转速偏差率	≤0.7	同时满足
	波动次数	≤1.5	
	调节时间	≤40s	
尚可	最大转速偏差率	≤0.8	同时满足
	波动次数	≤3.0	
	调节时间	≤60s	
较差	最大转速偏差率	>0.8	满足一条即可
	波动次数	>3.0	
	调节时间	>60s	
不稳定	波动发散		

最大转速偏差率的定义：

$$最大转速偏差率 = \frac{最大相对转速偏差}{相对负荷扰动量}$$

示例：相对负荷扰动量＝2％×额定出力＝0.02×额定出力；

最大转速偏差＝0.014（相对于同步转速）。

则有：最大转速偏差率＝0.014/0.02＝0.7。

波动次数的定义：

（1）一个完整的波动周期算一次。

（2）一般只需要看调节时间以内的波动次数。调节时间之后的波动峰值在可容忍转速偏差带宽以内，因此可以不计。

调节时间的定义有两种方式：

方式一，与最大转速偏差值挂钩。即从扰动的时间点开始，到机组转速波动收敛到转速最大偏差值的±5％可容忍偏差带宽以内的时间。

方式二，与扰动量挂钩。即从扰动的时间点开始，到机组转速波动收敛到负荷扰动阶跃变化相对量的±4％可容忍偏差带宽以内的时间。

本书推荐定义方式二，因为这个定义与国内传统定义方式具有兼容性（兼容但并不相同）。

定义方式二　举例1：如果负荷扰动量是额定负荷的2％，即0.02，那么频率收敛误差带宽就是（额定频率为基准）：

$$0.02 \times \pm 4\% = \pm 0.08\%$$

定义方式二　举例2（与国内传统定义方式兼容性举例）：如果负荷扰动量是额定负荷的10％，即0.1，那么频率可容忍偏差带宽就是：

$$0.1 \times \pm 4\% = \pm 0.4\%$$

上述可容忍偏差带宽是对于没有调压室的电站而言的。对于有调压室的电站，考虑到调压室水位波动对调节过程的干扰（特别是波动周期低于200s的调压室），定义方式一的可容忍偏差带宽可放宽到±7.5％，定义方式二的可容忍偏差带宽可放宽到±6％。如果机组有尾水闸门井，而且井内水位波动自然角频率 ω 低于0.7rad/s也会对转速调节产生较大干扰并形成收敛非常慢的尾波，见图7.3.2，因此也应按上述这个放宽标准考虑。

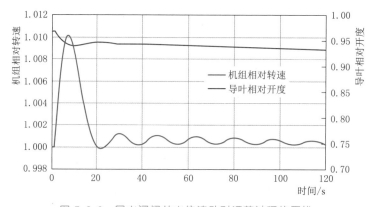

图 7.3.2　尾水闸门井水位波动对调节过程的干扰

　　国内水电业界的传统做法也是采用较为直观的时间域分析法。采用的分析参数有：①最大转速偏差值，②超调值，③波动次数，④调节时间，这比表 7.3.1 中的参数多了一个"超调值"。在调节时间方面，表 7.3.1 所示标准是一个绝对的时间值 25s、40s 和 60s 等，而国内常用做法是把调节时间标准定为 T_w 值的多少倍，例如 T_w 值的 25 倍等。在频率收敛误差带宽上，国内传统是用一个与扰动量无关的 ±0.4％ 的绝对带宽，而表 7.3.1 所示标准用的是一个与扰动量相关的相对量。另外国内传统做法上也没有对调节稳定性或调节品质明确地进行分等。本书推荐表 7.3.1 所示标准主要基于以下考虑：

　　（1）采用机组在负荷扰动之后的转速（频率）最大偏差率而不是最大偏差值更为合理，因为前者考虑了扰动量的因素。本书已在不同的章节反复说明了在做小波动（稳定性）分析时最好应采用 2％ 及以下的负荷扰动量，而国内传统采用 10％ 是不可取的。采用了转速（频率）最大偏差率之后，不同扰动量，例如 1％ 和 2％ 的计算结果之间也具备了可比性（结果几乎完全相同）。这样的结果才真正代表了小波动特性，才真正代表了经典控制理论中线性化区域内系统稳定性的定义。

　　（2）把调节时间与 T_w 直接挂钩有明显的不合理性。打个比方，电站 1 的调节时间是 99s，电站 2 的调节时间是 21s。显然电站 2 的调节品质比电站 1 要好。但由于电站 1 的 T_w 值是 4s，稳定性满足小于 $4 \times 25 = 100s$ 的要求，而电站 2 的 T_w 值是 1.0s，不满足 $1 \times 25 = 25s$ 的要求。这种相对评判标准有误导性，在其指导下设计出的水电站的调节品质实际有可能较差，因此不建议使用。而表 7.3.1 所示评判标准是一个与水流加速时间 T_w、水击波反射时间 T_r 和机组惯性时间常数 T_a 这三个对调节品质影响较大的调节对象参数都无关的绝对标准。

　　（3）在频率收敛误差带宽上用 ±0.4％ 的绝对带宽也是不合理的。其问题是调节时间与扰动量密切相关：扰动量越大，调节时间越长。这样会迫使负荷阶越扰动工况的定义中取固定的扰动幅值，通常为额定值的 10％，而严格地讲额定值的 10％ 扰动量根本就不是小波动。控制理论中的小波动是当波动量趋向无穷小时的情况。虽然在数值计算中用过小的扰动量确实是不现实的，但取 1％ 或 2％ 是完全可以的；取 10％ 的计算结果有误导性。可以用额定负荷 2％ 以下的扰动量，这样更能真实地反映系统的小波动稳定性。

7.3.3　工况的定义与选择

　　调速稳定性分析的工况定义要求与调压室稳定分析的工况定义要求类似，但在扰动量上没有那么严格，具体如下：

　　（1）如果需要计算某工况点的调速稳定性，在定义扰动时要注意扰动之后的收敛点为该稳定工况，而不是扰动之前。例如要计算额定负荷条件下的调速稳定性，必须是扰动之后的负荷是额定负荷。

　　（2）扰动可以是负荷增减扰动也可以是频率增减扰动，建议采用负荷扰动。

　　（3）负荷扰动的扰动量不宜大于额定负荷的 5％，本书建议用 2％ 以下。理论上小波动稳定的定义是波动量趋向无穷小时系统的稳定性，扰动过大时接力器可能进入限速状态。扰动量过大也会使要求（1）和要求（4）难以得到满足。

（4）采用增负荷扰动时，要注意计算结果中接力器行程是否受到最大开度的限制。

（5）将调差率设为零。调速稳定性分析的并网假定也是孤网条件，否则分析根本无法进行，即使本电站孤网运行的可能性很小。

举个例子说明要求（1）的必要性。如果要分析额定工况条件下的调速稳定性，定义初始条件为额定工况，负荷扰动为减 10%。这么定义的结果是扰动后的负荷为额定负荷的 0.9 倍，那么机组在 GD^2 不变的情况下，机组实际惯性时间常数 T_a 为额定点的 1.11 倍，比额定工况有利；压力管道的水流加速时间 T_w 为额定点的 0.9 倍，也比额定工况有利很多。按这个工况定义计算下来还能反映额定工况的实际情况吗？

在工况点的选择上并非越多越好。在电站的设计阶段一般可按以下原则选工况：

（1）最典型上下游水位组合条件下额定出力工况点。这也应是调节参数优化的基本工况。额定工况点的额定负荷在一般水力过渡过程仿真软件中是给定值，而净水头和流量则是计算值。

（2）设计最大出力工况点。这是一个可选工况点。如果机组毛水头变化范围大，在高水头条件下额定出力开度小于 90%，应计算此工况。

（3）如果是冲击式水轮机，由于喷嘴流量特性较强的非线性，应算一下喷嘴开度小于 60% 的一两个工况。一些现代冲击式水轮机调速器配有喷嘴流量线性化模块，对于这种情况就不需要分析小开度工况了。

（4）对于额定工况点调节稳定性很差的电站，应计算空载工况的稳定性。对于配有空载-负载不同调节参数的机组，也应考虑空载工况的计算与参数优化。但这个计算不会影响到电站的设计，在电站设计阶段并无必要性。

7.3.4　调节参数的数值计算优化过程

本书第 4 章 4.1.7 小节中已对调节参数的优化做了一些定性的讨论，这里介绍具体做法。调节参数的优化一般只需要对额定工况进行。在第 4 章中已经介绍过现代 PID 调速器有 4 个参数，即比例放大系数 K_p、积分时间常数 T_i、微分时间常数 T_d 和频率调差系数 b_p。传统调节参数的定义与现代参数的关系为：

缓冲强度（或暂态转差系数）：$b_t = 1/K_p$

缓冲时间常数：$T_d = T_i$

加速时间常数：$T_n = T_d$

永态转差系数：$b_p = b_p$

这里最易搞混淆的是传统的缓冲时间常数 T_d（脚标 d 来自于 dashpot 一词）与现代的微分时间常数 T_d（脚标 d 来自于 derivative 一词）。字母一样但表示两个不同的参数。以上 4 个参数中 b_p 实际上是一个运行参数，真正的调节参数是前 3 个。水电行业作为一个百年传统行业，很多知识和经验的积累与传统表达方式有关，尤其是有价值的调节参数优化经验公式都是以传统的参数表达的，所以本章的讨论将用传统的参数来进行。

由于有 3 个调节参数，因此参数优化有 3 个自由度，理论上其组合的可能性太多。但经验告诉我们，调节参数的优化并没有理论上那么复杂。利用经验公式、再加少则五六次、多则十来次参数试算调节，一般就可以达到优化（或非常接近优化）的目标。优化过程的步骤和要点为：

（1）先看机组是否有尾水闸门井。没有尾水闸门井的机组属于"无尾水闸门井干扰的系统"。如果有，用式（5.2.3a）算出水位波动角频率，如果算出的角频率 ω 高于 0.7rad/s，也可以被认为属于"无尾水闸门井干扰的系统"，否则就是属于"有尾水闸门井干扰系统"。

（2）对于"无尾水闸门井干扰的系统"，调节参数的首次预测可用 Stein 经验公式进行计算。如果电站水头高于 200m，可考虑对公式算出的预测值按 4.1.7 小节建议的修正系数加以修正。这样得到的加速时间常数 T_n 一般就可认为已经较接近最优化了，在后面的参数调整步骤中就再调整了。这样就把参数组变化的自由度由三个变为两个，即 b_t 和 T_d。

（3）对于"有尾水闸门井干扰的系统"，也可先用 Stein 公式算出三个参数，然后将 b_t 值乘一个修正系数 2、T_d 和 T_n 值乘上一个修正系数 1.5 作为"初定调节参数"（如果算出的 T_n 值大于 2 则将 T_n 值定为 2）。

（4）用以上"初定调节参数"算出负荷扰动阶越响应，画出类似图 7.3.2 的阶越响应过程曲线，仿真时间取 60～200s 为宜。

（5）分析转速响应曲线的形态特征。如果波动次数偏多，但超调量不是特别大（图 7.3.3），则是典型的 b_t 参数值偏小的响应特征，可小幅增大 b_t 值后再算。

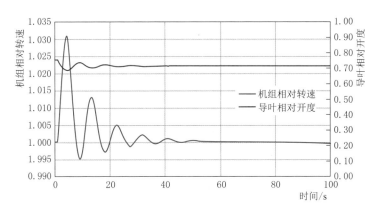

图 7.3.3　转速波动次数过多

（6）如果是转速波动次数少但转速偏差值过大，回中慢，如图 7.3.4 所示，是典型的 b_t 值过大的响应特征，可小幅减小 b_t 值后再算。

（7）如果是超调量偏大，但波动次数不算太多，如图 7.3.5 所示，是典型的 T_d 值偏小的响应特征，可小幅增大 T_d 值后再算。

（8）如果是转速第一次偏离波尚未完全回中就返回向偏离增大方向变化，这就是"早返现象"，如图 7.3.6 所示，是典型的 T_d 值过大的响应特征，可小幅减小该值后再算。

（9）一般重复（5）～（8）两到三个循环便可得到最佳响应曲线，优化过程结束。

注意：为了突出典型特征，图 7.3.3～图 7.3.6 可能对要表达的特征有所夸大，在实际优化过程中特征可能没有这么明显，但要善于捕捉上述这些特征，以减小试算次数。参数优化后的典型响应曲线如图 7.3.7 所示。

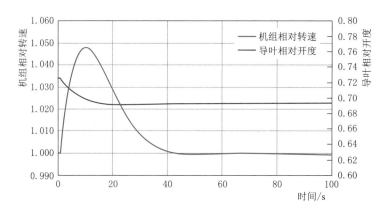

图 7.3.4　最大转速偏差过大且回中慢

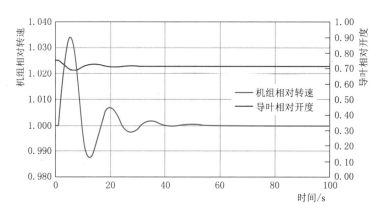

图 7.3.5　波动次数不算太多，但超调量比例大

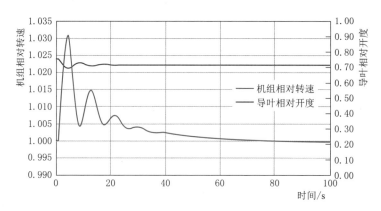

图 7.3.6　转速尚未回中就返回向增大方向变化

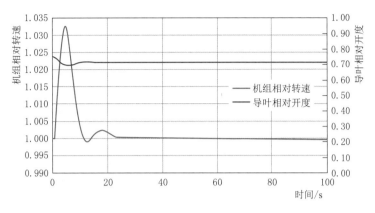

图 7.3.7　参数优化后的典型响应曲线

7.4　水击与转速上升分析

力发电机组在运行中也可能因为电站内部或电网系统事故而甩负荷快速关机，从而引发水道系统瞬变流的发生。有压水道系统瞬变流的直接结果就是水击现象，严重时将危及水道、机组乃至整个水电站的安全。另外，机组负荷的突然消失会导致水轮机的动力矩与发电机的阻力矩失去平衡，引起机组转速快速上升，若不能及时关闭水轮机导叶，转速就会越升越高，直至飞逸。导叶关闭的快慢与水击和转速上升密切相关：若导叶关闭较慢，则水轮机剩余能量做功的时间较长，机组转速上升值就较大，但在压力管道、蜗壳中流速变化较慢，所产生的水击较小；反之，导叶关闭较快，机组转速上升值较小，但水击较严重。也就是说水击与转速上升这二者对导叶关闭时间的要求是相反的。水击与转速上升分析的主要任务就是要合理优化地解决这一对矛盾。

7.4.1　水击与转速上升分析的相关判据

水电站水击与转速上升分析的相关判据国内与国际虽然不完全相同，但应该说是大同小异的，差别主要在转速上升方面。我国现行的《水力发电厂机电设计规范》的相关规定如下。

（1）机组甩负荷时蜗壳（贯流式机组导叶前）最大压强升高率：①额定水头小于20m 时，宜为 70%～100%；②额定水头为 20～40m 时，宜为 70%～50%；③额定水头为 40～100m 时，宜为 50%～30%；④额定水头为 100～300m 时，宜为 30%～25%；⑤额定水头大于 300m 时，宜小于 25%（可逆式蓄能机组宜小于 30%）。

（2）机组突增或突减负荷时，压力输水系统全线各断面最高点处的最小压强不应低于0.02MPa。甩负荷时，尾水管进口断面最大真空保证值不应大于 0.08MPa。

（3）机组甩负荷时的最大转速升高率：①当机组容量占电力系统工作总容量的比重较大，或担负调频任务时，宜小于 50%；②当机组容量占电力系统工作总容量的比重不大，不担负调频任务时，宜小于 60%；③贯流式机组，宜小于 65%；④冲击式机组，宜小于 30%。

其实，这个规范在水压上升与真空值方面与国际上的各种行业与公司标准出入不大，只是对压力上升率的定义不明确。常见的有以下四种定义式：

(1) $\xi_{max} = \dfrac{最高水击压强-初始压强}{初始压强}$

(2) $\xi_{max} = \dfrac{最高水击压强-初始压强}{静水压强}$

(3) $\xi_{max} = \dfrac{最高水击压强-初始压强}{最高静水压强}$

(4) $\xi_{max} = \dfrac{最高水击压强-最高静水压强}{最高静水压强}$

"静水压强"为本工况上库水位条件下，流量为零时的水轮机蜗壳进口水压，在数值上等于本工况上库水位与水轮机安装高程之差。

"最高静水压强"为最高上库水位条件下，流量为零时的水轮机蜗壳进口水压，在数值上等于最高上库水位与水轮机安装高程之差。

以上四种定义式中：

定义式（1）是字面上最符合水压上升率定义的。但此定义由于各工况进口初始水压不一样，用这样一个变值作为一个比例值的参考基值使各工况得到的水压上升率完全不具可比性。

定义式（2）的参考基值虽然与机组流量无关，但仍是一个变量，在上库水位不同的工况之间也无可比性。

定义式（3）的参考基值"最高静水压强"是一个常数，但分子是一个差的表达式，其中"初始压强"也是一个与工况有关的变量，因此定义（3）在各工况之间仍不具可比性。

定义式（4）只与水轮机的最高水击压强有关，与其他因素均无关，所以相比之下定义式（4）是最合理的。

但定义式（4）也有两个问题。什么是最高上库水位？有两种定义：最高调节水位和设计洪水位（如果把其他洪水位也算进去当然就不止两种了），本书建议用最高调节水位。但不管用哪种定义，"最高静水压强"都是一个与工况无关的常数。

规范要求压力输水系统全线各断面最高点处的最小压强不应低于 0.02MPa。这条规定应该是历史的产物。现代水电站的输水管材和衬砌大多数都可承受一定程度的负压，有不少还可承受完全的真空，尤其是在水力过渡过程中，最小压力持续时间较短。隧道可以采用不衬砌设计的前提是岩石条件可以承受一定的负压，也就是说这条对不衬砌隧道也是不适用的。现代的有压尾水道设计不少（在有的国家甚至成为主流）都采用了允许在水力过渡过程中尾水道流态可以由满流转变为明流，从而大大增加了尾水道设计的自由度。

把机组上升率与是否调频联系在一起也是一个陈旧过时的理念。本书在第4章中就已经讨论过，现代电力网的规模如此之大，没有一个电站可以在电网中单独担任调频，所有并网电站在没有电网特许的情况下，都应做有差调频运行。电网的瞬变频差是由所有做有差调频运行的机组共同承担的，而由于有差调频不能保证调频的无差性，所以需要有一部分机组担任二次调频（某些电网甚至有三次调频）。二次调频的调频周期可达 15min 以上，这使得二次调频与机组的 GD^2 及转速上升率毫不相关。

众所周知，国际上公认的机组（主要是指发电机）必须能承受的最高转速上升率是由配套水轮机的静态飞逸转速决定的。多数水头300m以下的水轮机静态飞逸转速在额定转速的170%以上，有的甚至超过200%。而发电机必须能承受这个飞逸转速120～300s。机组在甩负荷过渡过程中只要导叶能关闭，机组上升的时间就很短。因此，有的发电机厂商在发电机的技术参数这一栏给出两个飞逸转速：静态（static）飞逸转速和过渡（transient）飞逸转速，而过渡飞逸转速一般要高于静态飞逸转速至少5个百分点。因此，把机组甩负荷转速上升硬性限制在50%～60%是没有依据的。另外，特高水头（大于500m）混流式机组的静态飞逸转速通常低于额定转速的160%，有的只有150%左右。如果仍把机组甩负荷转速上升定在50%～60%也是不合理的。

其实，真正与负荷转速上升率限制值相关的不是某些文献宣称的高速旋转的离心力有可能引起发电机转子结构变形进而有可能导致发电机扫膛事故，更不是机组参不参加调频，而是发电机的疲劳寿命方面的考虑。因为机组甩负荷是一种常发工况，在转速上升中所产生的应力是有可能会对转子的某些薄弱部分产生疲劳损伤的，对某些紧固件造成松动。虽然发电机的飞逸转速是按高于水轮机的静态飞逸转速设计的，在有条件的情况下适当控制机组的甩负荷转速上升低于水轮机静态飞逸转速还是有必要的。但是，这种适当限制应该与水轮机的静态飞逸转速或发电机的设计飞逸转速挂钩才合理。例如，挪威的Norconsult公司多年的电站设计实践就是把机组的甩负荷转速上升控制在水轮机的静态飞逸转速的85%～95%及其以下，给出的是一个与水轮机飞逸转速相关的范围，并不是一个硬性的上限值。在实际应用中，大容量机组可取低一点，小容量机组允许高一点；高比速机组适当取值低一些，低比速机组取值可取高一些。不但如此，上述范围限制还只是对简单的甩负荷工况而言，对于多机组甩负荷组合工况，还可以在上述范围限制基础上进一步放宽。

2005年，挪威Norconsult公司担任中国建设集团有限公司承建的老挝X2电站的设计审核。该电站原设计每台机组都配有一台调压阀。配调压阀的原因是，机组在不配调压阀时最不利甩负荷工况转速上升要到65%左右，满足不了中国规范转速上升60%以下的要求。Norconsult方面认为该机组的静态飞逸转速高过额定转速的175%，加装调压阀完全没有必要。中国建设集团有限公司最后采纳了Norconsult方面的建议，取消了调压阀，节省了一大笔投资，并简化了机房布置设计。

7.4.2 单管单机系统

水电站的水道设计多种多样。对于不同的水道设计，水击与转速上升分析的工况也有所不同，比较典型的布置有三种：①单管单机系统，含有多个单管单机组成的多管多机系统；②单管多机系统；③单井多机多管系统。

非典型的布置当然也很多，但掌握了这三种典型布置的分析，非典型布置的分析一般都不会太困难。单管单机系统应用广泛，坝后式和坝旁式电站一般都用这种布置。单机单管系统虽然相对简单，却是各种不同布置系统分析的基础，因此，本小节的介绍相对较为详细。

水击与转速上升分析中的三个主要控制变量分别为：最高蜗壳水压，最高机组转速上升和最大尾水管真空度。一个水力过渡过程工况如果能使这三个控制变量中任何一个取得最不利值，就可认定为控制工况，除非该工况发生的概率过小。因此，计算工况选择的关

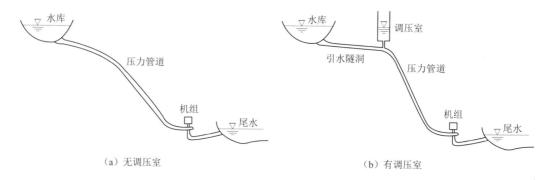

图 7.4.1　单管单机系统示意图

键就是不能漏掉控制工况。为了尽可能减少无意义的工况计算，有必要对产生控制工况的条件有所了解。这三个控制变量的控制工况多数情况下并不重合。

（1）产生最高蜗壳水压控制工况可能的条件一般为：

1）最高水头条件。对于单管单机，等同于最高毛水头条件。该条件可直接给出，不需要试算。

2）在满足条件1）的前提下的最高上库水位。该条件也不需要试算。

3）有可能是初始带部分负荷的条件。该条件需要通过调整出力试算得到。

（2）产生最高转速上升控制工况可能的条件一般为：

1）初始满开度运算。该条件在多数数值计算软件中可直接给出，不需要试算。

2）在满足条件1）的前提下同时也是最大允许出力条件（最大允许出力含最大允许短期超出力）。该条件需要通过在合理范围内调整上下游水位组合试算得到，一般出现在水头偏低情况，与具体水位组合无关。

（3）产生最高尾水管真空控制工况可能的条件一般为：

1）最低尾水位条件。该条件可直接给出，不需要试算。

2）在尾水管空化限制条件下的最大开度条件。该条件可直接给出，不需要试算。在多数情况下空化限制条件不存在或未给出，可直接取最大开度。

3）在满足条件1）和2）的前提下的最大机组出力条件。该条件需要通过在合理范围内调整上游水位试算得到。如果出现稳态运行时的尾水管真空度已达到或超过控制值，说明：①机组安装高程过高；②尾水管空化限制条件不合理；③过渡过程尾水管真空度控制值取值不合理。

7.4.2.1　蜗壳（进口）最高水压控制工况

电站为引水式，上下游水位组合无特定相关性，所以根据最高水压控制工况出现的一般条件的（1）和（2）两点，取上游最高938m和下游最低836.2m组合。

甩负荷过程有两种，即正常的单纯甩负荷过程和甩负荷停机过程，后者也称为紧急停机过程，前者在电站运行过程中的实际发生率较后者高得多。一般情况下这两种工况产生的过程曲线并不一样，但最高蜗壳水压与最高转速上升是相同或几乎相同的。图7.4.2和图7.4.3为某单管单机电站在最高水头同时也是最高上库水位条件下两种不同甩负荷过程

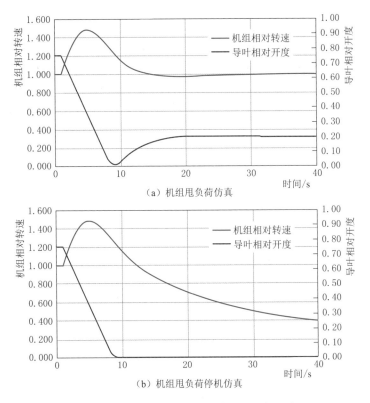

图 7.4.2　某单管单机电站两种不同甩负荷过程
转速与相对开度比较

的比较。最高水头同时也是最高上库水位条件在引水式电站中较为常见，而在坝后与坝旁电站中是不常见的。这两种工况都满足最高水压上升控制工况条件的前两条。注意，这里"满负荷"一词并非一定是额定负荷。如果该电站的设计最高负荷高于额定负荷，则"满负荷"指的就是设计最高负荷条件。

为了确保不漏掉真正的控制工况，还要通过试算初始带部分负荷情况。对于混流机组，建议试算初始负荷为满负荷的75%、满负荷的50%和满负荷的30%。

图 7.4.4 为上述实例甩负荷工况产生的最高蜗壳进口水压与初始出力的关系。这个结果说明，该实例的最高水压上升控制工况不是初始满负荷条件，而是初始负荷约为满负荷的75%。

对于冲击式水轮机，除了最高出力工况点之外，其他工况点一般不以负荷来定义初始条件，而是用初始开度，如75%、50%开度点。最小开度点也不是30%，而用以式(7.4.1)计算：

$$最小开度 = \frac{水击波反射时间}{针阀全行程关闭时间} \times 100\% \qquad (7.4.1)$$

7.4.2.2　最高转速上升控制工况

根据前面所述，可能产生最高转速上升控制工况的条件与上下游水位的具体组合无关。因此先任取一下游水位，例如平均下游水位，本例取 836.5m。根据所述条件第1)

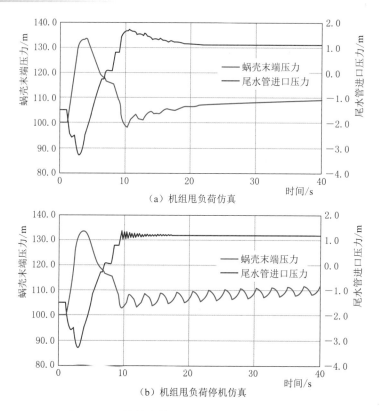

（a）机组甩负荷仿真

（b）机组甩负荷停机仿真

图 7.4.3　某单管单机电站两种不同甩负荷过程
蜗壳末端压力与尾水管进口压力比较

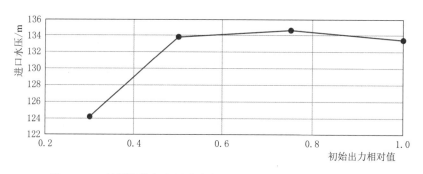

图 7.4.4　某单管单机电站最高蜗壳进口水压与初始出力的关系

条，初始条件可以构造为机组并大电网做有差调频运行，调差（硬）反馈方式取导叶反馈，满开度。在 HYSIM 软件中给定方法如图 7.4.5 所示。

图 7.4.5 中仿真过程参数中最右一列为运行方式代码，2 表示并大电网做有差调频运行，右数第二列表示出力或相对开度，硬反馈方式为导叶接力器反馈时（图 7.4.5），此列的值为在该时间点的相对开度；硬反馈方式为机组出力反馈时，此列的值为机组在该时间点的出力。需要说明的是，甩负荷工况分析的是脱网之后的过程，因此与机组的初始状态并网运行方式无关。上述方法只是构造初始满开度运行的方式之一，其他的方式，例如用初始并大电网做给定开度运行的方式，也可以，但在实际电站运行中是极少见的。

图 7.4.5　在 HYSIM 软件中构造初始满开度运行的方法

要满足条件 2），在已给定下库水位的情况下需要用不同的上游水位试算以达到满开度条件下机组出力达设计最大值。在设计阶段一般不考虑非设计允许的超出力情况，只需要算初始状态就可以了（多数软件，例如 HYSIM 中有此选项），不必算整个过程。例如，图 7.4.6 所示算一次试算结果显示输出电力功率为 9.82MW，超出最大允许值 8.4MW，说明水头过高。可逐步调低上游水位或抬高下游水位，直到出力为 8.5MW，转速上升控制工况定义就确定了。该工程计算结果见图 7.4.7。

序号	元素种类	描述	流量 (m3/s)	净水头 (m)	转速(rpm)	导叶/针阀	水力功率 (mw)	电力功率 (mw)	进口水压(m)	出口水压(m)	机组效率
1	混流水轮机B		11.81	91.86	600.00	1.00	10.64	9.82	93.68	-0.14	0.923

图 7.4.6　HYSIM 软件机组初始状态计算结果输出框

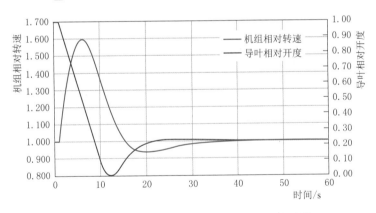

图 7.4.7　本例最高转速上升控制工况计算结果

转速上升的控制工况具有非唯一性，但计算得到的转速上升值是一样的，算其中一个就够了。相比之下，水压上升控制工况一般是唯一的。需要指出的是，对于有折向器的冲击式机组，不必刻意去寻找转速上升控制工况，因为转速上升对这种机组从来都不构成问题。

7.4.2.3　最高尾水管真空度控制工况

对于没有尾水调压室的单管单机系统，最高尾水管真空度控制工况的选定过程有点类似最高转速上升工况，主要区别在尾水位一定是最低水位。如果该单管单机系统有尾水调压室，最高尾水管真空度控制工况有可能出现在组合工况。

7.4.2.4 组合工况

对于有调压室的单管单机系统，先增后甩组合工况在理论上是存在的。前面的关于控制工况的讨论中完全没有提及。组合工况是不是会造成比刚才介绍的简单工况更高的水压与转速上升而成为控制工况？的确，如果机组的增负荷过程会造成较大的调压室水位波动，不利的组合工况确实会造成更高的水压与转速上升。但是不利组合工况水压与转速上升由于其发生的概率比简单工况低得多，是不应该用 7.4.1 小节中介绍的那些限制标准的。那些标准的制定考虑了频发性疲劳因素，安全系数取得较大。组合工况发生的概率本来就很小，最不利组合工况发生的概率就更小了。把这种工况与简单甩负荷工况等同处理是没有道理的。再加上增负荷过程引起的调压室水位波动一般很小甚至没有。所以对于单机单管系统的水压与转速上升一般根本不需要算组合工况。但对于有尾水调压室的，如果不利组合工况会造成更高的尾水管真空则应被定义为控制工况，因为尾水管真空度的控制值本来就没有疲劳因素方面的考虑，而且一旦尾水管真空度达到液柱分离程度，后果有可能是很严重的。由组合工况形成的尾水管真空度控制工况一般需要对整个过程的多次试算才能确定。寻找不利组合的原则与前面介绍的对于简单工况是一样的，不同的是尾水管下游最低水位由静态变成了动态。

7.4.2.5 非正常工况

非正常工况包括因设备故障引起的导叶拒动、缓动和中途停顿等。这类工况是不应该应用 7.4.1 小节中讨论的那些控制值的。不少电站在高水头条件下的超出力能力比设计允许的发电机最大出力要大许多。有的是不合理设计造成的，在一定程度上与我国水电站设计的传统有关。对于水头变化大的电站，常选多年平均水头或低于多年平均水头作为机组的额定水头，再加上多数水轮机生产商为保证达到合同要求出力，往往会在设计中给出一定的超出力裕量。例如三峡的机组额定水头不到 70m，机组的效率最优水头约为 104m，而实际最高运行水头可超过 115m。在高水头条件下，水轮机的超出力很严重。由于人为误操作或控制系统故障造成机组短时间超过发电机最大允许出力的可能性是存在的。在这种情况下如果发生甩负荷工况当然有可能会造成更严重的不利后果。把这些工况作为验查工况对之进行计算与分析是有必要的。但是否应该作为控制工况处理，需要分析这些工况可能发生的概率。在一般情况下，可以认为是低概率事件，除尾水管真空度之外，可以采用与简单工况不同的控制值，处理原则与同样发生概率很小的组合工况相同。

非正常工况是否应包括在转速与水压上升分析之中，不能一概而论，但在中小型水电站的设计中一般来说是不需要包括的。

7.4.2.6 降低转速与水压上升值的方法

在甩负荷水力过渡过程中，水压与转速上升都与导叶或针阀的关闭时间有关，但效果正好相反：延长关闭时间能减小水击，但同时也增加了转速上升值。这对矛盾往往使水压与转速上升不可能通过调整关闭时间同时满足控制条件。

在不更改水道设计的前提下，同时降低水压与转速的方案有三种：

方案 1，采用分段关闭方案。这个方法是最经济的，应该为首选。但这个方法并非对所有电站都有效，即使有效，这个方法能降低的水压与转速上升的比例往往有限。如果水压与转速上升值双双都高出控制值过多，分段关闭不一定能解决问题。

方案 2，增加机组的 GD^2。在不考虑投资的情况下，这是最好的方案，因为这个方案不但能有效地同时降低水压与转速上升，还可改善转速调压的小波动稳定性。机组的 GD^2 主要来自发电机，每个发电站都有一个理论的 GD^2。根据经验，在发电机的理论 GD^2 基础上增加 15% 以内，所需增加的机组投资不多，而增加 30% 以上一般都很贵，甚至不可能。

方案 3，加装调压阀。这个方法应该在前两种方法都不行的条件下才可以考虑。因为调压阀本身有一个可靠性问题，虽然目前在国内国际还没有因调压阀的问题造成严重事故的报导，但谁也不敢完全排除这种可能性。同时调压阀也不适于大流量机组。当要求的调压阀直径大于 1.2m 时，其价格往往过高，不如方案 2。另外，业主普遍不喜欢调压阀，因为会增加电站检修维护的工作量，所以要尽量不用、少用。

增加机组 GD^2 这个方案在计算分析方面不会增加任何难度，所以下面只对方案 1 和方案 3 加以讨论。

7.4.2.7　分段关闭方案

混流式水轮机的导叶关闭，无论是否为分段关闭方案，导叶主接力器都有一个接近关闭时的缓冲段，比较典型的是最后的 3%～5%，最多的可达到 10% 左右。

图 7.4.8 是一个导叶直线关闭规律水轮机的实际关闭规律，所以导叶的分段关闭并

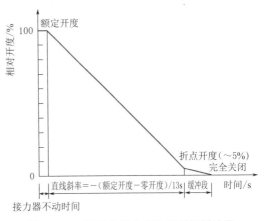

图 7.4.8　导叶主接力器的近关闭缓冲段

不包括近关闭缓冲段。分段关闭方案作为三个降低水压与转速方案的首选，并非对所有水电站都很有效。在计算之前就要判断这个方案是否有效，需要对直线关闭时转速上升控制工况的压力过程曲线的形态进行分析。

图 7.4.7 为示范实例转速上升控制工况计算结果中的转速与开度过程曲线，图 7.4.9 为该工况计算结果中的蜗壳进口压力与导叶相对开度过程曲线。该机组的 GD^2 为 40 t·m²，所对应的机组惯性时间常数约为 5s。判断的办法是取 T_a 的 0.6 倍时间，本例为 3s。在导叶开度开始关闭的前 $t=3s$ 时间内，如果水压上升过程在时间上和水压上升值上都离进口

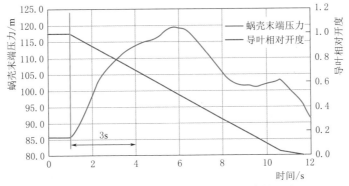

图 7.4.9　最高转速上升控制工况蜗壳末端压力
与导叶相对开度过程曲线

水压曲线的峰值点还有相当的一段距离，则采用分段关闭将是有效的。从图 7.4.9 上可以看出，甩负荷导叶关闭开始时间为 1.0s，3s 之后，水压上升时间继续了约 1.8s，水压上升值在前 3s 的上升值上又上升了一些。由于 3s（$0.5T_a$）之内水压已经比较高了，所以本例不算是用分段关闭非常有效的例子，但 $0.5T_a$ 之内毕竟还未到最高值，因此还是可以试一试的。

分段关闭的具体规律可以这样逐步确定：

（1）导叶必须在 $0.5T_a$ 的时间内关闭全开度的 35%～55%，这是快关段时间，之后为慢关段。总关闭时间与快关段所关闭的百分比有关，一般为 T_a 的 2～2.5 倍。

（2）先用直线关闭时的转速上升控制工况初始条件作为初始条件进行计算。快关段先从 35% 开始，如果计算结果表明快关段内水压上升离控制值还有较大裕量，而转速仍过高，可逐步增加快关段的关闭百分比，例如从 35% 增加到 38%、40%、45% 等，直到水压上升与转速上升都得到兼顾。如果快关段关 35% 就已经水压上升过高，说明本例不适于用分段关闭方案。

（3）再用直线关闭时的水压上升控制工况初始条件作为初始条件进行计算，看最高水压是否满足要求。

（4）需要在上述两个工况之间不断细调快关段关闭百分比。必要时也可对快关段时间进行微调。这是关闭规律的优化过程，一般情况下耗时较多，没有什么捷径。

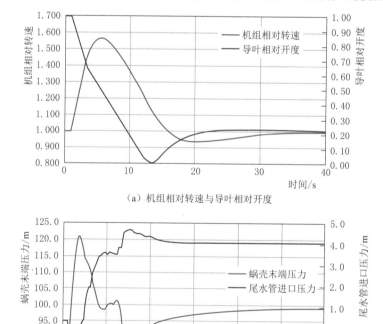

（a）机组相对转速与导叶相对开度

（b）蜗壳末端压力与尾水管进口压力

图 7.4.10 分段关闭方案最高转速上升控制工况计算结果

（5）分段关闭规律在上述两个工况之间调整好了之后还要验查其他工况，特别是最高尾水管真空度控制工况。

本例选如下分段关闭规律：总关闭时间取 12s，前 2.5s 关闭导叶全开度的 35%。

计算结果表明，最高水压由 137m 降低到 129m，最高转速上升由 60% 降到 57%，都有所降低但不算显著。一般快关段要是能关 45% 以上，就是较成功的例子。

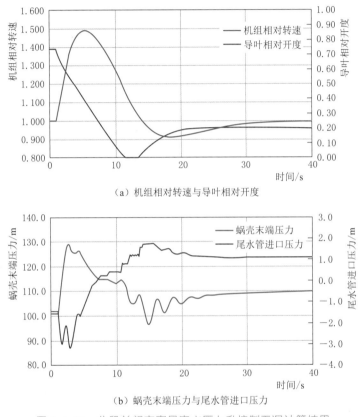

（a）机组相对转速与导叶相对开度

（b）蜗壳末端压力与尾水管进口压力

图 7.4.11　分段关闭方案最高水压上升控制工况计算结果

7.4.2.8　调压阀方案

传统的调压阀设计，其驱动油路是与导叶接力器串联的，调压阀与导叶之间的联动是由油压系统的机械设计决定的。近年来国内市场上出现了油路独立式调压阀，导叶与阀门的联动是由电子控制系统实现的，其可靠性显然不如油路串联式。调压阀直径的选择一般可选在阀门全开时额定水头下过流量为水轮机的 50%～60%。阀门的流量系数在没有生产商数据的情况下取 0.55～0.60。典型调压阀流量系数曲线如图 7.4.12 所示。如果额定水头为 89.5m，额定流量为 9.69m³/s，可算出所需调压阀直径约为 600mm，取 600mm。

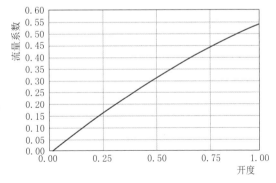

图 7.4.12　典型调压阀流量系数曲线

调压阀与导叶接力器之间的联动关系一般可按以下原则选定：

（1）调压阀从全关到全开时间建议为 $0.5T_a$，但最小不宜小于 2.5s。本例取 3s。

（2）调压阀从全开到全关时间较为灵活，建议为 $2T_a \sim 4T_a$。本例取 14s。

（3）导叶从全开状态触发关闭过程中，关到约 40% 左右时，调压阀就应该全开了。

图 7.4.13 为主接力器行程与阀门开度联动关系示意图。本实例计算结果表明（图 7.4.14 和图 7.4.15），最高水压由 137m 降低到 119m。最高转速上升由 $60\% \sim 27\%$。调压阀除了前面提到的需要一定的投资和可靠性方面的顾虑，调压阀降低水压与转速上升的有效性是不容置疑的。

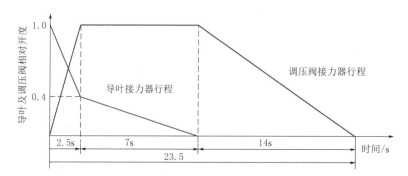

图 7.4.13　本例调压阀与导叶接力器之间的联动关系示意图

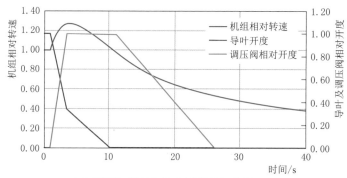

（a）机组相对转速与导叶及调压阀相对开度

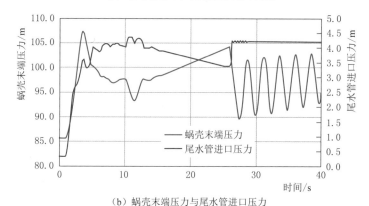

（b）蜗壳末端压力与尾水管进口压力

图 7.4.14　调压阀方案最高转速上升控制工况计算结果

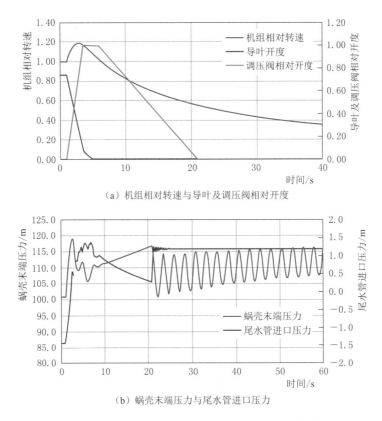

（a）机组相对转速与导叶及调压阀相对开度

（b）蜗壳末端压力与尾水管进口压力

图 7.4.15　调压阀方案最高水压上升控制工况计算结果

7.4.2.9　冲击式水轮机的水压上升控制工况

　　冲击式水轮机由于有折向器的作用，转速上升根本就不构成问题，满负荷甩负荷时转速上升一般为 15％～25％。水压上升也很容易控制，因为转速上升与喷嘴关闭时间关联性很小，可以通过调节关闭时间调整控制工况的水压上升值，完全不需要上面刚讨论过的任何一种水压上升控制措施。

　　但冲击式水轮机的流量特性有一个很大的特点，那就是流量变化梯度最高发生在小开度，见第 3 章图 3.3.2。正因为这个原因，冲击式水轮机的水击控制工况可能发生在小开度。对于多喷嘴机组，在分析中要总是假定所有喷嘴都投入，不考虑低负荷时有喷嘴不投入的情况，因为水压上升控制工况总是发生在所有喷嘴投入的条件下。

　　我国相关规范没有给出冲击式水轮机水压上升的推荐上限，国际工程界一般把这个上限定在 15％或更低。但更确切地说，较为通用的做法是设定最高水压值而不是用水击上升的百分比表示。例如挪威运行水头 800m 以上的水轮机的最高水压上升值一般都不超过 10％。10％对于一个最高静水头为 1000m 的机组而言就是 100m 水柱，这已经是一个很高的值了。超高水头冲击式水轮机的压力钢管都很长，水击波在钢管中传播时衰减很慢，甩负荷之后的水击尾波峰峰值有的可接近 200m 水柱。这样的高幅值、低衰减水击波的长时间反复作用对压力管道是有可能造成疲劳损伤的。

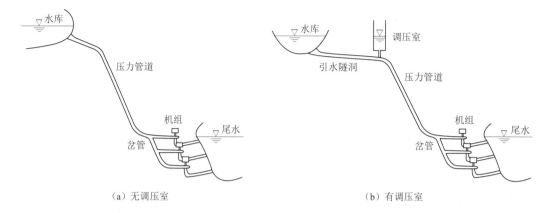

（a）无调压室 （b）有调压室

图 7.4.16　单管多机发电系统示意图

7.4.3　单管多机系统

同一水力单元中安排二至多台机组是常见方案之一（图 7.4.17）。单管多机水电站布置对于压力管较长的电站有经济方面的优势，适用于各种引水式电站特别是冲击式机组电站和高水头混流机组电站。

7.4.3.1　单管多机系统简单甩负荷工况

这种系统简单工况下水压上升的最不利工况一般都出现在同一水力单元所有机组在相同初始负荷条件下同步甩负荷；转速上升的最不利工况则既有可能出现在同一水力单元所有机组用初始负荷同步甩负荷条件下，也有可能出现在同一水力单元所有机组不同初始负荷同时甩负荷条件下。但经验告诉我们，即使转速上升的最不利工况确实出现在多机组不同初始负荷同时甩负荷条件下，这种条件所造成的转速上升与初始相同负荷同步甩负荷所造成的转速上升的区别并不大。由于不同初始负荷的组合有多个自由度（有几台机组就有几个自由度），组合可能性太多，在这其中寻找转速上升最不利工况的工作量实在太大。国际上目前的通用做法是不考虑初始负荷有差异的工况。这样就把初始组合的多个自由度变成了一个。这也就是说对于简单工况而言，单管多机系统的控制条件只应用于初始负荷相同（对于多台容量不同的机组，则为初始相对负荷相同），并同时甩负荷情况。这样就相当于把一个多机系统简化成了一个单机系统，于是，7.4.2 小节中介绍的大部分寻找控制工况的原则差不多就都可以用上了。当然区别还是有的，具体有以下几点：

（1）在分析初始非满负荷的工况中，不必包括所有机组在低于 50% 负荷条件下运行情况。对于混流式机组，50% 以下是机组的振动和出力不稳定区。在出力不稳定区内运行或经过，一台机组有可能，但数台机组同时发生的可能性极小，因此不应作为频发工况考虑。对于冲击式水轮机多台机组全部喷嘴投入在 50% 针阀开度以下运行的可能性也极低，也不应作为频发工况考虑。当然，把这类工况作为非正常工况，并应用不同的控制条件是可以的。

（2）在多数情况下应用相同初始负荷原则，但有时也有例外。当水道的水头损失较大时，可能发生即使在最高毛水头条件下所有机组同时满开度运行也达不到机组的最大出力。在这种情况下就要让其中一台机保持满开度，其他机组同步减开度，直到满开度机组达到最大出力。这很可能成为转速上升最不利的简单工况。如果满开度初始出力相差较多，并且同一水力单元机组多于两台，也可验查一下停掉一台机组的情况。（本条为的是寻找转速上升最不利工况，与冲击式机组不相关，因为冲击式机组的转速上升率从来都不是一个问题。）

（3）单管多机系统在特高水头电站，尤其是冲击式机组电站应用较多。多台机组同时甩负荷水压上升的百分比不高，但水压上升绝对值较高。特别是针阀关闭之后压力管内的尾波峰峰值常超过 100m 并衰减很慢。虽然水压上升远没有超过控制值，但高幅压力尾波的长时间周期性作用对压力钢管造成疲劳损伤的可能性是存在的。如果计算中发现这种情况可以采用各机组针阀关闭时间错开的（错峰）办法（图 7.4.17 和图 7.4.18）。例如一管三机，平均关闭时间为 45s，三台可分别取 44s、45s 和 46s。

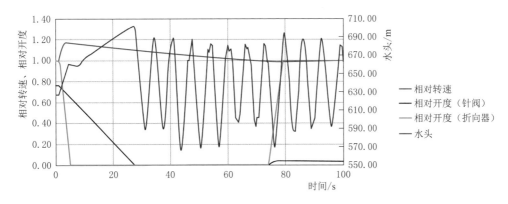

图 7.4.17　某一管四机系统甩负荷后的高幅尾波

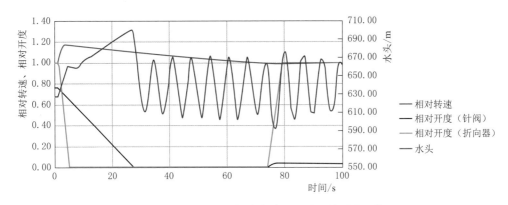

图 7.4.18　采用关闭错峰方案后尾波幅值明显下降

7.4.3.2　单管多机系统组合工况

同一水力单元中多台机组的异步（相继）甩负荷虽然也是组合工况中的一种，但对于单管多机系统而言并不比简单工况中的所有机组同时甩负荷要更为不利，所以不必加以考虑。本小节讨论限于多机组同增同甩负荷形成的组合工况。基于前面讨论简单甩负荷工况给出的理由，通过对各台机组作相同负荷的限制，减少工况定义的自由度。在上述对工况定义范围限制的条件下，一个单管多机的组合工况问题实际上就被化简为单管单机的组合工况问题，而这个单机就是由等负荷限制和多机同步动作绑定形成的。对于水击与转速上升分析而言，组合工况也和单管单机系统一样在大多数情况下并不重要。

7.4.3.3 分段关闭和调压阀方案

单管多机系统的分段关闭设计原则与单管单机系统是一样的，可直接用 7.4.2 小节介绍的步骤和原则进行，只要对相关的机组作等条件（等负荷同步动作）绑定就可以了。

对于调压阀方案，如果每台机都已确定各配一台调压阀，那么处理方式也和刚才讲的分段关闭方案一样，照搬 7.4.2 小节中介绍的单管单机系统调压阀的设计原则。其实当单管多机系统在决定采用调压阀方案后并不意味着每台机都需要配一台。每两台机配一台，每三台机配两台甚至每三台机配一台等方案都有可能解决问题。

对于调压阀数量少于机组数量的方案，要注意以下问题：

（1）调压阀过流量要有所增加。一阀一机时单阀在额定水头条件的过流量一般为单机额定流量 50%～60%，一阀两机时应取 70%～90%，一阀三机时可取 90%～110%。

（2）应适当延长调压阀的开启与关闭时间（特别是关闭时间）。

（3）工况计算中要有当带阀的机组都不运行而所有不带阀机组运行的水力过渡过程，检查这些工况能否满足所有控制条件。

（4）在计算只有带阀机组甩负荷工况时，有可能在前几秒出现轻度负水击现象（特别是一阀三机设计，图 7.4.19），这是正常的。如果负水击现象较为严重，例如初始水压下降超过额定水头的 10%，则应小幅增加调压阀开启时间或适度减小调压阀过流面积。

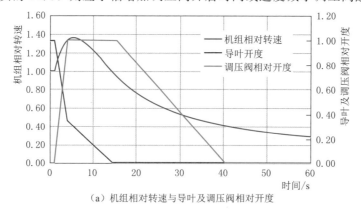

（a）机组相对转速与导叶及调压阀相对开度

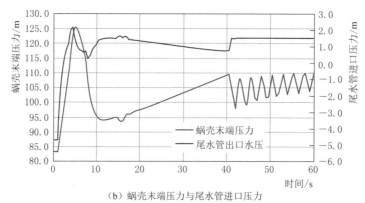

（b）蜗壳末端压力与尾水管进口压力

图 7.4.19　某一阀三机设计计算实例

7.4.4　单井多机系统

单井多机系统（图7.4.20）是同一水力单元中安排二台至多台机组的另一种常见设计方案之一。

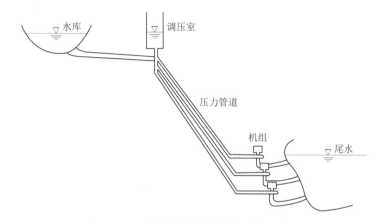

图7.4.20　单井多机单管发电系统示意图

更准确一点的提法应该是单井多机多管系统。单井多机系统应用也很广泛，大流量引水式电站一般都用这种布置。如果调压室安置在上游水道上，在调压室后实际上就是由多个一管一机系统组成的系统。各机组之间的相互直接影响主要发生在调压室及调压室上游部分水道。如果调压室安置在下游水道上，那么在调压室前实际上就是由多个单管单机系统组成的系统。各机组之间的相互直接影响主要发生在调压室及调压室下游部分水道。但不管是上游还是下游调压室系统，机组之间总是可以通过共享的调压室而相互影响。正因为这个原因，这种系统的水击与转速上升也有同时甩负荷工况与相继甩负荷工况之分。

7.4.4.1　同时甩负荷工况分析

由于调压室是一个水击波吸收装置，所以机组之间水击波的相互影响一般都小到足以被忽略。调压室的水位波动周期一般以百秒计，而同时甩负荷工况的水压和转速上升极值发生点一般都在甩负荷发生后的15s之内。正因为这个原因，单井多机多管系统同时甩负荷工况的分析与单管单机系统是一样的，可以采用7.4.2小节中介绍的理念与方法。同一水力单元各机组之间的负荷分配一般只考虑平均分配，因为这是电站常见的运行策略。当同一水力单元中机组负荷不均衡分配时，在同时甩负荷过程中确实有可能形成更为不利的水压和转速上升，但由于机组之间不同负荷分配运行的可能性理论上讲是无穷多个，这将会给分析工况的具体选择造成一定的困扰。另外，不同负荷分配运行在多数电站中并不常见，应该属于稀有工况，因此即使确定要作这种工况的分析，也应像对待相继甩负荷工况一样考虑适当放宽控制条件。一井多机系统不同负荷分配初始条件下的同时甩负荷工况分析的具体算例可参考第9章中的9.4节。

7.4.4.2　相继甩负荷工况分析

对于单井多机系统，相继甩负荷工况确实有可能产生比同时甩负荷工况更高的水压与转速上升。但是对于常规机组电站而言，国际水电工程界通用的做法一般是只研究同时甩负荷工况。不过为了在设计中做到对机组的安全性更加心中有数，近年来国内工程界对于抽水蓄能电站、大型和超大型常规水电站的水击与转速上升分析中也常常考虑相继甩负荷工况。不过考虑到相继甩负荷工况的稀发性，对相继甩负荷工况的分析时在控制条件的采用方面应该比同时甩负荷工况有所放宽才合理。

（1）产生水压上升最不利相继甩负荷工况的条件为：

1）本水力单元所有机组都带满负荷前提下的初始运行水头较高，同时上库水位也较高。

2）分析对象机组的初始导叶开度与同时（或单独）甩负荷时水压上升最不利工况的初始条件相同。

3）分析对象机组并大电网做有差调频运行（电站最普遍的运行方式，网频不会因其他机组甩负荷而发生变化，本机组也不会因水头变化产生调节过程）。

4）同水力单元的其他机组初始为最大出力状态。其他机组同时突甩全部负荷，当调压室水位差不多到最高时（如果是下游调压室，就是当调压室水位最低时），分析对象机组突甩负荷。

（2）产生转速上升最不利相继甩负荷工况的条件为：

1）分析对象机组的初始最大出力，同时也是满开度（与产生同时甩负荷工况转速上升最不利工况的初始条件相同，一般需要多次试算初始条件才能确定）。如果这两个条件不可能同时满足，则要满足在满开度条件下的最大可能出力。

2）分析对象机组并大电网做有差调频运行（网频不会因其他机组甩负荷而发生变化，本机组也不会因水头变化产生调节过程）。

3）同水力单元的其他机组初始为最大出力状态。其他机组同时突甩全部负荷，当调压室水位差不多到最高时（如果是下游调压室，就是当调压室水位最低时），分析对象机组突甩负荷。

（3）产生尾水管真空度最不利相继甩负荷工况的条件为：

1）本水力单元所有机组都带满负荷前提下尾水位最低。

2）分析对象机组的初始最大出力，同时也是满开度。与产生同时甩负荷工况转速上升最不利工况的初始条件相同，一般需要多次试算初始条件才能确定。如果这两个条件不可能同时满足，则要满足在满开度条件下的最大可能出力。

3）分析对象机组并大电网做有差调频运行（网频不会因其他机组甩负荷而发生变化，本机组也不会因水头变化产生调节过程）。

4）同水力单元的其他机组初始为最大出力状态。其他机组同时突甩全部负荷，当调压室水位差不多到最高时（如果是下游调压室，就是当调压室水位最低时），分析对象机组突甩负荷。

上述三种不利情况并非一定排他，在不少电站中这三种不利工况其实是统一的，就是同一个工况，虽然更多的情形是三个不同工况。常规机组相继甩负荷的具体算例见第9章中的9.4节。

单井多机系统不利相继甩负荷工况所产生的水压上升和转速上升有可能比同时甩负荷工况高10%以上，因此通常比一管多机系统严重。但单井多机系统不利相继甩负荷工况与单管多机系统不利相继甩负荷工况一样，为稀发工况，其中恰好为最不利延时的情况就更为稀有了，有可能永远也不会发生。所以除了尾水管最大真空度分析工况外，水压上升与转速上升不应用 7.4.1 小节中所讨论的控制值来作判断，而要在那些控制值的基础上做一定的放宽。因此，国际水电工程界一般不把组合工况作为水压和转速上升控制工况，尽管组合工况有可能产生更高的压力和转速上升。

尾水管最大真空度有其特殊性，因为最大真空度控制值 0.08MPa 距可以造成尾水管内液柱分离的 0.1MPa 的裕量很小，一旦发生严重的液柱分离，其后果可能是灾难性的。

7.5 调压室水位大波动的数值计算分析

调压室水位大波动分析也常被称为调压室涌波水位分析，是调压室设计中不可或缺的一环。意外的调压室涌波水位过高有可能溢出造成事故，而过低则有可能造成调压室拉空。空气进入压力水道并最终进入正在运行的水轮机，轻则造成压力脉动干扰，重则造成机组剧烈振动。调压室水位大波动分析正是为了把调压室水位波动控制在允许范围内，以规避这些风险。

20 世纪 60 年代之前，当调压室水位波动的数值计算法还未普及时，调压室水位波动计算主要依靠解析公式、表格或曲线查询等方法。这些方法产生于对真实物理系统和机组的水力特性以及机组运行状态变化过程的高度简化。如果说这些方法对于简单的水道系统和几种标准结构的调压室并且仅仅在简单工况下还勉强可用，那么对于水道较为复杂、调压室结构不那么标准或机组负荷变化的多种组合，那就非数值计算方法莫属了。开发仅用于调压室水位大波动分析的数值计算软件并不困难，一个大学生完全可以在他的毕业论文期间完成编程并应用于某实际工程，算出与相对很完善的商业化软件几乎完全一致的结果。调压室及与其联系在一起的水道系统的数值模拟已在第 6 章中介绍，本节介绍的是如何用现成的数值模拟软件做调压室水位的大波动分析及调压室参数的优化。

7.5.1 水位波动控制条件

调压室水位波动的控制条件在一定程度上是一个设计参数选择问题，一般没有设计规范方面的硬性规定。换句话说，调压室水位波动的上限值和下限值是设计参数。这两个设计参数的选择虽然并不是任意的，但选择的范围还是比较大的。

水位波动上限的选择范围一般为

$$水位波动上限 = 上库设计洪水位 + KH_r$$

式中：H_r 为机组额定水头；K 为系数，取 $0.07 \sim 0.2$。

系数 K 高水头电站可取低一点，低水头电站取高一点；有上室设计的调压室取低一点，无上室设计的调压室取高一点；单井单机系统可取高一点，单井多机系统可取低一点。

水位波动下限的选择范围一般为

$$水位波动下限 = 上库死水位 - KH_r$$

式中：K 为系数，取 $0.05 \sim 0.1$。

系数 K 高水头电站可取低一点，低水头电站取高一点；有下室设计的调压室取高一点，无下室设计的调压室取低一点；单井单机系统可取高一点；单井多机系统可取低一点。

调压室最低涌波水位限制值往往和引水隧道末端高程和调压室底板高程联系在一起，因此，下涌波水位限制值也可由实际计算出的调压室最低涌波水位来决定。在决定水位波动下限时，一般不要先把引水隧道末端高程和调压室底板高程的设计值定下来之后再由此来决定水位波动下限，这样将有可能在满足下涌波水位控制条件方面造成被动。当然，也不能排除由于地质地貌条件限制不能按以上原则来决定调压室水位波动的上限和下限的情况。调压室设计规范中有最低涌波水位与调压室底板高程之间的裕量不少于 $2m$ 的要求。但这个要求并不一定适用于简单调压室，更不适用于有一种利用抬高引水隧道尾端高度作为下室的调压室设计（图 7.5.1），这种调压室设计允许上游调压室尾端（对于下游调压室而言为上游端）由有压流变为明渠流。

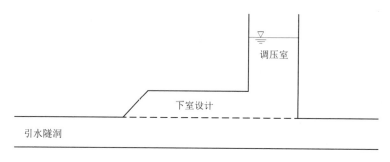

图 7.5.1　抬高引水隧道尾端高度作为下室的调压室设计

7.5.2　涌波水位计算分析工况选择

在 7.4 节的水击与转速上升分析中，不同的水道布置有不同的工况定义，以确保不会漏掉控制工况，但对于调压室涌波水位计算分析却没有这个必要。从 7.4 节讨论中也可以看到，组合工况在水击与转速上升分析中并不那么重要。在一般情况下，组合工况由于其稀发性在满足控制条件方面并不需要与简单工况相提并论。在决定压力管道和水轮机水压上升的控制值和发电机转速上升的控制值时，疲劳损伤方面的考虑是增加安全裕量最主要的因素，因此有理由对待稀发工况像对待非正常或事故工况一样采用不同的控制值。但在调压室水位大波动分析中，组合工况对调压室系统的设计往往要起决定性作用。调压室水位波动的上限与下限的设置中没有因为疲劳方面的因素给出的额外裕量，所以没有可能对组合工况放宽控制条件。事实上，水电站过渡过程中的组合工况分析最初就是因为调压室水位大波动分析的需要而产生的。

7.5.2.1　上涌波水位简单工况定义原则

（1）上库最高水位工况。最高水位一般指的是设计洪水位（0.1%）。同一水力单元初始所有机组满开度运行。如果满开度发电超过发电机短期最大允许出力，则改为初始短期最大允许出力运行。如果满开度发电小于短期最大允许出力，则要合理降低尾水水位，例如假定其他水力单元机组都不发电等。在上述初始条件下，计算分析该水力单元所有机组同时甩负荷所产生的调压室水位波动。

（2）如果上述工况（1）满足机组初始满开度同时又是机组最大允许出力，则不需要再定义新的上涌波水位简单工况。否则就要寻找一个下游水位低一些，上游水位相对比较高，同时又能满足初始满开度同时也是最大出力的上下游水位组合。在上述初始条件下，计算分析该水力单元所有机组同时甩负荷所产生的调压室水位波动。

在下涌波水位分析工况定义中要考虑电站在设计中有没有禁止同一水力单元机组同时增负荷这个问题。一般情况下，同一水力单元机组应避免同时增减负荷，但对于担任调相调峰任务的电站，电网要求多台机组能够成组进行增减负荷调节的可能性相当大，所以在没有明确的不能同时增负荷的设计前提下，不应将这种情况排除。

7.5.2.2　下涌波水位简单工况定义原则

（1）如果电站在设计中没有禁止同一水力单元机组同时增负荷。上库死水位，同一水力单元所有机组空载或调相运行。在上述初始条件下，计算分析该水力单元所有机组由空载开度（调相运行的从零开度）以最快速度开到满开度所产生的调压室水位波动。

（2）如果电站在设计中禁止同一水力单元机组同时增负荷。上库死水位，同一水力单元有 N 台机组。假定其中 $N-1$ 台机组初始满开度运行，另一台空载或调相运行。如果满开度运行机组发电超过发电机短期最大允许出力，则改为初始短期最大允许出力运行。如果满开度发电小于短期最大允许出力，则要合理降低尾水水位，例如假定其他水力单元机组都不发电等。在上述初始条件下，计算分析该水力单元未带负荷那台机组导叶开度由空载开度（调相运行的从零开度）以最快速度开到满开度所产生的调压室水位波动。

（3）如果上述工况（2）所有带负荷机组满足机组初始满开度同时又是机组最大允许出力，则不需要再定义新的下涌波水位简单工况。否则就要寻找一个下游水位低一些、上游水位相对较高、同时又能满足初始满开度同时也是最大出力的上下游水位组合。在上述初始条件下，计算分析该水力单元未带负荷那台机组导叶开度由空载开度（调相运行的从零开度）以最快速度开到满开度所产生的调压室水位波动。

对组合工况采用与简单工况相同的控制条件并不等于完全不考虑组合工况发生的概率。水电站调压室的水位波动就像荡秋千，无限制的增减负荷工况组合会使调压室水位波幅不断上升。但事件组合的次数越多，其发生的概率越小。那么在定义组合工况时怎么决定负荷变动的组合次数呢？目前世界范围水电工程界内普遍认可的组合为两次负荷相反变换的组合工况。同一水力单元所有机组先后不间断陆续加负荷和所有机组同时增负荷一样，算一个事件。两次事件组合工况加上不利延时，这本身就是小概率工况，两次以上事件的组合并且每两个事件之间的延时还都是最不利的概率可以说几乎为零。另外，考虑到某些上下库水位组合的小概率性，组合工况在定义时不但可以对组合的次数加以限制，在上下库水位的选择上也可以做一定限制。

7.5.2.3　上涌波水位组合工况定义原则

（1）如果电站在设计中没有禁止同一水力单元机组同时增负荷。上库设计洪水位（0.5%），同一水力单元所有机组空载或调相运行。在上述初始条件下，该水力单元所有机组由空载开度（调相运行的从零开度）以最快速度开到满开度。等到当调压室进流流量达到最高时，该水力单元所有机组同时甩负荷。分析组合过程所产生的调压室水位波动。

（2）如果电站在设计中没有禁止同一水力单元机组同时增负荷。上库设计洪水位（0.5%），同一水力单元有 N 台机组。假定其中 N−1 台机组初始满开度运行，另一台空载或调相运行。如果满开度机组发电超过发电机短期最大允许出力，则改为初始短期最大允许出力运行。如果满开度发电机组小于短期最大允许出力，则要合理降低尾水水位，例如假定其他水力单元机组都不发电等。在上述初始条件下，空载机组从空载开度（调相运行的从零开度）以最快速度开到满开度。等到当调压室进流流量达到最高时，该水力单元所有机组同时甩负荷。分析组合过程所产生的调压室水位波动（图 7.5.2）。

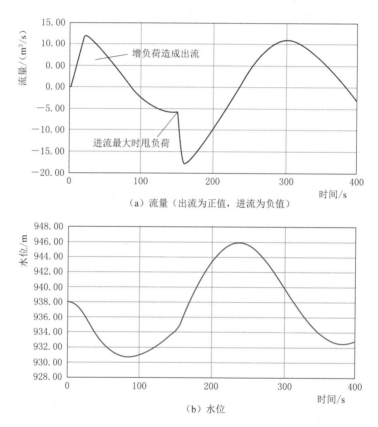

（a）流量（出流为正值，进流为负值）

（b）水位

图 7.5.2 某电站先增后甩组合工况下流量和水位曲线

（3）如果上述工况（2）满足机组初始满开度运行机组同时又是最大允许出力，则不需要再定义新的上涌波水位组合工况。否则，就要寻找一个下游水位低一些、上游水位相对较高、同时又能满足初始满开度同时也是最大出力的上下游水位组合。在上述初始条件下，空载机组空载开度（调相运行的从零开度）以最快速度同时开到满开度。等到当调压室进流流量达到最高时，该水力单元所有机组同时甩负荷，分析组合过程所产生的调压室水位波动。

7.5.2.4 下涌波水位组合工况定义原则

（1）如果电站在设计中没有禁止同一水力单元机组同时增负荷。上库死水位，同一水力单元所有机组满开度运行。如果满开度运行机组发电超过发电机短期最大允许出力，则改为初始短期最大允许出力运行。在上述初始条件下，所有机组同时甩负荷至空载运行。等调压室出流流量达到最高时，所有机组由空载开度同时增到满开度。分析组合过程所产生的调压室水位波动。

（2）如果电站在设计中禁止同一水力单元机组同时增负荷。上库死水位，同一水力单元所有机组满开度运行。如果满开度运行机组发电超过发电机短期最大允许出力，则改为初始短期最大允许出力运行。在上述初始条件下，所有机组同时甩负荷至空载运行。经过不利延时所有机组由空载开度先后不间断陆续增到满开度。此工况的最不利延时一般要通过试算得到。

（3）如果电站在设计中禁止同一水力单元机组同时增负荷。上库死水位，同一水力单元所有机组满开度运行。如果满开度运行机组发电超过发电机短期最大允许出力，则改为初始短期最大允许出力运行。在上述初始条件下，有一台机组甩负荷至空载运行。等调压室出流流量达到最高时，该机组由空载开度增到满开度。分析组合过程所产生的调压室水位波动（图 7.5.3）。

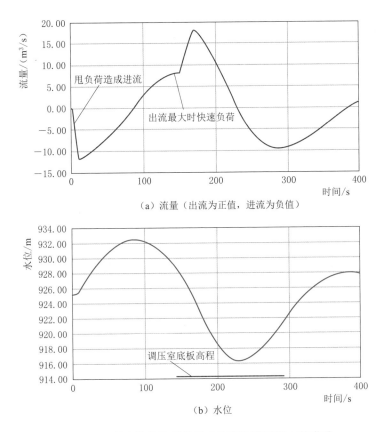

（a）流量（出流为正值，进流为负值）

（b）水位

图 7.5.3　某电站先甩后增组合工况下流量和水位曲线

在选择分析工况时请注意以下两点：

（1）上面建议的上涌波水位和下涌波水位组合工况定义原则中的关于设计中有没有禁

止同一水力单元机组同时增负荷的两种可能，这两种可能是排他性的，只可能在其中二取一。所以在实际项目的分析中，工况的个数不会有像上面讨论的那么多。

（2）在上涌波水位分析工况中本书建议的组合工况和简单工况最高上库水位并不一样，分别为 0.1％洪水位和 0.5％洪水位。事实上并没有什么规范把这个取法定死。具体应该用哪一个洪水位，各具体的工程可根据风险分析略做调整。例如风险分析表明，万一在实际运行中调压室发生非设计性溢流情况，也不会对人员的安全造成威胁或造成重大的设备或财产方面的损失，那么不妨把上库最高调节水位作为组合工况的最高上库水位而把 0.5％洪水位作为简单工况的最高上库水位。但不管哪种情况，稀发性的组合工况完全可以用与频发性的简单工况不相同的最高上库水位。

7.6　水力干扰分析

机组之间的水力干扰主要发生在引水式水电站工程中。当两台和两台以上的水轮发电机组有部分共同水道，并且共同水道在引水水道总长度中所占比重较大时，这几台机组就可以被认为共享同一个"水力单元"。在同一水力单元中的这些机组中的某一台或某几台在发生运行状态改变时（尤其是甩负荷过程）就会造成共享水道中的流量与压力变化，从而对其他机组的正常运行造成干扰。有的文献把两台与多台机组水力过渡过程中的相互作用也作为水力干扰工况分析。本书认为只要有共享水道，机组之间的水力干扰就存在，包括多机组同甩负荷，也是存在干扰的。多机组同时与相继发生的水力过渡过程，还是作为普通大波动和组合工况分析为宜。本节讨论的水力干扰工况仅限于过渡过程中的机组对正常运行机组的干扰。

同水力单元机组之间水力干扰是不可能完全避免的，但水力干扰相对于水击、机组转速上升和调压室涌波水位波动而言，其造成安全风险的可能性要低很多。因此，没有哪一个国家在相关设计规范中有对机组间的水力干扰提出过具体要求。但一切事物都要以发展的眼光去看。随着水电工程规模的越来越大，特别是有压引水发电工程在引水距离与引水量方面的不断增加以及机组单机容量的不断增加，水力干扰分析的重要性也在不断增加。尽管如此，目前没有足够的证据说明水力干扰分析是水力过渡过程分析中不可或缺的组成部分。

水力干扰分析的主要任务是对特定的水道系统设计在水力干扰方面可能出现的安全隐患进行分析。水力干扰分析与水击和调压室涌波水位分析一样同属于大波动分析的范畴。后两者都与电网及机组的并网运行方式无关，因为要分析的是机组脱网之后的过程。但前者就不一样了，以甩负荷造成的水力干扰为例，分析的对象不是甩负荷机组，而是仍在向电网输电的运行机组。因此，水力干扰分析是必须考虑电网因素的。

水力过渡过程分析中的电网因素在本书的讨论中被简化为三种典型假定情况：孤立电网假定、大电网假定和局域电网假定。这三种情况中的局域电网假定是最难处理的，因为其可能性太多，实际上并非是"一种情况"，而是有无数种可能，因此在这种假定下做水力干扰分析是不现实的。

7.6.1 孤立电网假定下的分析

较为现实的孤立电网假定是假定同一水力单元的所有机组以及本电厂其他水力单元的机组向同一电网送电，该电网中没有其他发电厂。假定本电站中的 N 台机组分别向 N 个孤立电网供电是完全不可能的事。于是孤网假定下只有两种情况：

(1) 电网中只有本水力单元机组。

(2) 电网中既有本水力单元机组也有其他水力单元机组。

经常可以看到（包括某些大型涉外水电项目水力过渡过程分析报告）这样的水力干扰分析结论：在孤网条件下，当电站同一水力单元中，有一台或部分机组甩负荷，会对还在运行的机组产生水力干扰。受扰机组出力会增加转速上升，造成该孤立电网网频上升，从而导致导叶的关闭动作。果真是这样的吗？先来看一下情况（1）电网中只有本水力单元机组。

【例 7.6.1】 某规划中的电站水道布置为两个水力单元，每个水力单元为一井两机，单机额定出力 300MW。假定孤立电网中只有同一水力单元两台机组各 270MW（90%）出力发电，同一水力单元两台机供电孤立电网的 HYSIM 模型如图 7.6.1 所示。其中一台机组做有差调频运行，另一台做无差调频运行（这种组合是最典型的孤网发电运行模式）。仿真开始 1s 时其中一台机组突然甩负荷，结果如图 7.6.2 所示。

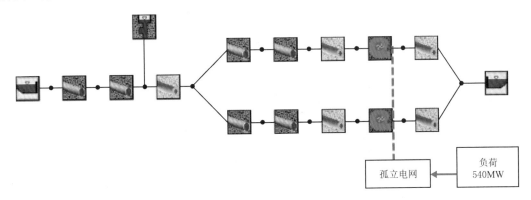

图 7.6.1　同一水力单元两台机供电孤立电网的 **HYSIM** 模型

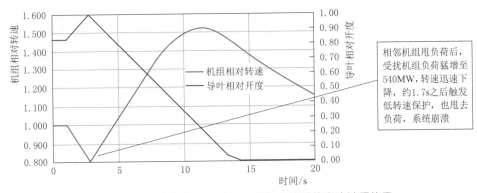

图 7.6.2　受扰机组调节裕量不足导致的系统崩溃过程仿真

【例7.6.2】 ［例7.6.1］中电站的两个水力单元四台机组在孤立电网中各210MW（70%）出力发电，电网总负荷为840MW。仿真开始1s时其中一台机组突然甩负荷，结果如图7.6.3所示。

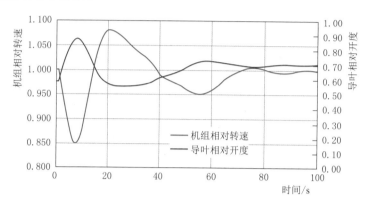

相邻机组甩负荷后，受扰机组负荷由210MW猛增至280MW，转速迅速下降，并大幅波动

图7.6.3 受扰机组调节裕量充足导致的系统大幅波动过程

通过上述分析和两个计算实例可以得出以下结论：

（1）在孤立电网假定条件下，系统中某台机组突然大幅变化出力时，给相邻机组带来的问题主要不是水力干扰，而是负荷转移给受扰机组带来的冲击负荷问题。

（2）当受扰机组调节裕量不足时，会造成相继甩负荷，电网崩溃，在这种条件下根本做不了什么水力干扰分析。

（3）当受扰机组调节裕量充足时，会造成机组转速大幅波动，不能排除在一定条件下电网崩溃的可能，在这种条件下也根本做不了水力干扰分析。

（4）在每台机组各自带一个孤立电网假定条件下的所谓水力干扰工况是完全脱离现实的伪工况。

7.6.2 理想大电网假定下的分析

理想大电网假定条件是做水力干扰分析唯一有现实意义的假定条件，因为只有在这个假定下才能突出水力干扰而不存在电力方面的干扰。由于受扰机组在受扰过程中一直与电网相联，那么这个过程必然与机组的并网运行模式有关。在前面第4章中已经讨论过，机组的并网运行方式不外乎以下四种：

（1）有差调频运行，调差反馈为导叶开度反馈。

（2）有差调频运行，调差反馈为机组出力反馈。

（3）自动调功运行（有条件切除测频回路）。

（4）调（等）开度运行。

在理想大电网假定条件下，对象系统中的某一台或某几台机组大幅变动出力时，电网频率的变化为零或者说可以忽略。这也就是说还在并网发电的受扰机组的转速是不变的，要分析的仅仅是受扰机组的出力波动问题。上述四种运行模式中，（2）和（3）两种机组都有出力自动调节功能，而（1）和（4）两种没有这种功能，所以在受扰条件下出力波动较大。再加上运行模式（1）在实际应用中占统治地位，（4）在多数电力系统中是不允许的，所以在不确定某电站未来的运行模式时，应假定第（1）种运行模式。

理想大电网假定条件下水力干扰工况的定义原则为：

（1）机组有差调频运行，调差反馈为导叶相对开度反馈。

（2）受扰机组出力波动最不利工况（控制工况）一般发生在该机组初始满开度，恰好又是机组最大允许出力（包括最大允许短时超出力）状态。这个状态一般要经过不同上下游水位组合的多次初始条件试算才能确定下来。

（3）当一个水力单元有 N 台机组时，最不利工况出现在初始 N 台机组都为满开度和最大出力，其中 $N-1$ 台机组突然甩负荷。

（4）同一水力单元中机组突然增负荷对其他机组造成干扰的工况成为问题性工况的可能性非常低，可以认为是可算可不算工况。

总的来说水力干扰工况分析实际上就是看机组在受干扰情况下机组（主要看发电机）短时间超负荷的承受能力问题。在多数情况下发电机本身的短时超负荷能力是较强的（参阅 7.6.3 小节），但要防止机组过负荷保护整定不当造成的不必要机组甩负荷停机。

7.6.3　水力干扰分析控制条件

从 7.6.2 小节的讨论中可以看出，水力干扰所造成的主要不利后果是受扰机组出力摆动，因此受扰机组出力摆动所造成的发电机短时间超出力就自然成为了控制条件。发电机出力等于电流与电压的乘积，其励磁调节特性使发电机端电压能很快稳定，所以出力摆动主要表现为电流随时间的变化。

《水轮发电机基本技术条件》（GB/T 7894—2009）中有关水轮发电机在事故条件下过电流的规定：水轮发电机在事故条件下允许短时过电流。定子绕组过电流倍数与相应的允许持续时间按表 7.6.1 确定，但达到表中允许持续时间的过电流次数平均每年不超过 2 次。

从表 7.6.1 可以看出，发电机的短时允许超出力值还是比较高的，例如 10% 超出力的允许时间为 1h。另外，水轮机在高水头条件下的超出力能力一般至少可达到 10% 以上，有不少甚至超过 30%。因此，水电站短时超出力时有发生。如果某一机

表 7.6.1　定子绕组允许过电流倍数与时间的关系

定子过电流倍数（定子电流/定子额定电流）	允许持续时间/min	
	空气冷却定子绕组	水直接冷却定子绕组
1.10	60	
1.15	15	
1.20	6	
1.25	5	
1.30	4	
1.40	3	2
1.50	2	1

组正以允许超出力做短时间运行，同一水力单元的其他机组从满负荷初始状态突甩负荷势必对这台机组造成严重水力干扰。图 7.6.4 为非洲某电站水力干扰控制工况计算结果，受扰机组最大超出力高达 55%，超过额定出力 50% 时间约 3min，超过表 7.6.1 给出的控制值。

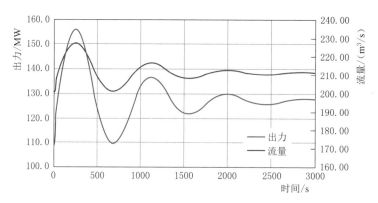

图 7.6.4　非洲某低水头机组受扰时机组出力超额定出力 55%

7.7　抽水蓄能机组水力过渡过程分析

7.7.1　抽水蓄能电站水力过渡过程分析的挑战性

抽水蓄能电站为了满足电力系统动态服务的要求，往往具有一机多用、工况转换迅速、启停频繁、压力脉动剧烈的特点，由此将导致水道系统中产生复杂的水力瞬变过程。巨大的水流惯性所带来的能量不平衡，将引起水道系统中内水压力及机组转速的剧烈变化，危及电站的运行，影响机组的寿命。因此，需进行电站运行中各种工况的过渡过程计算，以对系统的稳定性及危险工况进行预测，为水道系统结构布置、机组及调速系统参数的选择、导叶关闭规律的优化等提供依据。不同于常规水电站及泵站的单向发电或抽水，抽水蓄能电站在水道设计、可逆机组转轮设计上需同时兼顾二者需要，保证双向过流运行的高效安全。该特点决定了抽水蓄能电站的水力过渡过程较常规水电站、泵站相比更为复杂，主要体现在以下几方面：

（1）正如本书在第 3 章 3.2 节中所介绍的，可逆机组特性曲线中存在较严重的倒 S 形，而在这个区域内机组转速的变化对过流特性影响巨大。较小的转速变化会引起较大的流量变化，从而在引水系统中产生较严重的水锤，出现所谓的"截流效应"，由此导致抽水蓄能电站过渡过程中发生的水锤类型迥异于常规水电站机组，同时还伴随剧烈的压力脉动现象。常规低水头水电站的流量主要受导叶开度控制，水锤压力主要由导叶关闭引起。而对于抽水蓄能电站，由于过流特性不同于常规水轮机，在甩负荷导叶关闭过程中，机组引用流量变化源于导叶关闭与转速上升两方面因素，并且转速上升在很多情况下还有可能成为主要因素。这个过程中流量减小很快，短时间内甚至会出现倒流现象。对于常规电站水轮机来说，其关机时间越长，虽然机组转速上升越大，但水锤压力会相对越小。而对于高水头可逆机组，由于其转轮流道狭长，转轮直径一般比常规水轮机直径大 30%～50%，相应的离心力就更大，即使在水轮机方向旋转，也存在部分水泵作用，产生阻止水流进入转轮的作用力；当转速达到飞逸转速时，离心力急剧加大，尽管转速和接力器行程变化很小，流量也将产生很大变化，在产生较大水锤压力的同时，还伴随着剧烈的压力脉动。虽然压力脉动产生机理近年来已取得很大进步，但目前还没有成熟软件可以成功地对其频率的幅值做出可靠的计算和预测，但现场实测资料表明：在导叶关闭所产生的水力过渡过程中，较高的转速常伴随较大的压力脉动，最高转速开度越大，脉动压力相应越大，持续时间约3～5s，而且当机组转速上升值达到或者接近飞逸转速时（力矩为0附近），意味着机组已进入了抽水蓄能电站可逆机组的倒S形水力不稳定区域，此时转速的微小变化均将导致流量的大幅变化，而关闭规律及水库端反射的减压波的影响相对而言较小，由此带来的大幅压力变化导致了该时刻附近蜗壳实测压力出现峰值。之所以是附近，主要是转速上升最大值可以较准确量测，而最大压力动态量测受压力脉动影响，难以准确得到，存在一定的区间范围。

（2）水力过渡过程计算工况多且复杂。该特点实际上是由抽水蓄能电站运行特性决定的，既要考虑发电工况事故甩负荷情况，又要考虑抽水工况事故断电情况；对于设置了上游或下游调压室的水道系统还必须考虑各种最不利的水位、流量组合工况。抽水蓄能电站运行中包含5种基本工况。即静止、发电、发电方向调相、抽水、抽水方向调相，12种基本工况转换，即①静止至发电，②发电至静止，③静止至发电方向调相，④发电方向调相至静止，⑤静止至抽水，⑥抽水至静止，⑦静止至抽水方向调相，⑧抽水方向调相至静止，⑨发电至发电方向调相，⑩发电方向调相至发电，⑪抽水至抽水方向调相，⑫抽水方向调相至抽水，还有两种极端转换方式，即抽水到发电的直接转换和发电到抽水的直接转换。上述过渡工况均属于操作过程中的过渡工况，在正常情况下均是可控的；但在事故情况下，则可能出现部分可控，如水泵失电、导叶紧急关闭，部分失控，如水泵失电、导叶拒动，后两种失控情况是我们需要研究的水力过渡过程工况，机组和水道系统要靠其自身特性来维持它们的安全。

7.7.2　抽水蓄能机组的空载小波动稳定性

当抽水蓄能机组在发电工况特性稳定区内运行时，其小波动稳定性分析与混流式水轮机无异，因此不必在这里做单独的讨论。但如果是在特性不稳定区内运行，情况就不一样了，因为在这种情况下，仅仅通过改变调速器的调节参数根本就无济于事。本书在第3章的3.2节中讨论了发电工况中有可能进入机组特性不稳定区的几种可能性，其中一种就是空载运行。

并非所有的抽水蓄能机组都有这个问题，空载运行区落入机组特性不稳定区在早期的设计中较为常见，比较知名的有卢森堡的 Vianden 电站，比利时的 Bajina Basta、Birna 和 COO Ⅱ 电站。1998 年我国天荒坪的第一台抽水蓄能机组投入试运行时，也发现在低水头启动发电过程中出现空载运行无法稳定的情况。机组制造商为解决天荒坪的这个问题设计了 MGV（Multiflow Guide Vane）导叶异步开启系统。

这个系统通过一对导叶异步开启系统驱动装置（图 7.7.1）将机组的 24 个导叶中的中心对称的两个在机组启动过程中预开启到二十多度，而其他导叶仍受调速器控制仅开至正常空载开度附近。MGV 系统成功地将原空载不稳定特性改变成稳定特性，解决了天荒坪机组低水头情况下的不稳定问题。图 7.7.2 中的实线为没有 MGV 的原特性曲线。

在 MGV 系统成功改变小开度特性不稳定的启发下，有文献建议将 MGV 系统用于大

图 7.7.1　天荒坪 MGV 导叶异步开启
系统驱动装置

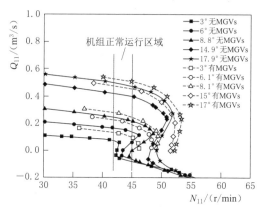

图 7.7.2　天荒坪机组 MGV 系统
改变了小开度流量特性

开度的甩负荷过程中，解决由于不稳定特性所造成的水压上升过高问题，并取得了一定的成功。但更多的研究报告通过计算和实测对这个概念持否定态度。相关文献认为 MVG 所造成的转轮内流量不平衡问题会大幅增加机组的振动与压力脉动。

除了利用 MGV 系统来解决可能出现的空载不稳定问题，另外一种成功的方法是通过部分关闭进口球阀的方式来实现。在第 3 章的讨论中就指出，抽水蓄能机组水力不稳定区的本质是这个区内的增量水力阻抗成为了负值。如果一个负阻抗 $Z_n < 0$ 与一个绝对值更大的正阻抗 $Z_p > 0$ 串联，那么其总阻抗 Z_t 必然大于 0，从而使不稳定特性变成稳定特性：

$$Z_t = Z_n + Z_p > 0 \qquad (7.7.1)$$

随着设计水平的提高，水泵水轮机在空载条件下的不稳定问题及其解决方案 MGV 系统和球阀增阻方案将成为历史。被认为较难解决的高水头水泵水轮机空载不稳定问题已在多数新的可逆式机组（例如水头 700m 的西龙池抽水蓄能机组）的设计中得到解决。

7.7.3　抽水蓄能机组大波动过程状态点轨迹分析

抽水蓄能机组因既有发电运行过渡过程又有抽水工况过渡过程，所以需要分析的大波动工况比常规电站要多一些。但发电运行中的甩负荷过程是抽水蓄能机组过渡过程满足控制条件的关键。因此，对机组的甩负荷过程做一个机组状态点在 N_{11}-Q_{11} 平面上的移动过程分析能增加对这个过程本质的理解。

7.7.3.1　正常甩负荷工况

图 7.7.3（b）和图 7.7.4（b）所示的状态点轨迹并结合图 7.7.3（a）和图 7.7.4（a）可以看出：

（1）机组状态点在甩负荷后转速上升，当转速达到最高时状态点正好落在飞逸曲线上。而飞逸点也通常标志着机组进入负阻抗特性不稳定区。

（2）机组状态点越过飞逸线之后在特性不稳定区（同时也是制动区）内经历了一个流

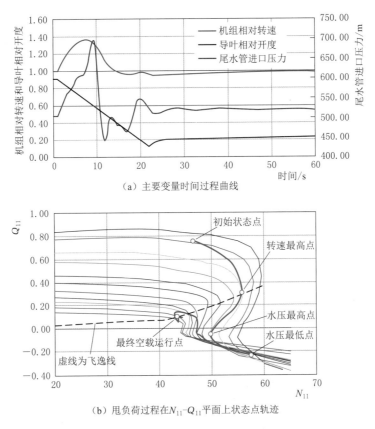

（a）主要变量时间过程曲线

（b）甩负荷过程在N_{11}-Q_{11}平面上状态点轨迹

图 7.7.3　典型情况一：正常甩负荷

量骤减过程，流量剧减的结果造成压力/水头的骤升，水头的猛增使N_{11}值下降［参考第 3 章式（3.1.1）］，并使机组状态点达到一个N_{11}的局部较小点，尽管此时机组转速实际上仍在高位。这个点对应的就是水压上升值最高点，这时机组流量或接近于零或甚至变为负值，之后水流反向机组进入反水泵区，越过水压最高点之后是一个转速和水压/水头双双快速下降过程。这时可能出现三种典型情况。

1）典型情况一。经过水压最高点之后水压下降的速率相对于转速下降而言更快，见图 7.7.4（a）。在这种情况下由于水头的下降较多而转速则因下降相对较慢仍保持较高，机组将更加深入反水泵区并使流量进一步变负。当机组净水头减到了最低点附近时，N_{11}值达到局部高点（水头下降较多所致），见图 7.7.3（b）。反水泵区内N_{11}值达最高点（水头最低）之后随着机组水头的快速恢复，N_{11}的值逐步回复到比甩负荷前稍低一点，Q_{11}也由负值逐步向空载运行点Q_{11}值逼近。如果机组特性在空载点是稳定的，机组将进入稳定的空载运行。

2）典型情况二（导叶慢关情况）。经过水压最高点之后水压下降的速率与转速下降的速率差不多，当水压降到最小值时转速也差不多到了一个局部最小值［图 7.7.4（a）］，因此无力驱使状态点在反水泵区内深入。在这种情况下状态点在制动区和反水泵区内较短时摆动之后机组流量将由负变正，机组从反水泵工况区和制动工况区返回水轮机工况区，机组重新开始加速，并产生一个水压和转速的同时回升。经过转速回升次峰之后机组状态点逐步向空载运行点逼近，如图 7.7.4（b）所示。在导叶慢关条件下，发电甩负荷工况过程中出现转速回升是一种十分常见的现象，包括在前面刚讨论过的典型情况一条件下也会出现。

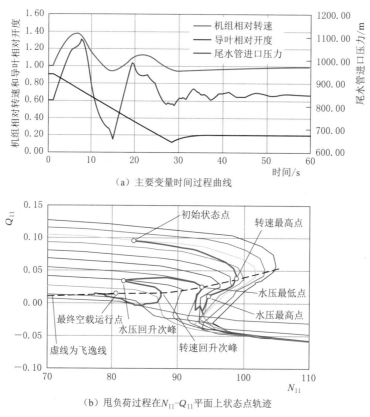

（a）主要变量时间过程曲线

（b）甩负荷过程在 N_{11}-Q_{11} 平面上状态点轨迹

图 7.7.4　典型情况二（慢关）：正常甩负荷

3）典型情况三（导叶快关情况）。状态点在反水泵工况区和制动工况区内时间相对较长。在返回水轮机工况区后由于导叶开度已经相对较小，不足以产生一个明显转速回升过程。状态点保持在飞逸曲线附近变动，并向空载状态逼近，如图 7.7.5 所示。

7.7.3.2　导叶拒动机组飞逸工况

很少有常规水电站水力过渡过程分析报告把导叶拒动机组飞逸工况作为必须的分析内容。但抽水蓄能电站则不同，如果一个分析报告中没有对这个工况的分析，则这个分析报告就是不完整的。这里面的一个主要原因就是抽水蓄能机组的导叶拒动机组飞逸工况有很大可能引起大幅值的机组转速、机端水压的大幅值波动［图 7.7.6（a）］以及大幅度的调压室水位波动。造成这种情况的原因正是水泵水轮机特性的不稳定区以及反水泵区，这也解释了为什么常规水力发电机组不会发生这种情况。

并非所有可逆式机组进入飞逸状态就意味着一定会进入不稳定状态。是否会发生取决于 N_{11}-Q_{11} 平面上飞逸特性曲线与流量特性曲线交点处流量曲线切线的走向。如果切线的走向为正（该线正切值大于或等于零），那么机组进入飞逸状态后必定振荡。如果切线的

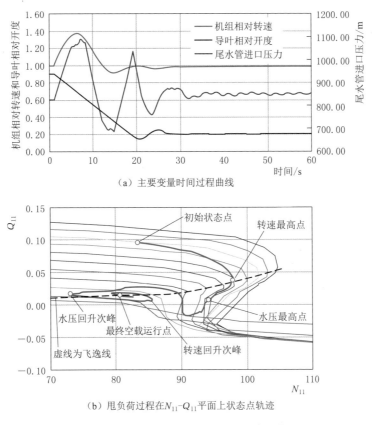

（a）主要变量时间过程曲线

（b）甩负荷过程在N_{11}-Q_{11}平面上状态点轨迹

图 7.7.5　典型情况三（快关）：正常甩负荷

走向为负，振荡与不振荡两种可能性都有。如果该切线的正切值是一个绝对值较大的负值就不会发生振荡，否则仍有发生振荡的可能，但振荡会呈现一个衰减过程，一般不会是一个最终保持等幅振荡过程。

一般来讲，可逆式机组的设计水头越高，发生导叶拒动飞逸振荡的可能性也越大。

7.7.4　抽水蓄能机组大波动过程分析的控制工况

抽水蓄能机组大波动分析控制条件中较容易满足的是机组的转速上升。从特性曲线可知，抽水蓄能机组的最大静态飞逸转速一般只有额定转速的 125％～135％，比普通混流式水轮机低得多，就是把水压上升等因素考虑进去，动态飞逸转速能够达到 145％的［除了少数低水头（200m 以下）抽蓄机组］较为罕见。所以，转速上升控制条件一般是容易满足的。如果控制条件是上升 50％，那么这个控制条件在多数（非极端）情况下就如同虚设。另外，控制条件中最难满足的一般是机组压力侧的水压上升和尾水管进口的水压波幅度。造成这种高压力上升和波幅过大的主要原因也正是前面章节中已讨论过的这个 S 形流量特性不稳定区。混流式水轮机的转速对流量虽然也有一定作用，但控制流量的主要还是导叶。而水泵水轮机的转速对流量的控制作用有可能超过导叶，特别是当机组进入流量特性不稳定区之后，转速就成了主要的流量控制因素并有可能造成甩负荷工况。

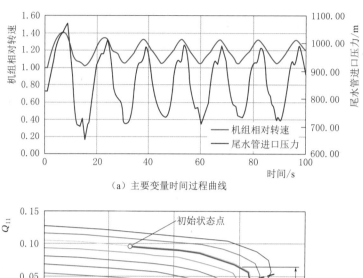

（a）主要变量时间过程曲线

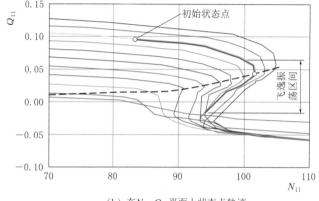

（b）在 N_{11}-Q_{11} 平面上状态点轨迹

图 7.7.6　典型情况：甩负荷导叶拒动

对于上下游水道都没有调压室的系统，甩负荷工况中的控制工况一般发生条件如下。

7.7.4.1　最高蜗壳水压的控制工况发生的一般条件

由于可逆式机组的流量特性对水压上升的影响比常规机组要大得多，所以对可逆式机组水压上升控制工况产生条件的估计存在较大不确定性。以下几点仅供工况选择时参考（并不能绝对肯定包含控制工况）。

（1）发电工况下突甩负荷、导叶正常关闭。抽水断电工况或甩负荷导叶拒动工况一般不会成为蜗壳水压上升的控制工况。

（2）上库最高水位，下库较低（上库水位最高前提下所对应的最低）水位，形成最高毛水头。在此条件下由于水头高，同等出力条件下流量小，因此水头损失小，造成初始压力较高。

（3）初始同一水力单元所有机组最大允许（包括允许超负荷）负荷运行。初始出力高会造成甩负荷后转速上升快，从而在甩负荷时迅速进入机组特性的 S 形不稳定区。

（4）如果没有共享上游调压室，同一水力单元所有机组同时甩负荷。同时甩负荷造成流量对时间的变化率最大。无论是用刚性水击还是弹性水击理论分析，水击值与 $\mathrm{d}Q/\mathrm{d}t$ 值密切相关。

（5）同一水力单元机组相继甩负荷有可能成为水压上升最不利工况。

7.7.4.2　尾水管最低水压的控制工况发生的一般条件

对于抽水蓄能机组而言，要想准确找出尾水管最低水压工况发生的规律是很难的。以下所列的几个条件可供参考：

（1）下库水位最低。

（2）初始同一水力单元所有机组最大允许（包括允许超负荷）负荷运行。初始满开度同时最大出力形成最大流量，高流速水头加上最低下库水位形成最低尾水出口压力。同时，低水头加上高初始出力机组在甩负荷时，会很快进入特性不稳定区。

（3）同一水力单元所有机组同时甩负荷。同时甩负荷造成最大的流量对时间的变化率，从而造成最大负水击。

（4）如果有共享下游调压室（或水平断面较大的尾水闸门井），同一水力单元机组相继甩负荷有可能成为尾水管水压下降最不利工况。

7.7.4.3　最高转速上升工况发生的一般条件

如果排除导叶拒动工况，最高转速上升工况发生的一般条件为：

（1）可能性一，发生在最高毛水头条件。最高毛水头工况也是最高水压上升工况的条件。从水轮机特性可知，机组的飞逸转速与机组净水头的平方成正比。也就是说水头越高飞逸转速也就越高。在这种情况下，蜗壳最高水压上升与机组最高转速上升就会发生在同一工况。事实上，蜗壳最高水压上升、机组最高转速上升以及尾水管最低水压这三者发生在同一工况的情况在抽蓄机组中并不少见。这种情况在常规机组中一般是不会发生的。

（2）可能性二，初始满开度工况。在这种可能性下，上、下库水位的具体值并不重要，重要的是水位差（水头）。在这个水头条件下机组满开度恰好输出机组最大允许出力。开度越大，飞逸转速也越高。高初始流量在甩负荷中会造成高水压上升从而使动态水头增加，进一步推高机组的动态飞逸转速。

（3）对于有调压室的系统（多机共有），同一水力单元机组相继甩负荷有可能成为最高转速上升工况。

如果考虑导叶拒动，则是同一水力单元所有机组同时甩负荷，其中一台导叶拒动，其他机组导叶正常关闭可能造成最高的转速上升。由于拒动机组的满开度加上动态水头的作用（大开度＋高动态水头），有很大概率成为最高转速上升控制工况。不过导叶拒动工况为极低概率工况，这种低概率工况是否应该和其他常发性大波动工况采用相同的控制条件值得探讨。对于混流式机组，多数情况下只要导叶拒动，就不可能满足一般要求的50%～60%转速上升控制条件。因此，混流式水轮机机组的导叶拒动转速上升率一般要定得比50%～60%要高得多，通常做法是比水轮机的静态飞逸转速至少再高10%，对于某些机组这意味着80%～100%，或更高。但对于抽蓄机组，由于水泵水轮机的静态飞逸转速较低，导叶拒动作为稀发工况要满足一般频发工况的转速上升控制条件，在多数情况下还是做得到的。

抽水蓄能电站水泵水轮机的过渡过程因其特有的水力不稳定区而比常规水电站机组的水力过渡过程要复杂很多，而且具有更多的不确定性。上面介绍的这些找出最不利工况的方法可能并不一定总是正确的，但了解这些规律对有效地找出控制工况肯定是有帮助的。

7.7.5 控制抽蓄机组水压上升的方法

常规水电站的水压上升控制一般只需在导叶关闭时间和关闭规律上做优化就可以解决，但抽水蓄能电站并不完全是这样。抽水蓄能机组在甩负荷水力过渡过程中的水压上升与机组的转速变化有很大的相关性，甚至会产生某些文献所称的"截流效应"，而这也是控制抽水蓄能机组水压上升问题的一个难点。要想有效地控制抽蓄机组的水压上升，常常需要增加机组转动惯量和调整关闭时间。

（1）正因为机组水压上升中的转速上升因素，通过增加机组的 GD^2 以降低甩负荷过程中的转速上升率是控制水压上升的有效方法之一。因此，在抽水蓄能机组招标时应比常规水电机组更注意选 GD^2 较大的方案。对于单机容量 200MW 以上的机组，机组的 T_a 值最好选 8.0s 以上，而 300MW 以上的机组最好选 9.0s 以上。这里所建议的 T_a 取值完全在所对应的发电机正常设计值允许范围之内，招标经验表明，这样选机组的 T_a 值并不会增加机电投资。

（2）调整抽水蓄能机组导叶关闭时间的效果虽然比不上常规水电站的效果，但也并非无足轻重。导叶开度的变化快慢对水压上升而言仍然是一个重要因素。由于抽水蓄能机组的转速上升要求比较容易满足，在多数情况下延长关闭时间一般不会造成机组转速过快，所以调整导叶关闭时间的自由度相对较大。

（3）采用分段或多段关闭规律虽然不能说完全无用，但效果一般不显著，因此不应作为抽水蓄能机组控制水压上升方法的首选。

振荡流及水力共振

8.1 振荡流基础知识

8.1.1 基本概念

8.1.1.1 振荡流

当水道中流量有一个持续的周期分量，如图 8.1.1 所示，这种流态就被称为振荡流（oscillatory flow）。这个周期分量也称为波动分量或交流分量 $Q^\sim$，而流量的中值常被称为稳态分量或直流分量 Q_0。当然，这个周期分量并非一定是图 8.1.1 所示的正弦波形，方波和任何其他同期波都包括在内。振荡流在不同的应用场合也常被称为波动流或周期流（频率较低并且无尖峰波）或脉动流（高频较高或波峰较尖）。

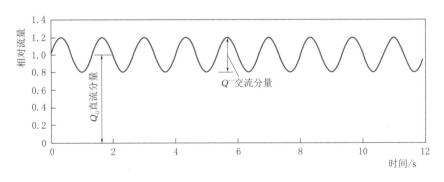

图 8.1.1 振荡流基本概念图

振荡流存在以下关系：$Q = Q_0 + Q^\sim$

在振荡流状态下，水压、水头必然也存在交流分量，类似的也有：$H = H_0 + H^\sim$

8.1.1.2 周期、频率和波长

周期指的是振荡流的流量或压力状态重复的间隔时间，一般用字母 T 表示，单位一般为秒（s）。而每秒重复周期的次数为振荡频率常用 f 表示，单位为赫兹（Hz）。二者之间的关系为 $f=1/T$。振荡流作为一种波动现象在管道内传播，在一个周期 T 内波所传播的距离称为波长，用 L 表示，$L=aT$，a 为水击波波速。

8.1.1.3 水力共振

"振荡流"和"水力共振"这两个概念是紧密联系在一起的。不少与本书同类的专著，例如享有盛誉的 Wylie 和 Street 合著的 Fluid Transients 一书里将与本章内容相同的那一章命名为"振荡流"，而有着同样影响力的 Chaudhry 所著 Applied Hydraulic Transients 一书则用"水力共振"作为这一章的章名。

在中学时代的物理课上就接触到了共振的概念。有一个几乎人人皆知的故事：一小队士兵在一座桥梁上走正步，士兵们步伐的频率与大桥的特征频率或自然频率正好相同，结果引发共振，桥梁因此被破坏而断裂。共振是物理学上的一个运用频率非常高的专业术语，是指一个物理系统在其特征频率或接近其特征频率的情况下，比在其他频率的条件下以更大的振幅振动的现象。在特征频率下，很小的周期性振动激励便可产生很大的振动，因为系统不断地吸收并储存了动能。自然界中有许多共振现象，如乐器的音响共振（专用名词为"共鸣"）、太阳系一些类木行星的卫星之间的轨道共振、动物耳中基底膜的共振、电路的共振等。在大学物理中，我们系统学习过弹簧这一质量系统的振动及其特征频率的计算方法。

本书的讨论对象是水道系统。水道系统也是一种形式的弹性-质量系统，水道中的水体具有质量，水体本身以及周边的管壁都具有一定的弹性。这样的系统当然也就会存在特征频率，这样的系统也有可能激发共振现象。与固体力学中的弹性-质量系统共振现象不同的是，水道中的水体质量及其弹性具有分布特性，理论上甚至有无穷多个特征频率。

8.1.1.4 自激振荡

一个老式的水龙头刚开启或接近关闭时常常会造成"管鸣"现象并伴随一定程度的管振，这是一种典型的水道系统的自激振荡。自激振荡指的是没有外部振源的条件下水道系统内部由于水的流动或水的压力而激发的水道振荡流。水道系统的自激振荡多数是由于近关闭状态阀门的弹性密封的"压差越大，漏水越小"特性造成的。本章 8.9 节将做具体分析。

另一个值得一提的自激振荡例子就是抽蓄机组在甩负荷导叶拒动工况或锁定低开度运行条件下机组特性曲线进入反 S 形不稳定区域后可形成不收敛的机组和水道的等幅振荡流，详见 3.4 节。

卡门涡也是一种自激振荡。在流体中安置阻流体，在特定条件下会出现不稳定的边界层分离，并产生两道非对称排列的旋涡，其中一侧的旋涡循某方向转动，另一旋涡则反方向旋转，如果这个现象发生在有压水道内，就会激发流量及压力的脉动。但在水力发电系统的水道中，如果把水轮机、水泵等水力机械排除在外，那么由水道本身设计方面的问题而激发卡门涡的情况极为少见。

在分析水道系统振荡流和压力脉动时，有必要把系统中的水力机械作为水道系统的一部分进行相关分析。

8.1.1.5 受迫振荡

受迫振荡也被称为他激振荡。受迫振荡指的是系统在受到外部周期性激励输入情况下所产生的振荡。水电站水道系统中的振荡流多数是属于受迫振荡，而振源一般来自机组。常规水电站和抽蓄水电站的机组在运行中或轻或重都会伴随着一定程度振动。机组的振动有的与水道系统的设计无关或关系不大，而有的却有可能有很大的关系。电站机组的振动是电站运行中最令人头痛的问题之一，其主要危害表现如下：

（1）是电站运行噪声的主要来源，恶化了运行环境。

（2）振动造成的长期周期负荷可使机组产生疲劳损伤，降低机组使用寿命。振动特别严重时，机组结构薄弱部分可能在较短时间内产生严重破坏性后果，例如俄罗斯萨扬水电站的站毁人亡特大事故。

（3）电站机组的振动作为电站的水道系统的激励源，如果其频率与水道系统的某个特征频率相同或者相近，就有可能引发机组与水道之间的互动共振。互动共振不但会放大机组本身的振动，也会造成水道内周期性大幅值压力-流量脉动，这个现象就是水力共振现象。

8.1.1.6 谐波和谐振

如果一个振动波的波形为正弦波形 $A\sin(\omega t + \varphi)$ 或近似正弦波形，我们称它为谐波。有这种特征的振动，我们称它为谐振。数学分析中傅里叶变换理论告诉我们，任何一种固定的周期波，都可以展开为多个谐波分量的组合。频率最低的那个分量被称为基波或一次谐波，其他的分量被称为高次谐波。

8.1.1.7 谐波模态

前面提到，水道系统是一个分布系统。当系统内发生谐振时，系统中的不同点的谐振波幅度是很不一致的。对于一个特定频率的谐振，系统不同点振幅的包络线就是该频率的谐振模态。

简单的水库-管道系统如图 8.1.2 所示。水道中的两个主要状态变量，流量与压力在共振状态下的模态有一个 90° 的波动相位差，在图 8.1.3 所示简单系统共振状态下的模态图上能明显看出。

图 8.1.2　简单的水库-管道系统

8.1.2　二阶振荡系统

可以说，对一个二阶振荡系统的了解，是理解所有振荡现象的基础。

8.1.2.1　自由振荡及其阻尼

如果一个系统在外部激励消失之后仍有振荡现象并会持续，或持续一段时间，这种物理现象被称为"自由振荡"，例如典型的质量-弹簧振荡系统。带阻尼项的质量-弹簧振荡系统的微分方程为

$$\frac{\mathrm{d}^2 y}{\mathrm{d}t^2} + 2\sigma\omega_0 \frac{\mathrm{d}y}{\mathrm{d}t} + \omega_0^2 y = 0 \tag{8.1.1}$$

式中：ω_0 为特征频率，等于无阻尼时的自由振荡的频率；σ 为阻尼系数。

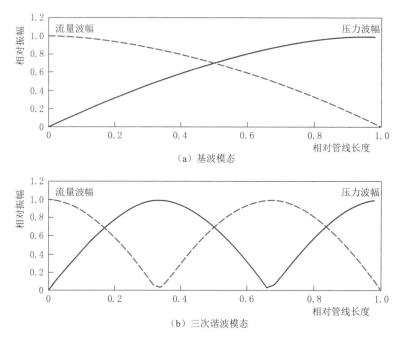

图 8.1.3　简单的水库－管道系统共振时的基波和三次谐波模态图

式 (8.1.1) 描述的系统在经典控制理论中被称为二阶振荡系统。经拉氏变换后可得其特征方程：

$$s^2 + 2\sigma\omega_0 s + \omega_0^2 = 0 \tag{8.1.2}$$

其根为

$$s = -\sigma\omega_0 \pm \omega_0\sqrt{\sigma^2 - 1} \tag{8.1.3}$$

当 $\sigma < 1$ 时，有

$$s = -\sigma\omega_0 \pm j\omega_0\sqrt{1 - \sigma^2}$$

$$s = -\zeta\omega \pm j\omega = \alpha \pm j\omega \tag{8.1.4}$$

式中：ω 为阻尼自由振荡频率，$\omega = \omega_0\sqrt{1-\sigma^2}$；$\zeta$ 为自由振荡衰减系数，$\zeta = \dfrac{\sigma}{\sqrt{1-\sigma^2}}$；$\alpha$ 为系统特征根的实部，$\alpha = -\zeta\omega$。

式 (8.1.4) 是一对共轭复数，因此式 (8.1.1) 的通解为

$$y(t) = A\,\mathrm{e}^{-\zeta\omega t}\sin(\omega t + \psi) = A\,\mathrm{e}^{\alpha t}\sin(\omega t + \psi) \tag{8.1.5}$$

式 (8.1.4) 和式 (8.1.5) 表明：

(1) 系统特征根的虚部 ω 代表系统的自由振荡角频率。

(2) 系统特征根的实部 α 代表了自由振荡的衰减程度，是衰减系数与自由振荡角频率之积的负数。

一个真实的质量-弹簧二阶振荡系统的衰减系数 ζ 总是大于 0 的，所以它是一个稳定的系统（图 8.1.4）。但如果某个二阶振荡系统的方程式与式 (8.1.1) 相同，但其阻尼系数值为负 $\sigma < 0$，这样的系统的 ζ 小于 0，两个共轭复数特征根的实部 α 就会为正，振荡发散，成为不稳定系统（图 8.1.5）。这样的系统是真实存在的，很显然，它就是一个自激振荡系统。

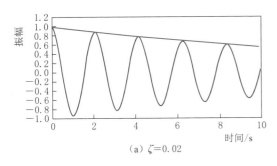
（a）$\zeta = 0.02$

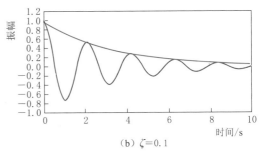
（b）$\zeta = 0.1$

图 8.1.4　二阶振荡系统的衰减系数

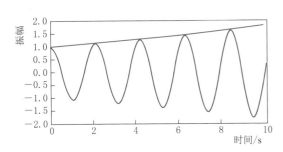
图 8.1.5　负阻尼二阶振荡系统（$\zeta = -0.02$）

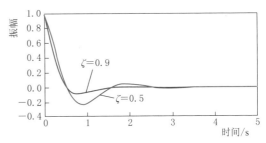
图 8.1.6　高阻尼二阶振荡系统（$\zeta \to 1.0$）

ζ 值的另一个极端情况就是高阻尼情况，$\zeta \to 1.0$，这时振荡衰减极快（图 8.1.6）。而当 $\zeta \geqslant 1$ 时，就根本不会有振荡出现了。

当 $\sigma \ll 1$ 时，$\sqrt{1 - \sigma^2}$ 的值几近为 1，因此可认为振荡衰减系数与阻尼系数等值。

$\zeta = \sigma$；$\omega = \omega_0$，因此式（8.1.1）也就可表示为

$$\frac{\mathrm{d}^2 y}{\mathrm{d}t^2} + 2\zeta\omega \frac{\mathrm{d}y}{\mathrm{d}t} + \omega^2 y = 0 \tag{8.1.6}$$

在水力共振分析中，多数对象是低阻尼系统，所以在分析中一般可以对系统阻尼系数 σ 与系统自由振荡衰减系数 ζ 不加区别。阻尼系数是振动分析中的一个重要参数。一个二阶振荡系统只有一个自然谐振频率，但有压水道系统不管多么简单，都会有很多个特征频率，而且每个特征频率的阻尼系数都有可能不一样，而要得到这些系数的具体值并不那么容易。

8.1.2.2　二阶振荡系统的受迫振荡

并不是只有上面刚讨论的质量-弹簧系统才是二阶振荡系统。标准二阶振荡系统的微分方程为

$$\frac{\mathrm{d}^2 y}{\mathrm{d}t^2} + 2\sigma\omega_0 \frac{\mathrm{d}y}{\mathrm{d}t} + \omega_0^2 y = k\omega_0^2 x \tag{8.1.7}$$

式中：x 为受迫振荡的输入变量，当 $x = 0$ 时，式（8.1.7）变为二阶自由振荡方程式（8.1.1）。式（8.1.7）拉氏变换后得

$$(s^2 + 2\sigma\omega_0 s + \omega_0^2)y = k\omega_0^2 x \tag{8.1.8}$$

或

$$y = \frac{k\omega_0^2}{s^2 + 2\sigma\omega_0 s + \omega_0^2} x \tag{8.1.9}$$

式(8.1.10)中
$$\frac{k\omega_0^2}{s^2 + 2\sigma\omega_0 s + \omega_0^2} \tag{8.1.10}$$

就是由输入 x 到输出 y（更常称为"响应"）之间的传递函数。

8.2 水道系统的频率特性

前面提到，水道系统在周期性振源扰动条件下会产生周期性振荡流，即受迫振荡现象。例如机组的调速系统如果稳定性不好，会产生不收敛的周期性调节作用，机组导叶的周期性摆动无疑会产生水道中的振荡流。但振荡流是否会激发水道系统的共振，还要看水道系统的频率特性。水力共振产生的条件是激励频率与系统特征频率相同或相近。而前文所述的受迫振荡流的例子，由于调速器所产生的周期波动频率一般远低于水道系统的特征频率，因此，发生共振的可能性不大。

既然水力共振发生的条件必须是振源频率与水道特性频率相同或相近，那么我们就有必要研究水道系统的频率特性。本书第 3 章中介绍了用于调节稳定性分析的"时间域分析方法"和"频率域分析方法"，水道系统的频率特性从理论上讲也可以用这两种方法分别进行分析。

8.2.1 水道系统时间域响应分析法

对于一个理想化的简单无阻尼水道系统，如果输入一个流量突变量（非周期阶越变化），并把系统某参考点的压力变化作为输出量，那么这个输出量将有一个明显的周期波动分量。这个输出变化量就是我们所称的系统对输入信号的响应。由于输入信号是阶越信号，这个响应也被称为阶越响应。系统的时间域阶越响应原理见图 8.2.1。

更具体一些，可以用第 2 章中说明水击波传播的那个简单系统来做分析。管道末端放水阀瞬间关闭，造成管道末端的流量由 Q_0 瞬时变为 0：$Q_0 \rightarrow 0$。这是一个典型的阶越变化（图 8.2.2）。

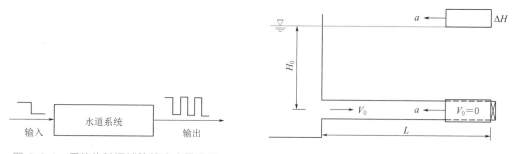

图 8.2.1 系统的时间域阶越响应原理图　　图 8.2.2 流量阶越骤变引发水击波的传播与反射

上述系统对于这个流量骤变激发的管道尾端压力响应为

$$\Delta H = -\frac{a}{gA}\Delta Q = \frac{a}{gA}Q_0 \tag{8.2.1}$$

式中：A 为管道截面面积，m^2；a 为水击波速，$\mathrm{m/s}$；Q_0 为初始流量，m^3/s。

请注意，图 8.2.3 的横坐标（L/a）的量纲为时间。

这个理想化的例子中忽略了波在传播过程中的阻尼衰减，因此压力响应曲线为规整的没有衰减的矩形周期波叠加在初始压力之上。周期分量的波动周期为 $T=4L/a$，或者说频率为

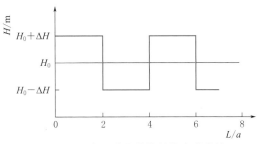

图 8.2.3 由水道流量阶越骤变激发的压力响应时间曲线

$$F_1 = a/4L \qquad (8.2.2)$$

这个频率就是响应信号的基波频率，这个频率也恰好是该系统的第一特征频率。

对该周期函数做傅里叶正弦级数（奇函数）展开：

$$f(t) = H_0 + \Delta H \frac{4}{\pi}\left[\sin(\omega t) + \frac{1}{3}\sin(3\omega t) + \frac{1}{5}\sin(5\omega t) + \frac{1}{7}\sin(7\omega t) + \cdots\right]$$

$$(8.2.3)$$

其中
$$\omega = \frac{a\pi}{2L}$$

于是就得到了第三、第五等高次谐波的频率与幅值，它们的频率分别为该水道系统的第二、第三特征频率等。

$$F_2 = 3a/4L$$
$$F_3 = 5a/4L \qquad (8.2.4)$$
$$\cdots$$

虽然从式（8.2.3）中可以看出，第三、第五等高次谐波的次数越高，其幅值就越低，但这并不是水道系统的频率响应的真实反映。本节中水道系统的水击波的产生是由流量的突变激发的，如果对这个突变的流量激发信号进行非周期函数的傅里叶积分变换，就会发现，这个激发信号里的对应压力响应中的基波频率的那个分量幅值本来就比对应高次谐波频率的分量幅值要高。时间域响应分析法一般只能用于理想化的无阻尼简单系统的分析，其主要功能是帮助读者对水道系统的特征频率建立一个较为直观的理性认知。实际的水道系统不仅较为复杂，而且波动的阻尼在实际案例分析中是不容忽略的。下面我们就来介绍一下确有工程实际应用价值的研究系统频率特性最常用的方法——频率响应分析法。

8.2.2 频率响应分析法

频率响应分析法是经典控制理论中频率域分析方法中的一个重要组成部分，这个方法完全建立在线性系统分析的理论基础上。由于水道系统并不是线性系统，所以对水道系统应用频率响应法分析时，必须对系统做必要的线性化处理。而线性化处理的理论依据就是小波动假定，这一点在做调速系统和调压室稳定性分析时就已接触到了。在 4.1.5 小节中已对频率响应分析法做了一定程度的叙述与讨论，其中介绍了如何用调速系统的开环和闭环频率特性来判断该系统的稳定性与调节品质。本节将用频率响应分析法来了解水道系统

图 8.2.4 水道系统的频率
响应原理图

的频率特性。水道系统的频率响应原理见图 8.2.4。

图 8.2.4 所示的原理图中，输入是一个等幅的谐波波动量。系统的频率响应特性定义为波动响应（response）与波动输入（input）之比：

$$C = \frac{\text{response}^{\sim}}{\text{input}^{\sim}} \tag{8.2.5}$$

对于水道系统，这个量一般是流量或阀门（当然也可以是水轮机的导叶）开度。系统在谐波输入信号的激励下，在系统的某参考点会产生一个谐波输出量，对于水道系统而言，这个输出量一般取水头或压力。这个水头谐波的波动频率会与输入信号的频率相同，但波动幅值和相位与输入则不尽相同。设输入激励为流量 $Q^{\sim}$，则有

$$Q^{\sim} = Q_{\text{in}} \sin(\omega t) \tag{8.2.6}$$

输出水头（响应）$H^{\sim}$ 则可表达为

$$H^{\sim} = H_{\text{out}} \sin(\omega t + \varphi) \tag{8.2.7}$$

式中：Q_{in} 为输入波动幅值；H_{out} 为输出波动幅值；ω 为角频率；φ 为输出相位滞后；t 为时间。

但是系统在某点的 $H^{\sim}$ 并不能直接就被定义为系统的水头对流量的"频率响应特性"，因为这个系统特性应该与输入信号的强弱无关，所以系统的频率响应特性不妨定义为 $C = \frac{H^{\sim}}{Q^{\sim}}$。但频率响应分析法其实是一种研究系统响应与系统输入之间关系的方法，由于压力与流量的量纲不同，所以不具直接可比性，有必要将变量相对化和无量纲化。引入无量纲变量：

$$q^{\sim} = \frac{Q^{\sim}}{Q_0}$$

$$h^{\sim} = \frac{H^{\sim}}{H_0}$$

其中 Q_0 和 H_0 分别为流量和压力（或水头）参考值。在具体分析中这两个参考量可取所分析的工况点机组的稳态流量和水头。于是系统的水头对流量的响应特性为

$$C = \frac{h^{\sim}}{q^{\sim}} = \frac{Q_0 H^{\sim}}{H_0 Q^{\sim}} \tag{8.2.8}$$

如果引入相对量 $q = \frac{Q_{\text{in}}}{Q_0}$；$h = \frac{H_{\text{out}}}{H_0}$，式（8.2.6）和式（8.2.7）可分别写为

$$Q^{\sim} = Q_0 q \sin(\omega t) \tag{8.2.9}$$

$$H^{\sim} = H_0 h \sin(\omega t + \varphi) \tag{8.2.10}$$

在分析工作涉及频率范围内，以一定频率增量为步长逐步变化输入频率，系统的输出的幅值与相位，都会随输入频率 ω 的变化而变化。换言之，无量纲输出量的幅值 h 与相位 φ 都是频率 ω 的函数。式（8.2.10）更准确的表达式应为

$$H^{\sim} = H_0 h(\omega)\sin[\omega t + \varphi(\omega)] \tag{8.2.11}$$

把输出波动量的无量纲幅值 h 与输入量的无量纲幅值 q 之比 h/q 当然也是频率 ω 的函数，这个函数就被称为系统频率响应的"幅值特性"，而 $\varphi(\omega)$ 则被称为系统频率响应的"相位特性"。在第 3 章中介绍反馈控制系统频率域稳定性分析时，开环系统的幅值特性与相位特性有同等的重要性。而在做一个系统的振动、振荡分析时，主要是用幅值特性这一部分。因此为了方便，本章用到"频率响应特性"一词或简称"频率特性"时，指的是频率响应的幅值特性。

类似的，如果激励源是阀门或水轮机导叶的开度波动，系统的水头对开度的频率响应特性定义为

$$C = \frac{h^{\sim}}{y^{\sim}} = \frac{Y_0 H^{\sim}}{H_0 Y^{\sim}} \tag{8.2.12}$$

8.2.3　二阶振荡系统的频率响应

水道系统的频率响应的数学模型和计算都较为复杂，分析也不那么直观。因此，对一个简单的标准二阶振荡系统的讨论有助于对频率响应分析法的理解。

式（8.1.10）的方框图表达如图 8.2.5 所示。

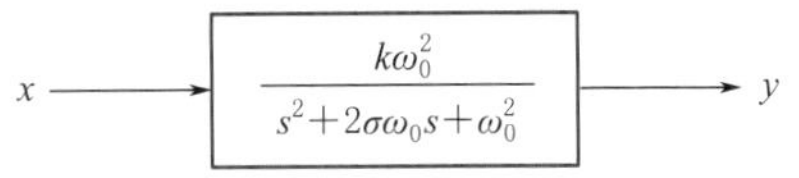

如果输入 x 是一个谐波信号，线性系统的响应必然也是谐波。于是根据式（8.2.5），系统的频率响应特性即为

$$\frac{y^{\sim}}{x^{\sim}} = \frac{k\omega_0^2}{(j\omega)^2 + 2\sigma\omega_0(j\omega) + \omega_0^2} \tag{8.2.13}$$

图 8.2.5　标准二阶振荡系统方框图

式中：$\omega = 2\pi f$，为角频率变量；j 为虚数符号。

计算实例，$k=1.0$，$\omega_0=6.28$，$\sigma=0.01$、0.05、0.25。不同阻尼系数 σ 二阶振荡系统的频率响应计算结果如图 8.2.6 所示。

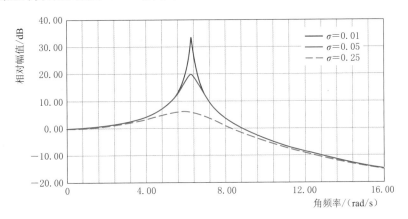

图 8.2.6　不同阻尼系数 σ 二阶振荡系统的频率响应计算结果

8.2.4　频率响应峰尖形态与阻尼系数的关系

阻尼系数不但对自由振荡有重大影响，对系统的频率响应特性（受迫振荡特性）也有重大影响。一方面，阻尼系数决定了响应曲线在特征频点峰尖的尖锐程度；另一方面，如果已知频率响应曲线，也可反过来根据峰尖的尖锐度求出某个谐振频率的阻尼系数。由于谐振峰尖形态求阻尼系数常用的方法是 $-3\mathrm{dB}$ 法，就是峰尖分贝值减去 $3\mathrm{dB}$ 划一水平直线，如图 8.2.7 所示，水平线交特性曲线两点 f_1 和 f_2。

$$\sigma=0.5\frac{\omega_2-\omega_1}{\omega_0}\quad\text{或}\quad\sigma=0.5\frac{f_2-f_1}{f_0}\tag{8.2.14}$$

式中：ω_0 和 f_0 分别为峰尖角频率和峰尖频率。

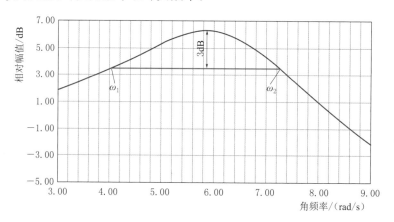

图 8.2.7　谐振峰尖形态求阻尼系数常用的方法

以图 8.2.7 所示曲线为例：

$$\sigma=0.5\frac{\omega_2-\omega_1}{\omega_0}=0.5\frac{7.21-4.07}{6.28}=0.25$$

严格地讲，用式（8.2.14）计算阻尼系数 σ 只适用于二阶系统，虽然也可用于高阶系统，但需要注意中心频率 f_0 两侧的频率极点和零点的分布，当这些点靠得比较近，式（8.2.14）就不能用了。如果是简单水道的高次谐波，式（8.2.14）应修正为

$$\sigma=0.5k\frac{\omega_2-\omega_1}{\omega_0}\quad\text{或}\quad\sigma=0.5k\frac{f_2-f_1}{f_0}\tag{8.2.15}$$

式中：k 为谐波次数。

8.3　水道系统频率域分析数学模型概述

凡是想通过计算手段了解系统的某种特性的，就少不了要建立计算机求解的数值模型。本书第 3 章介绍水轮机调速系统频率域分析时就介绍了通过拉氏变换把以常微分方程组为基础的时间域数学模型变为以传递函数为基础的频率域数学模型，其基本过程如图8.3.1 所示。

由第 2 章可知，描述水道系统的基础方程并不是常微分方程组，而是偏微分方程组，

图 8.3.2 为水道系统频率域数值模型建立路线图。

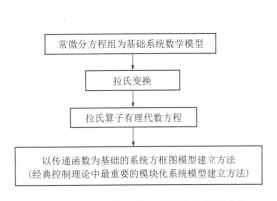

图 8.3.1　将用常微分方程描述的系统变为
用代数方程为基础的频率域分析模型

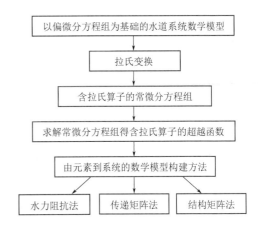

图 8.3.2　水道系统频率域
数值模型建立路线图

为阅读方便，重写第 2 章得到的水击基本方程式（2.2.30）和式（2.2.31）并假定 $Q > 0$：

$$\frac{\partial Q}{\partial x} = \frac{gA}{a^2} \frac{\partial H}{\partial t} = 0 \tag{8.3.1}$$

$$\frac{\partial H}{\partial x} = \frac{1}{gA} \frac{\partial Q}{\partial t} + \alpha Q^2 = 0 \tag{8.3.2}$$

其中，$a = f/(2gDA^2)$，为单位长度水头损失系数。

对式（8.3.1）和式（8.3.2）中的状态变量作增量化无量纲处理，并将水头损失项线性化：

$$\frac{\partial q}{\partial x} = \frac{gAH_0}{a^2 Q_0} \frac{\partial h}{\partial t} = 0 \tag{8.3.3}$$

$$\frac{\partial h}{\partial x} = \frac{Q_0}{gAH_0} \frac{\partial q}{\partial t} + kq = 0 \tag{8.3.4}$$

其中
$$q = \frac{\Delta Q}{Q_0}; \quad h_i = \frac{\Delta H_i}{H_0}; \quad k = \frac{2\alpha Q_0^2}{H_0}$$

对上述偏微分方程组时间自变量做拉氏变换，得到以下常微分方程组：

$$\frac{\partial q}{\partial x} + \frac{gAH_0}{a^2 Q_0} sh = 0 \tag{8.3.5}$$

$$\frac{\partial h}{\partial x} + \frac{Q_0}{gAH_0}(s + k)q = 0 \tag{8.3.6}$$

这是一个二维一阶齐次微分方程组，其矢量化方程式为

$$\frac{\partial}{\partial x}\begin{bmatrix} q \\ h \end{bmatrix} = \begin{bmatrix} 0 & -\dfrac{gAH_0}{a^2 Q_0}s \\ \dfrac{-Q_0}{gAH_0}(s+k) & 0 \end{bmatrix}\begin{bmatrix} q \\ h \end{bmatrix} \tag{8.3.7}$$

其特征行列式为
$$\begin{vmatrix} -\lambda & -\dfrac{gAH_0}{a^2 Q_0}s \\ -\dfrac{Q_0}{gAH_0}(s+k) & -\lambda \end{vmatrix}$$

引入
$$z=\sqrt{s(s+k)} \tag{8.3.8}$$

行列式的特征根为
$$\lambda_1 = \frac{z}{a}, \quad \lambda_2 = -\frac{z}{a}$$

可写出 h 和 q 的通解表达式：
$$h = c_1 \mathrm{e}^{\frac{z}{a}x} + c_2 \mathrm{e}^{-\frac{z}{a}x} \tag{8.3.9}$$

$$q = \frac{gH_0 A}{aQ_0} \frac{s}{z}(c_1 \mathrm{e}^{\frac{z}{a}x} - c_2 \mathrm{e}^{-\frac{z}{a}x}) \tag{8.3.10}$$

由此可见，与常微分方程通过拉氏变换后得到的有理函数不同，水击波动的偏微分方程组拉氏变换后得到的是指数函数。它们还可以以双曲函数（双曲正弦，双曲余弦和双曲正切等）形式出现。

8.4　水力阻抗法

水力阻抗法是一种成形于 20 世纪 60 年代的水道系统的频率域分析模型建立方法，到目前仍是广泛应用的三个方法之一。水力阻抗法的概念是来自于输电线路（包括电缆线路）理论。长输电线路的电压、电流与输水管道中的水压、流量有相当的相似性。

8.4.1　水道的特征阻抗和水力阻抗

水道的特征阻抗和水力阻抗是水力阻抗法中两个最基本的概念。特征阻抗是针对某一具体管道元素而言的，是管道元素的一个参数，早在本书的第 2 章中的式（2.3.16）中就已经引入了，但没有从其物理意义的角度做特别的说明。而水力阻抗在前面的章节中用得更多了，特别是在第 6 章中可以看到，水力阻抗就是时间域结构矩阵法的核心概念之一。但与时间域水力阻抗相比，频率域的水力阻抗虽然在概念上十分相似，但并不绝对一致。

8.4.1.1　管道元素特征阻抗

管道元素特征阻抗的概念来源于电工学。长输电或电信线路的终端电流如果有一个 ΔI 的突变，输电线路的电压响应为
$$\Delta V = Z_\mathrm{C} \Delta I$$

Z_C 这个参数就被定义为该输电或电信线路的特征阻抗。水管中的突变水流与水压相应为 [式（8.2.1）]：
$$\Delta H = \frac{a}{gA} \Delta Q = Z_\mathrm{C} \Delta Q$$

基于高度类似性，于是 $Z_\mathrm{C} = \dfrac{a}{gA}$ 就被定义为无阻尼管道的特征阻抗。考虑到阻尼之后，该定义修正为

$$Z_C = \frac{a}{gA}\frac{z}{s} \tag{8.4.1}$$

式中：z 的定义见式（8.3.8）；s 为拉氏算子。

8.4.1.2　水道系统中某具体点的水力阻抗

电学中电压、电流与电阻之间的关系可表达为著名的欧姆定律 $R = \dfrac{V}{I}$。类似的，水力阻抗定义为

$$Z = \frac{H_0}{Q_0}\frac{h}{q} = \frac{\Delta H}{\Delta Q} \tag{8.4.2a}$$

其物理意义为该点流量变化所引起的该点水头变化的比例系数。在频率域内讨论时，$\Delta Q = Q^{\sim}$ 是周期分量，式（8.4.2a）因此也可表达为

$$Z = \frac{H^{\sim}}{Q^{\sim}} \tag{8.4.2b}$$

水力阻抗的概念是水力阻抗法的核心。比较水道系统频率特性的定义式（8.2.8），可知水力阻抗其实与未经无量纲化处理的水头对流量的频率响应特性是相同的。所以只要求出了系统某点的水力阻抗，就等于求出了系统在该点的频率特性。

8.4.2　管道元素的水力阻抗

8.4.2.1　管道任意点的状态变量方程

应用管道特征阻抗的定义，式（8.3.10）于是可写为

$$q = \frac{H_0}{Q_0}\frac{1}{Z_C}(c_1 e^{\frac{z}{a}x} - c_2 e^{-\frac{z}{a}x}) \tag{8.4.3}$$

图 8.4.1 为任意管道元素边界符号定义。应用边界条件，在端 1，$x = 0$，式（8.3.9）和式（8.3.10）变为

$$h_1 = c_1 + c_2 \tag{8.4.4}$$

$$q_1 = \frac{H_0}{Q_0}\frac{1}{Z_C}(c_1 - c_2) \tag{8.4.5}$$

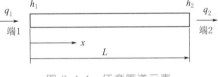

图 8.4.1　任意管道元素边界符号定义

结合式（8.4.4）和式（8.4.5），得

$$q_1 = \frac{H_0}{Q_0}\frac{1}{Z_C}(h_1 - 2c_2)$$

解出 c_2
$$c_2 = 0.5\left(h_1 - \frac{Q_0}{H_0}Z_C q_1\right)$$

解出 c_1
$$c_1 = 0.5\left(h_1 + \frac{Q_0}{H_0}Z_C q_1\right)$$

将 c_1 和 c_2 代入式（8.3.9）和式（8.3.10）：

$$h = h_1\cosh\left(\frac{z}{a}x\right) - Z_C\frac{Q_0}{H_0}q_1\sinh\left(\frac{z}{a}x\right) \tag{8.4.6}$$

$$q = q_1\cosh\left(\frac{z}{a}x\right) - \frac{H_0}{Z_C Q_0}h_1\sinh\left(\frac{z}{a}x\right) \tag{8.4.7}$$

上面的这个双曲函数方程组就是管道中任意一点的两个状态变量 h 和 q 在频率域模型中的表达式。

8.4.2.2 管道元素两端的水力阻抗

用式（8.4.6）和式（8.4.7）可得

$$h_2 = h_1 \cosh\left(\frac{z}{a}L\right) - Z_C \frac{Q_0}{H_0} q_1 \sinh\left(\frac{z}{a}L\right) \tag{8.4.8}$$

$$q_2 = q_1 \cosh\left(\frac{z}{a}L\right) - \frac{H_0}{Z_C Q_0} h_1 \sinh\left(\frac{z}{a}L\right) \tag{8.4.9}$$

反推可得

$$h_1 = h_2 \cosh\left(\frac{z}{a}L\right) + Z_C \frac{Q_0}{H_0} q_2 \sinh\left(\frac{z}{a}L\right) \tag{8.4.10}$$

$$q_1 = q_2 \cosh\left(\frac{z}{a}L\right) + \frac{H_0}{Z_C Q_0} h_2 \sinh\left(\frac{z}{a}L\right) \tag{8.4.11}$$

不难得出，端 1、端 2 的水力阻抗分别可表达为

$$Z_1 = \frac{Z_2 + Z_C \tanh\left(\frac{z}{a}L\right)}{1 + \dfrac{Z_2}{Z_C} \tanh\left(\frac{z}{a}L\right)} \tag{8.4.12}$$

$$Z_2 = \frac{Z_1 - Z_C \tanh\left(\frac{z}{a}L\right)}{1 - \dfrac{Z_1}{Z_C} \tanh\left(\frac{z}{a}L\right)} \tag{8.4.13}$$

8.4.3 其他常见元素的水力阻抗

8.4.3.1 阻抗类元素两端的水力阻抗

水道系统中的节流孔、部分开启的阀门、集中的局部水头损失点、拦污栅等元素，从水力学的角度而言，其特性是一样的。阻抗元素及其端点状态变量见图 8.4.2。

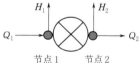

图 8.4.2 阻抗元素及其端点状态变量

$$H_1 - H_2 - \beta |Q| Q = 0 \tag{8.4.14}$$

对式（8.4.14）中的状态变量作增量处理分离稳态与动态分量：

$$H_{1.0} - H_{2.0} - \beta |Q_0| Q_0 + \Delta H_1 - \Delta H_2 - 2\beta |Q_0| \Delta Q = 0$$

上式前面三项为式（8.4.14）的特例，因此为 0，于是有

$$\Delta H_1 - \Delta H_2 - 2\beta |Q_0| \Delta Q = 0 \tag{8.4.15}$$

定义阻抗元素的"动态阻抗"为

$$Z_d = \frac{\Delta(H_1 - H_2)}{\Delta Q} \tag{8.4.16}$$

其物理意义为通过该元素流量变化所引起的该元素两端水头差变化的比例系数。

根据阻抗元素动态阻抗定义：

$$Z_d = \frac{\Delta H_1 - \Delta H_2}{\Delta Q} = \frac{\Delta(H_1 - H_2)}{\Delta Q} = 2\beta |Q_0| \tag{8.4.17}$$

从式（8.4.17）可以看出，阻抗元素的动态阻抗与通过该元素的稳态流量的绝对值成正比。当经过阻抗元素的稳态流量趋向于零时，其动态阻抗也趋向于零。

阻抗元素是一个"点"元素，所以有 $Q_1=Q_2=Q$，式（8.4.17）可写为

$$Z_\mathrm{d}=\frac{\Delta H_{i+1}-\Delta H_i}{\Delta Q}=\frac{\Delta H_1}{\Delta Q_1}-\frac{\Delta H_2}{\Delta Q_2}=Z_1-Z_2$$

于是有

$$Z_1=Z_2+Z_\mathrm{d}=Z_2+2\beta|Q_0| \tag{8.4.18}$$

$$Z_2=Z_1-Z_\mathrm{d}=Z_1-2\beta|Q_0| \tag{8.4.19}$$

对于多数阻抗元素而言，β 是一个常数。但如果是开度随时间变化的阀门，则是一个时间的函数。

8.4.3.2　调压室元素

图 8.4.3 为简单调压室示意图。调压室元素是一个边界元素，边界元素一般是单接口端点元素，其水力阻抗的定义端点在进（出）水口。在不考虑水流进出口的局部水头时，其接口端点水头 H_i 仅决定于调压室水位 H_Z。

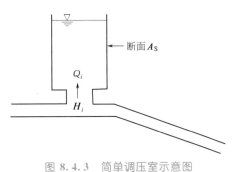

图 8.4.3　简单调压室示意图

$$\frac{\mathrm{d}H_i}{\mathrm{d}t}=\frac{Q_i}{A_\mathrm{S}}$$

由于 Q_i 没有稳态分量，而 H_i 稳态分量的微分为 0，有

$$\frac{\mathrm{d}\Delta H_i}{\mathrm{d}t}=\frac{\Delta Q_i}{A_\mathrm{S}}$$

对上式做拉氏变换：

$$\Delta H_i s=\frac{\Delta Q_i}{A_\mathrm{S}}$$

端点水力阻抗为

$$Z_i=\frac{\Delta H_i}{\Delta Q_i}=\frac{1}{A_\mathrm{S}s} \tag{8.4.20}$$

该水力阻抗表达式虽然是由简单调压室推出的，但其同样适用于阻抗式、差动式调压室等，因为在小波动假定前提下，阻抗孔的动态阻抗为零，请参考对式（8.4.17）的说明。

8.4.4　水力阻抗法系统模型的构建

8.4.4.1　管道元素的串联

一个复杂系统中的水道元素联接方式无非是串联、并联与分支及它们的组合。假定系统中某两个元素串联如图 8.4.4 所示。

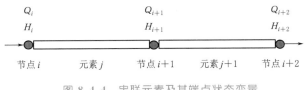

图 8.4.4　串联元素及其端点状态变量

由于式（8.4.12）和式（8.4.13）是显函数，用代入法便可。例如，如果已知节点 i 的水力阻抗 Z_i，则节点 $i+2$ 的水力阻抗 Z_{i+2} 为

$$Z_{i+2} = \frac{Z_{i+1} - Z_C \tanh\left(\frac{z}{a}L\right)}{1 - \frac{Z_{i+1}}{Z_C}\tanh\left(\frac{z}{a}L\right)} \tag{8.4.21}$$

其中，Z_{i+1} 用下式代入即可：

$$Z_{i+1} = \frac{Z_i - Z_C \tanh\left(\frac{z}{a}L\right)}{1 - \frac{Z_i}{Z_C}\tanh\left(\frac{z}{a}L\right)}$$

如果有 n 个管道元素串联，按上述代入法代入 n 次便可，其很适合计算机求解。

8.4.4.2 阻抗元素的串联

阻抗元素串联时求解非常简单：先求出总动态阻抗。设有 n 个阻抗元素串联：

$$Z_d = Z_{d1} + Z_{d2} + \cdots + Z_{dn} \tag{8.4.22}$$

然后把它们当成一个元素，再应用式（8.4.18）或式（8.4.19）求解。

8.4.4.3 混合元素的串联

各类元素的混合（包括边界元素）串联宜用逐次代入法求解。

8.4.4.4 元素的分岔

设有三个任意元素分岔联接如图 8.4.5 所示，与串联情况最大的区别是在联接节点 $i+1$ 虽然水头状态变量只有一个（H_{i+1}），但流量状态变量不再只有一个，而是三个。每个元素在此节点的流量都可能不一样。用双脚标来区别这三个流量。第一个脚标代表元素，第二个代表节点，也就是说三个元素在此点的水力阻抗也不一样，假定它们分别为 $Z_{j,i+1}$、$Z_{j+1,i+1}$ 和 $Z_{j+2,i+1}$，根据连续性原理与水力阻抗的定义，不难推出：

$$Z_{i+3} = \frac{Z_{j,i+1}\, Z_{j+1,i+1}}{Z_{j,i+1} + Z_{j+1,i+1}} \tag{8.4.23}$$

如果同一节点上有 n 个分支：

$$Z_{i+n} = \frac{Z_{j,i+1}\, Z_{j+1,i+1} + \cdots + Z_{j+n-1,i+1}}{Z_{j,i+1} + Z_{j+1,i+1} + \cdots + Z_{j+n-1,i+1}} \tag{8.4.24}$$

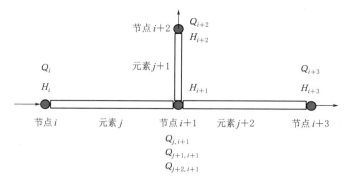

图 8.4.5 分岔元素及其端点状态变量

8.4.4.5 元素的并联

水力阻抗法在解并联元素方面有些先天不足，虽然并非不可能，但本书不推荐用这种方法来解有并联元素的系统。后面要介绍的另两种方法是传递矩阵法和结构矩阵法，在这个方面要好办得多，尤其是结构矩阵法。

8.5 传递矩阵法

8.5.1 传递矩阵法的基本概念

在具体讨论传递矩阵法之前，先回顾一下传递函数的概念。

频率域系统中两个状态变量 y 和 x 之间存在着一定的依存关系。如果这种关系可以用一个简乘积来表达：

$$y = F(s)x \tag{8.5.1}$$

其中函数 $F(s)$ 是一个与 y 和 x 都无关，但与频率有关的复变函数，那么这个函数就可以被认为是 y 和 x 之间的传递函数。也常用图 8.5.1 表达。

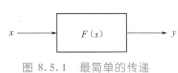

图 8.5.1　最简单的传递函数方框图

在水道系统的动态分析中，系统中任何一点都有两个状态变量，波动水头 $H\~$ 和波动流量 $Q\~$。这两个量是联系在一起的，把它们组合就形成了一个二元状态变量，也通常被称为该点的状态变量：

$$\begin{bmatrix} Q\~ \\ H\~ \end{bmatrix}$$

在刚才的回顾中提到，在频率域分析中两个相关的状态变量之间有可能找到一个传递函数把它们联系起来。对于两个相关的状态矢量，可不可以找到一个传递矩阵把它们联系起来呢？如果存在，根据线性代数理论，这个矩阵必须是一个 2×2 的矩阵：

$$\begin{bmatrix} Q\~ \\ H\~ \end{bmatrix}_2 = \begin{bmatrix} A_{11} & A_{12} \\ A_{21} & A_{22} \end{bmatrix} \begin{bmatrix} Q\~ \\ H\~ \end{bmatrix}_1 \tag{8.5.2}$$

状态矢量无量纲化后的表达式为

$$\begin{bmatrix} q \\ h \end{bmatrix}_2 = \begin{bmatrix} a_{11} & a_{12} \\ a_{21} & a_{22} \end{bmatrix} \begin{bmatrix} q \\ h \end{bmatrix}_1 \tag{8.5.3}$$

式（8.5.2）或者式（8.5.3）中的这个矩阵在与系统中某点的状态矢量相乘之后就变成了系统中另一点的状态矢量。这个矩阵被称为传递矩阵。

8.5.2 常见水力元素的传递矩阵

8.5.2.1 刚性管道元素

图 8.5.2 为管道元素及其边界状态变量示意图。先看一下忽略了水体和管壁弹性情况下的管道传递矩阵。写出元素刚性水击方程：

$$\frac{L}{gA} \frac{\mathrm{d}Q}{\mathrm{d}t} + H_{i+1} - H_i + \beta |Q| Q = 0$$

图 8.5.2　管道元素及其边界状态变量示意图

$$\tag{8.5.4}$$

在刚性假定下 $Q_i = Q_{i+1} = Q$，这是一个"点"元素。把稳态分量与动态分量分开，将式（8.5.4）写成增量式，并略去含高阶小量 ΔQ^2 的那一项，则有：

$$\frac{L}{gA}\frac{\mathrm{d}\Delta Q}{\mathrm{d}t} + (H_{0i+1} + \Delta H_{i+1}) - (H_{0i} + \Delta H_i) + \beta|Q_0|Q_0 + 2\beta Q_0\Delta Q = 0 \quad (8.5.5)$$

稳态时，管端水头差等于稳态水头损失：

$$H_{0i} - H_{0i+1} = \beta|Q_0|Q_0 \quad\quad (8.5.6)$$

将式（8.5.6）代入式（8.5.5），得

$$\frac{L}{gA}\frac{\mathrm{d}\Delta Q}{\mathrm{d}t} + \Delta H_{i+1} - \Delta H_i + 2\beta Q_0\Delta Q = 0$$

对上式中的状态变量增量作无量纲化处理：

$$\frac{Q_0}{H_0}\frac{L}{gA}\frac{\mathrm{d}q}{\mathrm{d}t} + h_{i+1} - h_i + \frac{2\beta Q_0^2}{H_0}q = 0 \quad (8.5.7)$$

其中

$$q = \frac{\Delta Q}{Q_0}; \quad h_i = \frac{\Delta H_i}{H_0}$$

引入管道水流加速时间常数 T_w 和相对水头损失系数 μ：

$$T_\mathrm{w} = \frac{L Q_0}{H_0 gA} = \frac{L V_0}{g H_0}$$

$$\mu = \frac{2\beta Q_0^2}{H_0}$$

得到

$$T_\mathrm{w}\frac{\mathrm{d}q}{\mathrm{d}t} + h_{i+1} - h_i + \mu q = 0 \quad\quad (8.5.8)$$

式（8.5.8）是一个一阶常微分方程，可通过拉氏变换变为代数方程，s 为拉氏算子：

$$T_\mathrm{w} s q + h_{i+1} - h_i + \mu q = 0 \quad\quad (8.5.9)$$

写成传递矩阵表达式：

$$\begin{bmatrix} q \\ h \end{bmatrix}_{i+1} = \begin{bmatrix} 1 & 0 \\ -(T_\mathrm{w}s + \mu) & 1 \end{bmatrix}_j \begin{bmatrix} q \\ h \end{bmatrix}_i \quad (8.5.10)$$

不难算出，该元素传递矩阵的行列式值为 1：

$$\begin{vmatrix} 1 & 0 \\ -(T_\mathrm{w}s + \mu) & 1 \end{vmatrix} = 1 \quad\quad (8.5.11)$$

后面将会看到，合理形式的水道元素传递矩阵的行列式值均为 1。

8.5.2.2 弹性管道元素

根据式（8.4.8）和式（8.4.9），并采用图 8.5.2 中的节点及元素标号以获得更好的一般性，可直接写出：

$$\begin{bmatrix} q \\ h \end{bmatrix}_{i+1} = \begin{bmatrix} \cosh\left(\frac{z}{a}L\right) & -\frac{H_0}{Z_\mathrm{C}Q_0}\sinh\left(\frac{z}{a}L\right) \\ -Z_\mathrm{C}\frac{Q_0}{H_0}\sinh\left(\frac{z}{a}L\right) & \cosh\left(\frac{z}{a}L\right) \end{bmatrix}_j \begin{bmatrix} q \\ h \end{bmatrix}_i \quad (8.5.12)$$

可以看出，该元素传递矩阵的行列式值也恰好为 1：

$$\begin{vmatrix} \cosh\left(\dfrac{z}{a}L\right) & -\dfrac{H_0}{Z_C Q_0}\sinh\left(\dfrac{z}{a}L\right) \\[3mm] -Z_C\dfrac{Q_0}{H_0}\sinh\left(\dfrac{z}{a}L\right) & \cosh\left(\dfrac{z}{a}L\right) \end{vmatrix} = 1 \qquad (8.5.13)$$

8.5.2.3 阻抗元素

水道系统中的节流孔、部分开启的阀门、集中的局部水头损失点、拦污栅等元素都可用阻抗元素来模拟。阻抗元素及其边界状态变量见图 8.5.3。

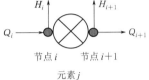

这是一个"点"元素，所以有 $Q_i = Q_{i+1} = Q$：

$$H_j - H_i + \beta |Q| Q = 0 \qquad (8.5.14)$$

假定 $Q > 0$，式（8.5.14）为

$$H_j - H_i + \beta Q^2 = 0 \qquad (8.5.15)$$

图 8.5.3 阻抗元素
及其边界状态变量

写成增量形式：

$$H_{j0} + \Delta H_j - (H_{i0} + \Delta H_i) + \beta (Q_0 + \Delta Q)^2 = 0 \qquad (8.5.16)$$

式（8.5.15）的稳态表达为

$$H_{j0} - H_{i0} + \beta Q_0^2 = 0$$

结合上面二式并略去高价小量 ΔQ 的平方项得

$$\Delta H_j - \Delta H_i + 2\beta Q_0 \Delta Q = 0$$

对上式中的状态变量增量作相对化（无量纲）处理：

$$h_{i+1} - h_i + \frac{2\beta Q_0^2}{H_0} q = 0 \qquad (8.5.17)$$

其中

$$q = \frac{\Delta Q}{Q_0}; \quad h_i = \frac{\Delta H_i}{H_0}; \quad h_j = \frac{\Delta H_j}{H_0}$$

引入相对水头损失系数 μ：

$$\mu = \frac{2\beta Q_0^2}{H_0}$$

$$h_j - h_i + \mu q = 0 \qquad (8.5.18)$$

写成传递矩阵表达式：

$$\begin{bmatrix} q \\ h \end{bmatrix}_j = \begin{bmatrix} 1 & 0 \\ -\mu & 1 \end{bmatrix} \begin{bmatrix} q \\ h \end{bmatrix}_i \qquad (8.5.19)$$

同样，该元素传递矩阵的行列式值也为 1：

$$\begin{vmatrix} 1 & 0 \\ -\mu & 1 \end{vmatrix} = 1 \qquad (8.5.20)$$

8.5.2.4 水库元素

作为一个单端点的边界元素，水库在传递矩阵法中作为传递计算的起点（或起点之一）的状态矢量是无法通过更上游或者更下游的节点状态矢量计算得到的。事实上也没有这种必要，因为可以利用给定的边界条件。假定水库的端点矢量为

$$\begin{bmatrix} q_i \\ h_i \end{bmatrix} \qquad (8.5.21)$$

其中的两个状态变量如果有一个是已知，或者可以用另一个状态变量来表达，那么问题就解决了。对于水库，$h_i = 0$，因为它是该点水头动态分量的表达，在水库状态变量中，该动态分量为零，于是水库的边界状态矢量可写为

$$\begin{bmatrix} q_i \\ 0 \end{bmatrix} \tag{8.5.22}$$

其中只有一个未知分量，不妨碍最后求解系统的频率响应特性。

8.5.2.5 调压室元素

调压室一个单端点的边界元素，根据式（8.4.20）：

$$\frac{\Delta H_i}{\Delta Q_i} = \frac{1}{A_S s}$$

可有

$$h_i = \frac{Q_0}{H_0 A_S s} q_i$$

其中

$$q_i = \frac{\Delta Q_i}{Q_0}; \quad h_i = \frac{\Delta H_i}{H_0}$$

调压室的边界矢量因此可写为

$$\begin{bmatrix} q_i \\ \dfrac{Q_0}{H_0 A_S s} q_i \end{bmatrix}. \tag{8.5.23}$$

其中也只有一个未知分量 q_i，并不妨碍最后求解系统的频率响应特性。

8.5.3 传递矩阵法系统模型的构建

8.5.3.1 元素的串联

一个复杂系统中的水道元素连接方式主要为串联、并联与分支。为保证一般性，假定系统中某两个元素串联如图 8.5.4 所示。

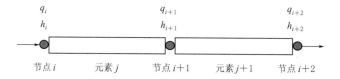

图 8.5.4 串联的管道元素及其边界状态变量

假定元素 j 和 $j+1$ 的元素传递矩阵表达式分别为

$$\begin{bmatrix} q \\ h \end{bmatrix}_{i+1} = \begin{bmatrix} a_{11} & a_{12} \\ a_{21} & a_{22} \end{bmatrix} \begin{bmatrix} q \\ h \end{bmatrix}_i \tag{8.5.24}$$

$$\begin{bmatrix} q \\ h \end{bmatrix}_{i+2} = \begin{bmatrix} b_{11} & b_{12} \\ b_{21} & b_{22} \end{bmatrix} \begin{bmatrix} q \\ h \end{bmatrix}_{i+1} \tag{8.5.25}$$

将式（8.5.25）状态矢量 $i+1$ 根据式（8.5.24）替换，得

$$\begin{bmatrix} q \\ h \end{bmatrix}_{i+2} = \begin{bmatrix} b_{11} & b_{12} \\ b_{21} & b_{22} \end{bmatrix} \begin{bmatrix} a_{11} & a_{12} \\ a_{21} & a_{22} \end{bmatrix} \begin{bmatrix} q \\ h \end{bmatrix}_i$$

根据矩阵乘法整理上式，得

$$\begin{bmatrix} q \\ h \end{bmatrix}_{i+2} = \begin{bmatrix} b_{11}\,a_{11} + b_{12}\,a_{21} & b_{11}\,a_{12} + b_{12}\,a_{22} \\ b_{21}\,a_{11} + b_{22}\,a_{21} & b_{21}\,a_{12} + b_{22}\,a_{22} \end{bmatrix} \begin{bmatrix} q \\ h \end{bmatrix}_i \tag{8.5.26}$$

矩阵：

$$\begin{bmatrix} c_{11} & c_{12} \\ c_{21} & c_{22} \end{bmatrix} = \begin{bmatrix} b_{11}\,a_{11} + b_{12}\,a_{21} & b_{11}\,a_{12} + b_{12}\,a_{22} \\ b_{21}\,a_{11} + b_{22}\,a_{21} & b_{21}\,a_{12} + b_{22}\,a_{22} \end{bmatrix}$$

就是上述两个元素的组合传递矩阵，仍是一个 2×2 的矩阵。其数学特征与单元素的传递矩阵无异。如果整个系统由 n 个元素串联组成，只要逐一将 n 个元素矩阵相乘，就可以得到这 n 个元素系统的总传递矩阵。

$$\begin{bmatrix} T_{11} & T_{12} \\ T_{21} & T_{22} \end{bmatrix} = \begin{bmatrix} * & * \\ * & * \end{bmatrix}_1 \begin{bmatrix} * & * \\ * & * \end{bmatrix}_2 \cdots \begin{bmatrix} * & * \\ * & * \end{bmatrix}_n$$

8.5.3.2　元素的并联

用传递矩阵法处理串联元素其过程十分简单。对于并联元素，这个方法就不那么方便了。由于证明过程较繁琐，这里将直接给出并联元素组合传递矩阵的方法。感兴趣的读者可参阅乔德里《应用水力过渡过程》中文译本 187~188 页和 Molloy 于 1957 年发表于《Journal of the Acoustical Society of America》上的文章《Use of Fore Pole Parameters in Vibration Calculations》。

图 8.5.5　并联的管道元素及其
边界状态变量示意图

图 8.5.5 为并联的管道元素及其边界状态变量示意图。同样假定元素 j 和 $j+1$ 的元素传递矩阵表达式分别为式（8.5.24）和式（8.5.25），并联之后的组合传递矩阵即为

$$\begin{bmatrix} q \\ h \end{bmatrix}_{i+1} = \begin{bmatrix} f_{11} & f_{12} \\ f_{21} & f_{22} \end{bmatrix} \begin{bmatrix} q \\ h \end{bmatrix}_i \tag{8.5.27}$$

其中

$$f_{11} = \frac{p}{m}$$

$$f_{12} = \frac{pr}{m} - m$$

$$f_{21} = \frac{1}{m}$$

$$f_{22} = \frac{r}{m}$$

$$p = \frac{a_{11}}{a_{21}} + \frac{b_{11}}{b_{21}}$$

$$m = \frac{1}{a_{21}} + \frac{1}{b_{21}}$$

$$r = \frac{a_{22}}{a_{21}} + \frac{b_{22}}{b_{21}}$$

式（8.5.27）作为并联后的组合传递矩阵表达式成立的前提，是这两个元素传递矩阵

的行列式值都必须是 1。这一点在前面推导元素矩阵的过程中就已经做了证明。

对于多个元素并联，有

$$p = \frac{a_{11}}{a_{21}} + \frac{b_{11}}{b_{21}} + \frac{c_{11}}{c_{21}} + \frac{d_{11}}{d_{21}} + \cdots$$

$$m = \frac{1}{a_{21}} + \frac{1}{b_{21}} + \frac{1}{c_{21}} + \frac{1}{d_{21}} + \cdots$$

$$r = \frac{a_{22}}{a_{21}} + \frac{b_{22}}{b_{21}} + \frac{c_{22}}{c_{21}} + \frac{d_{22}}{d_{21}} + \cdots$$

如果多个元素先串联，后并联，则可以先求出每条串联通路的组合传递矩阵，然后再按式（8.5.27）求出并联后的总传递矩阵。值得说明的是，如果每条串联通路上的每个元素传递矩阵的行列式值为 1，串联之后的组合传递矩阵行列式值也是 1，这一点很容易用线性代数的知识证明，因此，式（8.5.27）的有效性不成问题。

8.5.3.3　元素的分岔

分岔元素对于传递矩阵法而言是一个短板。虽然也不是不能处理，但规律性不强，常需要针对不同的边界条件做个性化处理，因此，对于有分岔特别是有多个分岔的系统，本书建议使用下节将要介绍的结构矩阵法。

8.6　结构矩阵法

8.6.1　频率域结构矩阵法基本概念

用于复杂水道系统时间域模型建立的结构矩阵法本书已在第 6 章中做了详细的介绍。虽然这种方法被用于时间域与频率域这两个完全不同的分析领域，建成的模型及其数值求解方法也完全不一样，但先将对象系统分拆成简单元素并建立各元素的子矩阵表达式，然后用分拆后各元素的子矩阵搭建整个系统的总矩阵模型这个过程却非常类似。它们之间的主要区别可归纳于下。

（1）在用途方面，时间域结构矩阵法是用于求解水力系统的稳态与过渡过程，系统的主要状态变量是系统中各节点的水头和系统中各元素的流量与时间的关系。频率域结构矩阵法是用于求解系统的"频率特性"，系统的频率特性主要反映在系统节点水头对某一种谐波输入的频率响应方面，也就是幅值与相角滞后/超前量与频率的关系。

（2）时间域结构矩阵法的元素矩阵方程形式为 $[E]\vec{H} = \vec{Q} + \vec{C}$，其中除了水头向量 $\vec{H}$ 和流量向量 $\vec{Q}$ 外还有一个辅助向量 $\vec{C}$。频率域的元素矩阵方程 $[A]\vec{h} = \vec{q}$ 中的 $\vec{q}$ 向量和 $\vec{q}$ 向量中的每一个元都是做了相对处理之后的无量纲量，并且还包括了水头与流量之外的系统其他状态变量，例如机组转速、导叶开度等，而且方程中没有辅助向量 $\vec{C}$。

（3）时间域结构矩阵法在计算中水头向量 $\vec{H}$ 中的每一个分量都对应了水道系统中的每一个节点的水头，但频率域计算中由于存在"虚节点"，所以"水头"向量 $\vec{H}$ 中的分量并非都是节点水头。同样，"流量"向量 $\vec{q}$ 中的分量并非都是节点流量。

（4）时间域结构矩阵法的元素矩阵和系统矩阵都是主对角对称的，而频率域结构矩阵法的元素矩阵和系统矩阵都有可能不是对称的。

（5）时间域系统结构矩阵方程的求解是一个迭代过程，而频率域矩阵方程求解无需迭代。

虽然频率域结构矩阵方程与时间域系统结构矩阵方程在形式上、求解过程上有所不同，但是在如何由元素矩阵构建系统矩阵这一点上是高度相似的。由于已有第 6 章作为基础，本章将介绍重点放在不同水道与非水道元素子矩阵的介绍方面。关于怎样通过子矩阵搭建整个系统的模型，除 8.6.4 小节中的简要说明之外请读者参阅第 6 章。

8.6.2　常见水力元素的元素矩阵

8.6.2.1　弹性管道元素

结构矩阵法元素边界符号图看上去与水力阻抗法（图 8.4.1）十分相似，但要注意一点，状态变量 q_i 的正方向与 q_j 不是同方向的，两个流量都是由元素的端点朝外。也就是说结构矩阵法元素的端点是没有上下游之分的，而水力阻抗法和

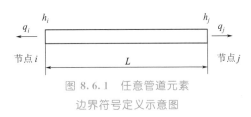

图 8.6.1　任意管道元素
边界符号定义示意图

传递矩阵法都有。事实上，对于一个复杂的管网系统中的一个任意元素，有时很难确定哪个是上游端，哪个是下游端。而结构矩阵法中每一个水力元素的边界状态变量都是对称定义的，没有上下游的区分。根据图 8.6.1 与图 8.4.1 的区别，可以直接应用式（8.4.10）和式（8.4.11），并注意到：

$$h_i = h_1 , \quad h_j = h_2 , \quad q_i = -q_1 , \quad q_j = q_2$$

$$h_i = h_j \cosh\left(\frac{z}{a}L\right) + Z_C \frac{Q_0}{H_0} q_j \sinh\left(\frac{z}{a}L\right) \tag{8.6.1}$$

$$q_i = -q_j \cosh\left(\frac{z}{a}L\right) - \frac{H_0}{Z_C Q_0} h_j \sinh\left(\frac{z}{a}L\right) \tag{8.6.2}$$

将式（8.6.1）和式（8.6.2）写成矩阵方程表达：

$$\begin{bmatrix} 1 & -\cosh\left(\frac{z}{a}L\right) \\ 0 & -Z_C \frac{Q_0}{H_0}\sinh\left(\frac{z}{a}L\right) \end{bmatrix} \begin{bmatrix} h_i \\ h_j \end{bmatrix} = \begin{bmatrix} 0 & -Z_C \frac{Q_0}{H_0}\sinh\left(\frac{z}{a}L\right) \\ 1 & \cosh\left(\frac{z}{a}L\right) \end{bmatrix} \begin{bmatrix} q_i \\ q_j \end{bmatrix}$$

或

$$\begin{bmatrix} 0 & -Z_C \frac{Q_0}{H_0}\sinh\left(\frac{z}{a}L\right) \\ 1 & \cosh\left(\frac{z}{a}L\right) \end{bmatrix}^{-1} \begin{bmatrix} 1 & -\cosh\left(\frac{z}{a}L\right) \\ 0 & -Z_C \frac{Q_0}{H_0}\sinh\left(\frac{z}{a}L\right) \end{bmatrix} \begin{bmatrix} h_i \\ h_j \end{bmatrix} = \begin{bmatrix} q_i \\ q_j \end{bmatrix}$$

整理后得管道的元素矩阵方程：

$$\begin{bmatrix} \dfrac{-s}{2\rho z \tanh\left(\frac{z}{a}L\right)} & \dfrac{s}{2\rho z \sinh\left(\frac{z}{a}L\right)} \\ \dfrac{s}{2\rho z \sinh\left(\frac{z}{a}L\right)} & \dfrac{-s}{2\rho z \tanh\left(\frac{z}{a}L\right)} \end{bmatrix} \begin{bmatrix} h_i \\ h_j \end{bmatrix} = \begin{bmatrix} q_i \\ q_j \end{bmatrix}$$

其中：$\rho = \dfrac{aQ_0}{2gAH_0}$，为著名的阿列维管道常数。

可将上式写为

$$\begin{bmatrix} -T & S \\ S & -T \end{bmatrix} \begin{bmatrix} h_i \\ h_j \end{bmatrix} = \begin{bmatrix} q_i \\ q_j \end{bmatrix} \tag{8.6.3}$$

其中
$$T = \frac{s}{2\rho z \tanh\left(\dfrac{z}{a}L\right)}; \quad S = \frac{s}{2\rho z \sinh\left(\dfrac{z}{a}L\right)}$$

该元素子矩阵呈完美的对称形式。

8.6.2.2 刚性管道元素

仍使用图 8.6.1 中边界状态变量的定义，由传递矩阵法中的刚性管道元素方程式（8.5.10），并注意到 $q_i = -q$，$q_j = q$（令 $j = i+1$），可以写出：

$$q_j = -(T_w s + \mu)(h_j - h_i)$$
$$q_i = (T_w s + \mu)(h_j - h_i)$$

整理后得刚性管道的元素矩阵方程：

$$\begin{bmatrix} \dfrac{-1}{T_w s + \mu} & \dfrac{1}{T_w s + \mu} \\ \dfrac{1}{T_w s + \mu} & \dfrac{-1}{T_w s + \mu} \end{bmatrix} \begin{bmatrix} h_i \\ h_j \end{bmatrix} = \begin{bmatrix} q_i \\ q_j \end{bmatrix} \tag{8.6.4}$$

如果刚性管道的一端联水库，水库端节点号为 1，另一端节点号为 2，水库流出流量为 q_2。

因为水库端 1 的水头不波动，即 $h_1 = 0$，代入式（8.6.4）可得

$$\frac{-1}{T_w s + \mu} h_2 = q_2$$

如果忽略水头损失项，上式可进一步简化为

$$\frac{h_2}{q_2} = -T_w s \tag{8.6.5}$$

式（8.6.5）就是应用十分广泛的简单一管一机水力发电机组进水口处相对流量到相对水头之间的传递函数简化表达式，理论上只对光滑的短道系统成立。

8.6.2.3 阻抗元素

用类似 8.5.2 节所用的处理过程，传递矩阵法那一节中阻抗元素方程式（8.5.19）可转变为结构矩阵法需要的形式，即得阻抗元素的元素矩阵方程：

$$\begin{bmatrix} \dfrac{-1}{\mu} & \dfrac{1}{\mu} \\ \dfrac{1}{\mu} & \dfrac{-1}{\mu} \end{bmatrix} \begin{bmatrix} h_i \\ h_j \end{bmatrix} = \begin{bmatrix} q_i \\ q_j \end{bmatrix} \tag{8.6.6}$$

$$\mu = \frac{2\beta Q_0^2}{H_0}; \quad \beta = \frac{\xi}{2gA^2}$$

8.6.2.4 调压室元素

调压室元素边界符号定义示意如图 8.6.2 所示。

由 8.4 节中的式（8.4.20）有

$$-\frac{A_s H_0}{Q_0}s\frac{\Delta H_i}{H_0} = \frac{\Delta Q_i}{Q_0}$$

即得调压室元素矩阵方程：

$$\left(-\frac{A_s H_0}{Q_0}s\right)h_i = q_i \tag{8.6.7}$$

对于单端点边界元素，其元素"子矩阵"当然是 1×1 的。

8.6.2.5 水库元素

同调压室一样，水库也是一个单端点元素。当把进口局部水头损失考虑在内时，不妨先把它当成一个两端点元素，如图 8.6.3 所示。

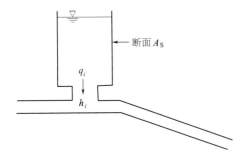

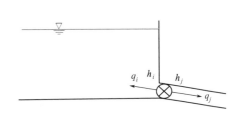

图 8.6.2 调压室元素边界符号定义示意图　　　　图 8.6.3 水库元素边界符号定义示意图

进口局部水头损失是一个阻抗元素，于是有式（8.6.6）。由于水库一侧的动态水头 h_i 为 0（水位不变），于是有

$$\begin{bmatrix} -\dfrac{1}{\mu} & \dfrac{1}{\mu} \\ \dfrac{1}{\mu} & -\dfrac{1}{\mu} \end{bmatrix}\begin{bmatrix} 0 \\ h_j \end{bmatrix} = \begin{bmatrix} q_i \\ q_j \end{bmatrix}$$

即为

$$\begin{bmatrix} -\dfrac{1}{\mu} \end{bmatrix}[h_j] = [q_j] \tag{8.6.8}$$

8.6.2.6 振荡阀门元素

静态阀门包括部分开启阀门被处理为阻抗元素的一种。如果阀门的开度做不受水头状态变量直接影响的周期变化时，这种阀门被称为振荡阀门。为什么要研究振荡阀门？本章前面提到，研究水力共振的基本分析方法是频率域分析方法。在这个领域内，任何变化都与波动和波动频率联系在一起。阀门的单纯开启与关闭动作只与时间有关，属于时间域分析的内容。在 8.3 节、8.4 节和 8.5 节中，讨论的水道频率响应都是水压/水头对流量的响应。把流量作为系统的输出或激励，把压力水头作为系统的输出或响应。在这个中间实际上做了如下假定：流量在波动时不受压力水头响应的影响。这在实际的物理系统中是极为少见的，除非用特别的人为设计，例如使用活塞式波动流量发生器。在真实的水电与水泵系统中，不受压力水头影响的波动流量并不存在。8.4 节和 8.5 节中的算例当然是理想化的，因为其计算最简单，用于对频率响应分析方法的理解与示范还是可用的。至少与

8.2.1 小节中介绍的时间域响应分析法一样，所得到的系统特征频率值是对的。至于算出的幅值特性，主要取其定性方面的意义，而并无太大定量方面的意义。

水道系统的水力共振现象多数为受迫共振，而振源多为水力机械，即水轮机和水泵。这些振源有不少与水力机械的转动部件有关，与转子的摆动、转子叶片的运动有关。要准确模拟这类振源极为困难。但这类振源与振荡阀门有相当的相似性，无非是水流受到了运动中的机械部件的干扰。因此，用振荡阀门作为替代物来研究水道系统的频率响应和共振现象就成为了模型简化的首选。

关于阻抗元素之一的静态阀门方程式（8.5.15），令 $\beta = \beta(Y)$：

$$H_j - H_i + \beta(Y)Q^2 = 0 \tag{8.6.9}$$

由于阀门不再是静态的，所以 β 是开度 Y 的函数。写成增量形式：

$$H_{j0} + \Delta H_j - (H_{i0} + \Delta H_i) + [\beta_0 + \Delta\beta(Y)](Q_0 + \Delta Q)^2 = 0$$

展开上式中的乘积项并略去增量的高阶项，得

$$H_{j0} + \Delta H_j - (H_{i0} + \Delta H_i) + \beta_0 Q_0^2 + 2\beta_0 Q_0 \Delta Q + Q_0^2 \Delta\beta(Y) = 0$$

$\Delta\beta(Y)$ 项的傅里叶展开一次逼近为 $\Delta\beta(Y) = \dfrac{\mathrm{d}\beta}{\mathrm{d}Y}\Delta Y$，同时考虑到式（8.6.9）的稳态表达式：

$$H_{j0} - H_{i0} + \beta_0 Q_0^2 = 0$$

于是有

$$\Delta H_j - \Delta H_i + 2\beta_0 Q_0 \Delta Q + Q_0^2 \frac{\mathrm{d}\beta}{\mathrm{d}Y}\Delta Y = 0$$

将有关状态变量无量纲化，得

$$h_{i+1} - h_i + \frac{2\beta_0 Q_0^2}{H_0}q + \beta_y \frac{Q_0^2 Y_0}{H_0}y = 0 \tag{8.6.10}$$

其中 $\qquad q = \dfrac{\Delta Q}{Q_0}; \ h_i = \dfrac{\Delta H_i}{H_0}; \ h_j = \dfrac{\Delta H_j}{H_0}; \ y = \dfrac{\Delta Y}{Y_0}; \ \beta_y = \dfrac{\mathrm{d}\beta}{\mathrm{d}Y}$ $\qquad$ (8.6.11)

令 $\mu = \dfrac{2\beta_0 Q_0^2}{H_0}; \ Q_y = \dfrac{\beta_y Y_0}{2\beta_0}$，式（8.6.10）可写为

$$\frac{1}{\mu}(h_j - h_i) + q + Q_y y = 0$$

因 $q_i = -q; \ q_j = q$，得

$$\begin{bmatrix} \dfrac{-1}{\mu} & \dfrac{1}{\mu} & -Q_y \\[2mm] \dfrac{1}{\mu} & \dfrac{-1}{\mu} & Q_y \\[2mm] 0 & 0 & 1 \end{bmatrix} \begin{bmatrix} h_i \\ h_j \\ y \end{bmatrix} = \begin{bmatrix} q_i \\ q_j \\ y \end{bmatrix} \tag{8.6.12}$$

上面的表达式中用到了一个似乎无意义的恒等式 $y = y$。这完全是为了结构矩阵法算法需要的技术处理，以使该元素子矩阵保持为一个方阵结构。

在多数情况下，水头稳态量参考量 H_0 可定义为稳态时阀门两端的水头差，即 $H_0 = \beta_0 Q_0^2$，式（8.6.12）更可进一步简化为

$$\begin{bmatrix} -\dfrac{1}{2} & \dfrac{1}{2} & -Q_y \\[2mm] \dfrac{1}{2} & -\dfrac{1}{2} & Q_y \\[2mm] 0 & 0 & 1 \end{bmatrix} \begin{bmatrix} h_i \\ h_j \\ y \end{bmatrix} = \begin{bmatrix} q_i \\ q_j \\ y \end{bmatrix} \tag{8.6.13}$$

参数 Q_y 为阀门的开度-流量传递系数。如果某个阀门在恒定水头条件下流量与开度呈线性关系，则有：$Q_y = 1$。当阀门静止时，开度动态分量 $\Delta Y = 0$ 根据式（8.6.11）有 $y = 0$，式（8.6.12）即简化为静态阀门的子阵表达式（8.6.5），动态阀门与静态阀门的元素子阵兼容性得到证实。

在第 6 章中介绍的时间域结构矩阵法中有两条定律：

（1）元素子矩阵的维数与该元素的端点数相等。

（2）系统总矩阵的维数与系统的节点数相等。

而对于频率域的结构矩阵法，上述两条定律均有问题。振荡阀门为一个两端元素，但其元素子矩阵因为多了一个开度状态变量则变成了一个三维元素子矩阵。振荡阀门除了两个端点的四个水力状态变量之外还多了一个非水力状态变量：开度 y。在频率域的结构矩阵法中，元素中的每一个独立的非水力状态变量都会使该元素子矩阵的维数增加一维。为使多元素系统总矩阵的构建更有规律性，在结构矩阵法中引入了"虚拟端点"和"虚拟节点"的概念。在元素矩阵中，每一个非水力状态变量都对应了一个虚端点。振荡阀门因此为两个实端点、一个虚端点的三端点元素。

8.6.3　水轮发电机组元素

水轮发电机组包括水轮机、水轮机调速器和发电机，在结构矩阵法中是作为一个组合型元素来处理的。

8.6.3.1　水轮机调速器方程

根据第 4 章中的式（4.1.8），调速器的传递函数表达为

$$G(s) = \frac{y}{-n} = \frac{(T_n s + 1)(T_d s + 1)}{(b_t + b_p) T_d s + b_p}$$

或

$$\frac{1}{G(s)} y + n = 0 \tag{8.6.14}$$

8.6.3.2　发电机方程

在本专业的范围内水轮发电机的相关状态变量只有：发电机的输入功率（等于）水轮机出力、输出功率和转速。无量纲机组转速与水轮机相对出力之间的关系方程式为

$$n = \frac{1}{T_a s + E_n}(p - p_{out}) \tag{8.6.15}$$

式中：E_n 为发电机自调节系数。

8.6.3.3　水轮机出力方程

为阅读方便重写第 3 章式（3.5.12），无量纲水轮机出力方程为

$$p = (1 + e_q)q + (1 + e_h)h \tag{8.6.16}$$

式中：$p = \dfrac{\Delta P}{P_0}$，为相对出力增量；$h = \dfrac{\Delta H}{H_0}$，为相对水头增量；$q = \dfrac{\Delta Q}{Q_0}$，为相对流量增量；

$e_\mathrm{h} = \dfrac{\partial \eta}{\partial H}\dfrac{H_0}{\eta_0}$，为相对效率对相对水头变化率；$e_\mathrm{q} = \dfrac{\partial \eta}{\partial Q}\dfrac{Q_0}{\eta_0}$，为相对效率对相对流量变化率。

8.6.3.4 水轮机流量方程

无量纲水轮机流量方程为

$$q = 0.5(1 + Q_\mathrm{n})h + Q_\mathrm{y} y + Q_\mathrm{n} n \tag{8.6.17}$$

式中：Q_n 为水轮机转速-流量自调节系数，$Q_\mathrm{n} = \dfrac{\partial Q_{11}}{\partial N_{11}}\dfrac{(N_{11})_0}{(Q_{11})_0}$；$Q_\mathrm{y}$ 为水轮机开度对流量的

传递系数，$Q_\mathrm{y} = \dfrac{\partial Q_{11}}{\partial Y}\dfrac{Y_0}{(Q_{11})_0}$；$y$ 为相对导叶开度增量，$y = \dfrac{\Delta Y}{Y_0}$。

水轮机及其水力状态变量示意如图 8.6.4 所

示，式（8.6.17）便可写为

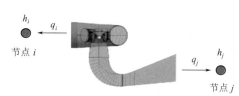

$$q_j = 0.5(1 + Q_\mathrm{n})(h_i - h_j) + Q_\mathrm{y} y + Q_\mathrm{n} n \tag{8.6.18}$$

$$q_i = -0.5(1 + Q_\mathrm{n})(h_i - h_j) - Q_\mathrm{y} y - Q_\mathrm{n} n \tag{8.6.19}$$

图 8.6.4 水轮机及其水力
状态变量示意图

式（8.6.16）便可写为

$$(1 + e_\mathrm{q})q_j + (1 + e_\mathrm{h})(h_i - h_j) - p = 0 \tag{8.6.20}$$

将式（8.6.20）中的 q_j 用式（8.6.18）替换，得

$$[0.5(1 + e_\mathrm{q})(1 - Q_\mathrm{n}) + (1 + e_\mathrm{h})](h_i - h_j) + (1 + e_\mathrm{q})Q_\mathrm{y} y + (1 + e_\mathrm{q})Q_\mathrm{n} n - p = 0$$

或

$$P_\mathrm{h}(h_i - h_j) + P_\mathrm{y} y + P_\mathrm{n} n - p = 0 \tag{8.6.21}$$

其中

$$P_\mathrm{n} = (1 + e_\mathrm{q})Q_\mathrm{n}$$

$$P_\mathrm{y} = (1 + e_\mathrm{q})Q_\mathrm{y}$$

$$P_\mathrm{h} = 0.5(1 + e_\mathrm{q})(1 - Q_\mathrm{n}) + (1 + e_\mathrm{h})$$

将式（8.6.14）、式（8.6.15）、式（8.6.18）、式（8.6.19）和式（8.6.21）联立，并写成矩阵式，这就是水轮发电机组的元素子矩阵方程式：

$$
\begin{bmatrix}
-0.5(1 - Q_\mathrm{n}) & 0.5(1 - Q_\mathrm{n}) & -Q_\mathrm{y} & 0 & -Q_\mathrm{n} \\
0.5(1 - Q_\mathrm{n}) & -0.5(1 - Q_\mathrm{n}) & Q_\mathrm{y} & 0 & Q_\mathrm{n} \\
P_\mathrm{h} & -P_\mathrm{h} & P_\mathrm{y} & -1 & P_\mathrm{n} \\
0 & 0 & 0 & 1 & -T_\mathrm{a}s - E_\mathrm{n} \\
0 & 0 & 1/G(s) & 0 & 1
\end{bmatrix}
\begin{bmatrix}
h_i \\
h_j \\
y \\
p \\
n
\end{bmatrix}
=
\begin{bmatrix}
q_i \\
q_j \\
0 \\
p_\mathrm{out} \\
0
\end{bmatrix}
\tag{8.6.22}
$$

8.6.4 系统总矩阵的构建

本章讨论的频率域结构矩阵法的系统总矩阵构建与时间域的结构矩阵法十分类似，但也有些不同。主要不同点是：

（1）时间域结构矩阵法中没有"虚拟端点"和"虚拟节点"的概念，所有端点、节点都是实的。元素子矩阵的维数总是与元素的端点数相同，例如管道、阀门、水轮机这些有两个接口端点，那么元素子阵就是一个 2×2 的二维矩阵。而且元素子阵都是主对角线的

对称矩阵。但频率域则不是。在 8.6.2 节中已引入了"虚拟端点"和"虚拟节点"的概念。振荡阀门元素除了水力状态变量之外还多了一个非水力状态变量开度 y。振荡阀门因此有两个实端点、一个虚端点，为三端点元素。而水轮发电机组则有两个实端点，三个虚端点，共有五个端点，其子矩阵的维数 5，是一个 5×5 的矩阵，见式（8.6.22）。含有虚端点的元素其子矩阵一般都不是对称的。

（2）时间域结构矩阵法的系统总矩阵的维数总是与该系统的元素连接所形成的节点总数相同，系统总矩阵是对于主对角线对称的。而频率域结构矩阵法系统总矩阵的维数等于系统内实节点数与系统内虚节点数之和。含有虚节点的系统其系统总矩阵一般都不是对称的。

【例 8.6.1】　水库对参考基线的毛水头 $H_g = 100\text{m}$，压力管长 $L = 500\text{m}$，水击波速 $a = 1200\text{m/s}$，断面 $A_p = 10\text{m}^2$，达西沿程水头损失系数 $\lambda = 0.012$，水库进口局部水头损失系数 $\zeta = 0.2$，进口面积与管断面相同，系统的稳态流量 $Q_0 = 36\text{m}^3/\text{s}$。[例 8.6.1] 系统示意如图 8.6.5 所示。

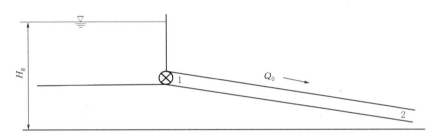

图 8.6.5　[例 8.6.1] 系统示意图

在结构矩阵法中，水库及水库进口阻抗是作为一个元素的，所以该系统只可分解为两个基本元素串联：

（1）水库元素（包括进口局部水头损失），为边界元素单端点，节点号 1。

（2）管道元素，双端点，在系统内为节点号 1、节点 2。

水库的元素子阵为
$$\left[\frac{-1}{\mu} \right][h_1] = [q_1']$$

管道的元素子阵为
$$\begin{bmatrix} -T & S \\ S & -T \end{bmatrix} \begin{bmatrix} h_1 \\ h_2 \end{bmatrix} = \begin{bmatrix} q_1'' \\ q_2 \end{bmatrix}$$

在节点 1，两个元素的两个流量 q_1 并非是同一个，因此用单引号和双引号加以区别。该系统共有两个节点。两个元素非水力状态变量的数目为零，所以该系统总矩阵的维数是 2。按第 6 章介绍的系统总矩阵构建法，并根据有压流连续性原理 $q_1' + q_1'' = 0$，得系统总矩阵：

$$\begin{bmatrix} \dfrac{-1}{\mu} - T & S \\ S & -T \end{bmatrix} \begin{bmatrix} h_1 \\ h_2 \end{bmatrix} = \begin{bmatrix} 0 \\ q_2 \end{bmatrix} \tag{8.6.23}$$

其中
$$T = \frac{s}{2\rho z \tanh\left(\dfrac{zL}{a}\right)}; \quad S = \frac{s}{2\rho z \sinh\left(\dfrac{zL}{a}\right)}$$

写成方程表达式：

$$\left(\frac{-1}{\mu}-T\right)h_1 + Sh_2 = 0 \quad \text{或者} \quad h_1 = \frac{Sh_2}{\frac{1}{\mu}+T}$$

$$Sh_1 - Th_2 = q_2$$

结合以上两式得

$$\frac{h_2}{q_2} = \frac{\frac{1}{\mu}+T}{S^2-T^2-\frac{1}{\mu}T} = \frac{\frac{1}{\mu}+\frac{s}{2\rho z\tanh\left(\frac{zL}{a}\right)}}{-\left(\frac{s}{2\rho z}\right)^2-\frac{1}{\mu}\frac{s}{2\rho z\tanh\left(\frac{zL}{a}\right)}}$$

整理后并令上式中的拉氏算子 $s=(0,j\omega)$，得节点 2 处的系统水头/流量频率特性：

$$C_2(\omega) = \frac{h_2}{q_2} = \frac{-\mu-\frac{2\rho z}{s}\tanh\left(\frac{zL}{a}\right)}{1+\mu\frac{s}{2\rho z}\tanh\left(\frac{zL}{a}\right)} \tag{8.6.24}$$

可以证明式（8.6.24）与水力阻抗法得到的式（8.4.25）和传递矩阵法得到的式（8.5.28）是一致的。

【例 8.6.2】 在［例 8.6.1］的系统节点 2 安装一个振荡阀门，阀的下游联下游水库，如图 8.6.6 所示。上水库进口水头损失系数为 0.5，下水库出口水头损失系数为 0.9，其他同［例 8.6.1］。如果阀门的流量-开度关系是线性关系，全开时的流量为 $35\text{m}^3/\text{s}$，用结构矩阵法求解当稳态流量分别为 $1.0\text{m}^3/\text{s}$、$5\text{m}^3/\text{s}$ 和 $30\text{m}^3/\text{s}$ 三种条件下系统节点 2 的水头对阀门开度波动的频率响应特性，并求出其基波的阻尼系数。

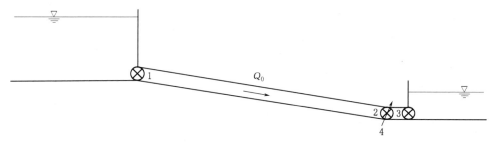

图 8.6.6 ［例 8.6.2］系统示意图

本题的系统比上题多串联了一个振荡阀门元素和水库元素，所以系统由四个基本元素串联组成：

（1）上水库元素（包括进口局部水头损失），为边界元素单端点，节点 1。

（2）管道元素，双端点，在系统内为节点 1、节点 2。

（3）振荡阀门元素，三端点（两实一虚），在系统内节点 2、节点 3 和节点 4。

（4）下水库元素（含出口局部水头损失），边界元素单端点，与阀门下游节点 3 接口。

本系统共有 4 个节点，系统总结构矩阵应为 4×4。利用式（8.6.23）再加上振荡阀门元素子阵式（8.6.13）和下水库元素子阵式（8.6.7），可得

$$
\begin{bmatrix}
-T-\dfrac{1}{\mu_1} & S & 0 & 0 \\[2mm]
S & -T-\dfrac{1}{\mu_2} & \dfrac{1}{\mu_2} & -Q_y \\[2mm]
0 & \dfrac{1}{\mu_2} & -\dfrac{1}{\mu_2}-\dfrac{1}{\mu_3} & Q_y \\[2mm]
0 & 0 & 0 & 1
\end{bmatrix}
\begin{bmatrix}
h_1 \\ h_2 \\ h_3 \\ y
\end{bmatrix}
=
\begin{bmatrix}
0 \\ 0 \\ 0 \\ y
\end{bmatrix}
\qquad (8.6.25)
$$

式（8.6.25）中的 μ_1、μ_2 和 μ_3 上水库出口，振荡阀门和下水库进口的动态阻抗系数可用式（8.6.5）或式（8.6.11）中的定义式算出。T 和 S 可用式（8.6.3）中的定义式算出。要解上面这个矩阵方程，等式右边的相对开度 y 必须是已知的。根据频率响应特性的定义式（8.2.5）：

$$
C=\frac{\mathrm{response}^{\sim}}{\mathrm{input}^{\sim}}=\frac{h_2}{y}=h_2
$$

令式（8.6.25）右侧中的 $y=1$，对于每一个给定的角频率值 ω，用 $j\omega$ 替换矩阵中的所有拉氏算子 s，该矩阵方程有唯一解。逐点计算便可得到 h_1、h_2、h_3 三条曲线（图 8.6.7～图 8.6.9），其中 h_2 就是本题要求的频率响应特性。

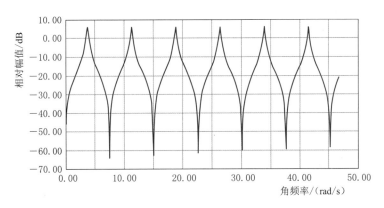

图 8.6.7　当 $Q_0=1\mathrm{m}^3/\mathrm{s}$ 时节点 2 处的压力对阀门开度的频率响应特性

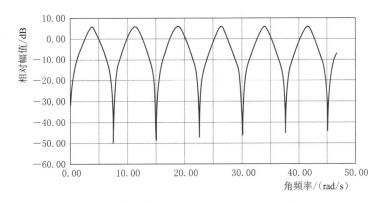

图 8.6.8　当 $Q_0=5\mathrm{m}^3/\mathrm{s}$ 时节点 2 处的压力对阀门开度的频率响应特性

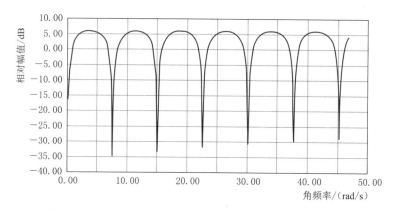

图 8.6.9　当 $Q_0 = 30\text{m}^3/\text{s}$ 时节点 2 处的压力对阀门开度的频率响应特性

根据式（8.2.14）可算出：

（1）对于 $Q_0 = 1\text{m}^3/\text{s}$，基波阻尼系数 $\sigma = 0.04$。

（2）对于 $Q_0 = 5\text{m}^3/\text{s}$，基波阻尼系数 $\sigma = 0.18$。

（3）对于 $Q_0 = 30\text{m}^3/\text{s}$，基波阻尼系数 $\sigma = 0.71$。

上述计算结果说明：

（1）阀门流量越小时，波的阻尼系数也越小。这恰好说明了为什么阀门与水道所激发的自激振荡都发生在小开度。

（2）压力响应特性的峰值频率（特征频率）与阀门流量无关。

（3）虽然根据题目要求只计算了基波频率的阻尼系数，但从响应特性曲线的形态来看，基波以上的高次谐波波峰形态与基波基本相同，可以判断，各次谐波的阻尼系数差别应该微小。

8.7　振荡流的动态摩阻

管道内振荡流的振荡阻尼与水流在流动中与管壁之间的摩阻（也就是沿程水头损失）有关。到目前为止，本书在所有的推导过程中都只考虑了稳态流的水头损失项，也就是稳态摩阻。然而在动态过程中，水流的加速与减速过程都有可能产生附加的摩阻，也就是动态摩阻。Brekke 对管道层流的振荡流动态摩阻做了解析推导，并得出振荡流频率域摩阻项的表达式：

$$\tau = \frac{\rho R s}{A\left[J_1\left(jR\sqrt{\dfrac{s}{\nu}}\right) - 2\right]}Q \tag{8.7.1}$$

其中

$$J_1\left(jR\sqrt{\frac{s}{\nu}}\right) = \frac{\left(jR\sqrt{\dfrac{s}{\nu}}\right)I_0\left(jR\sqrt{\dfrac{s}{\nu}}\right)}{I_1\left(jR\sqrt{\dfrac{s}{\nu}}\right)}$$

式中：s 为拉氏算子；j 为虚数符号；I_0 为零阶第一类贝塞尔函数；I_1 为一阶第一类贝塞尔函数。

定义动态摩阻系数 K：

$$K = \frac{\pi D \tau}{\rho Q}$$

可以算出在振荡层流条件下动态摩阻系数与稳态摩阻系数之间的比例关系（图 8.7.1）。

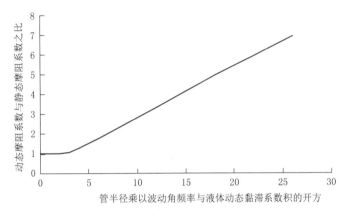

图 8.7.1　振荡层流条件下动态摩阻系数与稳态摩阻
系数之间的比例关系

工程实例中层流是极少发生的，所以解析解 [式 (8.7.1)] 的学术意义大于工程实用意义。其工程意义在于，该解析解说明动态摩阻与稳态摩阻确实有很大的区别，动态摩阻在高频振荡流中有可能比稳态摩阻大很多。

关于紊流的动态摩阻的学术研究从来就没有停止过，但到目前为止这个问题都没有完全得到解决。在时间域计算中有 Daily 等于 1956 年在试验数据的基础上建议的算法，Brunone 等在 1991 年建议的经验公式算法等。在频率域计算中，有 Brekke 的虚拟糙率法。虽然这种经验算法有大量电站实测数据的支持，但试验的频率都相当低，没有超过 $\omega = 3$，这个频率对于调速系统稳定性分析以满足分析精度要求，但对于水力共振分析则远远不够的。另一个水力机械振动和振荡流研究的著名学者 Dorfler，在 Haban 和 Svingen 等的研究基础上提出，在稳态摩阻系数的基础上增加一个动态分量：

$$K = K_s + k\omega \tag{8.7.2}$$

并建议在振荡流计算中系数 K 的值取 0.015。

【例 8.7.1】　运用式 (8.7.2) 计算 [例 8.6.2]，$Q_0 = 1 \mathrm{m^3/s}$ 时在节点 2 处的系统频率响应特性，并计算基波与三次谐波的阻尼系数。

根据式 (8.2.14) 可算出：

(1) 基波阻尼系数 $\sigma = 0.045$。

(2) 三次谐波阻尼系数 $\sigma = 0.06$。

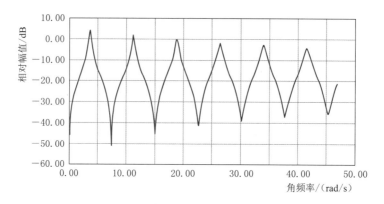

图 8.7.2　当 $Q_0 = 1\text{m}^3/\text{s}$ 时 ［例 8.6.2］节点 2 处的压力
对阀门开度的频率响应特性

8.8　水电站水道系统受迫水力共振的典型振源

　　虽然有少数情况下水道系统内部也可能发生自激振荡，水力机械（水轮机、水泵水轮机、水泵）是水电站或水泵站的水道系统发生受迫水力共振的主要源头。水轮机/水泵水轮机作为一种旋转机械，其激发的振动有不少与转动的快慢即转频有关。反击式水轮机的典型振动种类见表 8.8.1。

表 8.8.1　　　　　　　　　　　反击式水轮机的典型振动种类

名　称	频率范围	备　注
尾水管雷根思涡带振荡	机组转频的 20%～40%，但主要为 25%～30%。在没有测试数据的情况下可用雷根思系数 0.278	主要发生在最高效率点水轮机出力的 45%～65% 运行条件下，因此也称为"半负荷涡带"；主要发生在混流式水轮机中，见图 8.8.1
尾水管空化振荡	低频（一般低于转频，但与转频不相关，而与尾水管的水流惯性时间常数及空化容性有关；暂无成熟的解析或经验公式可用于计算其频率	发生在水轮机满负荷或超负荷运行条件下，尾水管内形成空化核；可发生在所有反击式水轮机中，见图 8.8.2
大轴及转子的转频摆振	小幅时等于转频；大幅时若进入非线性区后会产生高次波动分量，但基波为转频不变	造成大轴摆振的可能较多，例如雷根思涡带、尾水管空化振荡等因素都可造成大轴的水力受迫摆振；但以转频频率摆动的，一般是机械因素造成的，例如三个导轴承的中心同心度不好，大轴由于靠背轮造成的大轴直线性不良或者发电机转子的动平衡不好等因素，见图 8.8.3
导叶过频振荡	$f = nZ_g k$ 其中 n 为转频；Z_g 导叶片数；$k=1, 2, 3, \cdots$为谐波次数	转轮旋转过程中扫过静止的导叶时导叶尾涡产生的水力冲击
轮叶过频振荡	$f = nZ_r k$ 其中 n 为转频；Z_r 为转轮叶片数；$k=1, 2, 3, \cdots$为谐波次数	在转轮旋转过程中轮叶与静止的导叶交汇而过时产生的水力冲击；水泵水轮机的水泵工况和离心水泵较为严重

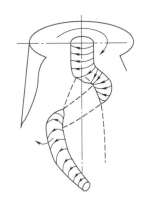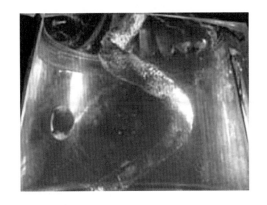

图 8.8.1　雷根思涡带形成的振荡

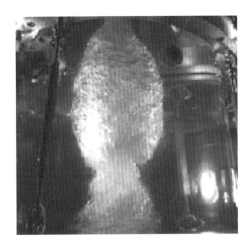

图 8.8.2　高负荷条件下尾水管　　　　　　图 8.8.3　导轴承的同心度不好，
空化核形成空腔振荡　　　　　　　大轴直线性不良造成转频摆振

　　当然，由水轮机激发的振动种类与频率远不止表 8.8.1 所列出的这几种，还有其他的，例如：①转轮叶片间涡带引起的振动；②转轮叶片尾的卡门涡引起的高频水力噪声；③气蚀水力噪声；④超低负荷下尾水管的随机压力脉动等；在水轮机中都十分常见。但以上这些振动种类由于其频率的不确定性或频谱宽度大或频率过高而较难用于水力共振的分析。比较可靠的办法是根据水轮机厂商提供的实测或 CFD 计算得到的振动源频谱进行分析。

8.9　水电站水道系统的自激振荡

　　第 3 章 3.2 节描述了水泵水轮机在特别条件下，由于水轮机特性的不稳定运行区而有可能激发自激振荡，此外，水电站最可能发生的自激振荡是由阀门和类阀门结构造成的（图 8.9.1）。当一个阀门处于接近关闭状态时，如果有效过流面积不变，则阀门的流量与阀门两侧的压力差的 0.5 次方成正比,即:$Q=kP^{0.5}$,其中 P 为阀门两侧水压差。也就是说压力越大,漏水流量也越大,这时阀门的水力阻抗 $\dfrac{\Delta P}{\Delta Q}$ 是一个正值,前提是开度相关项 k 是一个常数。但如果 k 值在某个压力差段由于密封圈的弹性移动变成压力差的函数,并且是压力越大开度越小,那么漏水流量就有可能变成压差越大漏水越小。这时阀门的水力阻抗 $\dfrac{\Delta P}{\Delta Q}$ 的值变成了一个负数,就会引发自激振荡。Chaudhry 也在他的著作中用图解法对这个现象的产生做了说明。

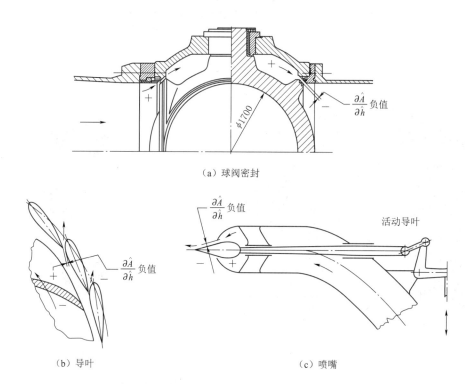

图 8.9.1 水电站中三种阀门或类阀门结构产生自激振荡的机理（Brekke）

根据不受压差影响的阀门元素矩阵方程式（8.6.12），不难写出当阀门开度受压差影响时的矩阵方程（水道系统仍如 8.6 节中的图 8.6.7 所示）:

$$
\begin{bmatrix}
\dfrac{-1}{\mu_2} & \dfrac{1}{\mu_2} & -Q_y \\[2mm]
\dfrac{1}{\mu_2} & \dfrac{-1}{\mu_2} & Q_y \\[2mm]
-Y_h & Y_h & 1
\end{bmatrix}
\begin{bmatrix}
h_2 \\[1mm] h_3 \\[1mm] y
\end{bmatrix}
=
\begin{bmatrix}
q_2 \\[1mm] q_3 \\[1mm] y^*
\end{bmatrix}
\tag{8.9.1}
$$

其中
$$
Y_h = \frac{\mathrm{d}y}{\mathrm{d}h}
$$

参考式（8.6.25）和式（8.9.1），写出全系统矩阵方程:

$$
\begin{bmatrix}
-T-\dfrac{1}{\mu_1} & S & 0 & 0 \\[2mm]
S & -T-\dfrac{1}{\mu_2} & \dfrac{1}{\mu_2} & -Q_y \\[2mm]
0 & \dfrac{1}{\mu_2} & -\dfrac{1}{\mu_2}-\dfrac{1}{\mu_3} & Q_y \\[2mm]
0 & -Y_h & Y_h & 1
\end{bmatrix}
\begin{bmatrix} h_1 \\ h_2 \\ h_3 \\ y \end{bmatrix}
=
\begin{bmatrix} 0 \\ 0 \\ 0 \\ y^* \end{bmatrix}
\tag{8.9.2}
$$

令式（8.9.2）中 $y^*=1$，便可求解得到 h_1、h_2 和 h_3 的频率响应特性。

　　本节所介绍的由于小开度阀门而引发的自激振荡是水道系统自激振荡中最为常见的。这类自激振荡发生的机理清楚，分析也较简单。但也有的水力自激振荡发生的机理相当复杂，不用说用解析方法求解，就是用世界顶级三维 CFD 软件进行分析，也很难保证得出正确的结果。一个典型的例子就是球形三岔管及类似结构中所产生的不稳定涡流（图 8.9.2），其本质实际上也是一种水力自激振荡。但这种自激振荡的分析是相当困难的，完全超出了以一维流动理论为基础的本书所能覆盖的范围。

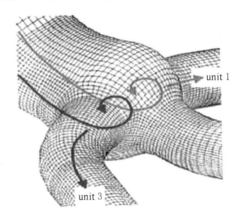

图 8.9.2　球形三岔管及类似结构中所产生的不稳定涡流

9

典型工程应用

9.1 水力过渡过程应用软件 HYSIM 简介

在以锦屏二级、白鹤滩等大型和超大型水电站以及浙江天荒坪、福建仙游、浙江长龙山等抽水蓄能电站水力过渡过程分析需求的驱动下，华东院在有关方面的技术支持下，自2006年开始自主开发以复杂水力系统过渡过程仿真计算为目的的工程应用软件 HYSIM（HYdraulic SIMulation）。HYSIM 是国内第一个采用先进的结构矩阵法（见第6章）为核心算法的水力过渡过程软件，并于2007年完成 HYSIM1.0 版。2009年，软件平台通过了专家验收；2013年，在进一步完善功能和工程应用的基础上，通过了第三方软件评测，取得了软件著作权，并经中国水力发电工程学会鉴定（中国水电学会鉴字〔2013〕第1027号），认为"该软件系统功能强、适应性好，其中多项技术在国内外同类软件平台中属于首创，促进了我国水利水电行业复杂水道系统水力过渡过程仿真技术的发展，整体达到了国际先进水平"。目前采用该软件的平台已经在近百项水利水电工程中进行了应用，典型工程列举如下（表9.1.1）。

表 9.1.1　　　　水力过渡过程仿真分析工程应用情况（2009—2012 年）

序号	工 程 应 用	装机容量/MW	设计阶段	备　　注
一	常规水电站工程			
1	金沙江白鹤滩水电站	16000	可研/招标/技施	
2	雅砻江锦屏二级水电站	4800	技施	进行了原位试验反演计算
3	大渡河丹巴水电站	1180	可研	
4	雅砻江卡拉水电站	1000	可研	
5	雅砻江杨房沟水电站	1500	可研/招标/技施	
6	金沙江龙开口水电站	1800	技施	进行了原位试验反演计算
7	澜沧江苗尾水电站	1200	可研/招标/技施	进行了原位试验反演计算
8	鸭绿江长甸水电站	200	技施	进行了原位试验反演计算
9	九龙河江边水电站	330	技施	进行了原位试验反演计算
10	西溪河洛古水电站	110	技施	进行了原位试验反演计算

续表

序号	工程应用	装机容量/MW	设计阶段	备注
11	云南下只恩水电站	40	技施	
12	四川小姓水电站	24	技施	
13	越南上昆嵩水电站	220	技施	
14	雅鲁藏布江大古水电站	640	预可研	
15	雅鲁藏布江街需水电站	560	预可研	
16	西藏玉曲河中波水电站	200	预可研	
17	老挝南空水电站	112	技施	
18	老挝色空水电站	160	技施	
19	埃塞俄比亚 Aba Samuel 水电站	6.899	技施	
20	乌干达 Karuma 水电站	660	技施	
二	抽水蓄能电站工程			
1	安徽绩溪抽水蓄能电站	1800	可研	典型工程
2	浙江长龙山抽水蓄能电站	2100	可研	
3	河南宝泉抽水蓄能电站	1200	技施	进行了原位试验反演计算
4	江苏宜兴抽水蓄能电站	1000	技施、竣工	进行了原位试验反演计算
5	安徽响水涧抽水蓄能电站	1000	技施	进行了原位试验反演计算
6	浙江仙居抽水蓄能电站	1500	招标/技施	进行了原位试验反演计算
7	福建仙游抽水蓄能电站	1200	技施	进行了原位试验反演计算
8	江西洪屏抽水蓄能电站（一期）	1200	招标/技施	进行了原位试验反演计算
9	浙江宁海抽水蓄能电站	1800	预可研	
10	福建永泰白云抽水蓄能电站	1200	可研	
11	福建周宁抽水蓄能电站	1200	预可研	
12	重庆开县抽水蓄能电站	1800	预可研	
13	福建厦门抽水蓄能电站	1400	预可研	
14	安徽金寨抽水蓄能电站	1200	预可研	
15	以色列吉尔布娃抽水蓄能电站	1000	咨询	
16	越南浮烟东抽水蓄能电站	1200	咨询	
17	以色列 K 抽水蓄能电站	330	技施	
18	菲律宾 WaWa 抽水蓄能电站	360	投标	
三	供水工程			
1	金沙江白鹤滩供水工程		可研	
2	杭州闲林水库工程		技施	
3	重庆铜梁安居供水工程		初设	

注　技施：技术施工；预可研：预可行性研究；可研：可行性研究。

本章所涉及所有数值计算结果均采用 HYSIM 进行计算。

9.2 锦屏二级水电站设计最终方案水力过渡过程分析

锦屏二级水电站应用分为两个部分：①锦屏二级水电站设计最终方案水力过渡过程分析（在本节中介绍）；②锦屏二级水电站水力过渡过程专题研究（在 9.3 节中介绍）。专题内容包括：上游调压室型式比选、调压室长上室明渠效应分析、原型监测与数值仿真成果对比。

选择锦屏二级水电站作为本书常规电站应用实例之一的原因是：①长距离大流量引水式水电站，引水距离约 17km，设计总引水流量为 1829m³/s，单洞引水流量为 457.2m³/s。②超大型差动式调压室，总容积和总高度均为世界第一。调压室在设计中是完全满足小波动稳定性要求并有充足裕度的。但在施工中由于地质条件方面的原因，引水隧道不得不由原方案的部分衬砌改为全部衬砌。这时调压室的施工也同时在进行并已完成较大部分，因此无法再加大水平断面，从而造成了大开度运行条件下调压室的小波动稳定性裕度减小。

锦屏二级水电站位于四川省凉山彝族自治州木里、盐源、冕宁三县交界处的雅砻江干流锦屏大河湾上，是雅砻江干流上的重要梯级电站。锦屏二级水电站工程规模巨大，工程开发任务为发电。锦屏二级水电站利用雅砻江 150km 大河湾的天然落差，截弯取直，获得毛水头约 310m、电站总装机容量 4800MW、单机容量 600MW、额定水头 288m，是雅砻江上水头最高、装机规模最大的水电站，其引水系统布置详见图 9.2.1。

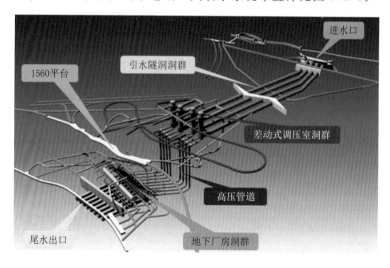

图 9.2.1　锦屏二级水电站引水系统效果图

本节主要通过锦屏二级水电站实践来介绍引水系统过渡过程研究的过程，包括计算工况和控制标准的选择、调压室选型、模型试验模型率的确定和电站运行调度策略建议等，最后将原型监测结果与数值计算结果进行了对比，证明本书前文所建立的数值计算方法及模型的准确性。

锦屏二级水电站水力过渡过程分析主要特点如下：

电站采用四洞八机的布置方案，四条隧洞平行布置横穿跨越锦屏山，属于特大输水系统。单个水力单元装机容量 1200MW，引水隧洞单洞长 17km，衬后洞径 12m，引用流量 457.2m³/s，隧道部分水流惯量极大，水流加速时间常数达 25s，对上游调压室的设计形成很大的挑战：

（1）对于长大输水系统的电站，由于流量较大，隧洞长，受到调压室稳定断面面积要求的控制，调压室水平断面面积往往较大，导致调压室的规模通常较大，调压室水位波动周期较长，机组出力摆动的时间相对较长。但由于总体水头较低，调压室内水位波动幅度有限，因此对于大流量、长大输水系统的电站，选择波动衰减快、出力波动小的调压室型式是输水系统设计中至关重要的一环。通过比选，在上游设置了差动式调压室，可以减小调压室涌波水位振幅，加速调压室涌波水位的衰减，减轻由于长时间压力波动所导致的对水轮机及压力钢管交变负荷造成的疲劳损害。

（2）上游差动式调压室总高约 140m，顶拱最大跨度 30m，竖井开挖直径 23m，衬后内径 21.0m，断面面积 346.35m²，大井的下游侧布置有两扇高压管道事故检修闸门，其闸门槽扩大后兼做升管，单个升管面积 34.49m²。大井与两个升管平面上呈"品"字形布置。大井底板设置 4 个阻抗孔，单个阻抗孔直径 2.1m，阻抗孔总面积 13.84m²。该差动式调压室是目前世界上规模最大、综合技术难度最大的差动式调压室群。

（3）按电站的原水道系统设计，调压室断面完全满足小波动稳定性要求并有充足的裕度。但在施工中由于地质条件方面的原因，引水隧道不得不由原方案的部分衬砌改为全部衬砌，这样就大幅增加了对调压室稳定断面的要求。这时调压室的施工也在同时进行并完成了较大的一部分，已无法更改设计再加大水平断面，从而造成了电站在大开度运行条件下调压室的小波动稳定性裕度减小。

9.2.1　基本资料

锦屏二级水电站的上下游特征水位、机组主要参数、水道主要特征参数等详见表 9.2.1～表 9.2.3。

表 9.2.1　　　　　　　　　　上、下游特征水位

上游水位 /m	下游水位/m		备 注
	官地水库死水位	官地水库正常蓄水位	
校核洪水位 1658.00 (P=0.05%)	校核洪水位 1353.40 (P=0.1%)	校核洪水位 1353.40 (P=0.1%)	仅用于校核上游调压室最高涌波水位
洪水位 1657.00 (P=0.1%)	校核洪水位 1352.4 (P=0.1%)	校核洪水位 1353.4 (P=0.1%)	八台机组满发
洪水位 1653.30 (P=0.5%)	设计洪水位 1351.20 (P=0.5%)	设计洪水位 1351.20 (P=0.5%)	八台机组满发
正常蓄水位 1646.00	两台机组运行尾水位 1329.51	两台机组运行尾水位 1331.03	任意两台机组发电

续表

上游水位 /m	下游水位/m		备　注
	官地水库死水位	官地水库正常蓄水位	
正常蓄水位 1646.00	一台机组运行尾水位 1328.89	一台机组运行尾水位 1330.60	任意一台机组发电
正常蓄水位 1646.00	八台机组运行尾水位 1333.11	八台机组运行尾水位 1333.74	八台机组满发
额定工况对应水位	八台机组运行尾水位 1333.11	试算	八台机组满发
额定工况对应水位	试算	八台机组运行尾水位 1333.74	八台机组满发
死水位 1640.00	两台机组运行尾水位 1329.51	两台机组运行尾水位 1331.03	任意两台机组发电
死水位 1640.00	一台机组运行尾水位 1328.89	一台机组运行尾水位 1330.60	任意一台机组发电

注　下游官地水电站按计划于 2012 年 3 月首台机组投产发电水库已下闸蓄水。因此，锦屏二级水电站尾水位均要考虑官地水电站回水的影响。

表 9.2.2　　　　　　　　　机 组 主 要 参 数

项　目	单　位	参　数	备　注
水轮机额定出力	MW	610	
水轮机额定流量	m³/s	228.6	
水轮机额定转速	r/min	166.7	
水轮机额定水头	m	288.0	
水轮机最大毛水头	m	321.0	
水轮机最小水头	m	279.2	
飞逸转速	r/min	280	
安装高程	m	1316.80	
吸出高度	m	−10.1	
水轮机额定工况效率	%	94.9	真机效率，效率修正 1.6%
水轮机最优工况效率	%	95.81	真机效率，效率修正 1.6%
水轮机特性曲线			见图 3.1.1（b）

表 9.2.3　　　　　　　　　水 道 主 要 特 征 参 数

项　目		总长度 /m	平均流速 /(m/s)	T_w /s	相对水头 损失	备　注
第一水力 单元	上游引水隧道	16673.3	4.36	25.7	0.051	上水库到调压室中心
	上游压力管道	558.6	6.9	1.39	0.009	调压室中心到转轮井口
	尾水管及延伸	317.3	2.48	0.28	0.005	转轮出口到尾水

续表

项　目		总长度/m	平均流速/(m/s)	T_w/s	相对水头损失	备　注
第四水力单元	上游引水隧道	16672.2	4.05	24.0	0.042	上水库到调压室中心
	上游压力管道	558.6	6.9	1.39	0.009	调压室中心到转轮井口
	尾水管及延伸	317.3	2.48	0.28	0.005	转轮出口到尾水

注　调压室参数参阅 9.3.1 小节。

9.2.2　调压室稳定性解析公式计算分析

调压室托马稳定断面又称调压室临界断面，是保证调压室小波动稳定的最小断面。水电站调压室稳定断面的选择，对于引水发电系统的稳定性、涌波水位以及工程投资等都有很大的影响。本节将采用解析公式对锦屏二级水电站上游调压室的稳定断面进行复核分析。利用解析公式进行调压室稳定性研究的优点是简单，也不易发生计算错误；缺点则是即便采用目前最严谨的华东院/Norconsult 公式（见 5.3 节），也没有包括水轮机调速器特性、电网及负荷特性对调压室稳定的影响，因而该公式只能作为理想水轮机调速器、理想孤网假定条件下的调压室稳定性研究。这部分研究的主要目的是为了给后面的以数值模型为基础的研究提供参考。

引水系统第一水力单元与第三水力单元的布置和结构型式相似，第二水力单元与第四水力单元的布置和结构型式相似，因此选取第一水力单元和第四水力单元，采用华东院/Norconsult 公式进行调压室稳定断面分析。复核工况：工况 1，上游死水位 1640m，下游 1333.74m（八台机发电尾水位），典型运行工况；工况 2，上游正常蓄水位 1646m，下游 1333.74m；工况 3，上游 200 年一遇洪水位 1653.3m，下游设计洪水位 1351.2m，最小毛水头工况。

1. 第一水力单元

计算主要参数：引水隧洞长 16673.3m；引水隧洞平均断面面积 104.9m²；调压室设计断面面积 415.64m²。临界断面解析公式计算结果列于表 9.2.4；以上三个工况下的隧洞糙率敏感计算结果比较如图 9.2.2 所示。

表 9.2.4　　　　　　　　　第一水力单元临界断面解析公式计算结果

曼宁糙率		0.013	0.0132	0.0135	0.0138
工况 1	托马临界断面 A_{th}/m²	411.64	401.85	387.81	374.49
	托马安全系数	1.01	1.035	1.072	1.11
工况 2	托马临界断面 A_{th}/m²	420.31	410.33	396	382.42
	托马安全系数	0.989	1.013	1.05	1.087
工况 3	托马临界断面 A_{th}/m²	423.89	413.83	399.38	385.69
	托马安全系数	0.981	1.005	1.041	1.078

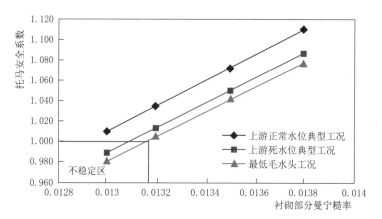

图 9.2.2 第一水力单元隧洞糙率敏感计算结果比较

2. 第四水力单元

计算主要参数：引水隧洞长 16662.18m；引水隧洞平均断面面积 113.09m²；调压室实际设计断面面积 415.64m²。临界断面的糙率敏感计算结果列于表 9.2.5；以上三个工况下的隧洞糙率敏感计算结果比较如图 9.2.3 所示。

表 9.2.5 第四水力单元临界断面解析公式计算结果

	曼宁糙率	0.013	0.0132	0.0135	0.0138
工况 1	托马临界断面 A_{th}/m^2	445.7	435.6	421.2	407.4
	托马安全系数	0.933	0.954	0.987	1.020
工况 2	托马临界断面 A_{th}/m^2	454.3	444.1	429.4	415.3
	托马安全系数	0.915	0.936	0.968	1.001
工况 3	托马临界断面 A_{th}/m^2	461	450.6	435.7	421.5
	托马安全系数	0.902	0.923	0.954	0.986

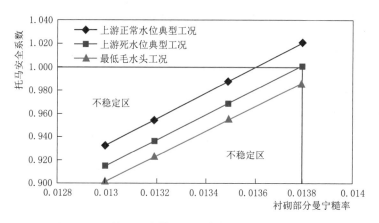

图 9.2.3 第四水力单元隧洞糙率敏感计算结果比较

由第一水力单元解析计算结果可以发现，只要隧道曼宁糙率大于0.0132，第一水力单元的调压室的托马安全系数就在1.0以上。而实际工程中计算曼宁糙率为0.0135，所以第一水力单元调压室的稳定性是有保证的。第四水力单元则由于隧道断面较大、水头损失较小，在调压室稳定的条件方面要差很多，因此第四水力单元将是数值模型小波动稳定分析研究的重点。

9.2.3 调压室稳定性的数值模型研究

调压室稳定性的数值模型计算分析是在理想孤网假定条件下进行的。理想孤网（见4.1节）假定的目的就是为了排除对电网的模拟，分析模型被大大简化。该假定虽然不符合实际，但由于分析成果是偏保守的，所以得到广泛的应用。与公式计算法不同，数值模型中包括了水轮机调速系统的模拟。在理想孤网运行假定前提下，调速器参数在合理范围内变动，对调压室的稳定性影响极小。由于调速器的调节品质与最佳参数的选定与隧道衬砌方式基本无关，调速器参数整定为

$$B_t = 0.5，T_d = 8s，T_n = 0.6s，b_p = 0.04$$

单个水力单元引水发电系统过渡过程仿真计算模型如图9.2.4所示。计算范围包括进水口、事故检修闸门井、引水隧洞、上游调压室、高压管道、水轮机、尾水隧洞、尾水隧洞检修闸门井。

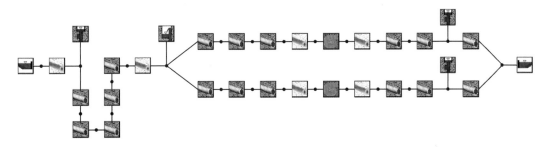

图9.2.4 单个水力单元引水发电系统过渡过程仿真计算模型

1. 验证表9.2.4和表9.2.5中由公式算出的临界断面（X1a工况计算）

计算工况：X1a（上水库正常蓄水位水轮机满负荷典型工况）；

初始负荷：610MW×2；

负荷扰动量：−2.0%（每台机组−12MW）；

引水隧道曼宁糙率：0.0135（设计推荐值）；

解析公式算出的临界断面：第一水力单元387.81m^2，第四水力单元421.2m^2。

图9.2.5所示的是X1a工况的数值计算结果，图中井内水位等幅波动，说明调压室波动的稳定性确实是处于"临界"状态。公式计算结果得到验证。

2. X1b工况临界断面搜索计算❶

计算工况：X1b（上水库正常蓄水位水轮机最佳负荷典型工况）；

---

❶ 搜索计算指的是一组计算，就是通过一组不同调压井断面的多次计算，找出使调压室水面作等幅波动的调压室断面，该断面即临界断面。

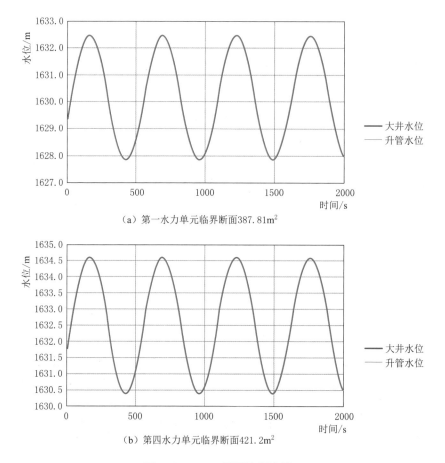

（a）第一水力单元临界断面387.81m²

（b）第四水力单元临界断面421.2m²

图 9.2.5　X1a 工况仿真计算一

调压室总断面：不同断面多次试算搜索；

引水隧道曼宁糙率：0.0135（设计推荐值）；

初始负荷：610MW×2；

负荷扰动量：−2.0％（每台机组−12MW）。

3. X1c 工况临界断面搜索计算

计算工况：X1c（上水库正常蓄水位水轮机 60％负荷典型工况）；

调压室总断面：不同断面多次试算搜索；

引水隧道曼宁糙率：0.0135（设计推荐值）；

初始负荷：432MW×2；

负荷扰动量：−2.0％（每台机组−12MW）。

图 9.2.6 所示的是在上水库正常蓄水位典型组合条件下不同机组出力情况下的调压室断面的稳定性安全系数计算结果。这个计算结果表面上反映的是机组出力与调压室安全系数的关系，但其本质却是水轮机效率特性对调压室稳定临界断面的重大影响的反映（请进一步参阅图 5.2.1 及对该图的文字说明）。这个结果也表明，在上水库正常蓄水位典型组

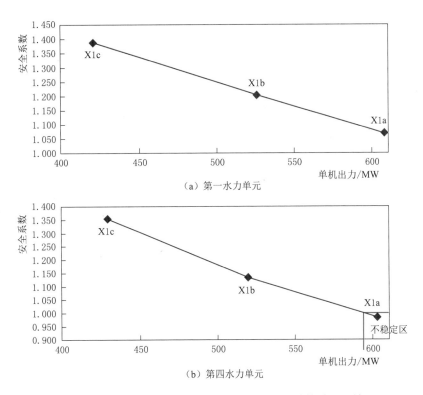

（a）第一水力单元

（b）第四水力单元

图 9.2.6　正常蓄水位条件下调压室安全系数计算结果比较

合条件下第一水力单元调压室在任何负荷下都是稳定的，而第四水力单元调压室当出力在 580MW 以上时就进入了不稳定区。

　　图 9.2.7 为 X1a、X1b 和 X1c 工况下不同方法计算结果的比较。这个比较说明，由于华东院/Norconsult 公式正确地反映了水轮机效率特性的作用，所以该公式的计算结果与数值模型计算结果一致性良好，而调压室设计规范推荐公式则只是在最佳效率 X1b 工况与数值解相近。

　　在上述计算中，华东院/Norconsult 公式中的 δ 取值（参考图 5.4.2 考虑实际流量与工作水头修正）：X1a，$\delta=1.13$；X1b，$\delta=1.0$；X1c，$\delta=0.9$。

　　4. 上水库死水位典型工况数值模型计算

　　计算工况：X2a、X2b、X2c（上水库死水位典型工况）；

　　调压室总断面：不同断面多次试算搜索；

　　引水隧道曼宁糙率：0.0135（设计推荐值）；

　　初始负荷：X2a，$600MW\times2$；X2b，$522MW\times2$；X2c，$432MW\times2$；

　　负荷扰动量：-2.0%（每台机组$-12MW$）。

　　图 9.2.8 的计算结果表明，在上水库死水位典型水位组合条件下第一水力单元调压室在任何负荷下都是稳定的，而第四水力单元调压室当出力在 565MW 以上时就进入了不稳定区。

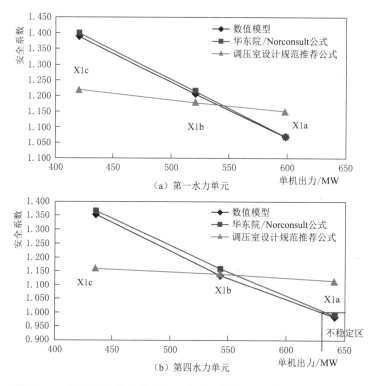

图 9.2.7 正常蓄水位条件下调压室安全系数不同方法计算结果比较

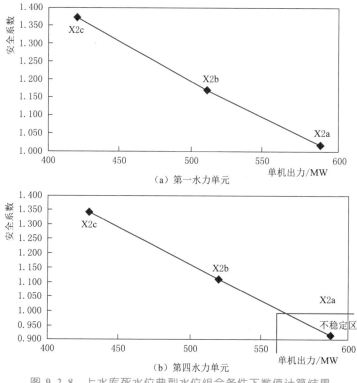

图 9.2.8 上水库死水位典型水位组合条件下数值计算结果

5. 最低毛水头工况数值模型计算

计算工况：X3a、X3b、X3c（最低毛水头工况）；

调压室总断面：不同断面多次试算搜索；

引水隧道曼宁糙率：0.0135（设计推荐值）；

初始负荷❶：X2a，590MW×2；X2b，522MW×2；X2c，432MW×2；

负荷扰动量：−2.0%（每台机组−12MW）。

图 9.2.9 的计算结果表明，在最低毛水头条件下第一水力单元调压室在任何负荷下都是稳定的，而第四水力单元调压室当出力在 560MW 以上时就进入了不稳定区。

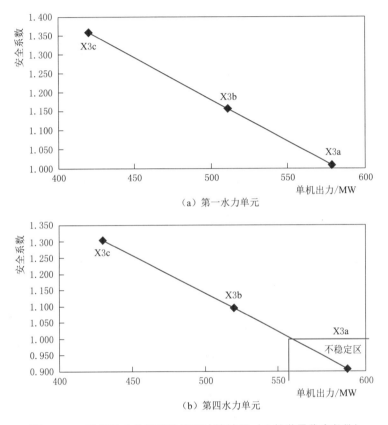

（a）第一水力单元

（b）第四水力单元

图 9.2.9　最低毛水头工况值模型计算结果（全部满足稳定条件）

6. 第一、第四水力单元四台机联合运行最低毛水头工况

并网机组台数：4；

调压室断面：415.64m²；

引水隧道曼宁糙率：0.0135（设计推荐值）；

初始负荷：四台机全 98% 开度；

负荷扰动量：−2.0%（每台机组−12MW）。

---

❶　由于水头不足，水轮机初始出力达不到 610MW。

　　从图 9.2.10 所示的仿真结果中可以看到：①第四水力单元在这种联网条件下运行调压室水位波动还是不收敛，但发散程度有所减小。②第一水力单元由原来单独运行的恰好稳定变为联合运行的不稳定。③第一水力单元调压室的特征频率与第四水力单元调压室的特征频率原本是不一样的，但从计算结果中可以明显看出第四水力单元调压室的波动频率与第一水力单元调压室的完全相同。也就是说异频共振现象确实发生了。

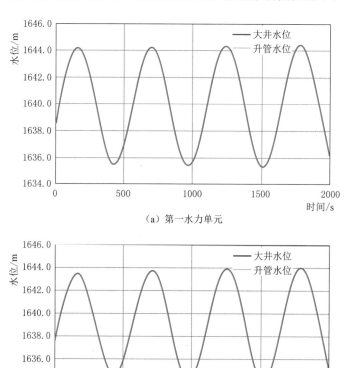

（a）第一水力单元

（b）第四水力单元

图 9.2.10　第一、第四水力单元在最低毛水头条件下
四机联合运行仿真结果

7. 第一、第四水力单元各一台机联合运行工况（满负荷情况）

并网机组台数：2；

调压室断面：415.64m²；

引水隧道曼宁糙率：0.0135（设计推荐值）；

初始负荷：两台机 98% 开度；

负荷扰动量：−2.0%（每台机组 −12MW）。

　　图 9.2.11 的计算结果表明：第四水力单元调压室水位波动开始轻度发散，但后来一直保持轻度收敛；第一水力单元调压室水位一直保持轻度收敛。这说明系统是稳定的，尽管稳定裕量不大。

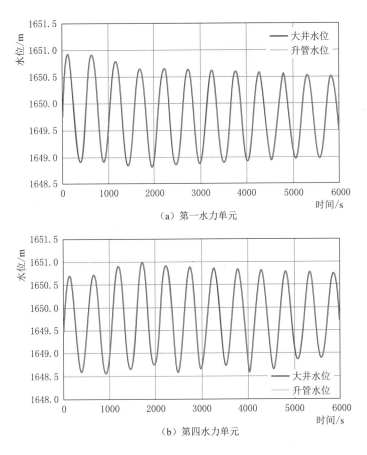

（a）第一水力单元

（b）第四水力单元

图 9.2.11　第一、第四水力单元在最低毛水头条件下
各一台机满载联合运行仿真结果

8. 采用水压补偿改善调压室的稳定性

采用水压补偿来改善水轮机调速系统（图 9.2.12）的稳定性在学术上已经很成熟，英文术语为 Water column compensation（简写为 WCC），尽管在国内还不太为人所知。已有的工程应用不多，而且都是为改善当压力管水流加速时间常数过大时调速系统的稳定性。其实，水压补偿也可以用于改善亚托马调压室的稳定性。

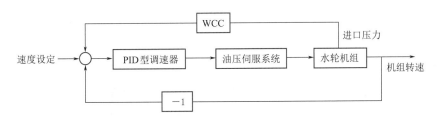

图 9.2.12　采用 WCC 改善调压室的稳定性实现方框图

WCC 就是在机组的调速器中引入一个蜗壳水压信号，WCC 环节的传递函数为

$$\mathrm{WCC} = \frac{T_{ac}s}{(T_{ac}s + 0.01)} \frac{K}{(T_{f1}s + 1)(T_{f2}s + 1)}$$

式中：K 为反馈补偿系数；T_{ac}、T_{f1}、T_{f2} 为三个时间常数。

这个传递函数由两部分组成，第一部分 $\frac{K}{(T_{f1}s + 1)(T_{f2}s + 1)}$ 是一个以放大系数为 K 的二阶低通滤波器，以滤去压力脉动等高频分量，只让由于调压室水位波动所形成的水轮机进口压力的缓慢变化信号通过。第二部分 $\frac{T_{ac}s}{T_{ac}s + 0.01}$ 是一个直流（稳态）信号隔离环节，只准交流（波动）信号通过。

从前面的分析可知，第四水力单元两台机在理想孤网条件下低水头满负荷的托马安全系数和实际安全系数都只有 0.9 左右。经引入 WCC，这个亚托马调压室就能稳定运行了。优化参数：$K = 0.3$，$T_{ac} = 600\mathrm{s}$，$T_{f1} = 50\mathrm{s}$，$T_{f2} = 30\mathrm{s}$。第四水力单元两台满载发电引入 WCC 的计算结果如图 9.2.13 所示。

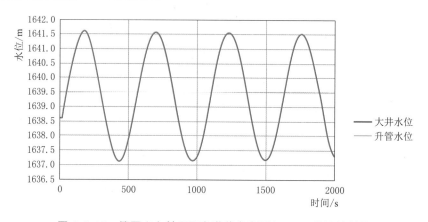

图 9.2.13　第四水力单元两台满载发电引入 WCC 的计算结果

WCC 虽然使亚托马调压室在理想孤网条件下也能满负荷稳定发电，但 WCC 不是没有副作用的。WCC 既改善稳定性但同时也造成调速器调节品质变差。在调压室水位波动时，机组转速的波动值比没有 WCC 时要大。因此，WCC 只能在不得已时为了保证稳定发电才能用。

9. 调压室稳定性数值模型计算分析小结

（1）数值计算结果表明，如果曼宁糙率值为 0.0135，第一水力单元在所有水头条件和所有负荷条件下都能满足孤网运行稳定性的要求，该结论与解析公式计算所得到的结论一致。第四水力单元在所有水头条件下满负荷运行不能满足孤网运行稳定性的要求，该结论与解析公式计算所得到的结论也一致。

（2）当机组运行工况点偏离水轮机效率最高点运行时的计算结果对比表明，华东院/Norconsult 修正公式计算结果与数值计算结果具有较高的一致性，而调压室设计规范推荐公式计算结果与数值计算结果则相差很大，原因是调压室设计规范推荐公式中完全没有考虑水轮机特性的影响。

（3）数值计算成果表明，由于水轮机特性的影响，机组在负荷最佳工况点或低于负荷最佳工况点运行时，调压室的小波动稳定性大幅度增加。以 70% 额定负荷为例，调压室实际安全系数可比满负荷状态大幅增加 1.35 倍以上。

（4）数值计算成果表明，虽然第四水力单元在满负荷条件不满足孤网运行稳定性要求，但只要将单机出力控制在 560MW 以内，即使是在保守的孤网运行假定前提下，第四水力单元调压室也是稳定的。

（5）如果在机组调速器中引入一个水压反馈补偿信号（WCC），第四水力单元调压室即使是在最不利的低水头和孤网条件下也可满负荷稳定运行。

其实对于锦屏二级水电站而言，要求其在理想孤网条件下保证调压室的稳定性无疑是过于保守了。而现实条件下的锦屏二级水电站其实不存在调压室稳定性差的问题，详情请参阅 9.2.5 小节。

9.2.4　调压室稳定性的频率域模型分析

频率响应分析法是经典控制理论中的一个极为重要的分支，甚至可以被认为是经典控制理论的核心内容之一。频率响应分析法是以分析系统的开环与闭环传递函数，分析系统的开环与闭环频率响应与系统特征频率为主要手段的系统稳定性分析方法，详细介绍请参阅 4.1.6 小节。本分析也是在理想孤网假定前提下进行的。

第一水力单元或第四水力单元发电系统单独带额定负荷运行。图 9.2.14 和图 9.2.15 为第一水力单元发电系统在理想孤网条件下的开环和闭环频率特性。图 9.2.16 为第四水力单元发电系统在理想孤网条件下的闭环频率特性。由于开环频率特性的分析需要一定的经典控制理论基础，在理解方面，开环频率特性的物理意义也没有闭环频率特性那么直观，因此本小节的分析重点将放在闭环频率特性方面。

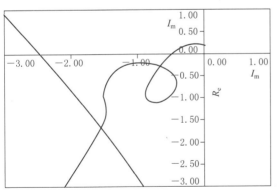

图 9.2.14　第一水力单元发电系统的开环频率特性

第一水力单元和第四水力单元发电系统单独运行时闭环频率特性要点分析如下：

（1）反映调压室水位波动频率的第一特征频率的角频率值为 0.01219rad/s。峰尖高约 18dB。说明第一水力单元在理想孤网条件下是稳定的，否则这个峰将为无穷大或者根本算不出（无解）。但是，系统的稳定性不只是有稳定与不稳定的区别。稳定只是说系统在干扰消失后波动会收敛。收敛快慢是另一个问题。在系统进入稳定范围内之后仍有稳定性好（稳定裕量大）与稳定性差（稳定裕量小）的区别。在挪威，这个峰必须低于 6dB 才能过关。而在中国不用这种分析方法，当然也就没有标准。18dB 其实表示其稳定性是很差的。这就是说，如果第一水力单元单独送裕隆变流站，系统虽然是稳定的，但其稳定性并不好。而第四水力单元在引水隧道设计假定糙率为 0.0135 条件下根本不稳定（图 9.2.16）。

（2）反映尾水闸门井水位波动频率的第二特征频率的圆频率值 f 为 0.0316Hz，角频

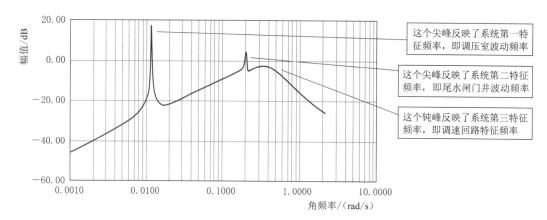

图 9.2.15　第一水力单元发电系统的闭环频率特性

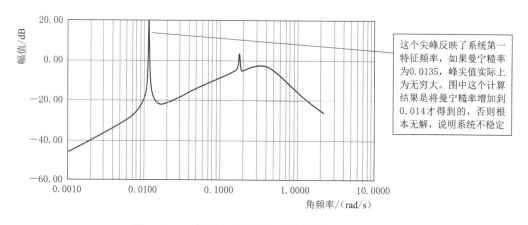

图 9.2.16　第四水力单元发电系统的闭环频率特性

率值为 0.198rad/s❶。峰尖高约 5dB。这个峰也有点高，说明尾水闸门井的波动是会干扰调速回路的调节品质的，形成转速调节过程中非共享水道的自身水力干扰。

（3）反映调速回路特征频率的系统第三特征频率具有宽频特性，中心角频率为 0.3～0.4rad/s。总带宽实际上覆盖了整个响应曲线。第一特征和第二特征频率实际上是叠加在第三特征频率的带宽之内的，这说明调速回路特性对调压室波动与闸门室波动是有影响的。但由于调压室特征频率离第三特征频率中心较远，受影响的程度相对较小。第三特征频率中心角频率处峰高只有 -3dB，说明调速回路本身调节品质优良。但由于第二特征频率的干扰，实际总的调节品质可算是良好。

9.2.5　锦屏二级水电站现实电网条件下调压室稳定性分析

锦屏二级水电站（及国内其他大型电站）在孤网运行条件下的可能性是极小的。就算

---

❶　尾水闸门井的水面面积有两种可能，当水位高于 1343m 时为 274m²，低于时为 45.1m²。这里给出的波动频率值对应的面积为 274m²。当面积为 45.1m² 时，水位自由波动角频率约为 0.49rad/s。

退一步考虑，什么时候锦屏二级电站真的出现了孤网运行条件，那么这个孤网的容量必定有限。这时如果需要将第四水力单元投入运行，完全应该可以通过上述将单机出力限制在560MW的方式保证稳定运行。

锦屏二级水电站所并电网实际运行情况大致是这样的：锦屏一级、二级电站直接进入裕隆交直流换流站，换流站通过隆月线连接月城变电站（交流），官地水电站接入月城变，二滩水电站也接入月城变电站附近，所以有以下两种可能情况。

1. 常规情况

锦屏二级水电站与当地电网有交流连接，而且这个电网的总容量相当大。如果该电网中多数机组投入运行，则该电网对锦屏二级水电站的某一水力单元而言，是可以作为大电网考虑的；如果只有极少数机组投入运行，则应按"局域小电网"考虑。根据 5.4.3 小节中的讨论，只要锦屏二级电厂机组作有差调频运行，并且本电站并网机组总容量在电网总容量中不超过 95%，锦屏二级电厂发电系统在任何水头、负荷组合情况下都将是稳定的。如果这个比例在 70% 以下，则锦屏二级电厂发电系统是高度稳定的。在 7.2.2 小节中就以锦屏二级水电站第四水力单元与官地水电站的第一水力单元组合在同一局部电网中运行为例建立了整体数值模型。该模型的计算结果显示锦屏二级水电站第四水力单元在满负荷运行条件下的调压室水位波动是高度稳定的（图 7.2.2 和图 7.2.3）。

2. 特殊情况

虽然锦屏二级水电站孤网运行可能性极小，但理论上也不是完全不可能的。锦屏二级水电站直接进入裕隆交直流换流站，不能完全排除直流输电的供电一侧交流电网中只有锦屏二级电站的发电机组发电的可能性。裕隆交直流换流站的运行方式有可能为无差运行，即直流输电功率在特定的时间段内为固定功率输电，与交流电网发电一侧的网频完全无关（无自调节性）。如果这个说法成立，这时的锦屏二级水电站所并电网就满足所谓的理想孤网定义。在这样的电网条件下，锦屏二级水电站确实会在低水头、满负荷条件下出现运行不稳定的情况。以下应对方法可解决这个问题：

（1）无差调频机组适当限负荷运行。由于是锦屏二级水电站单独成网，站内必须有无差（或低差）调频机组才能保证该网频率基本恒定。但由于直流输电负荷波动性较小，即使八台机都运行，也只需其中一台作无差或低差调频运行就足够了，其他应作有差调频运行。研究表明，只要将该无差调频机组的稳态开度保持在 90% 以下（最好是 85% 以下以增加稳定裕量），机组就进入了稳定运行区。75%～85% 导叶开度正好是机组的最高效率区，振动一般又最小，调节裕量大（对于无差调频机组本来就有一定调节裕量，所以不作满负荷运行本来就有理，因此根本算不上是什么出格的限制）。这一方案是最合理、最自然的解决方案。

（2）要求交直流站作有差直流输电。高压直流输电（HVDC）的有差运行是说换流和直流输送总功率可以随交流电网一侧的网频微调。这里指的交流电网一侧指的是锦屏二级水电站机组所在的供电侧，而不是指电力用户那边的受电侧的交流电网。如果锦屏地区的交流电网频率上升，直流输电功率也随之向上微调，这将对该交流电网的稳定有帮助。阿西布朗（ABB）公司有关专家确认，交直流换流站既可以作负荷-频率无差运行，也可以作负荷-频率有差运行。通过有差直流输电，供电侧的交流电网即使只有锦屏二级电站，这个交流电网也不是孤网，供电侧的交流电网与受电侧的交流电网实际上就形成了一个大电网条件。由于其原理完全超出了水力过渡过程和调压室稳定分析的范畴，不在此作更深入的介绍。如需更多了解，请参阅文献"Influence of Frequency‑droop Supplementary Control on Disturbance Propagation through VSC HVDC links"（Spallarossa，C. E. PES meetings，2013 IEEE）。

综上所述，锦屏二级水电站调压室小波动稳定问题可浓缩为方略图 9.2.17。

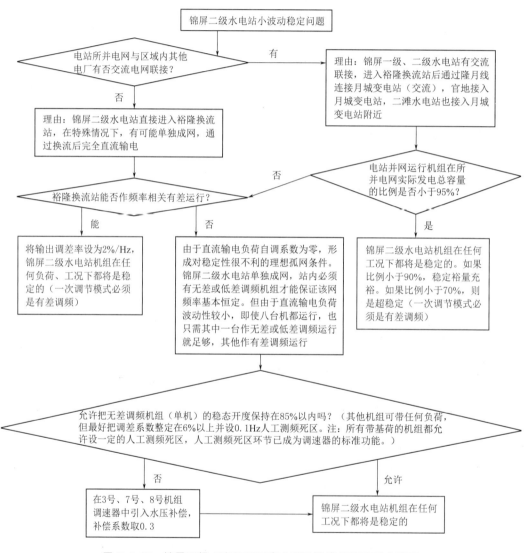

图 9.2.17　锦屏二级水电站调压室小波动稳定问题应对方略图

9.2.6　转速调节稳定性计算分析

锦屏二级水电站上游引水隧道的水流加速时间常数虽然很大，但由于调压室的存在，它对转速调节稳定性的影响是很小的，所以有效的总 T_w 值为机组上游压力管道的 T_w 值

与机组下游水道 T_w 值之和（总 $T_w = 1.39 + 0.28 = 1.67\text{s}$）。机组的惯性时间常数 T_a 达 9.5s，比值 T_a/T_w 为 5.69，是该值的下限值 2.5 倍，并且机组上游侧和下游侧的水击波反射时间 T_r 都很小，在一般情况下，这样的水道参数可以通过 PID 型调速器调节参数的优化获得较好的调节稳定性，但锦屏二级水电站水道系统中有一个对调节稳定性有不利作用的因素，即尾水闸门井的水位波动频率。

1. 调节稳定性分析的有关假定与判据

水力发电机组转速调节的稳定性分析的假定条件在国际水电工程界内基本上是一致的（参阅 7.3 节），简述如下：①机组在孤网条件下运行；②负荷的性质是纯电阻性的，即无附加转动惯量，无自调节作用。

以上假定虽然并非事实，但偏于严苛，是保守的假定。以上假定还有一个很大的优点，那就是大大简化了分析模型，因此被广泛采纳与认可。转速调节的时间域稳定性分析一般基于转速对负荷阶越变化的响应计算结果，分析判据采用 7.3.2 小节所推荐的判据。

2. 转速调节稳定性分析工况选择

在调节稳定性分析中作很多工况分析是没有必要的（根据 7.3 节中所做的讨论，也是国际上较为通用的作法）：①最典型上下游水位组合条件下额定出力工况；②空载条件工况，作为可选工况，一般是额定工况稳定性不太好时才选；③如果高水头条件下额定出力开度小于 90% 时，增加最大允许超出力工况。

在多数情况下，只算第一个就够了。调节参数的优化也是在额定工况下进行的。额定工况调节稳定性好，可以认定该机组在所有其他工况下也都不会太差。当然，机组在超过额定出力情况下调节品质会有所下降，特别是当额定工况下开度值小于 90% 时。但超出力工况一般不应作为评判该电站调节稳定性的依据。

3. 尾水闸门井对转速调节稳定性的不利影响

本书在 4.1.7 小节及 7.3.4 小节中对这个问题作了定性的讨论。在 9.2.4 小节的频率域分析中，调节系统闭环频率特性显示尾闸井水位波动形成了一个对调节稳定性不利的频率响应的谐振尖峰（图 9.2.15 和图 9.2.16）。由于锦屏二级电站稳定性在受尾闸不利影响这个问题上表现得十分明显，有必要在此作更深入的讨论。为了比较，先按无尾闸机组来预测调节参数看结果如何。根据 4.1.7 小节，无尾闸机组可用 Stein 经验公式初选调节参数。考虑到锦屏二级电站水头较高，流量/开度关系曲线在接近全开时的梯度较大，有必要对公式算出的参数作修正。根据 4.1.7 小节所建议的修正系数可得：

$b_t + b_p = 1.5 \dfrac{T_w}{T_a} - \approx 0.27$，实取 $0.27 \times 1.4 = 0.378$；

$T_d = 3T_w \approx 5.1\text{s}$，实取 $5.1 \times 1.4 = 7.14\text{s}$；

$T_n = 0.5T_w \approx 0.84\text{s}$，实取 0.84s。

计算工况定义如下：（X5 工况，调节参数优化工况）

上游水位：1646m（正常蓄水位）；

下游水位：1333.74m（官地水库正常蓄水位八台机组发电）；

水轮机初始出力：612MW，612MW；

水轮机初始开度：97%，97%；

水轮机初始净水头：293.7m，293.7m；

负荷扰动后出力（−2%）：600MW，600MW；

扰动后导叶开度中间值：95%，95%。

本工况的上下游水位为设计常态组合，出力为 8 台满发工况。就转速调节稳定性而言，各水力单元区别不大，这里选第一水力单元。

用这组参数算出的阶越响应曲线相当差：超调量大，波动几乎不收敛（图 9.2.18）。这说明不考虑尾水闸门井的 Stein 修正公式在这里是不可用的，如果用 Stein 原公式则更糟（波动发散）。如果将闸门井向下水库方向移 90m（从尾闸到下水库尾水洞长度设计值为 120m 左右），这样就使尾水闸门井水位自然波动频率增加了约一倍。在相同的调节参数下调节过程的稳定性因此大幅提高（图 9.2.19）。这个计算结果证实了调节过程中的不收敛尾波确实是尾水闸门井造成的。

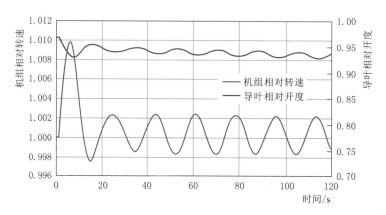

图 9.2.18 用修正的 Stein 公式算调节参数，响应过程发散

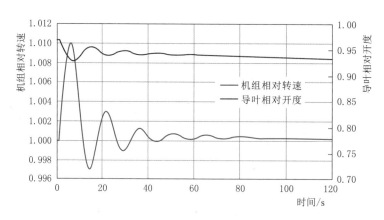

图 9.2.19 将调压室向下游方向移 90m，调节参数不变，响应过程收敛

在不变调压室位置的前提下，如果按 7.3.4 小节关于"有尾水闸门井干扰的系统"调节参数初选方案：

$$b_\mathrm{t} + b_\mathrm{p} = 1.5\,\frac{T_\mathrm{w}}{T_\mathrm{a}} - \approx 0.27，\quad 实取\ 0.27 \times 2.0 = 0.54；$$

$T_d = 3T_w \approx 5.1s$，实取 $5.1 \times 1.5 = 7.65s$；

$T_n = 0.5T_w \approx 0.84s$，实取 $0.84 \times 1.5 = 1.26s$。

计算结果参见图 9.2.20，这组参数显然要好得多。虽然尾波还存在，但波幅小很多，而且收敛。图中两条绿线所示为按 4.1.7 小节中所述的方法根据 2% 负荷扰动量算出的 ±0.12% 可容忍频差带宽。调节品质相关参数如下：最大频率偏差率为 0.01/0.02＝0.5（优良）；波动（超出频差带宽）次数为 2.0（尚可）；调节时间为 50s（尚可）。

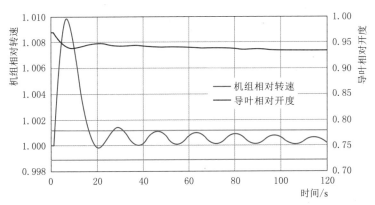

图 9.2.20　按本书 7.3.4 小节所建议的参数初选方案
负荷阶越响应计算结果

上述计算结果说明了对于"有尾水闸门井干扰的系统"在调节参数的预选上区别对待的必要性和有效性。

4. 转速调节参数优化

通过有针对性地采用"有尾水闸门井干扰的系统"在调节参数的预选方案取得了较好阶越响应计算结果。分析响应曲线可以看出，按 4.1.7 小节所述方法预选调节参数应该已经很接近最优化了。主要存在的问题是转速尾波收敛缓慢。在不动尾闸井位置或减小水平断面的前提下想要通过调节参数优化完全解决这个问题是不可能的，但也不能排除取得一定程度改善的可能性。一般来讲，通过增加参数 b_t 和 T_d 值可以降低调速器的反应灵敏度，通常可以加快波动的收敛（图 9.2.21 和图 9.2.22）。

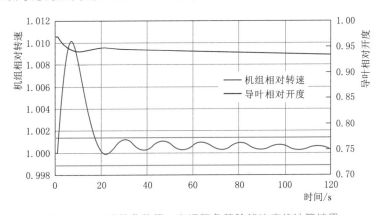

图 9.2.21　调节参数第一次调整负荷阶越响应的计算结果

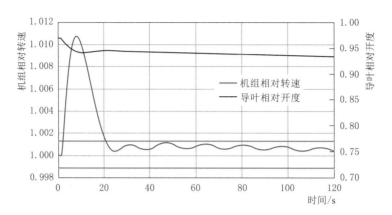

图 9.2.22　调节参数第二次调整负荷阶越响应的计算结果

调节参数第一次修改为：$b_t + b_p = 0.6$；$T_d = 8s$；$T_n = 1.26s$。

调节品质相关参数如下：最大频率偏差率为 $0.0104/0.02 = 0.502$（优良）；波动（超出频差带宽）次数为 1.5（良好）；调节时间为 30s（良好）。

调节参数第二次修改为：$b_t + b_p = 0.7$；$T_d = 8s$；$T_n = 1.26s$。

调节品质相关参数如下：最大频率偏差率为 $0.0108/0.02 = 0.504$（优良）；波动（超出频差带宽）次数为 0.5（优良）；调节时间为 19s（优良）。

在这组参数下三项调节品质指标均达到优良水平，已经没有进一步优化的必要了。事实上，进一步计算表明已不存在有工程意义的优化空间了。锦屏二级水电站调速器优化参数为：$b_t + b_p = 0.7$；$T_d = 8s$；$T_n = 1.26s$。

5. 空载调速稳定性（X6 工况）计算分析

如果机组在额定出力条件下调节品质可以取优良，是没有必要分析空载工况的。这里作此计算的目的是为了证明这一点。本工况的上下游水位为设计常态组合，出力为 7 台满发工况。第一水力单元有 1 台仅带 12MW（2%）接近空载状态，分析这台机甩至空载运行过程：

上游水位：1646m（正常蓄水位）；

下游水位：1333.5m（官地水库正常蓄水位 7 台机组发电）；

水轮机初始出力：12.0MW，600MW；

水轮机初始开度：10.0%，89%；

水轮机初始净水头：308.5m，306.0m；

负荷扰动后出力（−2%）：0.0MW，600MW；

扰动后导叶开度中间值：7.5%，89%。

采用额定出力调速器优化参数：$b_t + b_p = 0.7$；$T_d = 8s$；$T_n = 1.26s$。

X6 工况调节品质相关参数如下：最大频率偏差率：$0.0082/0.02 = 0.41$（优良）；波动（超出频差带宽）次数：0.5（优良）；调节时间：30s（良好）。

图 9.2.23 的计算结果说明了两个问题：①在额定出力工况下得到的最优调节参数完全可以用于空载条件，最大频率偏差率更小，但调节时间稍长；②尾水闸门井水位波动对空载条件下的调节过程没有影响，转速回中后极为稳定，完全不会对同期并车操作造成问题。

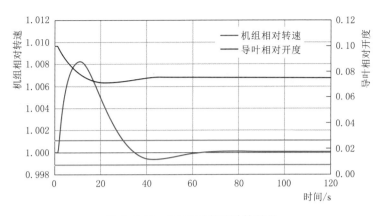

图 9.2.23　X6 工况数值计算结果

9.2.7　调压室涌波水位分析

锦屏二级水电站引水隧洞超长，引用流量大，且引水隧洞末端布置的巨型差动式调压室结构较为复杂，需设置必要的运行限制条件，并留有一定的裕度，以确保运行安全。锦屏二级水电站计算调压室最高、最低涌波水位工况见表 9.2.6。

9.2.7.1　控制条件

上游调压室涌波水位分析采用以下控制条件：① 调压室最高涌波水位低于 1689.00m；② 调压室最低涌波水位高于 1576.20m。

表 9.2.6　　　　　　　锦屏二级水电站计算调压室最高、最低涌波水位工况

计算工况	上游水位/m	下游水位/m	负荷变化	说　　明
SD1	1646.00	1333.74	2→0	上游正常蓄水位，下游八台机组运行尾水位，两台机组额定出力正常运行，同时甩负荷，导叶关闭
SD2	1658.00	1353.40	2→0	同时甩负荷工况中可能的上游调压室最高涌波水位工况。上游为校核洪水位（0.05%），下游为校核洪水位（0.1%），两台机组额定出力正常运行，同时甩负荷，导叶关闭（此工况仅用来复核上游调压室最高涌波水位）
SD3	1646.00	1330.60	1→2→0	组合甩负荷工况中可能的上游调压室最高涌波水位工况。上游为正常蓄水位，下游一台机组运行尾水位，一台机组正常运行，另一台机组增负荷，在上游调压室流入流量最大时刻两台机同时甩负荷
SD4	1640.00	1328.89	1→2	上游死水位，下游一台机组运行尾水位，一台机组额定出力正常运行，另一台机组空载增至满负荷
SD5	1640.00	1330.60	0→1→2	上游死水位，下游一台机组运行尾水位，一台机组增负荷，一台机组空载运行，经过 ΔT 时间后空载机组增负荷
SD6	1640.00	1331.03	2→0→1	上游死水位，下游两台机组运行尾水位，两台机组正常运行，突甩全部负荷，经过 ΔT_1 时间后一台机增负荷
SD7	1640.00	1331.03	2→0→1→2	上游死水位，下游两台机组运行尾水位，经过 ΔT_1 时间后一台机组增负荷，经过 ΔT_2 时间后第二台机组增负荷

9.2.7.2 调压室最高涌波水位工况计算分析

1. SD1 工况计算分析

上游水位：1646.00m（正常蓄水位）；

下游水位：1333.74m（八台机组运行尾水位）；

水轮机初始开度：96%，96%；

水轮机初始净水头：293.9m，293.9m；

水轮机初始出力：610.0MW，610.0MW；

仿真过程：运行机组甩负荷紧急停机；

导叶关闭：13s 直线。

图 9.2.24 所示的是 SD1 工况计算结果：上游调压室最高涌波水位 1682.6m，离控制值仍有裕量 6.4m。

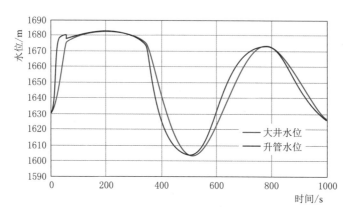

图 9.2.24　SD1 工况计算结果

2. SD2 工况计算分析

本工况为同时甩负荷工况中可能的上游调压室最高涌波水位工况。

上游水位：1658.00m（0.05%校核洪水位）；

下游水位：1353.40m（0.1%校核洪水位）；

水轮机初始开度：100%，100%；

水轮机初始净水头：285.6m，285.6m；

水轮机初始出力：602.9MW，602.9MW；

仿真过程：运行机组甩负荷紧急停机；

导叶开启：13s 直线。

图 9.2.25 所示的是 SD2 工况计算结果：上游调压室最高涌波水位 1687.2m，离控制值仍有裕量 1.8m，可以确认为最高涌波水位控制工况。

把本工况直接定为调压室最高涌波水位控制工况而不考虑再叠加组合工况的理由是：把 2000 年一遇洪水位作为设计依据已经十分保守。2000 年一遇洪水位发生概率很小，没有必要在这个前提下再叠加发生概率很小的一个不利组合工况。

3. SD3 工况计算分析

本工况为组合工况中可能的上游调压室最高涌波水位工况。

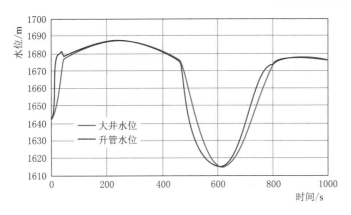

图 9.2.25 SD2 工况计算结果

上游水位：1646.00m（正常蓄水位）；

下游水位：1330.60m（一台机组运行尾水位）；

水轮机初始开度：88%，11%；

水轮机初始净水头：308.8m，311.3m；

发电出力：610.0MW，0.0MW；

仿真过程：1号机组正常运行，2号机组正常开机，经不利延时后两台机组甩负荷紧急停机；

导叶：75s 直线开启，13s 直线关闭。

图 9.2.26 所示的是 SD3 工况计算结果：上游调压室最高涌波水位 1684.9m，离控制值仍有裕量 4.1m。

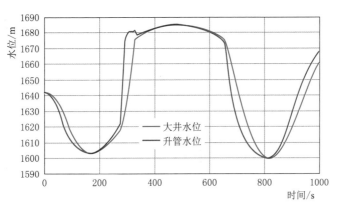

图 9.2.26 SD3 工况计算结果

9.2.7.3 调压室最低涌波水位工况计算分析

1. SD4 工况计算分析

本工况有可能为设计工况中调压室最低涌波水位控制工况。

上游水位：1640.00m（死水位）；

下游水位：1328.89m（一台机组运行尾水位）；

水轮机初始开度：90%，11%（空载）；

水轮机初始净水头：304.9m，306.9m；

发电出力：610.0MW，0.0MW；

仿真过程：1号机组正常运行，2号机组正常开机；

导叶：75s直线开启，13s直线关闭。

图9.2.27所示的是SD4工况计算结果：调压室最低下涌波水位1598.1m，离下涌波水位控制值仍有裕量21.9m。

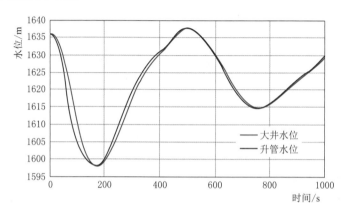

图 9.2.27 SD4 工况计算结果

2. SD5 工况计算分析

上游水位：1640.00m（死水位）；

下游水位：1330.60m（一台机组运行尾水位）；

水轮机初始开度：10％，11％；

水轮机初始净水头：309.3m，309.3m；

发电出力：0.0MW，0.0MW；

仿真过程：1号机组正常开机，经不利延时后2号机组正常开机；

导叶：75s直线开启，13s直线关闭。

图9.2.28所示的是SD5工况计算结果：调压室最低下涌波水位1579.2m，离下涌波水位控制值仍有裕量3.0m。

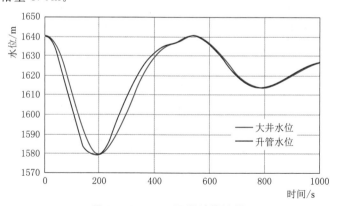

图 9.2.28 SD5 工况计算结果

3. SD6 工况计算分析

上游水位：1640.00m（死水位）；

下游水位：1331.03m（两台机组运行尾水位）；

水轮机初始开度：100%，100%；

水轮机初始净水头：287.7m，287.7m；

发电出力：610.0MW，610.0MW；

仿真过程：两台机组正常运行，突甩全部负荷；经过 ΔT_1 时间后 1 号机组开机；

导叶：75s 直线开启，13s 直线关闭。

说明：这个工况下如果对开启机组的间隔时间不加以限制，调压室最低涌波水位将低于大井底板。通过采用不同的延迟时间 ΔT_1，可以避免调压室水位过低。

图 9.2.29 所示的是 SD6 工况计算结果：$\Delta T_1 = 400\text{s}$ 时，调压室最低下涌波水位 1576.6m，离下涌波水位控制值只有裕量 0.4m；$\Delta T_1 = 450\text{s}$ 时，调压室最低下涌波水位 1588.1m，离下涌波水位控制值仍有裕量 11.9m。

所以为保证不发生漏空，建议两台机组同时甩负荷后，第一台机组在 450s 之后再开启。

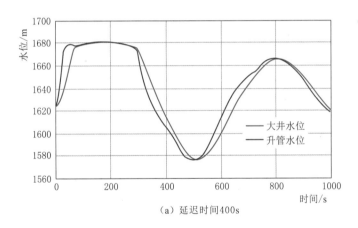

（a）延迟时间400s

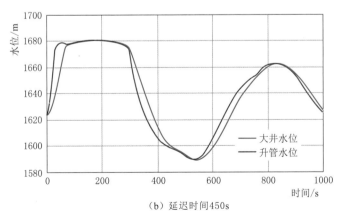

（b）延迟时间450s

图 9.2.29　SD6 工况计算结果

4. SD7 工况计算分析

上游水位：1640.00m（死水位）；

下游水位：1331.03m（两台机组运行尾水位）；

水轮机初始开度：100%，100%；

水轮机初始净水头：287.7m，287.7m；

发电出力：610.0MW，610.0MW；

仿真过程：两台机正常运行，突甩全部负荷；经过 ΔT_1 时间后 1 号机组开机，经过 ΔT_2 时间后 2 号机组开机；

导叶：75s 直线开启，13s 直线关闭。

说明：这个工况下如果对开启机组的间隔时间不加以限制，调压室最低涌波水位将低于大井底板。通过采用不同的延迟时间 ΔT_1 和 ΔT_2，可以避免调压室水位过低。

图 9.2.30 所示的是 SD7 工况计算结果：$\Delta T_1 = 490s$ 时，调压室最低下涌波水位 1575.8m，已经低于涌波水位控制值；$\Delta T_1 = 500s$ 时，调压室最低下涌波水位 1578.4m，离下涌波水位控制值仍有裕量 2.2m。

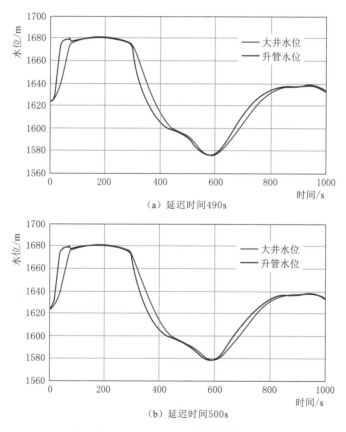

图 9.2.30　SD7 工况计算结果

所以为保证最低涌波水位不发生漏空，建议两台机组同时甩负荷后，第一台机组在 450s 之后再开启，第二台机组在 500s（即第一台机组开启后的 50s）之后再开启。

调压室涌波水位计算小结如下：

（1）上游调压室最高涌波水位控制工况为校核洪水位条件下两台机组突甩全负荷，最高水位 1687.2m，离控制值仍有裕量 1.8m。

（2）在上游死水位条件下两台机组经不利延时相继从空载加到满负荷时，调压室最低下涌波水位 1579.2m，离下涌波水位控制值仍有裕量 3.0m。

（3）在上游死水位条件下两台机组甩全负荷前提下，如果不对机组重新并网带负荷的时间点作一定限制，调压室有可能发生漏空现象。为避免这种情况发生，建议在两台机组同时甩负荷后，第一台机组在 450s 之后再开启，第二台机组在 500s（即第一台机组开启后的 50s）之后再开启。

9.2.8　水击与机组转速上升分析

水击及机组转速上升分析采用下列控制条件：

（1）设计工况下，机组蜗壳允许最大压力不小于 385m；校核工况下，机组蜗壳允许最大压力不大于 418.91m，即压力升高相对值不超过 22.8%。

（2）机组最大转速上升率小于等于 50%。

（3）尾水管进口最小压力大于 -6.64m。

（4）有压隧洞沿线洞顶最小内水压力大于等于 2.0m。

9.2.8.1　导叶关闭规律

关闭规律的优化通常是机组水击及转速上升分析的内容之一。根据本次分析之前已经作过的多次分析计算，关闭规律已确定为 13s 直线关闭，开启规律已确定为 75s 直线关闭，这次只作校核计算分析，不再对关闭规律作优化计算。

9.2.8.2　分析工况选择原则

水击或机组转速上升分析工况的选择原则是应在确保不遗漏控制工况的前提下尽可能少做无意义的工况分析。虽然在计算分析之前并不知道哪一个或几个工况是控制工况，但在专业知识和工程经验的指导下只选择设计工况和有可能成为控制工况的工况来作分析，这样可以减少很多不必要的工况计算工作量。锦屏二级水电站计算水击或机组转速上升的甩负荷工况见表 9.2.7 和表 9.2.8。

表 9.2.7　　　　　　　　　水击或机组转速上升的简单甩负荷工况分析

计算工况	上游水位/m	下游水位/m	负荷变化	说　明
D1	1646	1328.89	1×610MW→0	为甩负荷工况中可能的最高水击工况。上游正常蓄水位，下游一台机组运行尾水位，一台机组额定出力（1×610MW）运行时甩负荷
D2	1646	1333.11	2×610MW→0	为初始设计工况。上游正常蓄水位，下游八台机组运行尾水位，两台机组额定出力（2×610MW）运行时甩负荷

计算工况	上游水位/m	下游水位/m	负荷变化	说　明
D3	试算	1333.74	2×610MW→0	为同时甩负荷工况中可能的最高转速上升工况。额定水头下，两台机组额定出力（2×610MW）运行时甩负荷
D4	1640	1328.89	1×610MW→0	为甩负荷工况中可能的最低尾水管水压工况。上游死水位，下游一台机组运行尾水位，一台机组额定出力（1×610MW）运行时甩负荷
D5	1640	1329.51	2×610MW→0	为甩负荷工况中可能的最低尾水管水压工况。上游死水位，下游两台机组运行尾水位，两台机组额定出力（32×610MW）运行时甩负荷

9.2.8.3　简单甩负荷工况计算分析

1. D1 工况计算分析

上游水位：1646m（正常蓄水位）；

下游水位：1328.89m（一台机组运行尾水位）；

水轮机初始开度：87%，0.0%；

水轮机初始净水头：311.2m，停机；

水轮机初始出力：610MW，停机；

仿真过程：运行机组甩负荷紧急停机；

导叶关闭：13s 直线。

本工况有可能为水压上升最不利工况，原因是：①机组在满负荷条件下运行；②由于全电站在正常上水库水位条件下只有一台机组运行，因此机组初始净水头达到最高，在相同出力情况下初始开度最小（87%），导叶实际关闭时间只有 11.31s。

图 9.2.31 所示的 D1 工况主要计算结果：①最高转速 201.1r/min，转速上升率 18.9%；②最高蜗壳水压 374.8m，水压上升率 13.5%；③最低尾水管水压 0.7m。

2. D2 工况计算分析

上游水位：1646m（正常蓄水位）；

下游水位：1333.11m（八台机组运行尾水位）；

水轮机初始开度：96%，96%；

水轮机初始净水头：294.6m，294.6m；

水轮机初始出力：610.0MW，610.0MW；

仿真过程：两台机组同时甩负荷紧急停机；

导叶关闭：13s 直线。

本工况也有可能为水压上升最不利工况，原因是：①机组在满负荷条件下运行；②全电站所有机组同时甩负荷，产生的水击压力较大。

图 9.2.32 所示的是 D2 工况主要计算结果：①最高转速 205.6r/min，转速上升率 43.9%；②最高蜗壳水压 366.3m，水压上升率 11.3%；③最低尾水管水压 4.2m。

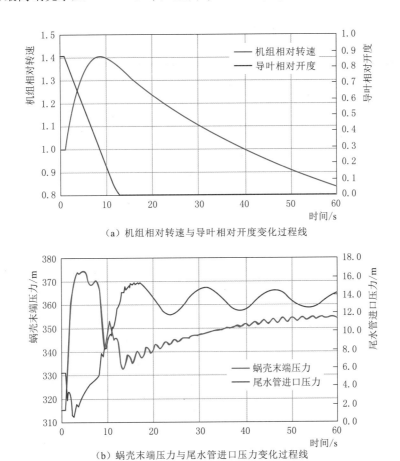

（a）机组相对转速与导叶相对开度变化过程线

（b）蜗壳末端压力与尾水管进口压力变化过程线

图 9.2.31　D1 工况计算结果

3. D3 工况计算分析

上游水位：1641.17m（额定工况试算出的上游水位）；

下游水位：1333.74m（八台机组运行尾水位）；

水轮机初始开度：100%，100%；

水轮机初始净水头：288.2m，288.2m；

水轮机初始出力：610.0MW，610.0MW；

仿真过程：两台机组同时甩负荷紧急停机；

导叶关闭：13s 直线。

根据 7.4.2 小节和 7.4.4 小节中关于转速上升最不利工况的发生条件，本工况中 2 号机组同时满足机组运行开度最大（100%）和出力最大（100%）两个条件，因此应该为该机组转速上升最不利工况。

图 9.2.33 所示的是 D3 工况主要计算结果：①最高转速 206.9r/min，转速上升率 44.8％；②最高蜗壳水压 365.6m，水压上升率 11.1％；③最低尾水管水压 4.8m。

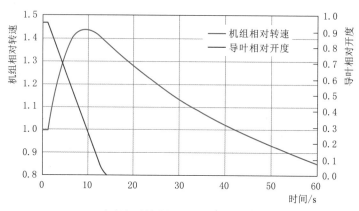

（a）机组相对转速与导叶相对开度变化过程线

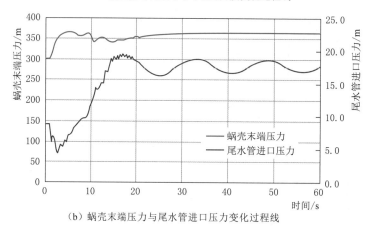

（b）蜗壳末端压力与尾水管进口压力变化过程线

图 9.2.32 D2 工况计算结果

D3 工况的机组转速上升率高于所有工况，并且满足机组转速最大上升率不超过 50％的调保控制标准。

4. D4 工况计算分析

上游水位：1640m（死水位，同时也是最低水位）；

下游水位：1328.89m（一台机组运行尾水位）；

水轮机初始开度：90％，0％；

水轮机初始净水头：304.9m，停机；

水轮机初始出力：610.0MW，停机；

仿真过程：运行机组甩负荷紧急停机；

导叶关闭：13s 直线。

本工况有可能成为甩负荷工况的尾水管进口最小压力工况。

图 9.2.34 所示的是 D4 工况主要计算结果：①最高转速 202.5r/min，转速上升率 41.7%；②最高蜗壳水压 368.2m，水压上升率 11.8%；③最低尾水管水压 0.5m。

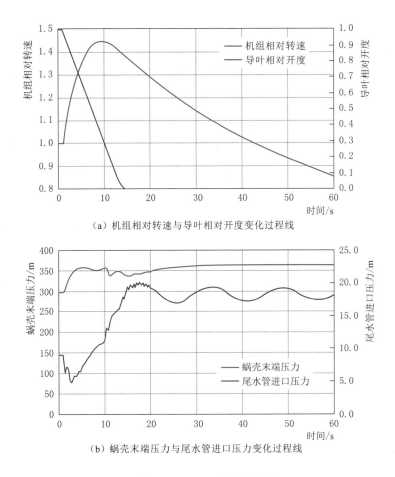

（a）机组相对转速与导叶相对开度变化过程线

（b）蜗壳末端压力与尾水管进口压力变化过程线

图 9.2.33　D3 工况计算结果

5. D5 工况计算分析

上游水位：1640.00m（死水位）；

下游水位：1329.51m（两台机组运行尾水位）；

水轮机初始开度：100%，100%；

水轮机初始净水头：284.6m，284.6m；

水轮机初始出力：599.7MW，599.7MW；

仿真过程：两台机组同时甩负荷紧急停机；

导叶关闭：13s 直线。

图 9.2.35 所示的是 D5 工况主要计算结果：①最高转速 205.8r/min，转速上升率 44.0%；②最高蜗壳水压 376.0m，水压上升率 14.2%；③最低尾水管水压 24.5m。

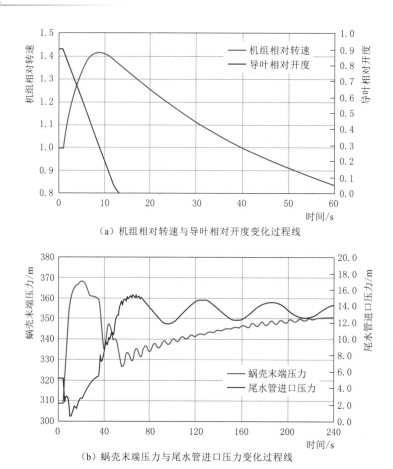

（a）机组相对转速与导叶相对开度变化过程线

（b）蜗壳末端压力与尾水管进口压力变化过程线

图 9.2.34　D4 工况计算结果

9.2.8.4　相继甩负荷工况计算分析

同一水力单元机组相继甩负荷时先甩机组常常会给后甩机组造成甩负荷之前的不可控性瞬态超出力和机组瞬态水头升高，从而造成后甩机组的转速或水压上升率超过同时甩负荷工况。本书在 7.4.4 小节中对不利相继甩负荷工况发生的条件作了较为详细的说明。水击或机组转速上升的相继甩负荷工况分析见表 9.2.8。

表 9.2.8　　　　　　　　水击或机组转速上升的相继甩负荷工况分析

计算工况	上游水位 /m	下游水位 /m	负荷变化	说　　明
D6	1646	1333.11	2→1→0	本工况的上、下游水位和机组初始出力与 D2 工况相同。1 号机组先甩负荷，当还在运行 2 号机组出力因为水头瞬态上升而达最高时（149s），事故甩负荷

D6 工况计算分析如下：

上游水位：1646.00m（正常蓄水位）；

下游水位：1333.11m（八台机组运行尾水位）；

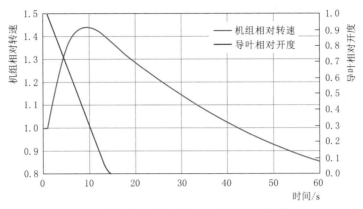

（a）机组相对转速与导叶相对开度变化过程线

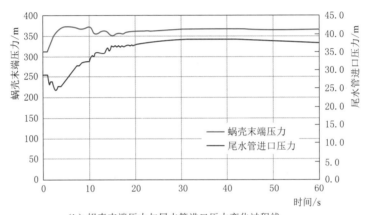

（b）蜗壳末端压力与尾水管进口压力变化过程线

图 9.2.35　D5 工况计算结果

水轮机初始开度：96%，96%；

水轮机初始净水头：294.6m，294.6m；

水轮机初始出力：610MW，610MW；

仿真过程：1 号机组先甩负荷，2 号机组在上游调压室水位上升而达最高时事故甩负荷；

导叶关闭：13s 直线。

本工况有可能为水压上升最不利工况，原因是：①机组在满负荷条件下运行；②由于 1 号机组甩负荷后调压室水位上升，尚在运行的 2 号机组蜗壳压力随之上升，该机组甩负荷前净水头达到最高，在相同出力情况下初始开度最小（87%），导叶实际关闭时间只有 11.31s。

图 9.2.36 所示的是 D6 工况主要计算结果：①最高转速 195.2r/min，转速上升率 36.6%（2 号机组）；②最高蜗壳水压 413.0m，水压上升率 25.5%（2 号机组）；③最低尾水管水压 4.4m。

相继甩负荷 D6 工况的水压上升率确实高于所有同时甩或单独甩负荷工况，2 号机组的蜗壳压力实际是调压室涌波水位的静水头和甩负荷水击压力叠加的结果。

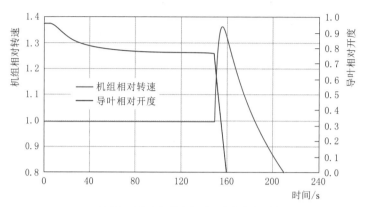

（a）机组相对转速与导叶相对开度变化过程线

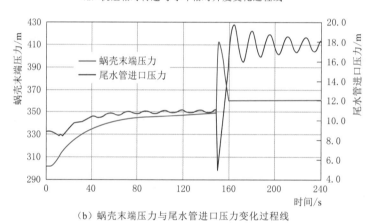

（b）蜗壳末端压力与尾水管进口压力变化过程线

图 9.2.36　D6 工况计算结果

　　需要说明的是，本书在这里对常规机组电站作相继甩负荷分析仅仅是为了说明从理论上讲相继甩负荷工况确实能造成比同时甩负荷工况造成更高转速和压力上升，但并不认为是在工程应用中必须要做的计算分析。事实上，国际水电工程界一般都不把这种工况作为必须要做的分析工况。

9.2.9　水力干扰分析

　　在多台机组共用一个水力单元情况下，若其中部分机组由于某种原因甩全负荷或者大幅度增加负荷，将导致管道系统压力或调压室水位产生波动，进而对正常运行机组的水头和负荷产生影响，这种现象称为水力干扰。锦屏二级水电站单机容量 600MW，采用一洞两机的布置形式，水力干扰特性值得关注。

　　根据《水轮发电机基本技术条件》（GB/T 7894—2009），水轮发电机在事故条件下允许短时过电流：超过额定电流 1.1 倍的允许时间为 60min，超过额定电流 1.15 倍的允许时间为 15min，超过额定电流 1.2 倍的允许时间为 6min。锦屏二级水电站计算水力干扰的工况见表 9.2.9。

表 9.2.9　　　　　　　　　　　　水 力 干 扰 工 况 分 析

计算工况	上游水位/m	下游水位/m	负荷变化	计 算 目 的
GR1	1646.00	1331.03	2→1	甩负荷机组对正常运行机组的影响
GR2	1640.00	1331.03	2→1	甩负荷机组对正常运行机组的影响
GR3	1646.00	1331.03	1→2	增负荷机组对正常运行机组的影响
GR4	1640.00	1331.03	1→2	增负荷机组对正常运行机组的影响

1. GR1 工况计算分析

上游水位：1646.00m（正常蓄水位）；

下游水位：1331.03m（两台机组运行尾水位）；

水轮机初始开度：94%，95%；

水轮机初始净水头：297.0m，297.0m；

水轮机初始出力：610.0MW，610.0MW；

仿真过程：1 号机组甩负荷，2 号机组正常运行；

导叶关闭：13s 直线。

图 9.2.37 和图 9.2.38 所示的是 GR1 工况主要计算结果：①功率调节模式，最大出力 628.67MW，向上摆动幅度 3.1%；②频率调节模式，最大出力 740.0MW，向上摆动幅度 19.9%。

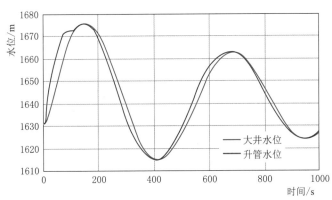

（a）调压室水位变化过程线

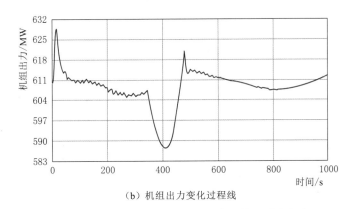

（b）机组出力变化过程线

图 9.2.37　GR1 工况计算结果（大电网功率调节、测功滤波 $T_f = 10s$）

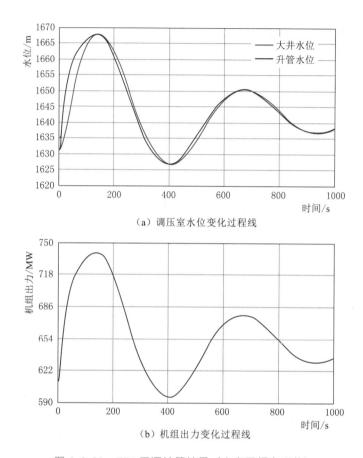

（a）调压室水位变化过程线

（b）机组出力变化过程线

图 9.2.38　GR1 工况计算结果（大电网频率调节）

2. GR2 工况计算分析

上游水位：1640.00m（死水位）；

下游水位：1331.03m（两台机组运行尾水位）；

水轮机初始开度：99％，99％；

水轮机初始净水头：290.0m，290.0m；

水轮机初始出力：610.0MW，610.0MW；

仿真过程：1 号机组甩负荷，2 号机组正常运行；

导叶关闭：13s 直线。

图 9.2.39 和图 9.2.40 所示的是 GR2 工况主要计算结果：①功率调节模式，最大出力 663.2MW，向上摆动幅度 8.7％；②频率调节模式，最大出力 744.9MW，向上摆动幅度 22.1％。

可以确定此工况为机组受扰动最大工况，从图 9.2.43 的结果看，超过 1.1 倍额定出力的时间约 4min，超过 1.15 倍额定出力的时间约 3min，超过 1.2 倍额定出力的时间约 2min，均在规范要求的范围内。

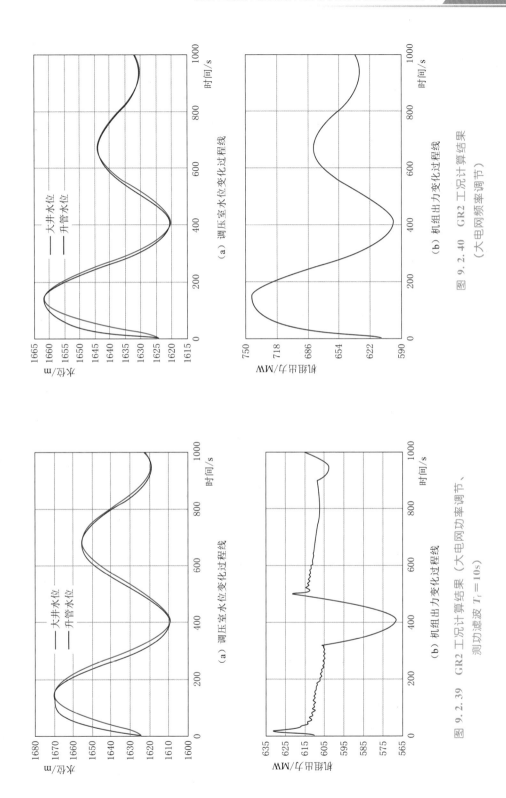

（a）调压室水位变化过程线

（b）机组出力变化过程结果

图 9.2.40 GR2 工况计算结果 （大电网频率调节）

（a）调压室水位变化过程线

（b）机组出力变化过程结果（大电网功率调节、测功滤波 $T_f = 10s$）

图 9.2.39 GR2 工况计算结果 （大电网功率调节、测功滤波 $T_f = 10s$）

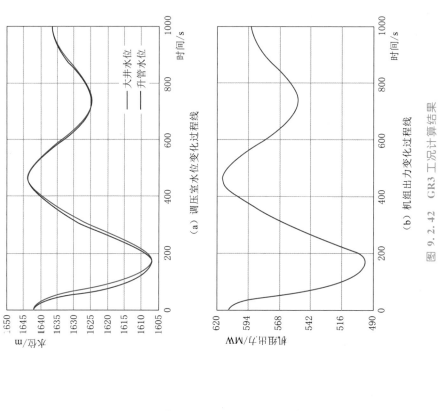

（a）调压室水位变化过程线

（b）机组出力变化过程线（大电网功率调节、
测功滤波 $T_f = 10s$）

图 9.2.41　GR3 工况计算结果

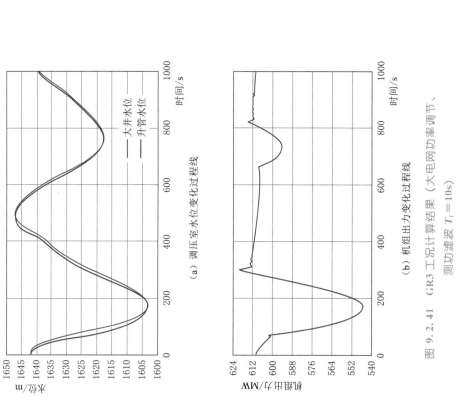

（a）调压室水位变化过程线

（b）机组出力变化过程线

图 9.2.42　GR3 工况计算结果
（大电网频率调节）

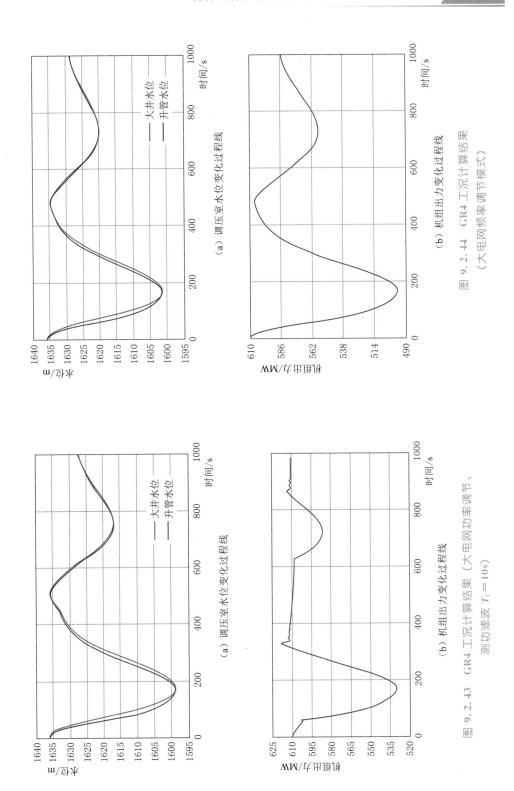

(a) 调压室水位变化过程线

(b) 机组出力变化过程线 (大电网频率调节模式)

图 9.2.44　GR4 工况计算结果 (大电网频率调节模式)

(a) 调压室水位变化过程线

(b) 机组出力计算结果 (大电网功率调节、测功滤波 $T_f = 10\text{s}$)

图 9.2.43　GR4 工况计算结果 (大电网功率调节、测功滤波 $T_f = 10\text{s}$)

3. GR3 工况计算分析

上游水位：1646.00m（正常蓄水位）；

下游水位：1331.03m（两台机组运行尾水位）；

水轮机初始开度：10%，89%；

水轮机初始净水头：310.9m，308.3m；

水轮机初始出力：0.0MW，610.0MW；

仿真过程：1号机组增负荷，2号机组正常运行；

导叶开启：75s 直线。

图 9.2.41 和图 9.2.42 所示的是 GR3 工况主要计算结果：①功率调节模式，最大出力 654.3MW，向上摆动幅度 7.3%；②频率调节模式，最大出力 615.4MW，向上摆动幅度 0.9%。

4. GR4 工况计算分析

上游水位：1640.00m（死蓄水位）；

下游水位：1331.03m（两台机组运行尾水位）；

水轮机初始开度：11%，92%；

水轮机初始净水头：304.7m，302.0m；

水轮机初始出力：0.0MW，610.0MW；

仿真过程：1号机组增负荷，2号机组正常运行；

导叶开启：75s 直线。

图 9.2.43 和图 9.2.44 所示的是 GR4 工况主要计算结果：①功率调节模式，最大出力 643.8MW，向上摆动幅度 5.5%；②频率调节模式，最大出力 610.0MW，向上摆动幅度 0.0%。

5. 水力干扰分析小结

（1）两种并网调节模式下，并理想大电网功率调节模式下的水力干扰相对较为轻微，并理想大电网调频下的水力干扰较为严重，究其原因是因为并理想大电网功率调节运行时，受扰机组出力偏离调节目标值时，导叶反应较及时。但并入理想大电网作有差调频运行时如果有差反馈为导叶反馈（这是多数情况），由于调节目标值是频率而不是出力，当出力值波动时调节系统是不会有反应的。

（2）尽管并理想大电网频率调节模式下的水力干扰比理想大电网功率调节模式下的水力干扰较大，但并理想大电网频率调节模式下被干扰机组出力变化均在规范要求的范围内。两种并网调节模式下，上游调压室水位波动均是收敛的，被干扰机组出力振动幅度均在规范的范围之内，水力干扰各项计算指标均能满足要求。

9.3 锦屏二级水电站水力过渡过程专题研究

本节简要介绍几个与锦屏二级水电站设计与运行有关的水力过渡过程专题研究。

9.3.1 调压室型式比选

根据锦屏二级水电站具有引水隧洞超长、引用流量大、隧洞内水流流速相对较高等几个特点，根据已建、在建工程调压室的布置经验，主要进行阻抗式和差动式两种型式的比选。

可行性研究阶段对两种型式调压室在水力学条件、结构设计难度、施工难度及工程可比投资等方面进行了对比计算分析。从初步对比结果可以发现，在底板最大压差、工程投资和施工难度方面，阻抗式调压室更优，而在涌波水位衰减率和尾水管进口压力方面差动式调压室更优，其他方面基本相当，从以上几方面综合考虑阻抗式调压室似乎更优。但通过对设置阻抗式调压室引水发电系统过渡过程复核计算，表明仍存在几个不尽如人意的方面：①同一水力单元两台机组甩负荷后，上游调压室内涌波水位波动衰减太慢；②上游调压室底板出现漏空，必须设置机组的运行限制条件，降低了电站运行的灵活性；③不利工况下上游调压室涌波水位偏高，上室溢流量偏大；④同一水力单元两机组间的水力干扰比较严重。所以需要对阻抗式和差动式两种型式调压室进行水力学对比计算研究。

9.3.1.1 水力学对比计算研究

1. 计算条件

两种型式调压室水力学对比计算采用相同的水力单元、管网参数、工况及导叶启闭规律等，计算中导叶关闭规律均采用13s直线关闭。两种型式调压室的结构参数对比见表9.3.1。

表 9.3.1　　　　两种型式调压室的结构参数对比

项　目	单位	阻　抗　式		差　动　式	
		数　值	说　明	数　值	说　明
大井面积	m²	414.73	直径26m	346.36	直径21m（不包括升管面积）
升管面积	m²	—		69	两个升管，每个升管34.5m²，升管面积可以根据计算优化，但升管＋大井总面积约等于414.73m²
大井检修平台以上面积	m²	595	高程大于1680m		高程大于1680m
阻抗孔面积或升管阻抗孔面积	m²	38.04～42.72	两个闸门槽，每个门槽19.02m²，有条件扩大至21.36m²	38.04～60.60	两个闸门槽，每个门槽30.3m²，最小可缩至19.02m²
升管顶部高程	m			1670	
大井底板高程	m	1574.20		1574.20	
启闭机平台高程	m	1696.50		1696.50	
闸门检修平台高程	m	1680.00		1680.00	
上室断面尺寸	m	12×14.5～12×16.1	城门洞型（b×h）	12×14.5～12×16.1	城门洞型（b×h）
上室长度	m	约170		约170	
上室底板高程	m	1675.00～1676.44	底坡约0.84%	1675.00～1676.44	底坡约0.84%

续表

项　　目	单位	阻　抗　式		差　动　式	
		数　值	说　明	数　值	说　明
上室分隔墩顶高程	m	1686.00		1686.00	
升管溢流堰宽度	m	—		6.0	
升管溢流堰流入/流出流量系数		—		1.5/1.7	经验值，具体需由模型试验确定
调压室底部损失系数		0.678	模型试验平均值	0.7	经验值，具体需由模型试验确定
流入/流出调压室损失系数		2.575/1.645	模型试验平均值	2.575/1.2	经验值，具体需由模型试验确定
回流孔流入/流出大井流量系数		—		2.1/1.7	经验值，具体需由模型试验确定
通气孔面积	m²	2×0.785	每扇门后各布置两个1.0m直径的通气孔	2×0.785	每扇门后各布置两个1.0m直径通气孔

2. 计算结果对比分析

对差动式与阻抗式两种型式调压室分别进行了水力计算，水力计算比较成果见表9.3.2和图9.3.1。

表 9.3.2　　　　　　　　　差动式与阻抗式调压室水力特性比较

比　较　内　容	阻抗式调压室	差动式调压室
SD2 工况最高涌波水位/m，溢流总量/m³	1686.945，957.184	1686.41，61.22
在不利条件下一台机快速增全负荷对另一台机出力的干扰/MW	最大：651.204 最小：533.962	最大：646.651 最小：544.212
一台机甩全负荷对另一台机出力的干/MW（并网运行状态：自动调功）	最大：613.888 最小：607.032	最大：616.090 最小：606.998
一台机甩全负荷对另一台机出力的干扰/MW（并网运行状态：频率调差）	最大：612.335 最小：589.769	最大：622.091 最小：594.414
SD2 工况后 3000～3600s 涌波水位波幅峰峰值/m	最大：1668.662 最小：1647.927 波幅差：20.735	最大：1662.620 最小：1653.651 波幅差：8.969
SD1 工况后 3000～3600s 涌波水位波幅峰峰值/m	最大：1656.867 最小：1635.744 波幅差：21.123	最大：1650.567 最小：1641.697 波幅差：8.870
SD3 工况连续增负荷低水位安全裕量/m	60s 增为 0 75s 增为 0 90s 增为 2.226 120s 增为 10.134	60s 增为 1.49 75s 增为 4.171 90s 增为 6.615 120s 增为 12.361
死水位下一台机甩全负荷后又增回全负荷所需最小延时/min	无延时需要（60s 增）	无延时需要（60s 增）
死水位下两台机甩全负荷后一台机又增回全负荷所需最小延时/min	8（120s 增）	无延时需要（60s 增）
死水位下两台机甩全负荷后两机又增回全负荷所需最小延时/min	8，+4（120s 增）	0，+2.3（60s 增）

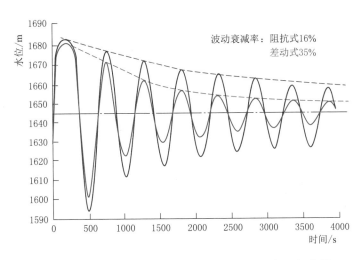

图 9.3.1　差动式与阻抗式调压室大波动工况（SD2）比较

从计算结果的比较分析可知：①最高涌波水位方面，相同工况下，差动式调压室比阻抗式调压室的水位低；②水位波动衰减方面，差动式优势明显，特别是第一个负波峰和第二个正波峰，差动式与阻抗式差别较大，差动式衰减快，削峰明显，例如 D9 工况，水库校核洪水位 1658.00m，2→0；③相邻单元溢流水量方面，差动式由于最高水位低，溢水总量比阻抗式少；④机组运行控制方面，从水力计算分析，常规稳定工况下（如死水位 1台→2 台增负荷），阻抗式和差动式都可以满足电网对爬坡系数的要求（75s 机组增满负荷），但组合工况阻抗式不能满足，差动式可以满足；⑤调压室底板压力差方面，差动式底板压力差远高于阻抗式；最不利组合工况，差动式底板压力差达到 72.05m，而阻抗式不超过 30m。从对调压室上下涌波水位的控制、波动幅值衰减率及机组运行条件的改善等水力学方面考虑，采用差动式调压室更为有利。

9.3.1.2　调压室型式比选结论

数值计算和物理模型试验均表明，从对调压室上下涌波水位的控制、波动幅值衰减率及机组运行条件的改善等水力学方面考虑，差动式调压室在水力性能上比阻抗式调压室优越。

对于大型水电站工程，尤其是在电力系统中作用极为显著（如承担发电、调峰、调频、事故备用及黑启动等重要作用）的特大型水电站工程中，均要求水电站发挥运行灵活、启动方便的优越性。差动式调压室可缓解波动周期长、振幅大、衰减慢等问题，同时减小机组间水力干扰的影响，避免调压室底部漏空以及取消机组开机时间间隔，对电站运行条件有很大程度的改善，对电网 AGC 负荷调整速率的适应性、机组运行的可靠性和安全性等均有较大程度的提高，对保障锦屏一级、二级水电站的联合同步运行、发挥更大效益也具有较大的促进作用。同时，电站自身也可获得更大的发电效益，如仅发生一次甩负荷运行，电站就可增加约半个小时的发电时间，增加发电量达 240 万 kW·h，直接经济效益约 70 万元。

综上分析，锦屏二级水电站发电输水系统上游调压室最终选择采用差动式型式。

9.3.2 原型监测成果对比

锦屏二级水电站发电运行后,对第一水力单元、第二水力单元和第三水力单元的1~6号机组先后进行了甩负荷试验的水力学原型观测,并利用数值仿真计算方法进行了相应工况的复核计算,与试验成果进行对比,以评估水力过渡过程计算成果并以此全面复核电站水力学特性。由于第一水力单元、第二水力单元和第三水力单元的监测成果与对比分析结论基本相同,所以本小节只对第一水力单元详细情况进行介绍。

1. 原型监测工况

第一水力单元的1号、2号机组先后进行了带25%、50%、75%和100%额定负荷的机组甩负荷试验及原型监测。各机组甩负荷工况详见表9.3.3和表9.3.4,数值仿真分析采用同样工况和相应的水库水位作为计算初始边界条件。

表 9.3.3   **1 号机组甩负荷试验工况列表**

计算工况	上水库水位 /m	下水库水位 /m	工 况 说 明
S1	1643.4	1331.8	1号机组带100%额定负荷(150MW),2号机组停机,1号机组突甩全部负荷,调速器按率定规律关闭导叶
S2	1643.4	1331.8	1号机组带75%额定负荷(300MW),2号机组停机,1号机组突甩全部负荷,调速器按率定规律关闭导叶
S3	1643.4	1331.8	1号机组带50%额定负荷(450MW),2号机组停机,1号机组突甩全部负荷,调速器按率定规律关闭导叶
S4	1643.4	1331.8	1号机组带25%额定负荷(600MW),2号机组停机,1号机组突甩全部负荷,调速器按率定规律关闭导叶

表 9.3.4   **2 号机组甩负荷试验工况列表**

计算工况	上水库水位 /m	下水库水位 /m	工 况 说 明
S1	1644.8	1330.6	2号机组带100%额定负荷(150MW),1号机组停机,2号机组突甩全部负荷,调速器按率定规律关闭导叶
S2	1645.4	1330.9	2号机组带75%额定负荷(300MW),1号机组停机,2号机组突甩全部负荷,调速器按率定规律关闭导叶
S3	1646.5	1331.1	2号机组带50%额定负荷(450MW),1号机组停机,2号机组突甩全部负荷,调速器按率定规律关闭导叶
S4	1647.3	1331.3	2号机组带25%额定负荷(600MW),1号机组停机,2号机组突甩全部负荷,调速器按率定规律关闭导叶

2. 原型监测结果及对比分析

第一水力单元1号机组和2号机组甩负荷主要过渡过程参数的实测极值和计算极值对比见表9.3.5和表9.3.6,甩100%额定负荷工况计算值与实测值对比如图9.3.2~图9.3.5所示。

表 9.3.5　第一水力单元 1 号机组甩负荷主要过渡过程参数的实测极值和计算极值对比分析

项目	蜗壳进口压力/m		尾水管出口最大/最小压力/m		机组转速极值/%		调压室涌波水位及压差水平/m							
	计算值	实测值	计算值	实测值	计算值	实测值	计算最高涌波水位	实测最高涌波水位	计算最低涌波水位	实测最低涌波水位	计算总振幅	实测总振幅	计算隔墙压差	实测隔墙压差
甩 25%负荷	353.8	341.7	28.6/24.7	28.0/26.1	4	5	1651.2	1651.3	1635.2	1634.1	16	17	0.8	—
甩 50%负荷	365.8	351.8	29.4/23.3	28.3/24.9	13	14	1658.2	1658.3	1628.8	1628.7	29	30	3.15	—
甩 75%负荷	365.5	365.2	29.5/23	28.4/24	26	25	1665.9	1667.2	1623.2	1622.9	43	44	7.25	—
甩 100%负荷	365.2	368.2	29.6/22.2	28.8/23.7	41	37	1673.1	1673.6	1618.7	1618.2	54	55	12.16	—
事故低油压（甩 100%负荷）	367.4	364.8	29.5/21.2	28.7/23.5	0	0.9	1674.6	1674.5	1617.8	1616.6	56.8	57.9	12.25	—

表 9.3.6　第一水力单元 2 号机组甩负荷主要过渡过程参数的实测极值和计算极值对比分析

项目	蜗壳进口压力/m		尾水管出口最大/最小压力/m		机组转速极值/%		调压室涌波水位及压差水平/m							
	计算值	实测值	计算值	实测值	计算值	实测值	计算最高涌波水位	实测最高涌波水位	计算最低涌波水位	实测最低涌波水位	计算总振幅	实测总振幅	计算隔墙压差	实测隔墙压差
甩 25%负荷	353.2	356	24.9/19.8	24.8/21.6	3.8	5.8	1653.0	1652.8	1637	1633	16	19.8	0.8	1.26
甩 50%负荷	364.2	344.5	25.6/19.3	24.7/20.8	13	13.6	1661.2	1659.1	1631.2	1631.5	30	27.6	3.33	3.23
甩 75%负荷	367.3	352	25.8/17.23	25.3/19.4	26	25	1669.3	1669	1627.1	1626.1	42	42.9	7.1	7.33
甩 100%负荷	368.0	364.7	26.0/17.02	25.7/18.8	41	37.7	1675.9	1675.1	1622.8	1622.0	53	53.1	12.00	10.89
事故低油压（甩 100%负荷）	368.0	363.5	25.0/16.82	24.6/19.1	0	1.8	1676.3	1676.2	1620.6	1619.0	55.7	57.2	12.01	12.99

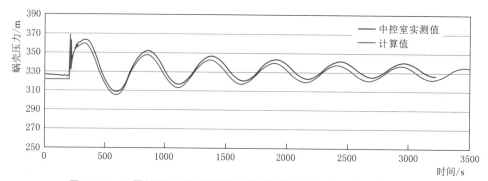

图 9.3.2　1 号机组甩 100％额定负荷工况蜗壳进口压力变化曲线对比

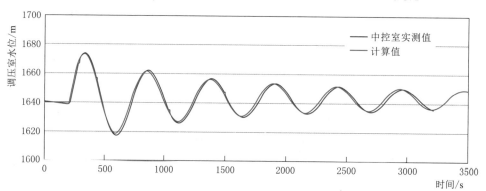

图 9.3.3　1 号机组甩 100％额定负荷工况调压室水位波动曲线对比

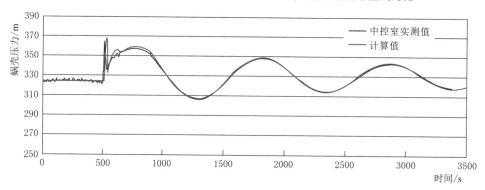

图 9.3.4　2 号机组甩 100％额定负荷工况蜗壳进口压力变化曲线对比

从对比结果可以看出以下内容：

（1）各工况下 1 号机组蜗壳进口压力实测极值和计算极值相差 3.54％～0.81％，2 号机组相差 5.72％～0.79％，且规律一致，实测值与计算值十分接近。

（2）调压室涌波水位总振幅实测值和计算值偏差大部分工况在 1.0m 以内，仅事故低油压工况下由于实际导叶关闭时间较仿真计算略短促而存在一定误差。实测值和计算值比较接近。

（3）1 号机组尾水管出口最大压力实测极值和计算极值最大偏差 1.2m，最小压力实测值和计算值最大偏差约 2.3m；2 号机组分别为 0.9m 和 2.3m。尾水管出口根据多个工程的甩负荷实测资料分析，由于尾水管涡流的影响，其实际压力分布与目前通用数值分析模型中采用的一维非恒定流计算模拟存在一定差距。

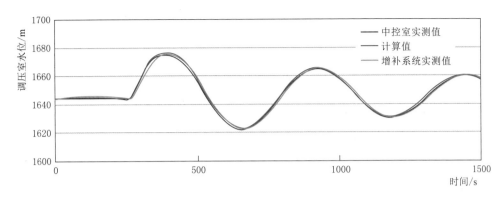

图 9.3.5　2 号机组甩 100％额定负荷工况调压室水位波动曲线对比

（4）从机组转速最大升高率看，甩 25％、50％和 75％额定负荷的实测值和计算值较为接近，甩 100％额定负荷的实测值和计算值略微有些差别。

因此，从整体上看，机组蜗壳进口压力，尾水管出口最大、最小压力，机组最大转速升高率，调压室最高和最低涌波水位等水力过渡过程主要控制参数实测极值和仿真计算极值是十分接近的。

3. 原型监测对比结论

通过第一引水发电、第二引水发电和第三引水发电水力单元 1～6 号机组调试阶段的原型甩负荷试验实测数据与数值计算结果对比表明，各试验工况下设计前期水力过渡过程的主要控制参数（输水道内水压力、上游调压室涌波水位及结构压差等）计算分析成果与试验监测值吻合较好，电站引水发电系统水力设计的各项参数是合理的，可以说明计算分析成果具有较高的可信度，可以为工程设计提供指导。

现场实测调压室恒定水位与理论计算恒定水位偏差很小，偏差在 0.2m 以内，甩负荷后调压室水位波动过程对比如前文所述，实测值与计算值较为接近，说明引水发电系统沿程糙率取值是基本合理的。

调压室大井与升管隔墙压差，实测极值和计算极值十分接近，仅事故低油压工况下由于实际导叶关闭时间较计算略短促而存在一定误差。综合分析，大井与升管隔墙压差控制在设计要求范围内，由于结构设计时留有裕度，调压室关键结构设计采用的水力设计参数是安全的。

9.3.3　水力调控策略研究

特大引水发电系统由于引水隧洞长，普遍具有较长的调压室波动周期，根据依托工程的数值分析和实测成果，调压室一个波动周期长达 8～9min，也充分说明了特大引水发电系统的这一特性。从数值分析和实测成果可以看出，调压室的一个水位上升或下降过程持续时间 4～5min，而对于机组调速器而言，调压室的水位波动过程是一个十分漫长的过程，这样一个个水位上升或下降过程就形成了一个个的可操作的"时间窗口"。

以往工程机组运行的调节思路是：一次机组动作后，等待一段时间，待调压室水位波动振幅衰减到一定范围内，再进行下续机组的操作动作。这种方式较为安全可靠，误操作的可能性较小，但对机组运行灵活性影响较大。利用"时间窗口"的调节思路是：化被动等待为主动调节，利用前一时刻工况操作时在大容量差动式调压室蓄积的巨大水力能量，用于下一时刻高水头大容量机组工况转换所需要的巨大能量，通过人工干预上游调压室水位波动进行反调节的方式优化机组运行方式。

下面介绍"时间窗口"调控方法的应用效果，表 9.3.7 和图 9.3.6 是利用数值计算模型模拟了不同的典型工况下机组增/减负荷方式对调压室水位衰减的影响。

表 9.3.7　　　　　典型工况下机组增/减负荷方式对调压室水位衰减的影响

工况说明	增/减负荷后 1000s 调压室的水位波动总振幅	
	无人为干预	人为参与干预
工况 1：先增负荷，再增负荷工况	约 30m	约 3m
工况 3：先减负荷，再减负荷工况	约 32m	约 5m

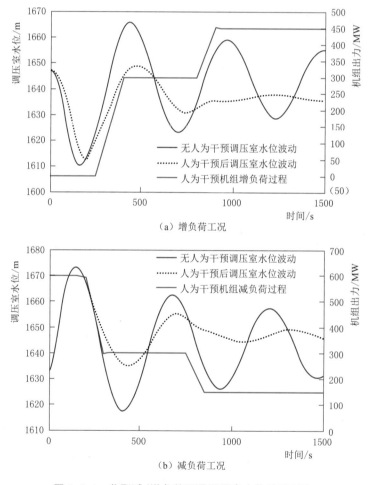

（a）增负荷工况

（b）减负荷工况

图 9.3.6　典型减/增负荷工况调压室水位波动对比

从表 9.3.7 和图 9.3.6 可以看出，当 1 号机组从空载增至满负荷时，在无人为干预的情况下，调压室涌波水位振幅大，衰减慢，1000s 之后调压室振幅依旧能够达到 30m；若利用"时间窗口"，人为施加干预，在调压室涌波水位上升阶段缓慢开启 2 号机组导叶

（500s直线开启的速率，分两次开启至最大出力对应的开度），调压室涌波水位振幅明显减小，且衰减较快，1000s之后调压室水位振幅能缩小至10m以内。

这说明只要适当地调整机组导叶参与调节的时间，当调压室水位处于上升过程时，适当地增加机组负荷，当调压室水位处于下降过程时，适当地减少机组负荷，是完全可以达到快速消减调压室涌波水位波动的目标的。这种调控方法突破了大容量长引水式电站负荷调整时间间隔过长的运行限制瓶颈，极大缩短了运行调节间隔时间，保证了特大引水发电系统的灵活运行和"西电东送"电网的安全和供电品质。

9.3.4　"时间窗口"智能调控

锦屏二级水电站由于引水系统长、机组容量大，特大引水发电系统普遍存在涌波水位振幅大、波动衰减慢、水力压差高、运行条件受限等问题，20世纪90年代西南某水电站调压室的胸墙垮塌事故，让水电建设者们多年来一直对特大引水发电系统的安全运行调控心存疑虑。特大引水发电系统安全调控问题成为制约工程建设成败的关键技术难题。

考虑到其波动周期长达480～540s，一个水位上升或下降过程持续时间240～300s，而机组调速器的调节速度是以秒或毫秒计，对于调速器而言，调压室的水位波动过程是一个十分漫长的过程，这样一个水位上升或下降过程就形成了一个个的可操作的"时间窗口"。因此对于锦屏二级水电站，提出了"时间窗口"的智能调控方法：调压室涌波水位波动形成的一个个"时间窗口"，在电站运行过程中，化被动等待为主动调节，通过机组调节上游调压室水位波动，快速衰减调压室水位波动（图9.3.7）。

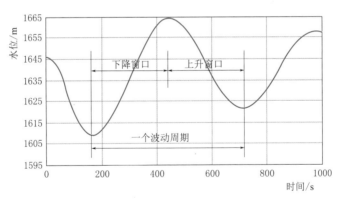

图9.3.7　"时间窗口"示意图

下面以开机工况为例，介绍"时间窗口"调控方法的应用效果，开机工况的具体信息见表9.3.8。

表9.3.8　开　机　工　况

计算工况	上游水位/m	下游水位/m	负荷变化	说　明
SD8	1646.00	1330.60	0→1→2	下游一台机组运行尾水位，一台机组增负荷，一台机组空载运行，经过 ΔT 时间后空载机组增负荷

SD8 工况计算分析如下：

上游水位：1646.00m（正常蓄水位）；

下游水位：1330.60m（一台机组运行尾水位）；

水轮机初始开度：10%，11%；

水轮机初始净水头：315.3m，315.3m；

水轮机初始出力：52.3MW，53.4MW；

发电出力：0.0MW，0.0MW；

仿真过程：无人为干预，1 号机组从空载增值满负荷，2 号机组空载；人为干预，1 号机组从空载增值满负荷，2 号机组在调压室水位上升期间导叶逐渐开启；

导叶：1 号机组 75s 直线开启。

图 9.3.8 所示的是 SD8 工况主要计算结果：当 1 号机组从空载增至满负荷时，在无人为干预的情况下，调压室涌波水位振幅大，衰减慢，1000s 之后调压室振幅依旧能够达到 30m；若利用"时间窗口"，人为施加干预，在调压室涌波水位上升阶段缓慢开启 2 号机组导叶（500s 直线开启的速率，分两次开启至最大出力对应的开度），调压室涌波水位振幅明显减小，且衰减较快，1000s 之后调压室振幅能缩小至 10m 以内。

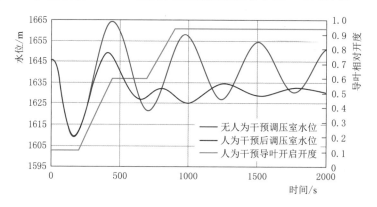

图 9.3.8　SD8 工况计算结果

该调控方法突破了大容量长引水式电站负荷调整时间间隔过长的运行限制瓶颈，极大缩短了运行调节间隔时间，提高了机组运行的灵活性。运行调节间隔时间由 120min 缩短到 15min 以内，保证了特大输水发电系统的灵活运行和"西电东送"电网的安全及供电品质。

9.4　白鹤滩水电站设计最终方案水力过渡过程分析

白鹤滩水电站应用分为两个部分：①白鹤滩水电站设计最终方案水力过渡过程分析，在本节中介绍；②白鹤滩水电站水力过渡过程专题研究（在 9.5 节中介绍）。专题内容包括：电站设计中两种不同洞机方案比选、尾水隧道中的明满交替流问题、水道系统频率特性及水力共振分析。

选择白鹤滩水电站作为本书常规电站应用实例之一的主要原因如下：

（1）单一机组容量世界第一。左、右岸发电机组不同，左岸采用中国东方电器集团

（DEC）生产的 D545A-F15 型混流式水轮发电机组，额定功率为 1015MW，额定流量为545.49m³/s；右岸采用的是哈尔滨电器集团（HEC）生产的 A1181a 型混流式水轮发电机组，额定功率为 1015MW，额定流量为 547.8m³/s，两种型号的机组参数略有不同，这也使得输水系统设计和计算更复杂，难度更大。

（2）尾水隧道在过渡过程中流态复杂。尾水隧道较长洞段存在明满流问题，明满流过程中存在临界流、超临界流的问题，水力学条件极为复杂。上游的入射波和下游反射波在相遇处发生叠加，使得尾水隧洞明满流段随时间变化不断出现涌波，该涌波就可能出现触顶的现象，水流状态激烈变化，产生较大的水面波动、压力脉动及尾水位波动。在这个过程中产生的压力脉动对尾水隧道的衬砌结构带来潜在影响。

（3）尾水调压室规模巨大。调压室从直径、高度、规模等均处于世界前列，尤其带有狭长上室，呈现出明显的明渠波动效应，使得水力条件更为复杂。

白鹤滩水电站位于金沙江下游四川省宁南县和云南省巧家县境内，上接乌东德梯级水电站，下邻溪洛渡梯级水电站。白鹤滩水电站的开发任务以发电为主，是"西电东送"骨干电源点之一。白鹤滩水电站总装机容量 16000MW，左、右岸各布置 8 台 1000MW 混流式水轮发电机组，左、右岸各布置 4 座尾水调压室及 4 条尾水洞，其中左岸结合 3 条导流洞布置，右岸结合 2 条导流洞布置，枢纽布置见图 9.5.1。单机容量和总装机规模居世界前列。

9.4.1　基本资料

白鹤滩水电站的上下游水位和出力组合关系、左右岸水道主要特征参数、机组主要参数等详见表 9.4.1～表 9.4.4，机组的流量和力矩特性见图 9.4.1 和图 9.4.2。

表 9.4.1　　　　　　　　　　　上、下游水位和出力组合关系

序号	上游水位/m	下游水位/m	出力	备注
1	校核洪水位 832.34（$P=0.01\%$）	校核洪水位 628.28（$P=0.1\%$）	预想出力	下游河道整治前水位
2	设计洪水位 827.83（$P=0.1\%$）	校核洪水位 628.28（$P=0.1\%$）	预想出力	下游河道整治前水位
3	设计洪水位 827.83（$P=0.1\%$）	校核洪水位 625.70（$P=0.1\%$）	预想出力	下游河道整治后水位
4	洪水位 825.21（$P=0.5\%$）	设计洪水位 623.27（$P=0.5\%$）	预想出力	
5	正常蓄水位 825.00	相应水头满发水位 595.83	额定出力	
6	正常蓄水位 825.00	2 台机组发电水位 581.50	额定出力	2 台机组运行时的最大水头
7	正常蓄水位 825.00	1 台机组发电水位 579.44	额定出力	1 台机组运行时的最大水头
8	额定工况水位（试算）	额定水头满发水位 597.42	额定出力	16 台机组额定引用流量
9	额定工况水位（试算）	2 台机组发电水位 582.14	额定出力	额定水头
10	额定工况水位（试算）	1 台机组发电水位 580.00	额定出力	额定水头
11	死水位 765.00	2 台机组发电水位 581.92	预想出力	
12	死水位 765.00	1 台机组发电水位 579.56	预想出力	

表 9.4.2　　　　　　　左岸水道主要特征参数 （以第一水力单元 1 号机组作为代表）

项　目	流量 /(m³/s)	总长度 /m	平均流速 /(m/s)	T_w /s	相对水头损失	备　注
上游压力水道	545.94	499.6	6.33	1.595	0.021	上水库到转轮进口
尾水管及延伸	545.94	240.5	3.42	0.414	0.001	转轮出口到尾调
下游隧道	1091.9	1695.8	4.48	3.83	0.005	尾调到下水库

表 9.4.3　　　　　　　右岸水道主要特征参数 （以第五水力单元 1 号机组作为代表）

项　目	流量 /(m³/s)	总长度 /m	平均流速 /(m/s)	T_w /s	相对水头损失	备　注
上游压力水道	544.9	618.8	6.52	2.035	0.021	上水库到转轮进口
尾水管及延伸	544.9	253.6	3.19	0.408	0.001	转轮出口到尾调
下游隧道	1089.8	1006.9	3.76	1.91	0.005	尾调到下水库

表 9.4.4　　　　　　　　　　机 组 主 要 参 数

项　目	单位	左岸机组	右岸机组	备　注
机组厂家		DEC	HEC	
额定转速	r/min	111.1	107.1	
飞逸转速	r/min	202	202	
转动惯量	t·m²	360000	370000	
安装高程	m	570	570	
尾水管进口高程	m	568	568	
水轮机额定水头	m	202	202	
水轮机最大水头	m	243.1	243.1	
水轮机最小水头	m	163.9	163.9	
水轮机额定流量	m³/s	545.49	538.8	设计值
水轮机额定出力	MW	1015	1015	

9.4.2　尾调小波动稳定性数值计算分析

白鹤滩水电站尾调小波动稳定性分析的复杂性在于其尾水道较大部分是明渠流，在小波动的研究范围内明满交替现象微弱到可以忽略。

1. 尾水道部分明流条件下的尾调稳定性分析

在工程设计中，尾水调压室的稳定断面与上游调压室的稳定断面一样，一般也是用公式 [如式 (5.4.45)] 在最低毛水头并假定尾水道全部满流的条件下计算出来的。但是对于白鹤滩水电站而言，合理的最低毛水头组合下尾水道并非全部满流。表 9.4.1 所列的 12 个典型上、下游水位组合中，组合序号 11 为最低毛水头工况，上游水位 765m（死水位），下游水位 581.92m（两台机组满发水位），而在这个工况条件下，尾水隧道出现部分明流条件。这种条件下有关调压室的稳定断面并不存在任何可以用的解析公式。

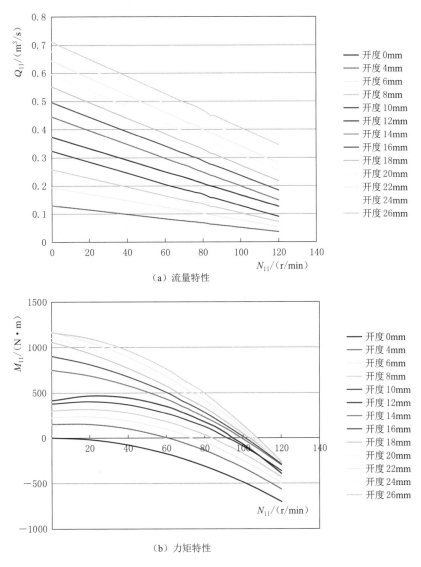

（a）流量特性

（b）力矩特性

图 9.4.1　左岸机组的流量和力矩特性

那么，当尾水道出现部分明流时，与全部满流情况相比，对调压室的稳定性是有利还是不利？这恐怕只有数值计算分析法可以回答这个问题。白鹤滩水电站第五水力单元尾水部分明流 HYSIM 数值模型主界面见图 9.4.3。

分析 X1 工况定义如下（尾水道部分明流尾调稳定分析工况）：

上游水位：765m（死水位）；

下游水位：581.82m（两台机组满发水位）；

水轮机初始出力：856.9MW，856.7MW；

水轮机初始开度：99％，99％；

水轮机初始净水头：173.6m，173.57m（低于额定水头约 28.5m）；

负荷扰动后出力（−2％）：836.9MW，836.7MW。

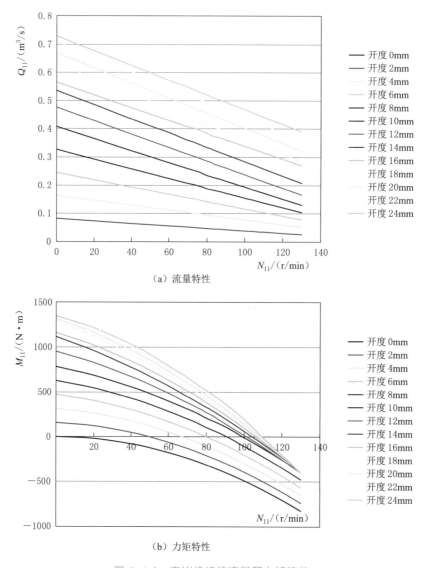

（a）流量特性

（b）力矩特性

图 9.4.2　右岸机组的流量和力矩特性

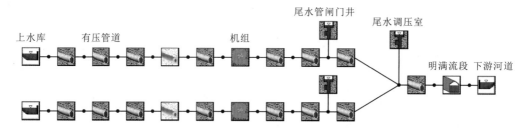

图 9.4.3　白鹤滩水电站第五水力单元尾水部分明流 HYSIM 数值模型主界面

工况说明：由于水头低，满开度出力低于额定值。考虑到参与调频机组稳态时不允许进入限开度状态，所以初始开度选为99%。

图9.4.4所示的是X1工况尾水调压室水位变化过程线，可以看出，X1工况条件下尾调波收敛极快，说明在这种条件下尾调高度稳定。从理论角度分析，在这种条件下，尾水出口流速超过8m/s，而水深只有8m左右，为明流中的临界流状态，任何明流波动传播到此都会被完全吸收，形成对波动现象的近似完全阻尼。

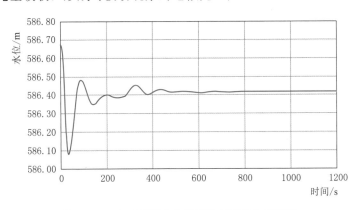

图9.4.4　X1工况尾水调压室水位变化过程线

2. 尾水道全部满流条件下的尾调稳定性分析

当尾水位高于592.00m时，尾水道为全部满流。表9.4.1所列的12个典型上、下游水位组合中，组合序号2为尾水道全部满流前提下的最低毛水头工况。白鹤滩水电站第五水力单元尾水道全部满流HYSIM数值模型主界面如图9.4.5所示。

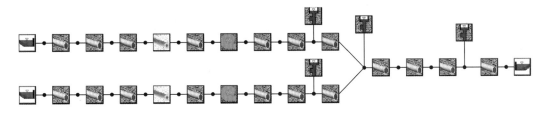

图9.4.5　白鹤滩水电站第五水力单元尾水道全部满流HYSIM数值模型主界面

分析工况X2定义如下（尾水道全部满流尾调稳定分析工况）：

上游水位：827.83m（设计洪水位）；

下游水位：628.28m（校核洪水位）；

水轮机初始开度：99%，99%；

水轮机初始出力：1022.8MW，1022.5MW；

水轮机初始净水头：192.58m，192.55m（低于额定水头约9.5m）；

负荷扰动后出力（-2%）：1002.8MW，1002.5MW（接近额定出力1015MW）；

工况说明：同X1工况说明。

计算结果显示（图9.4.6），X2工况条件下尾调波收敛较快，说明在这种条件下尾调稳定性良好。

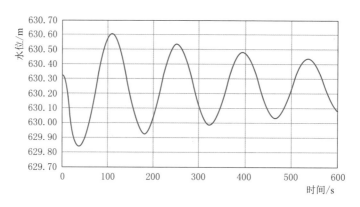

图 9.4.6　X2 工况尾水调压室水位变化过程线

9.4.3　转速调节稳定性计算分析

白鹤滩水电站尾水隧洞的水流加速时间常数 T_w 虽然较大，而且还有部分明流和全部满流两种可能性，但由于尾水调压室的隔离作用使电站尾水隧洞的上述问题对转速调节稳定性几乎没有影响，因此在作转速调节稳定性分析时所用的实际有效的总 T_w 为机组上游压力管道的 T_w 与机组尾水管及其延伸段（至尾调）T_w 之和。

1 号机组：$T_w=1.595+0.414=2.009$s。

5 号机组：$T_w=2.035+0.408=2.443$s。

机组的惯性时间常数 T_a 分别达 11.2s 和 11.5s，比值 T_a/T_w 因此分别为 5.57 和 4.71，大幅超过该值的建议下限值 2.5，并且机组上游和下游侧的水击波反射时间 T_r 都很小，在多数情况下这样的水道参数应该具有较好的转速调节稳定性。

1. 调节稳定性分析的有关假定与判据

水力发电机组转速调节稳定性分析的假定条件在国际水电工程界内基本上是一致的，具体参阅 7.3 节和 9.2.6 小节，这里不再重复。

2. 转速调节稳定性分析工况选择

调节稳定性分析工况选择原则请参阅 7.3 节中所作的讨论。白鹤滩水电站机组由于有很强的超出力能力，因此有必要重视对超出力工况的分析。

3. 尾水闸门井对转速调节稳定性的不利影响

白鹤滩水电站的尾水闸门在位置的选择上存在着与锦屏二级水电站一样的问题。由于尾水闸门井与尾调（锦屏二级水电站是与下水库）的距离偏长，造成闸门井水位波动特征频率过低，该频率与调速系统的特征频率相差太小，从而造成了对调节过程的较为严重的干扰。本章 9.2 节中对锦屏二级水电站的分析已充分证明了这一点。对锦屏二级水电站的分析也证明，这种不利影响主要发生在高出力情况下，对低出力情况影响较小，对空载运行则没有什么影响。为了证明尾水闸门井对调节的稳定性不利影响的普遍性，有必要对这个问题作进一步的分析。选右岸第五水力单元为分析对象。

分析工况 X3 定义如下（调节参数优化工况）：

上游水位：825.00m（正常蓄水位）；

下游水位：598.00m（稍高于满发水位595.83m，保证尾水道满流）；

水轮机初始出力：1035MW，1035MW；

水轮机初始开度：74%，74%；

水轮机初始净水头：222.07m，222.05m；

负荷扰动后出力（−2%）：1015MW，1015MW（扰动后额定出力）。

调节参数第一次取值：先按传统 Stein 经验公式初选调节参数（用9号机组水道参数），有

$$b_t + b_p = 1.5 \frac{T_w}{T_a} \approx 0.32；\quad T_d = 3T_w \approx 7.33s；\quad T_n = 0.5T_w \approx 1.2s。$$

具体取值：①9号机组调节参数为 $b_t = 0.32$，$T_d = 7.4s$，$T_n = 1.2s$，$b_p = 0.0$；②10号机组调节参数：$b_t = 0.26$，$T_d = 7.4s$，$T_n = 1.2s$，$b_p = 0.04$。

在孤网条件下需要有一台，也只能有一台机组作无差调节运行，$b_p = 0.0$。

图9.4.7为调节参数第一次取值计算结果。这组参数的计算结果说明，当尾水闸门井水位波动对调速过程有较强干扰时，Stein 公式是不能直接用于调节参数选择的。

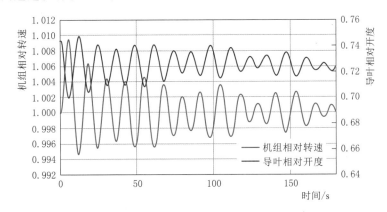

图9.4.7　调节参数第一次取值计算结果

4. 转速调节参数优化

调节参数第二次取值：按本书7.3.4小节关于"有尾水闸门井干扰的系统"，有 $b_t + b_p = 2 \times 0.32 = 0.64$；$T_d = 1.5 \times 7.33 = 11s$；$T_n = 1.5s$。

具体取值：①9号机组调节参数为 $b_t = 0.64$，$T_d = 11s$，$T_n = 1.5s$，$b_p = 0.0$；②10号机组调节参数为 $b_t = 0.60$，$T_d = 11s$，$T_n = 1.5s$，$b_p = 0.04$。

图9.4.8为调节参数第二次取值计算结果。图中两条绿线所界定的区间为按4.1.6小节中所述的方法根据2%负荷扰动量算出的可容忍频差带宽：$0.02 \times \pm 6\%$（有调压室系统）$= \pm 0.12\% = \pm 0.0012$。

调节品质相关参数如下：

最大频率偏差率：0.0098/0.02 = 0.49（优良）；

波动（超出频差带宽）次数：0.5（优良）；

调节时间：30s（良好）；

转速过程尾波中的短周期波动为尾闸水位波动干扰所致，已不是大问题。长周期波动

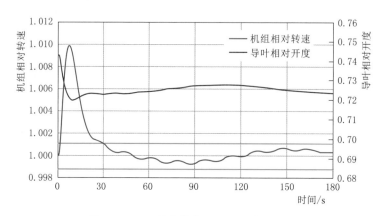

图 9.4.8 调节参数第二次取值计算结果

为尾调水位波动所致。适当减小 T_d 和 b_t 值可以加速转速偏离之后的回中，并能减小尾调波动形成的长周期尾波幅度。

调节参数第三次取值：$b_t + b_p = 0.6$；$T_d = 9s$；$T_n = 1.5s$。

具体取值：①9 号机组调节参数为 $b_t = 0.6$，$T_d = 9s$，$T_n = 1.5s$，$b_p = 0.0$；②10 号机组调节参数为 $b_t = 0.56$，$T_d = 9s$，$T_n = 1.5s$，$b_p = 0.04$。

调节参数第三次取值计算结果见图 9.4.9。调节参数第三次调整后得到的调节品质相关参数如下：

最大频率偏差率：$0.0097/0.02 = 0.485$（优良）；

波动（超出频差带宽）次数：0.5（优良）；

调节时间：20s（优良）。

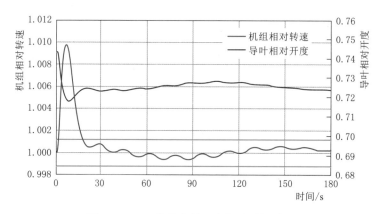

图 9.4.9 调节参数第三次取值计算结果

9.4.4 尾水调压室涌波水位分析

9.4.4.1 控制条件

根据尾水调压室的最终设计，涌波水位分析确定采用下列控制条件：①调压室最低涌波水位高于 563.00m；②调压室最高涌波水位低于 645.00m。

调压室最高、最低涌波水位控制工况分析见表 9.4.5。

表 9.4.5　　　　　　　　　　调压室最高、最低涌波水位控制工况分析

计算工况	上游水位 /m	下游水位 /m	负荷变化	说　明
SD1	793.80	582.14	1→2→0	下游两台机组发电水位，同一水力单元一台机组运行，增加一台机组，在最不利时刻两台机组同时甩负荷；确定为最低涌波水位控制工况
SD2	827.83	623.27	2→0→1	上游设计洪水位，下游相应水位，两台机组正常运行，突甩全负荷，在最不利时刻一台机组正常启动；确定为最高涌波水位控制工况

9.4.4.2　涌波水位分析

1. SD1 工况计算分析

根据试算结果，本工况确定为调压室最低涌波水位控制工况。

上游水位：793.80m；

下游水位：582.14m（两台机组发电水位）；

水轮机初始开度：92%，16%；

水轮机初始净水头：206.66m，209.49m；

水轮机初始出力：1015MW，0MW；

仿真过程：一台机组额定出力运行，另一台机组增至额定出力，134s 时同时事故甩负荷；

导叶开启：30s 一段直线；

导叶关闭：12s 一段直线。

图 9.4.10 所示的 SD1 工况主要计算结果：尾调最低下涌波水位 571.30m，离控制值仍有裕量 8.3m。

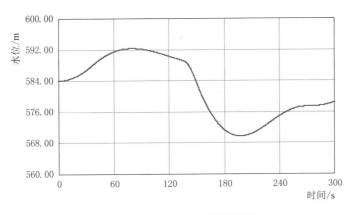

图 9.4.10　SD1 工况计算结果

2. SD2 工况计算分析

根据试算结果，本工况可定为调压室最高涌波水位控制工况。

上游水位：827.83m；

下游水位：623.27m（两台机组发电水位）；

水轮机初始开度：98％，98％；

水轮机初始净水头：198.60m，198.67m；

水轮机初始出力：998MW，998MW；

仿真过程：两台机组先同时甩负荷，112.90s 其中一台机组增至最大出力；

导叶开启：30s 一段直线；

导叶关闭：12s 一段直线。

图 9.4.11 所示的 SD2 工况主要计算结果：最高涌波水位 637.70m，离最高涌波水位控制值仍有裕量 7.3m。

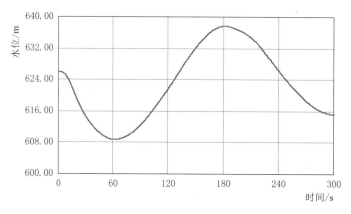

图 9.4.11　SD2 工况计算结果

9.4.5　水击与机组转速上升分析

水击与机组转速上升分析采用下列控制条件：

（1）机组蜗壳允许最大压力升高相对值小于等于 28％，取蜗壳允许最大压力小于等于 336m；

（2）机组最大转速上升率小于等于 50％；

（3）尾水管进口真空度的控制标准为对于基本和常规组合工况尾水管进口真空度小于 6.0m，对于极端组合工况尾水管真空度小于 7.4m；

（4）有压隧洞沿线洞顶最小内水压力大于等于 2.0m。

9.4.5.1　导叶关闭规律选取

导叶关闭规律的优化通常是机组水击及转速上升分析的内容之一。导叶关闭规律主要影响蜗壳、尾水管进口压力及转速上升率，而对调压室涌波水位影响较小，因此主要针对蜗壳进口最大压力、尾水管进口最小压力及机组最大转速上升率的代表性工况进行相关计算。由于关闭规律已确定为 12s 一段直线关闭，这次只作校核计算分析，不再对关闭规律作优化计算。

9.4.5.2　分析工况选择原则

水击或机组转速上升分析工况的选择原则是应在确保不遗漏控制工况的前提下尽可能

少做无意义的工况分析。虽然在计算分析之前并不知道哪一个或几个工况是控制工况，但在专业知识和工程经验的指导下只选择设计工况和有可能成为控制工况的工况来作分析，这样可以减少很多不必要的工况计算工作量。在多数情况下，不利工况出现在额定出力时水头较高、流量较大的条件下。白鹤滩水电站机组在设计中没有考虑超出力运行，因此在工况定义中也不应考虑高水头条件下的初始超出力工况。

9.4.5.3　同时甩负荷工况计算分析

水击或机组转速上升的同时甩负荷工况分析见表9.4.6。

表9.4.6　　　　　水击或机组转速上升的同时甩负荷工况分析

计算工况	上游水位 /m	下游水位 /m	负荷变化	说　明
D1	825.00	581.50	2→0	同时甩负荷工况中可能的最高水击工况。上水库正常蓄水位825.00m，下游两台机组发电水位581.50m，两台机组突弃全负荷，导叶正常关闭。该工况水头较高、开度较小，可能是蜗壳进口最大压力的控制工况
D2	825.00	579.44	1→0	上水库正常蓄水位825.00m，下游一台机组发电水位579.44m，一台机组停机，一台机组正常运行突弃全负荷，导叶正常关闭。该工况水头较高、开度较小、尾水位较低，可能是尾水管进口最小压力的控制工况
D3	—	582.14	2→0	下水库两台机组发电水位582.14m，额定水头，额定出力，下游两台机组发电水位，同一水力单元两台机组同时甩负荷，导叶正常关闭。该工况机组以额定流量运行，可能是最大转速上升的控制工况

1. D1工况计算分析

上游水位：825.00m（正常蓄水位）；

下游水位：581.50m（两台机组发电水位）；

水轮机初始开度：66％，66％；

水轮机初始净水头：237.62m，237.60m；

水轮机初始出力：1015MW，1015MW；

仿真过程：两台机组同时甩负荷；

导叶关闭：12s一段直线。

该工况下机组净水头、流量均较大，而导叶初始开度较小，机组甩负荷时，导致管道内的流量变化率较大，会引起水击压力上升较大，可能成为蜗壳最大压力的控制工况。

图9.4.12所示的D1工况主要计算结果：①最大蜗壳压力303.2m（小于控制值336m）；②最小尾水管进口压力1.6m（大于控制值−6.0m）；③最大转速上升率40.8％（小于控制值50％）。

2. D2工况计算分析

上游水位：825.00m（正常蓄水位）；

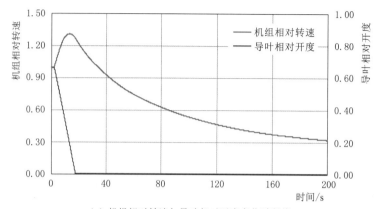

（a）机组相对转速与导叶相对开度变化过程线

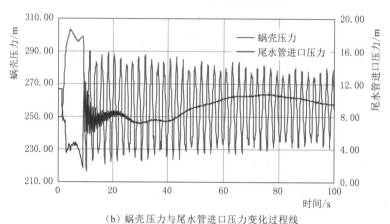

（b）蜗壳压力与尾水管进口压力变化过程线

图 9.4.12　D1 工况计算结果

下游水位：579.44m（一台机组发电水位）；

水轮机初始开度：64%，0%；

水轮机初始净水头：241.88m（停机）；

水轮机初始出力：1015MW（停机）；

仿真过程：运行机组甩负荷紧急停机；

导叶关闭：12s 一段直线。

本工况下游尾水位最低，流量较大，可能成为尾水管最小压力的控制工况。

图 9.4.13 所示的 D2 工况主要计算结果：①最大蜗壳压力 302.6m；②最小尾水管进口压力−1.7m；③最大转速上升率 29.6%。

3. D3 工况计算分析

上游水位：793.80m（计算结果）；

下游水位：582.14m（两台机组发电水位）；

水轮机初始开度：96%，96%；

水轮机初始净水头：546.25m，546.35m；

水轮机初始出力：1015MW，1015MW；

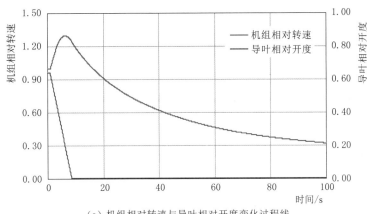

（a）机组相对转速与导叶相对开度变化过程线

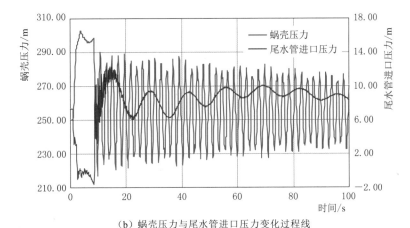

（b）蜗壳压力与尾水管进口压力变化过程线

图 9.4.13　D2 工况计算结果

仿真过程：运行机组甩负荷紧急停机；

导叶关闭：12s 一段直线。

本工况中，两台机同时满足机组运行开度最大和出力最大两个条件，因此可能成为该机组转速上升最不利工况。

图 9.4.14 所示的 D3 工况主要计算结果：①最大蜗壳压力 262.8m；②最小尾水管进口压力 2.0m；③最大转速上升率 44.7％。

9.4.5.4　先增后甩及相继甩负荷工况计算分析

同一水力单元机组相继甩负荷时先甩机组常常会给后甩机组造成甩负荷之前的不可控性瞬态超出力和机组瞬态水头升高，从而造成后甩机组的转速或水压上升率超过同时甩负荷工况。相继甩负荷工况在工况分类中属于组合工况范畴。本书在 7.4.4 小节中对不利相继甩负荷工况发生的条件作了较为详细的说明。同时，该小节也明确指出：国际水电工程界一般不把组合工况作为水压和转速上升控制工况，尽管组合工况有可能产生更高的水压和转速上升。水击或机组转速上升的先增后甩及相继甩负荷工况见表 9.4.7。

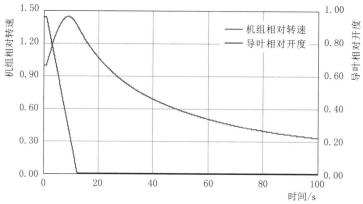

（a）机组相对转速与导叶相对开度变化过程线

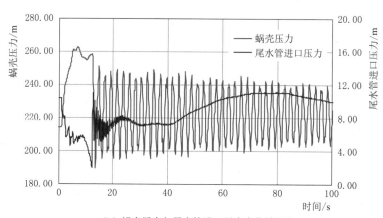

（b）蜗壳压力与尾水管进口压力变化过程线

图 9.4.14　D3 工况计算结果

表 9.4.7　　　　　　水击或机组转速上升的先增后甩及相继甩负荷工况分析

计算工况	上游水位/m	下游水位/m	负荷变化	说　明
D4	793.80	582.14	1→2→0	额定水头、额定出力，下游两台机组发电水位，同一水力单元一台机组运行，增加一台机组，在最不利时刻两台机组同时甩负荷
D5	793.80	582.14	2→1→0	额定水头、额定出力，下游两台机组发电水位，两台机组正常运行，在最不利时刻相继甩负荷

1. D4 工况计算分析

上游水位：793.80m；

下游水位：582.14m（两台机组发电水位）；

水轮机初始开度：92%，16%；

水轮机初始净水头：205.54m，208.55m；

水轮机初始出力：1015MW，0MW；

仿真过程：一台机组额定出力运行，另一台机组增至额定出力；62.1s时同时事故甩负荷；

导叶开启：30s一段直线；

导叶关闭：12s一段直线。

图9.4.15所示的D4工况主要计算结果：①最大蜗壳压力260.6m；②最小尾水管进口压力0.0m；③最大转速上升率46.2%。

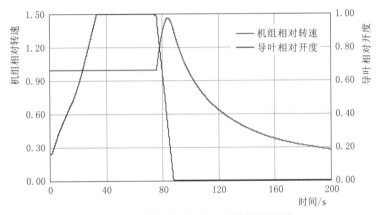

（a）机组相对转速与导叶相对开度变化过程线

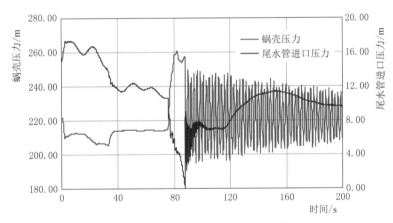

（b）蜗壳压力与尾水管进口压力变化过程线

图9.4.15　D4工况计算结果

从D4工况的计算结果可以看出，先增后甩工况计算的最大转速上升率确实比相继甩工况要大，这是因为选取的最不利时刻点是跟机组的开度、流量、调压室的水位有关系的，此时开度、流量可能均比同时甩负荷时机组的流量更大，也更可能出现转速最大上升。

2. D5工况计算分析

上游水位：793.80m；

下游水位：582.14m（两台机组发电水位）；

水轮机初始开度：96%，97%；

水轮机初始净水头：202.05m，202.03m；

水轮机初始出力：1015MW，1015MW；

仿真过程：一台机组额定出力先甩负荷，另一台机组延时 36.50s 事故甩负荷；

导叶关闭：12s 一段直线。

图 9.4.16 所示的 D5 工况主要计算结果：①最大蜗壳压力 263.27m；②最小尾水管进口压力-2.06m；③最大转速上升率 44.7％。

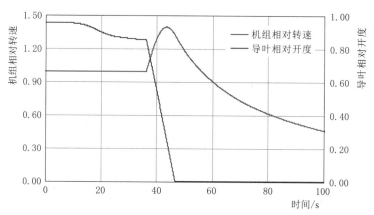

（a）机组相对转速与导叶相对开度变化过程线

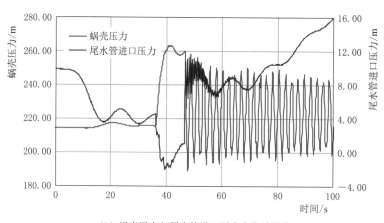

（b）蜗壳压力与尾水管进口压力变化过程线

图 9.4.16　D5 工况计算结果

这里相继甩工况主要考虑出现尾水管进口最小压力，从计算结果可以看出，尾水管进口最小压力值确实比同时甩工况更小。

由 D4 工况、D5 工况的计算可以发现，考虑了工况的叠加后计算出的极值可能会比同时甩工况要更危险。

9.4.6　水力干扰分析

在多台机组共用一个水力单元情况下，若其中部分机组由于某种原因丢弃全负荷或者大幅度增加负荷，将导致管道系统压力或调压室水位产生波动，进而对正常运行机组的水头和出力产生影响，这种现象称为水力干扰。白鹤滩水电站单机容量达 1000MW，采用一洞两机的布置形式，水力干扰特性值得关注。水力干扰主要评价指标是出力摆动，其控制指标可参见 7.6.3 小节。

结合白鹤滩水电站并网发电可能的运行方式，水力干扰过渡过程分析主要考虑功率调节、并理想大电网频率调节两种运行方式。水力干扰工况分析见表 9.4.8。

表 9.4.8　　　　　　　　　　水 力 干 扰 工 况 分 析

计算工况	上游水位 /m	下游水位 /m	负荷变化	说　明
GR1	试算	597.42	2→1	下水库满发水位，额定水头，额定出力，两台机组正常运行，一台机组突甩全负荷

图 9.4.17 和图 9.4.18 所示的 GR1 工况主要计算结果：①功率调节模式下，受扰机组最大出力为 1060.7MW；②并大电网频率调节模式下，受扰机组最大出力为 1096.52MW。

并大电网频率调节模式下，水力干扰对运行机组出力的影响较功率调节模式大。

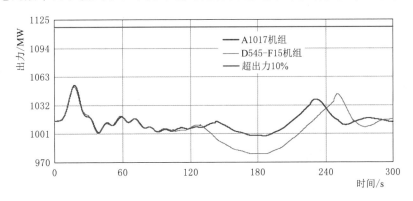

图 9.4.17　GR1 工况功率调节模式下受扰机组出力变化

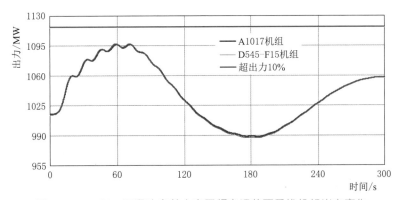

图 9.4.18　GR1 工况功率并大电网频率调节下受扰机组出力变化

9.5 白鹤滩水电站水力过渡过程专题研究

本节简要介绍几个与白鹤滩水电站设计与运行有关的水力过渡过程专题研究。

9.5.1 洞机组合方案比选

无论是从水力过渡过程的需要，还是1000MW机组的运行稳定性的研究，或者是为1000MW机组积累运行经验，都有必要通过大波动、水力干扰及小波动过渡过程计算对不同洞机组合水力学问题进行深入研究，以分析不同洞机组合的水力学差异。

白鹤滩水电站共布置16台机组，每岸各布置8台，从尾水系统的洞机组合看，可采用两种组合方式，分别为3—3—2组合及2—2—2—2组合。3—3—2组合（简称"三洞方案"）左、右岸各布置三座尾水调压室及三条尾水洞，其中一洞三机的尾水洞结合导流洞布置，一洞两机的尾水洞单独布置，枢纽布置方案见图9.5.1（a）。2—2—2—2组合（简称"四洞方案"）左、右岸各布置四座尾水调压室及四条尾水洞，其中左岸结合三条导流洞布置，右岸结合两条导流洞布置，枢纽布置见图9.5.1（b）。

9.5.1.1 计算内容和计算模型

本小节选择水道长度相当的两个典型水力单元的大波动、水力干扰及小波动特性进行对比分析，分别为三洞方案中的第五水力单元（三合一水力单元）和四洞方案中的第六水力单元（二合一水力单元），以得到两种方案的水力过渡过程控制参数。

计算采用华东勘测设计研究院有限公司开发的复杂系统水力过渡过程仿真计算HYSIM软件。三合一水力单元及二合一水力单元输水发电系统水力过渡过程计算模型见图9.5.2和图9.5.3。

9.5.1.2 控制标准

根据《水电站调压室设计规范》和《水力发电厂机电设计技术规范》中相关要求和本电站的特点，调节保证计算采用下列控制条件：

（1）机组蜗壳允许最大压力升高相对值小于等于25%，取蜗壳允许最大压力不大于320m。

（2）机组最大转速上升率不大于50%。

（3）尾水管进口真空度的控制标准：对于常规和基本组合工况尾水管，进口真空度小于6m；对于极端组合工况尾水管进口真空度小于7.4m。

（4）引水道沿线洞顶最小内水压力不小于2.0m。

（5）组合工况下尾水调压室最低涌波水位高于563.00m（高于底板3m）。

（6）导叶关闭规律采用两段折线关闭，两段折线关闭规律采用5.5s—0.5s—9.5s（即第一段导叶关闭时间5.5s—折点相对开度50%—第二段导叶关闭时间9.5s，总关闭时间15s）；导叶开启规律（增负荷时间）采用30s一段直线开启。

9.5.1.3 计算工况

计算工况的选择同样是根据相关规范规定（详见9.1.3小节），并结合白鹤滩水电站

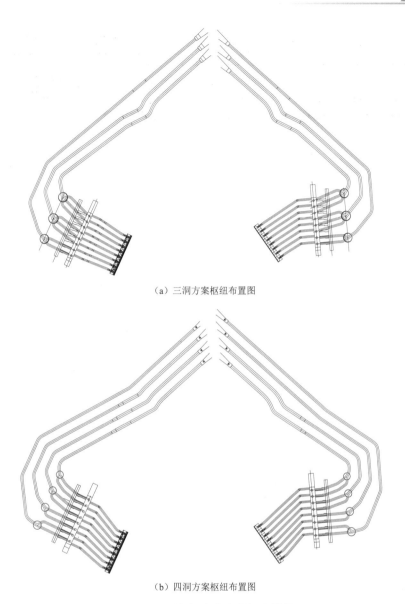

（a）三洞方案枢纽布置图

（b）四洞方案枢纽布置图

图 9.5.1　洞机组合方案枢纽布置图

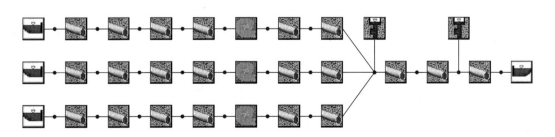

图 9.5.2　三合一水力单元输水发电系统水力过渡过程计算模型

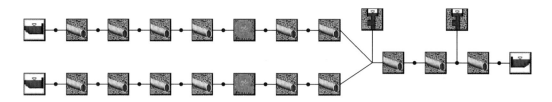

图 9.5.3　二合一水力单元输水发电系统水力过渡过程计算模型

发电输水系统的实际特点选择的。大波动计算工况列于表 9.5.1 和表 9.5.2；水力干扰计算工况列于表 9.5.3。

1. 大波动计算工况

表 9.5.1　　　　　　　　　　　　基 本 工 况

计算工况	上游水位/m	下游水位/m	负荷变化	水位组合及负荷变化说明	主要计算参数
D1	832.23	625.84	3→0 (2→0)	上游校核洪水位，下游相应水位，同一水力单元三（两）台机组同时甩负荷，导叶正常关闭	蜗壳最大压力、调压室最高涌波水位
D2	832.23	625.84	2→3 (1→2)	上游校核洪水位，下游相应水位，两（一）台机组正常运行，另一台机组由空载增至满出力运行	调压室最高涌波水位
D3	827.71	623.65	3→0 (2→0)	上游设计洪水位，下游相应水位，同一水力单元三（两）台机组同时甩负荷，导叶正常关闭	蜗壳最大压力、调压室最高涌波水位
D4	827.71	623.65	2→3 (1→2)	上游设计洪水位，下游相应水位，两（一）台机组正常运行，另一台机组由空载增至满出力运行	调压室最高涌波水位，尾水管最大压力
D5	825.00	595.83	3→0 (2→0)	上游正常蓄水位，下游满发水位，同一水力单元三（两）台机组同时甩负荷，导叶正常关闭	蜗壳最大压力、校核尾调内闸门检修平台高度
D6	825.00	595.83	2→3 (1→2)	上游正常蓄水位，下游满发水位，两（一）台机组正常运行，另一台机组由空载增至满出力运行	调压室最高涌波水位
D7	825.00	585.87 (584.50)	3→0 (2→0)	上游正常蓄水位，下游三（两）台机组发电水位，同一水力单元三（两）台机组同时突甩负荷，导叶正常关闭	蜗壳最大压力
D8	825.00	584.50 (583.44)	2→3 (1→2)	上游正常蓄水位，下游两（一）台机组发电水位，同一水力单元两（一）台机组正常运行，另一台机组由空载增至满出力运行	蜗壳最大压力

续表

计算工况	上游水位 /m	下游水位 /m	负荷变化	水位组合及负荷变化说明	主要计算参数
D9	825.00	583.44	1→0	上游正常蓄水位，下游一台机组发电水位，同一水力单元一台机组正常运行突甩负荷（其他机组停机）	蜗壳最大压力
D10	试算	597.42	3→0 (2→0)	额定水头下，下游满发水位，额定出力，同一水力单元三（两）台机组同时甩负荷，导叶正常关闭	机组最大转速上升
D11	试算	586.81 (585.14)	3→0 (2→0)	额定水头，额定出力，下游三（两）台机组发电水位，同一水力单元三（两）台机组同时甩负荷，导叶正常关闭	机组最大转速上升，尾调最低涌波水位，尾水管进口最小压力
D12	试算	583.00	1→0	额定水头下，下游一台机组发电水位，一台机组正常运行突甩负荷（同一单元其他机组停机）	尾水管进口最小压力，尾调最低涌波水位
D13	765.00	586.49 (584.92)	3→0 (2→0)	上游死水位，下游三（两）台机组发电水位，同一水力单元三（两）台机组同时甩负荷，导叶正常关闭	尾水管进口最小压力，调压室最低涌波水位
D14	765.00	584.92 (583.56)	2→3 (1→2)	上游死水位，下游两（一）台机组发电水位，两（一）台机组正常运行，另一台机组由空载增至满出力运行	引水隧洞上平段末端最低压力
D15	765.00	583.56	1→0	上游死水位，下游一台机组发电水位，一台机组正常发电突甩负荷（同一单元其他停机）	尾水管进口最小压力

注　负荷变化一列括号内为二合一水力单元负荷变化。

表 9.5.2　　　　　　　　组　合　工　况

计算工况	上游水位 /m	下游水位 /m	负荷变化	初始工况	叠加工况	主要计算参数
Z1	试算	585.14 (583.00)	2→3→0 (1→2→0)	额定水头、额定出力，下游两（一）台机组发电水位，同一水力单元两（一）台机组运行，增加一台机组	在最不利时刻三（两）台机组同时甩负荷	尾调最低涌波水位，尾水管进口最小压力
Z2	832.23	625.84	3→0→1 (2→0→1)	上游校核洪水位，下游相应水位，三（两）台机组正常运行，突甩全负荷	在最不利时刻一台机组正常启动	尾调最高涌波水位
Z3	832.23	625.84	2→3→0 (1→2→0)	上游校核洪水位，下游相应水位，两（一）台机组正常运行，另一台机组正常启动	在最不利时刻三（两）台机组同时甩负荷	尾调最高涌波水位

续表

计算工况	上游水位 /m	下游水位 /m	负荷变化	初始工况	叠加工况	主要计算参数
Z4	832.23	625.84	0→1→2→3 (0→1→2)	上游校核洪水位，下游相应水位，三（两）台机组空载运行	在最不利时刻三（两）台机组相继增负荷	尾调最高涌波水位，限制相继增负荷的时间间隔
Z5	832.23	625.84	3→0→1→2→3 (2→0→1→2)	上游校核洪水位，下游相应水位，三（两）台机组正常运行，突甩全负荷	在最不利时刻三（两）台机组相继增负荷	尾调最高涌波水位，限制相继增负荷的时间间隔
Z6	试算	586.81 (585.14)	3→2→1→0 (2→1→0)	额定水头、额定出力，下游三（两）台机组发电水位，三（两）台机组正常运行	在最不利时刻相继甩负荷	尾调最低涌波水位、尾水管进口最小压力
Z7	试算	585.14 (583.00)	2→3→2→1→0 (1→2→1→0)	额定水头、额定出力，下游两（一）台机组发电水位，同一水力单元两（一）台机组运行，增加一台机组	在最不利时刻相继甩负荷	尾调最低涌波水位、尾水管进口最小压力，机组最大转速上升率
Z8	试算	583.00	0→1→0	额定水头、额定出力，下游一台机组发电水位，同一水力单元机组全部停机，一台机组正常启动，增至满负荷	在最不利时刻突弃全负荷	尾调最低涌波水位、尾水管进口最小压力
Z9	试算	585.14	2→3→1→0	额定水头、额定出力，下游两台机组发电水位，同一水力单元两台机组运行，增加一台机组	在最不利时刻先甩两台，再甩一台	尾调最低涌波水位、尾水管进口最小压力，机组最大转速上升率
Z10	试算	585.14	2→3→2→0	额定水头、额定出力，下游两台机组发电水位，同一水力单元两台机组运行，增加一台机组	在最不利时刻先甩一台，再甩两台	尾调最低涌波水位、尾水管进口最小压力，机组最大转速上升率

注 1. 负荷变化一列括号内为二合一水力单元负荷变化。
    2. Z1～Z3 为常规组合工况，Z4～Z10 为极端组合工况。
    3. Z9、Z10 仅针对三洞方案三合一水力单元。

2. 水力干扰计算工况

表 9.5.3　　　　　　　　水　力　干　扰　工　况

计算工况	上游水位 /m	下游水位 /m	负荷变化	水位组合及工况变化说明	计算目的
GR1	试算	597.42	3→1 (2→1)	下水库满发水位，额定水头，额定出力，三台机组正常运行，两台机组突甩全负荷	计算水力干扰对另一台机组出力的影响

续表

计算工况	上游水位/m	下游水位/m	负荷变化	水位组合及工况变化说明	计算目的
GR2	试算	597.42	3→1 (2→1)	下水库满发水位，额定水头，额定出力，两（一）台机组带额定负荷，另一台机组带额定负荷的60%	计算水力干扰对带额定负荷的60%的机组出力的影响
GR3	试算	597.42	1→3 (1→2)	下游满发水位，额定水头，额定出力，一台机组正常运行，另两（一）台机组正常启动	计算水力干扰对另一台机组出力的影响
GR4	825	585.87	3→1 (2→1)	上游正常蓄水位，下游三台机组发电水位，三台机组正常运行，两台机组突甩全负荷	计算水力干扰对另一台机组出力的影响
GR5	825	585.87	1→3 (1→2)	上游正常蓄水位，下游三台机组发电水位，一台机组正常运行，另两（一）台机组正常启动	计算水力干扰对另一台机组出力的影响
GR6	765	598.00	3→1 (2→1)	上游死水位，下游满发水位，三台机组正常运行，两台机组突甩全负荷	计算水力干扰对另一台机组出力的影响
GR7	765	598.00	1→3 (1→2)	上游死水位，下游满发水位，最大出力，一台机组正常运行，另两（一）台机组正常启动	计算水力干扰对另一台机组出力的影响

注 括号内为二合一水力单元负荷变化。

9.5.1.4 典型水力单元过渡过程对比分析

1. 大波动过渡过程对比分析

由于左、右岸采用两种不同型号的水轮机：A1017 机组转动惯量为 360000t·m^2；D545-F15 机组转动惯量为 300000t·m^2，所以对两种型号机组都进行了对比，结果列于表 9.5.4 和表 9.5.5。

表 9.5.4　　　　两典型水力单元大波动过渡过程计算结果（机组型号：A1017）

计算参数	三合一水力单元	二合一水力单元
蜗壳进口最大压力/m	298.40（D1 工况）	298.78（D1 工况）
机组最大转速上升率/%	46.24（Z9 工况）	46.60（Z7 工况）
尾水管进口最小压力/m	−2.02（Z1 工况）	−4.27（Z1 工况）
尾水管进口最小压力/m	−8.35（Z9 工况）	−8.19（Z7 工况）
尾水调压室最高涌波水位/m	635.99（Z2 工况）	637.12（Z2 工况）
尾水调压室最低涌波水位/m	570.11（Z10 工况）	569.31（Z7 工况）

表 9.5.5 　　两典型水力单元大波动过渡过程计算结果（机组型号：D545-F15）

计算参数	三合一水力单元	二合一水力单元
蜗壳进口最大压力/m	300.12（D1 工况）	301.76（D1 工况）
机组最大转速上升率/%	48.46（Z9 工况）	48.22（Z7 工况）
尾水管进口最小压力/m	-1.58（Z1 工况）	-3.22（Z1 工况）
尾水管进口最小压力/m	-8.80（Z9 工况）	-8.48（Z7 工况）
尾水调压室最高涌波水位/m	635.96（Z2 工况）	637.09（Z2 工况）
尾水调压室最低涌波水位/m	570.45（Z10 工况）	569.58（Z7 工况）

由计算结果可以看出，两典型水力单元蜗壳进口最大压力及机组最大转速上升率基本相当；受下游初始水位影响，二合一水力单元尾水管进口最小压力较三合一水力单元小，A1017 机组-极端组合尾水管进口压力变化过程见图 9.5.4；二合一水力单元尾水调压室最高、最低涌波水位均较三合一水力单元略大，A1017 机组尾水调压室最高涌波水位变化过程见图 9.5.5。两典型水力单元大波动过渡过程计算结果总体差别较小，均满足控制要求。两种型号机组计算结果基本相同。

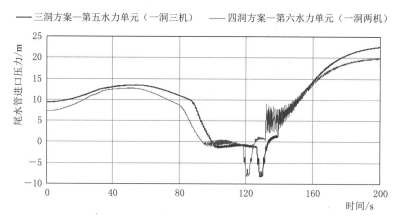

图 9.5.4　尾水管进口压力变化过程（A1017 机组-极端组合）

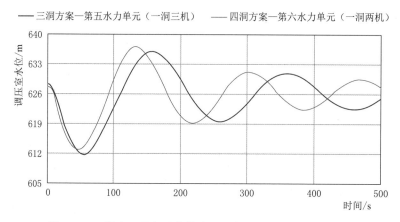

图 9.5.5　尾水调压室最高涌波水位变化过程（A1017 机组）

2. 水力干扰过渡过程对比分析

结合白鹤滩水电站并网发电可能的运行方式，水力干扰过渡过程分析中考虑了两种运行方式：功率调节模式和频率调节模式。在进行功率调节模式水力干扰计算时，调速器参与调节，受扰机组等出力运行。此调节模式水力干扰程度一般较小。在进行频率调节模式水力干扰计算时，机组并入无穷大电网，电网频率保持不变，调速器不参与调节，水力干扰引起的负荷波动完全由电网吸收，受扰机组等开度运行。此时，机组的过电流强度最大，若此工况不能满足设计要求，则可能导致受扰机组因为过电流保护发生甩负荷事故。

典型水力单元两种调节模式下水力干扰过渡过程计算结果见表9.5.6。

表 9.5.6　　典型水力单元两种调节模式下水力干扰过渡过程计算结果

机组型号	计算参数	调节模式			
		功率调节		频率调节	
		三合一 水力单元	二合一 水力单元	三合一 水力单元	二合一 水力单元
A1017	最大出力/MW	1067.49 (GR1 工况)	1049.80 (GR1 工况)	1126.49 (GR1 工况)	1092.88 (GR1 工况)
	最大出力/额定出力/MW	1.052 (GR1 工况)	1.033 (GR1 工况)	1.110 (GR1 工况)	1.077 (GR1 工况)
	超额定出力时间/s	32.8	68.4	115.5	113.0
	超额定出力1.1倍时间/s	0	0	29.0	0
	最大出力摆动幅度/MW	85.11 (GR3 工况)	59.15 (GR3 工况)	231.12 (GR2 工况)	202.68 (GR2 工况)
	出力摆动幅度超2%的时间/s	70.0	36.0	74.0	57.7
D545-F15	最大出力/MW	1063.70 (GR1 工况)	1047.64 (GR1 工况)	1121.98 (GR1 工况)	1087.53 (GR1 工况)
	最大出力/额定出力/MW	1.048 (GR1 工况)	1.032 (GR1 工况)	1.105 (GR1 工况)	1.071 (GR1 工况)
	超额定出力时间/s	31.7	69.5	114.4	103.2
	超额定出力1.1倍时间/s	0	0	22.0	0
	最大出力摆动幅度/MW	94.74 (GR3 工况)	70.11 (GR3 工况)	204.39 (GR2 工况)	176.49 (GR2 工况)
	出力摆动幅度超2%的时间/s	74.0	58.0	71.8	59.3

由计算结果可知：功率调节模式的水力干扰小于频率调节模式。两种调节模式下，二合一水力单元的水力干扰小于三合一水力单元。图9.5.6和图9.5.7为两种型号机组频率调节模式下，GR1工况下机组处理变化过程线。二合一水力单元的水力干扰程度略优于三合一水力单元，但是没有本质差别，并且均能满足规范要求。

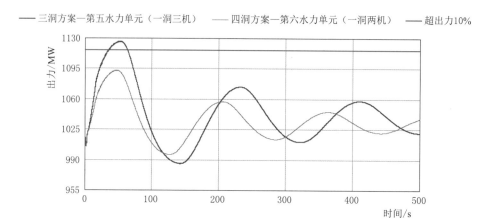

图 9.5.6　正常运行机组出力变化过程线

（A1017 机组频率调节 - GR1 工况）

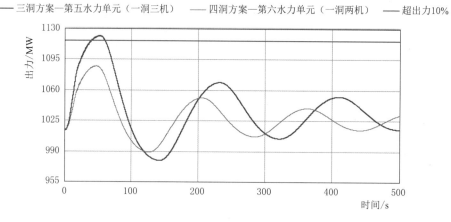

图 9.5.7　正常运行机组出力变化过程线

（D545 - F15 机组频率调节 - GR1 工程）

9.5.1.5　小结

通过对两方案典型水力单元水力过渡过程计算分析，得出如下结论：大波动工况下，蜗壳进口最大压力、尾水管进口最小压力、机组最大转速上升率等指标结果差别较小，均能满足控制要求；尾水调压室最高和最低涌波水位幅度均满足设计要求。水力干扰工况下，三合一水力单元的受扰机组的扰动较二合一水力单元大，但均能满足规范要求。小波动各个工况均能满足稳定性要求，调节品质相当。

从水力学角度来看，二合一水力单元的水力学条件较三合一水力单元稍差，但是差别不大，均能满足控制要求，水力学条件并不是三洞方案和四洞方案的控制条件，从工程布置和结构安全等角度综合考虑，最终白鹤滩水电站选择了四洞方案，即两机共用一个调压室和一个尾水隧洞的组合。

9.5.2　尾水隧洞明满流问题

为了节省投资，白鹤滩水电站尾水隧洞出口段结合导流洞布置，受导流布置和水力条件制约，在较低尾水位时就容易形成较大范围的明满流现象。明满流的出现对尾水隧洞结构安全和机组运行稳定性有一定的潜在影响。明满流现象，是一个变化很快的压力交变过程。在这个过程中产生的压力脉动对尾水隧洞的衬砌结构带来潜在影响，可能导致其强度降低甚至发生剥落，进而对尾水隧洞的安全及水电站的正常运行带来较大危害。同时明满流过程中尾水隧洞内水压力不断发生变化，致使机组出口侧水头发生变化，进而引起机组出力发生波动，对机组运行稳定性、电网运行稳定性不利。特别是对于工程规模较大的水电站，其安全稳定运行对供电系统的稳定和供电质量都有着至关重要的意义。

本节将采用模型试验和数值计算的方法针对白鹤滩水电站长尾水隧洞明满流问题进行研究，对明满流现象及机理、对工程建筑物的影响以及相应的工程措施进行分析，对采用数值模拟的手段代替物理模型试验的可行性亦进行了探索。

9.5.2.1　明满流段恒定流态分析

恒定流状态是明满流水力过渡过程的起始时刻所对应的状态，其重要影响因素为尾水隧洞出口形式，本节研究了可能采用的两种出口方案：逆坡堰和平坡方案。为保证准确性，采用水工模型试验（局部1：50的正态模型）和数值计算法进行了对比研究，数值计算采用了龙格库塔法、变步长隐式差分法、三维数值模拟三种方法，从而确定最佳出口方案以及恒定流态。模拟的范围包括尾水隧洞、尾水出口及下游部分河道。

1. 分析工况

为研究下游不同水位的影响，明满流段恒定流态分析主要有四种工况，列于表9.5.7。

表 9.5.7　　　　　　　　　　　稳 态 典 型 工 况

工况	下游水位/m	引用流量/(m³/s)	目　　的
DY1	579.44	444.46	研究低尾水位下水面线
DY2	582.14	1095.60	研究低尾水位下水面线
DY3	590.00	1095.60	研究较高尾水位下水面线
DY4	597.42	547.80	研究满流情况下的测压管水头线

注　下游水位为下游主河道水位。

2. 对比分析结果

试验和计算结果对比显示，二者吻合良好，且与理论相符。逆坡堰方案恒定DY1工况的水面线对比结果见图9.5.8。下游河道水深较低时，尾水隧洞出口堰上水深受临界水深控制，下游河道水深较大时堰上水深受到下游河道水深的限制，其中DY4工况为满流。

尾水隧洞出口逆坡堰方案和平坡出口结果对比分析显示，低尾水位工况下，逆坡堰方案尾水隧洞出口逆坡堰位置出现水跌，而平坡方案尾水隧洞出口出现水跃，对比结果见图9.5.9（DY1工况）。此时逆坡堰对于尾水隧洞内明满流段及尾水出口水面的抬升作用明显，使尾水出口水深受临界水深控制而不是受到下游河道水深控制；而平坡方案尾水会受下游河道水位影响，尾水扩散段出现水跃，从而影响尾水隧洞明满流段水流的稳定性。高尾水位工况下，由于下游河道水位较深，逆坡堰的作用较小，逆坡堰和平坡尾水出口水深差别较小（图9.5.10）。所以逆坡堰方案优势明显，逆坡堰对发电水头影响较小，最终尾水隧洞出口采用逆坡堰方案。

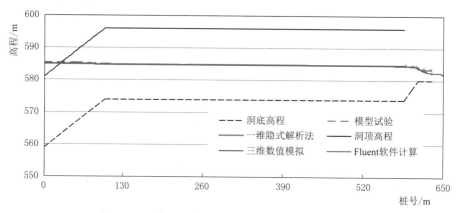

图 9.5.8　逆坡堰方案恒定 DY1 工况的水面线对比

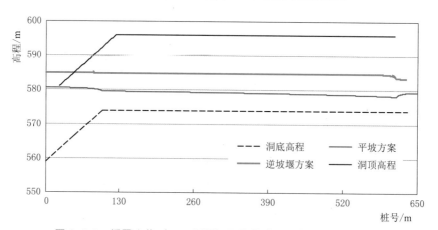

图 9.5.9　低尾水位（DY1 工况）平坡及逆坡堰方案水面线对比

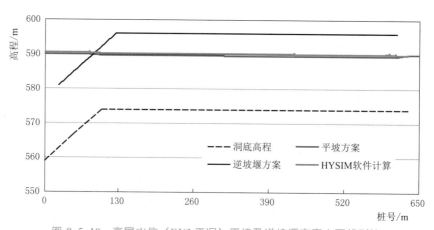

图 9.5.10　高尾水位（DY3 工况）平坡及逆坡堰方案水面线对比

9.5.2.2　明满流过渡过程特点

9.5.2.1 小节分析了恒定流状态下尾水隧洞出口流态，为尾水隧洞水力过渡过程中明满流计算提供了重要的边界条件。本节将进行与水工模型试验同等边界条件下的数值计算分析，互相校验。

1. 典型对比工况选取

计算工况主要针对低尾水位小流量、低尾水位大流量和高尾水位大流量三种特征水位下，表 9.5.8 所列的三个典型工况进行水工模型试验、数值计算对比分析。

表 9.5.8　　　　　　　　　非恒定流计算分析对比工况

工况	下游初始水位 /m	初始引用流量 /(m³/s)	过程说明	主要计算参数
DY1	579.44	444.46	开始以初始流量运行，阀门 13s 一段直线关闭	低尾水位下隧洞出口水深及明满流波动范围
DY2	580.00	547.80	开始以初始流量运行，阀门 13s 一段直线关闭	低尾水位下隧洞出口水深及明满流波动范围
DY3	595.00	547.80	流量由 547.80m³/s 在 30s 内增加到 1095.6m³/s，下游水位保持不变	较高尾水位下明满流机理分析，侧重于含气、滞气分析

注　下游水位为下游主河道水位。

2. 一维数值仿真计算成果及对比分析

此部分首先介绍 DY1 工况下明满流段过渡过程特点，然后再介绍与模型试验结果的对比分析。

（1）明满流过渡过程特点。如图 9.5.11 所示为稳态运行情况，阀门关闭后，无法维持原有水面线，形成减压波往下游侧传递，水体倒流。明满流交界面往上游移动。阀门关闭后 20s 的情况见图 9.5.12。

随后，倒流水体使得明满流交界面往下游移动，形成增压波，下游水体部分继续倒流。阀门关闭后 30s 的情况见图 9.5.13。

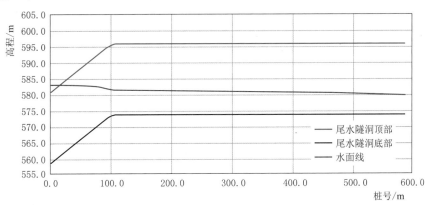

图 9.5.11　稳态运行情况

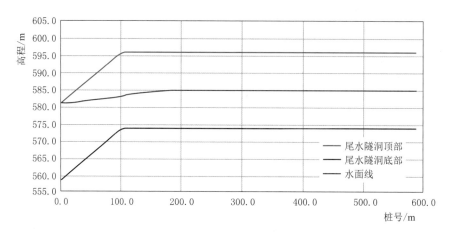

图 9.5.12　阀门关闭后 20s 的情况

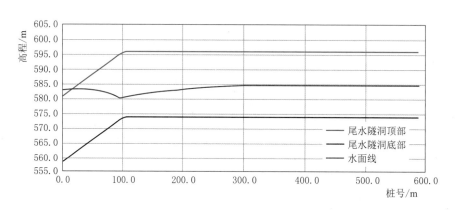

图 9.5.13　阀门关闭后 30s 的情况

随着水体倒流以及有压流段水体从阀门处反射形成第二个增压波，由于明渠流波速相对较慢，因此可以看到两个增压波向下游逐步推进，下游倒流水体逐步向下游侧传播（图 9.5.14）。随后可以看到明流段有三个增压波形成（图 9.5.15）。

阀门关闭后 87s 最下游增压波传递到水库，最下游段增压波消失（图 9.5.16）。随隧

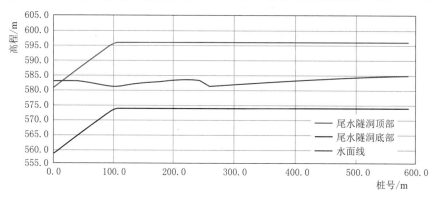

图 9.5.14　阀门关闭后 50s 的情况

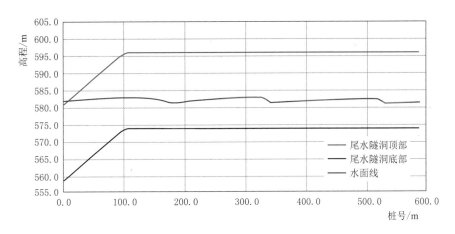

图 9.5.15　阀门关闭后 80s 的情况

洞补水以及摩擦阻力的作用，两个增压波的波高不断降低。阀门关闭后 100s 的情况见图 9.5.17。由于摩擦阻力的耗散作用，波动逐步趋于缓和，阀门关闭后 120s 的情况见图 9.5.18。阀门关闭后 150s 波动基本停止，趋于稳定（图 9.5.19）。

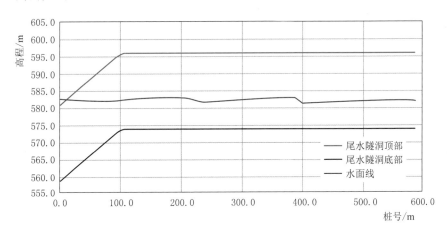

图 9.5.16　阀门关闭后 87s 的情况

（2）物理模型结果与计算结果对比分析。水工模型试验具体量测部位详见图 9.5.20，测点均设置在底板。一维数值计算成果典型工况 DY1 工况和 DY3 工况压力变化过程测量结果对比详见 9.5.21 和图 9.5.22。

由对比可以看出，数值模拟与水工模型试验获得的压力波动周期变化规律相同，两者之间的波动变化过程线较为一致。因此，相关的研究可以依托一维数值分析方法进行研究。

低尾水位时，由图 9.5.21 可以看出，测点 1 为陡坡段起始位置，在整个过程中，该部位始终处于有压流状态，因此该部位的压力变化较为剧烈。相对而言，明满流段压力变化相对要平缓很多，明满流段多集中在陡坡段上部范围附近，其后基本是明渠流段，且距离有压段越远，水位波动越平缓。

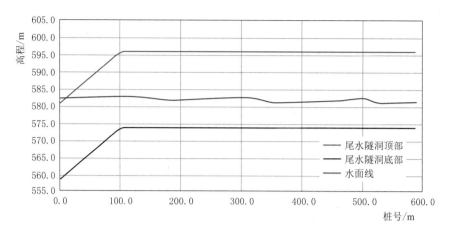

图 9.5.17　阀门关闭后 100s 的情况

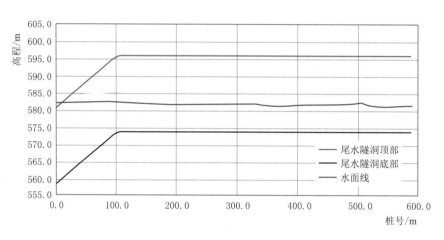

图 9.5.18　阀门关闭后 120s 的情况

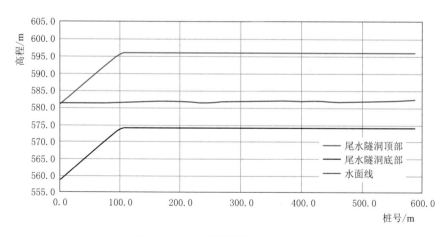

图 9.5.19　阀门关闭后 150s 的情况

图 9.5.20 测点位置布设图

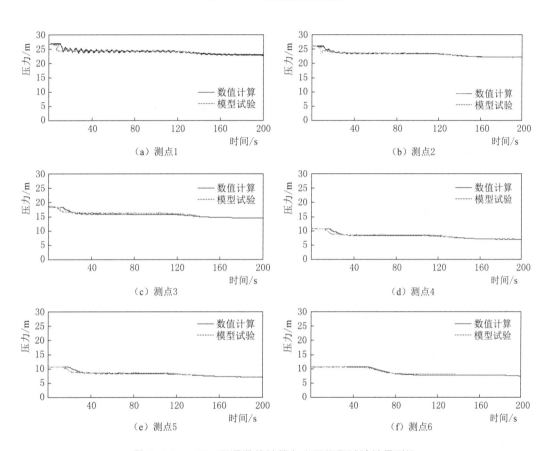

图 9.5.21 DY1 工况数值计算与水工模型试验结果对比

高尾水位时，由图 9.5.22 可以看出，明满流段水位距洞顶高程只有 1m 左右，明满流过程中压力波动较为剧烈，影响范围较大。由此可见，高尾水位下的明满流现象较为剧烈，对隧洞的衬砌结构也影响最大。因此，高尾水位下的明满流研究应是分析研究的重点内容。

9.5.2.3 明满流对机组运行及隧洞结构的影响分析

为了减小尾水隧洞明满流的影响，需采取必要的工程措施进行改善，如设置调压室、增设通气孔、优化陡坡段长度和位置等，最终达到改善明满流影响的目的。白鹤滩水电站对以上工程措施均进行了研究，但仍无法完全消除明满流对机组运行稳定性及隧洞衬砌结构的影响，因此有必要针对工程措施优选后的方案进行水力过渡过程计算分析。本小节主要计算分析内容包括：明满流对尾水管进口最小压力的影响、明满流对尾水隧洞衬砌结构

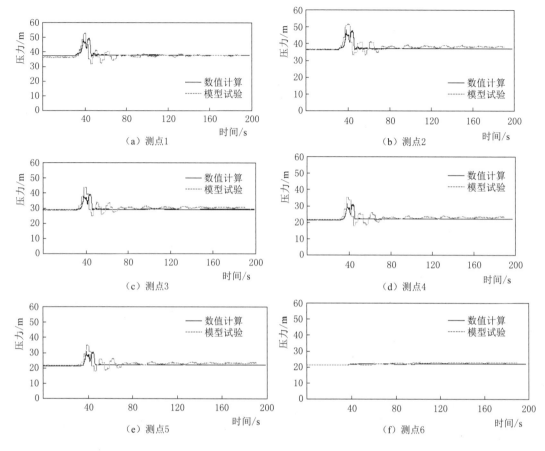

图 9.5.22　DY3 工况数值计算与水工模型试验结果对比

的影响、明满流对机组运行稳定性的影响等三个方面。

本部分计算是针对整个输水系统进行的，根据规范要求及白鹤滩水电站输水系统的特点，本部分计算工况选取见表 9.5.9～表 9.5.11。

表 9.5.9　　　　　　　　　　　大波动过渡过程计算典型工况

计算工况	上游水位/m	下游水位/m	负荷变化	水位组合及负荷变化说明	主要计算参数
D1	825.00	581.50	2→0	上游正常蓄水位，下游两台机组发电水位，同一水力单元两台机组同时突甩负荷，导叶正常关闭	尾水管进口最小压力
D2	825.00	579.44	1→0	上游正常蓄水位，下游一台机组发电水位，同一水力单元一台机组正常运行突甩负荷（其他机组停机）	尾水管进口最小压力

续表

计算工况	上游水位/m	下游水位/m	负荷变化	水位组合及负荷变化说明	主要计算参数
D3	—	582.14	1→2→0	额定水头、额定出力，下游两台机组发电水位，同一水力单元一台机组运行，增加一台机组，在最不利时刻两台机组同时甩负荷	尾水管进口最小压力
D4	—	582.14	2→1→0	额定水头、额定出力，下游两台机组发电水位，两台机组正常运行，在最不利时刻相继甩负荷	尾水管进口最小压力
D5	827.83	625.70	2→0	上游设计洪水位（$P=0.1\%$），下游校核洪水位（$P=0.1\%$），同一水力单元两台机组同时甩负荷，导叶正常关闭	明满流段（全部有压）最大压力
D6	825.00	592.00	2→0	上游正常蓄水位，下游水位与洞顶齐高，同一水力单元两台机组同时甩负荷，导叶正常关闭	明满流段最大压力
D7	825.21	623.27	2→0→1	上游洪水位（$P=0.5\%$），下游设计洪水位（$P=0.5\%$），两台机组正常运行，突甩全负荷，在最不利时刻一台机组正常启动	明满流段最大压力
D8	825	592.00	2→0→1	上游正常蓄水位，下游水位与洞顶齐高，同一水力单元两台机组同时甩负荷，导叶正常关闭，在最不利时刻启动一台机组	明满流段最大压力

表 9.5.10　　　　　　　　　　　小波动过渡过程计算工况

计算工况	上游水位/m	下游水位/m	初始工况	叠加工况	计算目的
X1	试算	582.14	下游两台机组发电水位，额定水头，同一水力单元的两台机组均带额定负荷	两台机组减10%额定负荷	计算明满流工况机组稳定性
X2	试算	597.42	下游十六台机组发电水位，同一水力单元的两台机组额定水头、均带额定负荷	两台机组减10%额定负荷	计算全部有压流工况机组稳定性
X3	试算	582.14	下游两台机组发电水位，额定水头，同一水力单元的两台机组均带额定负荷	计算两台机组减10%额定负荷	计算截断明满流段模型机组稳定性

表 9.5.11   一 次 调 频 计 算 工 况

计算工况	上游水位/m	下游水位/m	初始工况	叠加工况	计算目的
TP1	试算	582.14	下游两台机组发电水位，额定水头，同一水力单元的两台机组均带额定负荷	两台机组同时加 0.2Hz 频率扰动 100s 后，同时加 −0.2Hz 频率扰动	计算明满流工况机组稳定性
TP2	试算	597.42	下游十六台机组发电水位，同一水力单元的两台机组额定水头、均带额定负荷	两台机组同时加 0.2Hz 频率扰动 100s 后，同时加 −0.2Hz 频率扰动	计算全部有压流工况机组稳定性

1. 对尾水管进口最小压力影响

截断明满流、将明满流段作为有压流和考虑实际明满流三种方式计算结果，对比分析结果列于表 9.5.12。

表 9.5.12   三种方法下尾水管进口最小压力值

工况	项 目	处 理 方 式		
		截断明满流	将明满流段作为有压流	考虑实际明满流
D1	尾水管进口初始压力/m	7.82	7.99	10.60
	尾水管进口最小压力/m	−0.99	−0.90	1.73
D2	尾水管进口初始压力/m	5.3	5.34	6.78
	尾水管进口最小压力/m	−3.25	−3.20	−2.22
D3	尾水管进口初始压力/m	5.08	5.16	6.55
	尾水管进口最小压力/m	−5.28	−5.53	0.74
D4	尾水管进口初始压力/m	5.76	5.99	9.14
	尾水管进口最小压力/m	−5.20	−6.59	−3.54

从初始压力来看，考虑实际明满流情况时，数值最大；截断明满流情况时，数值最小。分析原因主要是各种情况考虑的水头损失不同，例如考虑明满流使流速增大，水头损失最大，所以初始压力值最大。

最小压力方面，由于设置尾水调压室，明满流段引起的增压波或者减压波在调压室的隔断作用下，产生的瞬态压力变化无法传递到尾水管进口处，明满流效应对尾水管进口不会造成影响。但是由于明满流在机组稳态运行中具有抬升作用，因此其对尾水管进口最小压力具有一定的改善作用，三种处理方法下尾水管进口压力变化过程线（D3 工况）见图 9.5.23。

2. 对尾水隧洞衬砌结构的影响

尾水隧洞衬砌结构的设计需要提供尾水隧洞内典型部位的包含水击压力在内的压力值。典型部位的最大、最小压力（水位）值计算结果列于表 9.5.13。

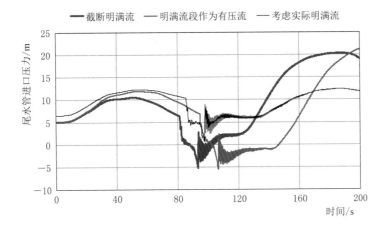

图 9.5.23　三种处理方法下尾水管进口压力
变化过程线（D3 工况）

表 9.5.13　　　　　　　　　　明满流段最大、最小压力（水位）

计算工况	最大压力 （水位）/m	最大压力 发生位置	最小压力 （水位）/m	最小压力 发生位置	备　注
D5	68.86	陡坡段首部	48.69	距出口 369.60m	全部有压流
D6	43.25	陡坡段首部	13.80	距出口 369.60m	明满流
D7	67.73	陡坡段首部	46.40	距出口 369.60m	全部有压流
D8	48.21	陡坡段首部	13.11	距出口 369.60m	明满流

注　水压以底板为基准。

　　由表 9.5.13 和图 9.5.24 可以看出，明满流段压力变化相对缓和，明满流交替过程中出现了短时的压力急剧波动，波动最大幅度为 16m，压力波动衰减很快，其极值比有压

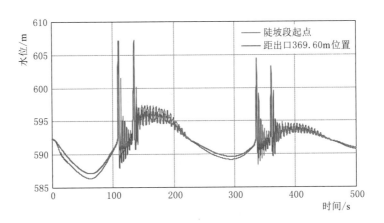

图 9.5.24　D8 工况典型部位压力变化过程线

流工况下的极值结果还要小些，这主要是由于调压室的作用使得水体流量变化梯度较小。当尾水位位于尾水隧洞洞顶附近时，D8 工况典型部位压力变化过程线见图 9.5.24。机组甩负荷或增负荷后，尾水隧洞水面会出现明显的起伏，发生明满流交替现象，隧洞顶部的气压和底部的水体测压管水头都出现一定的波动现象，但是总体幅度不大。因而该电站明满流效应对尾水隧洞衬砌段的影响较小。

尾水洞明满流问题分析结论如下：

（1）采用数值计算手段与物理模型试验所测成果具有较好的吻合度。数值模拟能够反映出明满流的水力特性。另外，数值模拟可以解决物理模型试验解决不了的问题，如明满流对机组稳定性的影响等。

（2）甩负荷时，当下游水位在洞顶附近时，水面便会在波的作用下涌起并且不时地出现封顶现象，在洞顶部就会出现封闭的气囊。气囊在水体波动的作用下不断地发生压缩和膨胀变形，伴随着气囊的形成及消失，压力急剧变动。尾水隧洞发生明满流时，尾水隧洞洞底压力相应产生持续变化，距离尾水隧洞出口越远，最大正压值相对越大，且压力变化幅度也越大。

（3）白鹤滩水电站尾水洞明满流产生的压力脉动对隧洞衬砌结构产生一定影响，由于调压室的设置使得流速变化梯度减小，明满流效应得以降低，对隧洞衬砌结构的影响在可控范围之内，且在很多方面有改善作用，例如改善了尾水管进口最小压力，削弱了尾水调压室与下水库之间的"反射"效应，加速了调压室水位波动的收敛，有利于输水发电系统的稳定性。

（4）通过本研究可以明确明满流设计工作流程：首先根据工程特点采用龙格库塔法等数值计算方法初步确定明满流段的水位区间范围；然后根据其工程经验选择避免或者降低明满流影响的工程处理措施，比如接近隧洞出口处设置陡坡段、陡坡段末端设置通气孔等；接下来采用三维流场分析软件或者一维数值仿真计算方法，针对明满流段形态及布置开展复核及优化工作；最后采用一维数值仿真计算方法进行包含机组在内输水发电系统对机组运行稳定性、隧洞结构的数值仿真计算，综合评估明满流对隧洞衬砌结构及机组运行的影响。对于复杂的重大工程辅以水工模型试验验证。

9.5.3 调压室上室明渠效应

白鹤滩水电站为了限制下游调压室的最高涌波水位，采用了带明渠上室的调压室形式（图 9.5.25），因此水力过渡过程仿真计算涉及明渠的充填与涌波计算。在一般简化计算中，常常忽略上室的明渠效应，将狭长形明渠上室当量成为圆形截面上室，这种简化方便了过渡过程计算，但是却牺牲了仿真精度。本节将计算两种不同的仿真模型，通过对比调压室水位变化过程线的差异，得到调压室上室明渠效应对过渡过程的影响，重点分析关注上室明渠的充填和涌波过程。

1. 计算工况

由于只有在调压室涌波水位较高的情况下，水流才会涌入狭长上室，所以选择两种高水位的计算工况见表 9.5.14。

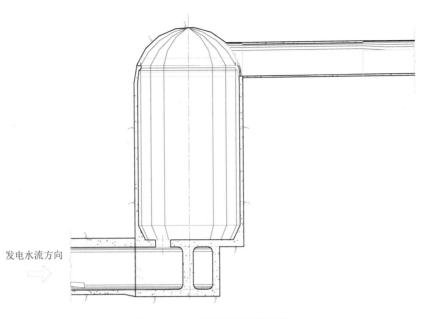

图 9.5.25　调压室典型断面图

表 9.5.14　　　　　　　　　　　　　　　　　计　算　工　况

计算工况	上游水位 /m	下游水位 /m	负荷变化	水位组合及负荷变化说明	主要计算参数
D2	832.23	625.84	1→2	上游校核洪水位，下游相应水位，一台机组正常运行，另一台机组由空载增至满出力运行	尾调最高涌波水位
Z2	832.23	625.84	2→0→1	上游校核洪水位，下游相应水位，三（两）台机组正常运行，突甩全负荷，在最不利时刻一台机组正常启动	尾调最高涌波水位

2. 两种模型计算成果及对比分析

图 9.5.26 和图 9.5.27 分别为 D2 工况和 Z2 工况调压室水位变化过程线。从图中可以看出，是否考虑调压室上室的明渠效应对过渡过程仿真计算影响较大。对于简单工况

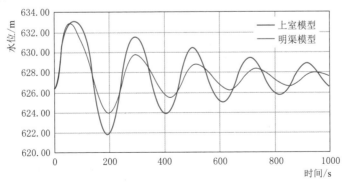

图 9.5.26　D2 工况调压室水位变化过程线

D2，考虑明渠效应时，涌波水位最高水位极值小于上室模型，涌波水位最低水位极值大于上室模型。对于组合 Z2 工况，考虑明渠效应时，涌波水位最高水位极值略大于上室模型，涌波水位最低水位极值与上室模型无区别。两种工况中，考虑明渠效应的调压室涌波水位波动衰减均较快。

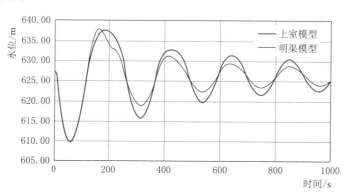

图 9.5.27　Z2 工况调压室水位变化过程线

下面重点分析明渠上室的水面线变化过程，图 9.5.28 给出了位于上室口部和中部两点的水深随时间变化过程线，可以看出明渠上室中的涌波水位衰减很快，且由于边界处的反射作用，在上室中部水面线形成了一个特殊的缺口形状。

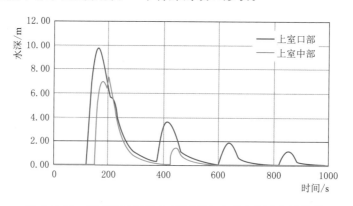

图 9.5.28　Z2 工况调压室上室口部与中部水深变化过程线

图 9.5.29～图 9.5.34 为一个波动周期上室中水面线的变化过程。初始运行情况，调压室水位并未达到上室底高程，所以上室中无水（图 9.5.29）。

甩负荷发生后，导叶关闭，下游调压室水位下降，在 107s，调压室流入流量最大，此时开启一台机，调压室水位继续上升，并开始涌入上室中，上室明渠首次充水，水面线在往左移动。甩负荷后 150s 的情况见图 9.5.30。

随后，水面线到达上室右侧边界，反射形成增压波，调压室中水体继续涌入。甩负荷后 183s 的情况见图 9.5.31。

增压波向左侧推进，并逐渐衰减，水面逐渐平缓。甩负荷后 200s 的情况见图 9.5.32。

随着增压波向左侧逐步推进，调压室中的水体也开始流出，上室的水面线呈现出中间高、两边低的状态。甩负荷后 230s 的情况见图 9.5.33。

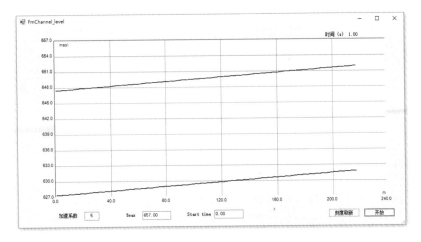

图 9.5.29　初始状态明渠上室水面线情况

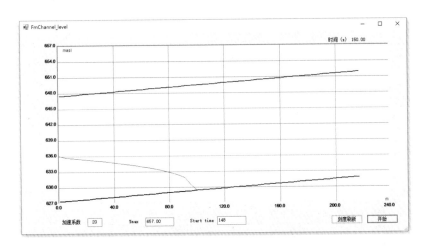

图 9.5.30　甩负荷后 150s 的情况

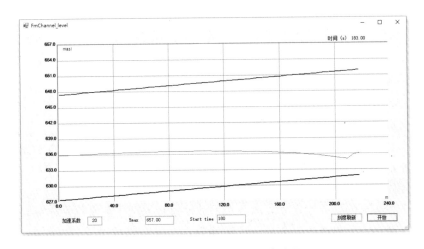

图 9.5.31　甩负荷后 183s 的情况

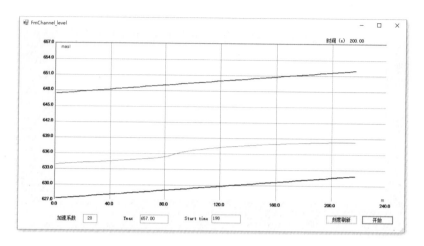

图 9.5.32　甩负荷后 200s 的情况

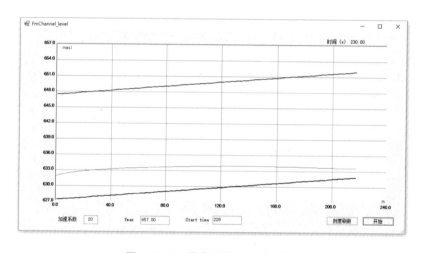

图 9.5.33　甩负荷后 230s 的情况

　　随着调压室中水体的流出，上室中水面线逐渐降低，直至水体部分或全部流出上室明渠。甩负荷后 320s 的情况见图 9.5.34。

　　上室明渠效应分析结论如下：

　　（1）考虑上室明渠效应后，可以反映上室真实的水流状态。

　　（2）对于狭长形的调压室上室，考虑明渠效应对涌波水位极值有一定的影响，考虑明渠效应的涌波水位衰减速度远大于将明渠当量成圆形截面上室的处理方法，其原因在于考虑了明渠效应后相当于给调压室增加了阻尼效应。

　　（3）对于狭长形的调压室上室，水面线的波动过程同调压室水位一样存在明显的周期性，且在边界处存在反射作用，在同一个周期内，上室明渠经历了充水和排水两个过程，水力学条件较为复杂。

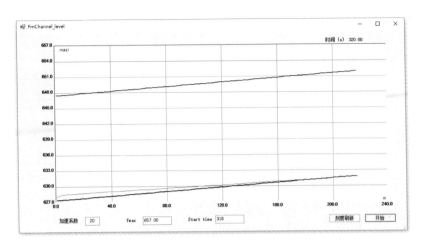

图 9.5.34　甩负荷后 320s 的情况

9.6　卡鲁玛水电站水力过渡过程分析

选择卡鲁玛水电站作为本书常规电站应用实例之一是因为以下三点：①典型的低水头大流量水电站；②长尾水隧道有压排水；③超大型尾水调压室，而且大开度运行条件下调压室小波动稳定性较差。

乌干达卡鲁玛水电站（Karuma Hydropower Project）位于乌干达境内西北部卡鲁玛村附近，是乌干达境内维多利亚尼罗河上规划开发七个梯级电站中的第三级。坝址距下游马辛迪—古鲁（Masindi-Gulu）公路约 2.5km。尾水出水口位于国家公园，距上游的卡鲁玛大桥约 9km。电站装机容量 600MW，单机容量 100MW，额定水头 60m，引水隧洞采用单机单洞布置，隧洞衬砌后直径 7.7m，尾水支洞断面尺寸同引水隧洞，隧洞六条，尾水调压室接尾水支洞，尾水调压室共两个，三台机组共用一个尾水调压室，出调压室后为尾水隧洞，尾水隧洞共两条，长度约 8.6km。尾水调压室体积庞大，水平断面接近 3000m^2。

9.6.1　基本资料

卡鲁玛水电站的上下游特征水位、机组参数、水道主要特征参数、尾水调压室参数等详见表 9.6.1～表 9.6.4。机组的流量和力矩特性见图 9.6.1。

表 9.6.1　　　　　　　　　　　　　　上、下游特征水位

序　号	设 计 标 准	水位/m
1	上游正常蓄水位	1030.00
2	上游死水位	1028.00
3	下游半台机发电水位	958.32
4	下游一台机发电水位	958.77

续表

序　号	设　计　标　准	水位/m
5	近30年径流系列实测最低平均尾水位（对应750m³/s河床流量）	960.40
6	实测尾水历史最高洪水位	963.30
7	下游六台机发电水位	961.23
8	下游三台机发电水位	960.13
9	下游2年一遇洪水位	961.80
10	下游10000年一遇洪水位	966.48

表 9.6.2　　　　　　　　　　机　组　参　数

项　目	参　数	备　注	项　目	参　数	备　注
机组台数	6台	6×100MW（混流式）	安装高程/m	937.1	
			水轮机额定水头/m	60	
额定转速/(r/min)	142.9		水轮机额定出力/MW	102	
转动惯量/(t·m²)	19860		水轮机最大出力/MW	112	

表 9.6.3　水道主要特征参数（根据第一水力单元设计值，第二水力单元基本相同）

项　　目	流量/(m³/s)	总长度/m	平均流速/(m/s)	T_w/s	相对水头损失	备　注
上游压力水道	185	283.6	4.11	1.98	0.019	上水库到转轮进口
尾水管及延伸段	185	264.5	4.09	1.84	0.025	转轮出口到尾调
下游隧道	3×185	8672.5	3.92	57.8	0.110	尾调到下水库

表 9.6.4　　　　　　　　　　尾 水 调 压 室 参 数

高程/m	净面积（阻抗式）/m²	备　　注
938～971.7	2979	调压室竖井主体
971.7～975.3	2974	双层检修平台之间
975.3～983.3	3160	上层检修平台—启闭机平台

9.6.2　机组转速调节稳定性分析

本电站尾水调压室上游到上水库之间的总水流惯性时间常数 T_w 为3.82s，《水电站调压室设计规范》推荐的 T_w 上限值相差不远，对于调节稳定性而言，这无疑是一个较大的不利因素。另外，由于机组的惯性时间常数 T_a 值较高，达10.9s，比值 T_a/T_w 为2.853，距该值的下限2.5还有一定的裕量，并且机组上游和下游侧的水击波反射时间 T_r 都很小，因此可以预料通过PID调速器调节参数的优化获得较为满意的调节稳定性应该是有可能的。

水力发电机组转速调节的稳定性分析的假定条件在国内外是一致的：①机组在孤网条件下运行；②负荷的性质是纯电阻性的，即无附加转动惯量，无自调节作用。

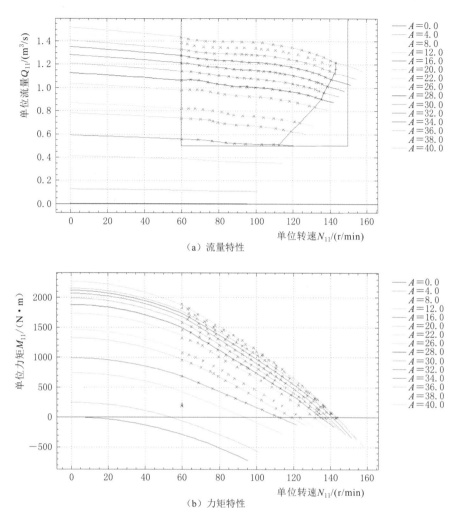

（a）流量特性

（b）力矩特性

图 9.6.1　扩展之后的水轮机特性曲线

以上假定虽然并非事实，但偏于严苛，是保守的假定。以上假定还有一个很大的优点，那就是大大简化了分析模型，因此被广泛采纳与认可。转速调节的时间域稳定性分析一般基于转速对负荷阶越变化的响应计算结果，分析判据采用 7.3.2 小节所推荐的判据。

在调节稳定性分析中作很多工况分析是没有必要的，国际上较为通用的作法为：①额定条件工况；②空载条件工况，作为可选工况，一般是额定工况稳定性不太好时才选；③如果额定工况开度小于 90% 时，增加满（或近满）开度条件工况。

在多数情况下，只算第一个就够了。调节参数的优化也是在额定工况下进行。额定工况调节稳定性好，可以认定该机组在所有其他工况下都好。当然，机组在超过额定出力情况下调节品质会有所下降，但超出力工况一般不应作为评判电站调节稳定性的依据。

1. X7 工况（调节参数优化工况）计算分析

本工况与设计额定工况十分接近（阶越负荷扰动之后），因此选为调节参数优化工况。

上游水位：1030.00m（正常蓄水位）；

下游水位：961.23m（六台机组发电水位）；

水轮机初始出力：104MW，104MW，104MW；

水轮机初始开度：93%，93%，93%；

水轮机初始净水头：59.2m，59.2m，59.2m；

负荷扰动后出力：102MW，102MW，102MW；

扰动后导叶开度中间值：0.89，0.89，0.89。

负荷阶越扰动量为 2MW，约为额定值的 2%，因此本工况可容忍偏差尾波带宽为（参阅 4.1.6 小节中有调压室系统计算）

$$0.02 \times (\pm 6\%)(\text{有调压室系统}) = \pm 0.12\% = \pm 0.0012$$

初试用 Stein 经验公式决定调节参数：

$$b_t = 1.5 \frac{T_w}{T_a} - b_p \approx 0.48; \quad T_d = 3T_w \approx 11.5\text{s}; \quad T_n = 0.5T_w \approx 1.9\text{s}.$$

电站运行经验表明，当 T_n 值较大时，调速器对测频噪声敏感性增加，取值大于 1.5s 时要谨慎，因此上述初选取值修正为：①1 号机组调节参数，$b_t = 0.5$，$T_d = 12$s，$T_n = 1.6$s，$b_p = 0.0$；②2 号和 3 号机组调节参数，$b_t = 0.46$，$T_d = 12$s，$T_n = 1.6$s，$b_p = 0.04$。

在孤网条件下需要有一台，也只能有一台机组作无差调节运行，$b_p = 0.0$。

图 9.6.2 所示的 X7 工况调节参数初选值计算结果分析：

最大转速偏差：0.012；

最大转速偏差率：0.012/(2/102) = 0.6（良好）；

波动次数：1.5（良好）；

调节时间：28.0s（良好）；

调节稳定性总评：良好。

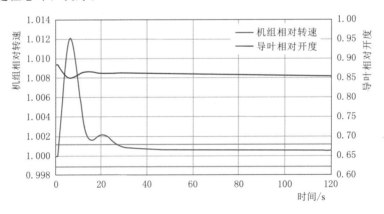

图 9.6.2　X7 工况调节参数初选值计算结果

转速在偏离回中过程中，还未完全回中就向目标值相反的方向变化。这就是"早返"现象，表明 T_d 值取值过大，可减小试一试。

第二次取值因此调整为：①1 号机组调节参数，$b_t = 0.5$，$T_d = 11$s，$T_n = 1.6$s，$b_p = 0.0$；②2 号和 3 号机组调节参数，$b_t = 0.46$，$T_d = 11$s，$T_n = 1.6$s，$b_p = 0.04$。

图 9.6.3 所示的 X7 工况调节参数第二次取值计算结果分析：

最大转速偏差：0.0125；

最大转速偏差率：0.0145/（2/102）＝0.63（良好）；

波动次数：1.5（良好）；

调节时间：28.0s（良好）；

调节稳定性总评：尚可。

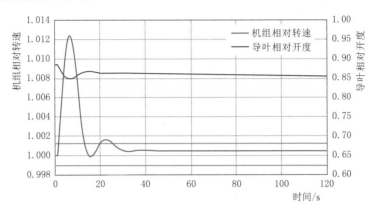

图 9.6.3 X7 工况调节参数第二次取值计算结果

"早返"现象消失，但是最大转速偏差不降反升，超调之后的反调过度，是 b_t 值过小的反映。因此，调节参数第三次取值为：①1 号机组调节参数，$b_t = 0.65$，$T_d = 12s$，$T_n = 1.6s$，$b_p = 0.0$；②2 号和 3 号机组调节参数，$b_t = 0.61$，$T_d = 12s$，$T_n = 1.6s$，$b_p = 0.04$。

图 9.6.4 所示的 X7 工况调节参数第三次取值计算结果分析：

最大转速偏差：0.0119；

最大转速偏差率：0.0145/（2/102）＝0.595（优良）；

波动次数：0.5（优良）；

调节时间：26.0s（良好）；

调节稳定性总评：优良。

三项调节品质指标均有改善，因此可以将第三组参数取为优化参数。

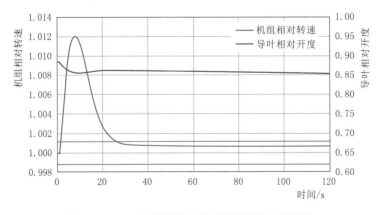

图 9.6.4 X7 工况调节参数第三次取值计算结果

2. X8 工况（超出力工况）计算分析

上游水位：1030.00m（正常蓄水位）；

下游水位：960.13m（三台机组发电水位）；

水轮机初始出力：109MW，109MW，109MW；

水轮机初始开度：98%，98%，98%；

水轮机初始净水头：59.1m，59.2m，59.2m；

负荷扰动后出力：107MW，107MW，107MW；

扰动后导叶开度中间值：0.93，0.93，0.93。

本工况初始约为 107%超出力，负荷扰动后约为 105%超出力。

图 9.6.5 所示的 X8 超出力工况计算结果分析：

最大转速偏差：0.0152；

最大转速偏差率：0.018/(2/102) ＝0.751（尚可）；

波动次数：1.0（良好）；

调节时间：50.0s（尚可）。

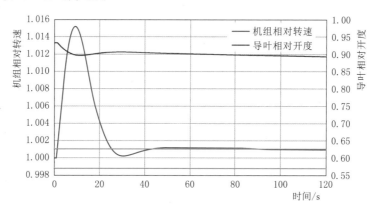

图 9.6.5　X8 超出力工况计算结果

转速调节稳定性分析结论如下：

（1）以额定工况下负荷阶越响应计算为依据，本电站机组的转速调节稳定性按 7.3.4 小节所推荐的评判标准可评为尚可。在超负荷运行时，负荷阶越响应的最大转速偏差率这项指标较差，其他指标尚可。

（2）调节参数优化值为 $b_t + b_p = 0.65$，$T_d = 12s$，$T_n = 1.6s$。

9.6.3 水击与机组转速上升分析

9.6.3.1 水击与机组转速上升分析控制值

水击与机组转速上升分析采用下列控制条件：

（1）机组蜗壳允许最大压力升高相对值不大于 35%，换算成绝对值为最大压力不大于 125.43m。

（2）机组最大转速上升率不大于 55%。

（3）尾水管进口最小压力大于 −6.9m。

（4）有压隧洞沿线洞顶最小压力不小于 2.0m。

9.6.3.2 导叶关闭规律及尾水管进口最小压力问题

导叶关闭规律的优化通常是机组水击及转速上升分析的内容之一。但是根据本次分析之前已经作过的多次分析计算，关闭规律已确定为 14s 直线关闭，这次只作校核计算分析，不再对关闭规律作优化计算。另外，之前的分析计算也表明，尾水管进口处最小压力并非由负水击造成，而是由尾调下涌波水位造成的，所以在工况选定时也不必考虑尾水管进口最小压力题。

9.6.3.3 分析工况选择原则

水击或机组转速上升分析工况的选择原则是应在确保不遗漏控制工况的前提下尽可能少做无意义的工况分析。虽然在计算分析之前并不知道哪一个或几个工况是控制工况，但在专业知识和工程经验的指导下只选择设计工况和有可能成为控制工况的工况来作分析，这样可以减少很多不必要的工况计算工作量。在多数情况下，不利工况出现在超出力条件下。机组的稳态超出力条件必须是设计允许的，稳态超出力是人为可控。本电站假定机组最高允许稳态超出力为 110%（112MW）。瞬态超出力则往往是在过渡过程中产生的，这种超出力并非总是人为可控的。只要同一水力系统中有多台机组特别是一井多机系统，机组的不可控性瞬态超出力情况就有可能发生，但不会发生在同时甩负荷工况中，而是会发生在相继甩负荷或组合工况中。水击或机组转速上升的同时甩负荷工况分析见表 9.6.5。

表 **9.6.5**			水击或机组转速上升的同时甩负荷工况分析	
计算工况	上游水位 /m	下游水位 /m	负荷变化	说　明
D1	1030	961.23	3×102MW→0	初始设计工况运行。上游最高发电水位，下游满发水位，三台机组额定出力（3×102MW）运行时事故甩负荷
D2	1030	958.77	1×112MW→0	同时甩负荷工况中可能的最高水击工况。上游最高发电水位，下游一台机组发电水位。仅第一水力单元一台机组超出力（112MW）运行时事故甩负荷
D3	1030	958.32	1×56MW→0	同时甩负荷工况中另一个可能的最高水击工况。上游最高发电水位，下游半台机组发电水位，一台机组按 50%出力运行时事故甩负荷
D4	1030	960.13	3×108MW→0 （99%开度）	同时甩负荷工况中可能的最高转速上升工况。上游最高发电水位，下游三台机组发电水位。同水力单元中三台机组 99%开度运行，三台机同时事故甩负荷
D5	1030	960.13	1×112MW→0 2×95.5MW→0	同时甩负荷工况中可能的最高转速上升工况。同水力单元中一台机组 110%超出力运行，其他两台带低一些负荷，使超出力机组在满开度条件下达预期出力。上游最高发电水位，下游为合理范围内最不利尾水位，使机组在最大允许出力时正好满开度，三台机组同时事故甩负荷

9.6.3.4 同时甩负荷工况计算分析

1. D1 工况计算分析

上游水位：1030.00m（正常蓄水位，同时也是最高水位）；

下游水位：961.23m（六台机组发电水位）；

水轮机初始开度：88%，88%，88%；

水轮机初始净水头：60.1m，60.1m，60.1m；

水轮机初始出力：102MW，102MW，102MW；

仿真过程：三台机组同时甩负荷紧急停机；

导叶关闭：14s 直线。

本工况为设计工况。

图 9.6.6 所示的 D1 工况主要计算结果：①最高转速 201.2r/min，转速上升率 40.8%；②最高蜗壳压力 105.4m，水压上升率 13.5%。

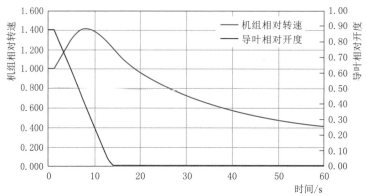

（a）机组相对转速与导叶相对开度变化过程线

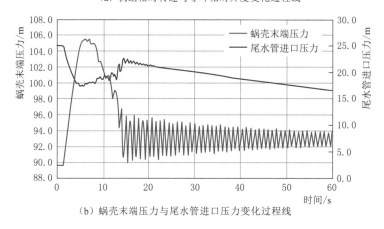

（b）蜗壳末端压力与尾水管进口压力变化过程线

图 9.6.6　D1 工况计算结果

2. D2 工况计算分析

上游水位：1030.00m（正常蓄水位，同时也是最高水位）；

下游水位：958.77m（一台机组发电水位）；

水轮机初始开度：79%，0%，0%；

水轮机初始净水头：69.2m，停机，停机；

水轮机初始出力：112.0MW，停机，停机；

仿真过程：运行机组甩负荷紧急停机；

导叶关闭：14s 直线。

本工况有可能为压力上升最不利工况，原因是：①机组在最大允许的超出力条件下运行；②由于全电站在正常上水库水位（同时也是设计最高水位）条件下只有一台机组运行，因此机组初始净水头达到最高，在相同出力情况下初始开度最小（79%），导叶实际关闭时间只有 11.06s。

图 9.6.7 所示的 D2 工况主要计算结果：①最高转速 198.4r/min，转速上升率 38.9%；②最高蜗壳压力 107.0m，压力上升率 15.3%。

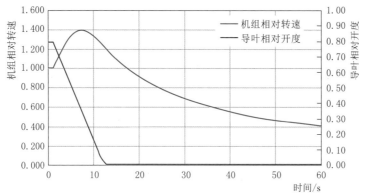

（a）机组相对转速与导叶相对开度变化过程线

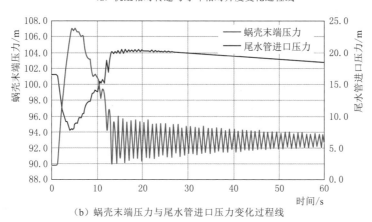

（b）蜗壳末端压力与尾水管进口压力变化过程线

图 9.6.7　D2 工况计算结果

3. D3 工况计算分析

上游水位：1030.00m（正常蓄水位，同时也是最高水位）；

下游水位：958.32m（半台机组发电水位）；

水轮机初始开度：52%，0%，0%；

水轮机初始净水头：70.7m，停机，停机；

水轮机初始出力：56.0MW，停机，停机；

仿真过程：运行机组甩负荷紧急停机；

导叶关闭：14s 直线。

本工况也有可能为压力上升最不利工况（控制工况），原因是不少水轮机在导叶开度为 30%～60% 时，流量对导叶开度的微商 dQ/dY 值达到最大，加上机组的初始水头比 D2 工况更高，所以不能排除这个工况成为压力上升最不利工况的可能性。

图 9.6.8 所示的 D3 工况主要计算结果：①最高转速 160.3r/min，转速上升率 12.2%；②最高蜗壳压力 106.1m，压力上升率 14.2%。

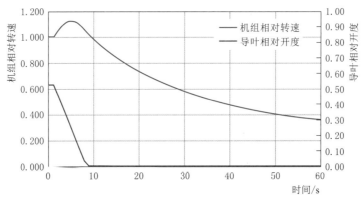

（a）机组相对转速与导叶相对开度变化过程线

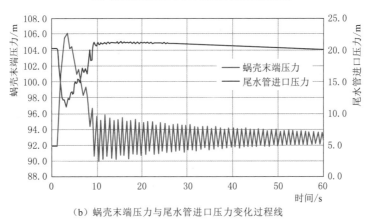

（b）蜗壳末端压力与尾水管进口压力变化过程线

图 9.6.8 D3 工况计算结果

4. D4 工况计算分析

上游水位：1030.00m（正常蓄水位，同时也是最高水位）；

下游水位：960.13m（三台机组发电水位）；

水轮机初始开度：99%，99%，99%；

水轮机初始净水头：58.2m，58.2m，58.2m；

水轮机初始出力：108MW，108MW，108MW；

仿真过程：三台机组同时甩负荷紧急停机；

导叶关闭：14s 直线。

本工况有可能成为同时甩负荷工况的最高转速上升工况。

图 9.6.9 所示的 D4 工况主要计算结果：①最高转速 213.5r/min，转速上升率 49.4%；②最高蜗壳压力 105.2m，压力上升率 13.2%。

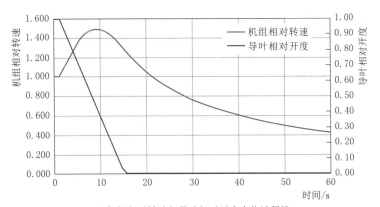

（a）机组相对转速与导叶相对开度变化过程线

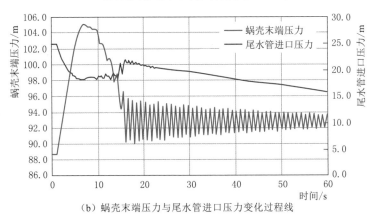

（b）蜗壳末端压力与尾水管进口压力变化过程线

图 9.6.9　D4 工况计算结果

5. D5 工况计算分析

上游水位：1030.00m（正常蓄水位，同时也是最高水位）；

下游水位：960.13m（三台机组发电水位）；

水轮机初始开度：100%，83%，83%；

水轮机初始净水头：59.6m，60.5m，60.5m；

水轮机初始出力：112MW，95.5MW，95.5MW；

仿真过程：三台机组同时甩负荷紧急停机；

导叶关闭：14s 直线。

根据 7.4.2 小节和 7.4.4 小节中关于转速上升最不利工况的发生条件，本工况中 1 号机组同时满足机组运行开度最大（100%）和出力最大（110%超出力）两个条件，因此应该为该机组转速上升最不利工况。

图 9.6.10 所示的 D5 工况主要计算结果：①最高转速 215.6r/min，转速上升率 50.9%（1 号机组）；②最高蜗壳压力 105.3m，压力上升率 13.3%（1 号机组）。

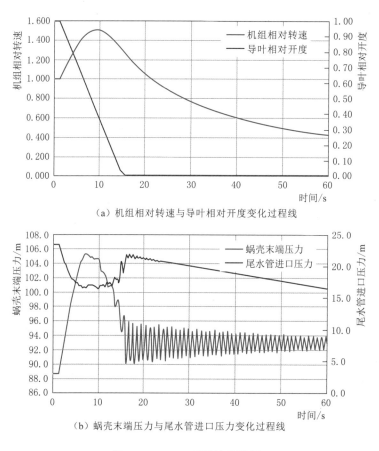

（a）机组相对转速与导叶相对开度变化过程线

（b）蜗壳末端压力与尾水管进口压力变化过程线

图 9.6.10　D5 工况计算结果

D5 工况计算结果显示超负荷运行的 1 号机组的甩负荷转速上升率 50.9%确实是最高的。那么 D5 工况是否应被认定为转速上升的控制工况呢？本书在第 7 章中就指出，同一水力单元机组出力不同而且差别较大不符合优化运行原理，特别是当三台机组中有两台在额定出力以下运行而另一台却超出力运行这种情况的发生几率应该很低，因此是否应把这个工况作为转速上升的控制工况并用于同时甩负荷工况完全相同的控制条件来分析，这一点上是值得讨论的。至少，本书是持否定态度的，详见第 7 章中对这个问题的讨论。

9.6.3.5　相继甩负荷工况计算分析

同一水力单元机组相继甩负荷时先甩机组常常会给后甩机组造成甩负荷之前的不可控性瞬态超出力和机组瞬态水头升高，从而造成后甩机组的转速或压力上升率超过同时甩负荷工况。本书在 7.4.4 小节中对不利相继甩负荷工况发生的条件作了较为详细的说明。水击或机组转速上升的相继甩负荷工况分析见表 9.6.6。

表 9.6.6   水击或机组转速上升的相继甩负荷工况分析

计算工况	上游水位/m	下游水位/m	负荷变化	说　明
D6	1030	960.13	3→1→0（延时 230s）	本工况为相继甩负荷最高水压上升工况。上游最高发电水位，下游三台机组满发水位，一台机组开度 79% 运行，另两台机 112MW 超出力运行。两台机超出力机组先甩负荷，当还在运行的第三台机组出力因为水头瞬态上升而达最高时，事故甩负荷
D7	1030	960.13	3→1→0（延时 230s）	本工况的上下游水位和机组初始出力与 D5 工况相同。两台机组先甩负荷，当还在运行的另外一台机组出力因为水头瞬态上升而达最高时，事故甩负荷

1. D6 工况计算分析

上游水位：1030.00m（正常蓄水位，同时也是最高水位）；

下游水位：960.13m（三台机组发电水位）；

水轮机初始开度：79%，97%，97%；

水轮机初始净水头：61.4m，60.4m，60.4m；

水轮机初始出力：92MW，112MW，112MW；

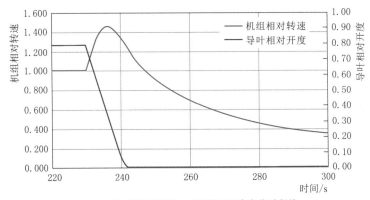

（a）机组相对转速与导叶相对开度变化过程线

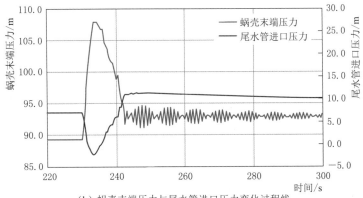

（b）蜗壳末端压力与尾水管进口压力变化过程线

图 9.6.11　D6 工况计算结果

仿真过程：两台机组超出力机组先甩负荷，第三台机组延时 230s 出力因为水头瞬态上升而达最高时，事故甩负荷；

导叶关闭：14s 直线。

图 9.6.11 所示的 D6 工况主要计算结果：①最高转速 207.4r/min，转速上升率 45.2%（1 号机组）；②最高蜗壳压力 107.9m，压力上升率 16.2%（1 号机组）。

相继甩负荷 D6 工况的压力上升率确实高于所有同时甩负荷或单独甩负荷工况。

2. D7 工况计算分析

上游水位：1030.00m（正常蓄水位，同时也是最高水位）；

下游水位：960.13m（三台机组发电水位）；

水轮机初始开度：100%，83%，83%；

水轮机初始净水头：59.6m，60.5m，60.5m；

水轮机初始出力：112MW，95.5MW，95.5MW；

仿真过程：2 号、3 号机组先甩负荷，1 号机组延时 230s 出力因为水头瞬态上升而达最高时，事故甩负荷；

导叶关闭：14s 直线。

图 9.6.12 所示的 D7 工况主要计算结果：①最高转速 235.6r/min，转速上升率

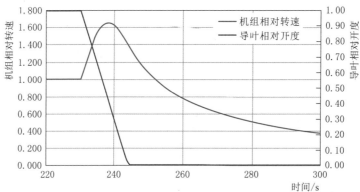

（a）机组相对转速与导叶相对开度变化过程线

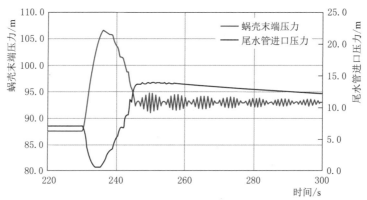

（b）蜗壳末端压力与尾水管进口压力变化过程线

图 9.6.12 D7 工况计算结果

64.9%（1 号机组）；②最高蜗壳压力 106.6m，压力上升率 14.7%（1 号机组）。

相继甩负荷 D7 工况的机组转速上升率不仅高于所有同时甩负荷或单独甩负荷工况，而且大幅超过转速上升率控制值 55% 大约 10 个百分点。但这其实并不构成问题，本书在第 7 章中就讨论过这个问题。55% 转速上升率上限是对较为频发的工况即机组单独甩负荷或者多机组同时甩负荷工况的，这个上限中考虑了超速对发电机的疲劳损伤。根据有关国际规范，发电机的设计飞逸转速必须高于水轮机的静态飞逸转速。以卡鲁玛水电站机组为例，水轮机的静态飞逸转速是额定转速的 1.93 倍。这也就是说卡鲁玛的发电机设计飞逸转速必须大于额定转速的 1.93 倍。由于相继甩负荷工况本来就是稀发工况，再加上必须是不利延时 230s，其发生概率进一步减小，因此不必考虑可能造成的疲劳损伤。D7 工况虽然能造成 1.649 倍的动态飞逸转速，但对于 1.93 倍的设计飞逸转速机组而言还有很大的安全裕量，不造成问题。

需要说明的是，本书对常规机组电站作相继甩负荷分析仅仅是为了说明从理论上讲相继甩负荷工况确实能造成比同时甩负荷工况更高的转速和压力上升，但并不认为是在工程应用中必须要做的计算分析。事实上，国际水电工程界一般都不把这种工况作为必须要做的分析工况。

9.6.4 尾水调压室涌波水位分析

尾水调压室涌波水位分析采用下列控制条件：①调压室最低涌波水位高于 939.1m（调压室下游尾水隧洞进口洞顶高程）；②调压室最高涌波水位低于 983.30m（启闭机平台设计高程）。

调压室最高、最低涌波水位控制工况分析见表 9.6.7。

表 9.6.7　　　　　　　　　调压室最高、最低涌波水位控制工况分析

计算工况	上游水位/m	下游水位/m	负荷变化	说　　明
SD1	1030	960.13	3→0	上游最高发电水位，下游单个水力单元（三台机组满发）正常发电尾水位，三台机组正常运行时事故甩负荷
SD2	1028	966.48	2→3	上游最低发电水位，下游 10000 年一遇洪水位，两台机组正常运行，第三台机组开机增至满负荷
SD3	1030	960.13	2→3→0	上游最高发电水位，下游单个水力单元（三台机组）正常发电尾水位，两台机组正常运行时，第三台机组开机增至满负荷，在最不利时间点，三台机组同时事故甩负荷

1. SD1 工况计算分析

本工况有可能为调压室最低下涌波水位控制工况。

上游水位：1030.00m（最高发电水位）；

下游水位：960.13m（三台机组发电尾水位）；

水轮机初始开度：99%，99%，99%；

水轮机初始净水头：70.7m，70.7m，70.7m；

水轮机初始出力：110.6MW，110.6MW，110.6MW；

仿真过程：运行机组甩负荷紧急停机；

导叶关闭：14s 直线。

本工况说明：尾水隧洞糙率由推荐值 0.0135 下调至 0.013 以便获得偏保守的计算结果。

图 9.6.13 所示的 SD1 工况主要计算结果：尾调最低下涌波水位 941.85m，离控制值仍有裕量 2.75m。

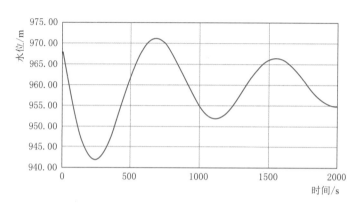

图 9.6.13　SD1 工况计算结果

2. SD2 工况计算分析

本工况可定为调压室最高涌波水位控制工况。

上游水位：1028.00m（最低发电水位）；

下游水位：966.48m（10000 年一遇水位）；

水轮机初始开度：31%，99%，99%；

水轮机初始净水头：59.5m，56.7m，56.7m；

水轮机初始出力：0.5MW，103.2MW，103.2MW；

发电出力：0.0MW，101.7MW，101.7MW；

仿真过程：1 号机组以导叶最快速度开到满开度；

导叶开启：20s 直线。

本工况说明：尾水隧洞糙率由推荐值 0.0135 上浮到参数敏感分析上限 0.014。

图 9.6.14 所示的 SD2 工况主要计算结果：尾调最高涌波水位 977.2m，离最高涌波水位控制值仍有裕量 6.1m。

把本工况直接定为调压室最高涌波水位控制工况而不考虑再叠加组合工况的理由是：把 10000 年一遇洪水位作为设计依据已经十分保守。10000 年一遇洪水位发生概率很小，没有必要在这个前提下再叠加发生概率很小的一个不利组合工况。其实如果考虑卡鲁玛水电站将要投入电网的实际情况，本工况已经是被极端化了。在正常情况下，这个电网不可能承受这么快的单机增负荷，其结果必然是电网频率过高。但在非正常情况下，例如，电网频率已经很低了（如 48Hz），这个工况还是有可能的，但总体来说是一个发生概率非常小的工况。

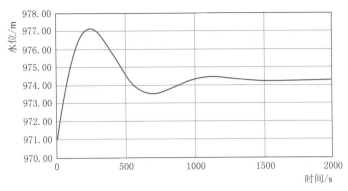

图 9.6.14　SD2 工况计算结果

3. SD3 工况计算分析

本工况有可能为调压室最低下涌波水位控制工况。

上游水位：1030.00m（正常蓄水位）；

下游水位：960.13m（三台机组发电尾水位）；

水轮机初始开度：28%（空载），88%，88%；

水轮机初始净水头：66.2m，63.7m，63.7m；

水轮机初始出力：0.5MW，111.7MW，111.7MW；

发电出力：0.0MW，110.0MW，110.0MW；

仿真过程：1 号机组以导叶最快速度开到满开度，经不利延时后，三台机组甩负荷紧急停机；

导叶：14s 直线关闭，20s 直线开启。

本工况说明：尾水隧洞糙率由推荐值 0.0135 下调至 0.013 以便获得偏保守的计算结果。

单机快速加负荷过程对于乌干达电网的承受能力而言是稀有工况。

图 9.6.15 所示的 SD3 工况主要计算结果：尾调最低下涌波水位 940.9m，离下涌波水位控制值仍有裕量 1.8m，可以确认为下涌波水位控制工况。

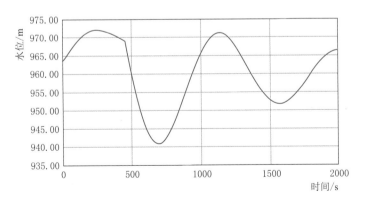

图 9.6.15　SD3 工况计算结果

尾水调压室涌波水位计算结论如下：

(1) 尾调最低下涌波水位 940.90m，离下涌波水位控制值仍有裕量 1.8m。

(2) 尾调最高涌波水位 977.20m，离最高涌波水位控制值仍有裕量 6.1m。

9.6.5 关于水力干扰分析

本书 7.6 节对水力干扰分析电网必须具备的条件作了详细的讨论。乌干达电网在卡鲁玛水电站投入运行时并不具备这种条件。卡鲁玛水电站的容量在乌干达电网中将占具绝对统治地位（2018 年约占一半），在卡鲁玛实际电网条件下，典型的水力干扰工况虽然不一定会造成电网崩溃，但肯定会造成电网频率大幅波动。但这整个过程完全不是一个可以作为水力干扰分析的过程，而是一个需要采取紧急措施拯救网频的过程。这个过程复杂性之高完全超出了水力过渡过程分析的范畴。

9.7 长龙山抽水蓄能电站可行性研究阶段水力过渡过程分析

本节以长龙山抽水蓄能电站为例对可行性研究阶段水力过渡过程分析相关内容进行重点介绍。选择长龙山抽水蓄能电站作为本书抽水蓄能电站应用实例之一是因为：①该抽水蓄能电站水头为国内在建项目第一，世界第二；②输水线路较长且共设置六台可逆式机组，需要进行洞机组合比选；③抽水蓄能电站一机多用，工况繁杂，输水发电系统水力设计难度较大，可行性研究阶段设计是输水发电系统布置的关键阶段，因此有必要依托典型工程对输水发电系统水力设计内容进行详细说明。

长龙山抽水蓄能电站位于浙江省安吉县天荒坪镇境内，地处华东电网负荷中心，与上海、南京、杭州三市的距离分别为 175km、180km、80km，地理位置十分优越。电站将接入拟建的浙北德清 500kV 变电所，电气距离约 30km。电站上、下水库水平距离约 2.5km，相对高差约 710m，共安装六台单机容量 350MW 的可逆式水泵水轮电动发电机组，总装机容量 2100MW，为日调节纯抽水蓄能电站，主要承担华东电网调峰、填谷、调频、调相及紧急事故备用等任务。

9.7.1 基本资料

长龙山抽水蓄能电站的上下游特征水位、机组参数等详见表 9.7.1 和表 9.7.2。机组的流量特性和力矩特性见图 9.7.1 和图 9.7.2。

表 9.7.1 　　　　　　　　　　上　、　下　游　特　征　水　位

序号	设计标准	水位/m	序号	设计标准	水位/m
1	上游校核洪水位（$P=0.1\%$）	977.91	5	下游校核洪水位（$P=0.1\%$）	247.11
2	上游设计洪水位（$P=0.5\%$）	977.41	6	下游设计洪水位（$P=0.5\%$）	246.57
3	上游正常蓄水位	976.00	7	下游正常蓄水位	243.00
4	上游死水位	940.00	8	下游死水位	220.00

表 9.7.2　　　　　　　　　　　　　　　机　组　参　数

项　目	参数	备　注	项　目	参数	备　注
机组台数	6	6×350MW（水泵水轮机）	转轮高压侧直径/m	4.55	
			水轮机额定水头/m	710	
转轮高压侧直径/m	4.55		水轮机额定转速/(r/min)	500	
转轮低压侧直径/m	1.93		水轮机额定输出功率/MW	357	
转动惯量/(t·m²)	4100		水轮机额定流量/(m³/s)	57.27	
机组安装高程/m	126		水泵最大输入功率/MW	373.1	
吸出高度/m	−94		水泵最大流量/(m³/s)	47.55	

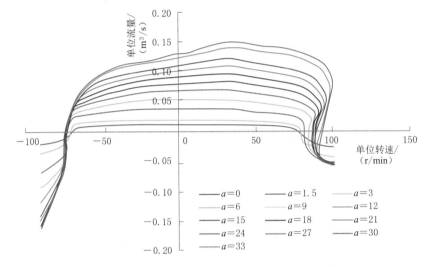

图 9.7.1　流量特性曲线

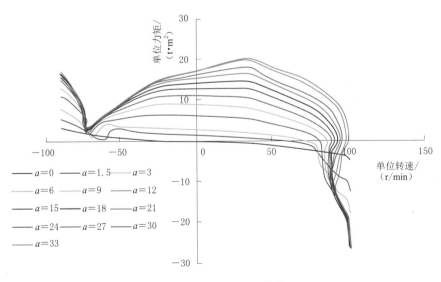

图 9.7.2　力矩特性曲线

9.7.2 洞机组合方案比选

本电站确定装机六台，单机发电最大引用流量 57.27m³/s。通常，输水系统有单洞单机、一洞六机、二洞六机、三洞六机等布置方式。本工程由于输水洞线较长，采用单洞单机布置，虽然结构尺寸小，但投资较大，施工强度高，总进度比较难保证。若采用一洞六机方案，自中平洞后采用钢板衬砌，主洞钢衬洞径 8.4～6.8m，在下平洞采用岔管分岔，共需五个钢岔管，钢岔管规模大，HD 值高达 7922m²，远高于目前国际上 HD 值最大的日本葛野川电站（4740m²），设计制造难度高，且机组运行管理灵活性相对较差。因此在方案比较时，重点比较了三洞六机（方案一）和两洞六机（方案二）两种布置方式。

9.7.2.1 方案介绍

方案一（三洞六机）：输水系统发电额定工况水头损失为 16.8m，抽水工况为 11.7m。上游压力管道水流惯性时间常数 $T_w=1.72s$，压力尾水道时间常数 $T_{ws}=2.85s$，根据《水电站调压室设计规范》的相关要求，输水系统不需设置引水调压室和尾水调压室。方案一（三洞六机）平面布置图见图 9.7.3。

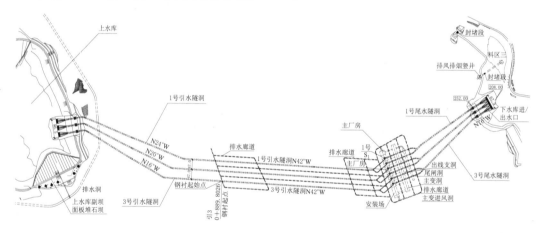

图 9.7.3　方案一（三洞六机）平面布置图

方案二（两洞六机）与方案一（三洞六机）的输水系统纵剖面布置基本一致，平面布置主要区别为输水隧洞数量、洞室尺寸不同，输水系统发电额定工况水头损失为 17.1m，抽水工况为 11.8m。上游压力管道水流惯性时间常数 $T_w=1.79s$，压力尾水道时间常数 $T_{ws}=2.99s$，根据《水电站调压室设计规范》的相关要求，输水系统不需设置引水调压室和尾水调压室。方案二（两洞六机）平面布置图见图 9.7.4。

9.7.2.2 水力计算成果比较

在机组水流加速时间相当的前提下，不同的洞机组合方案主要对大波动工况有所影响，对小波动的影响一般小到可忽略，因此，这里只需要对甩负荷大波动工况和水力干扰工况作比较分析。

1. 甩负荷大波动过渡过程比较

选取典型工况对大波动进行过渡过程计算，计算结果参见表 9.7.3 和图 9.7.5～图 9.7.7。

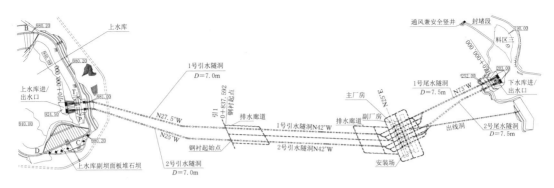

图 9.7.4　方案二（两洞六机）平面布置图

表 9.7.3　　　　　　　　　　　　大波动计算成果对比

控　制　参　数			计算结果
蜗壳末端最大压力/m		两洞六机	1087.61
		三洞六机	1083.95
机组最大转速上升率/%	设计工况	两洞六机	37.51
		三洞六机	38.25
	校核工况	两洞六机	39.60
		三洞六机	39.39
尾水进口最小压力/m	设计工况	两洞六机	28.31
		三洞六机	28.48
	校核工况	两洞六机	4.65
		三洞六机	20.66

甩负荷大波动计算结果小结：①在压力上升方面两方案基本相当，无明显区别；②在转速上升方面两方案无明显区别；③在尾水管进口最小压力两方案设计工况条件下无明显区别，在校核工况条件下三洞六机方案较好。

因此，大波动计算结果的比较结论是：两方案基本相当，二者之间的微小差别不足以成为方案选择的依据之一。

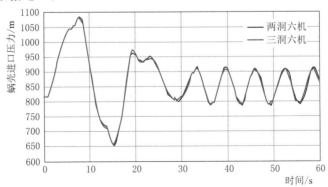

图 9.7.5　机组蜗壳压力对比过程线

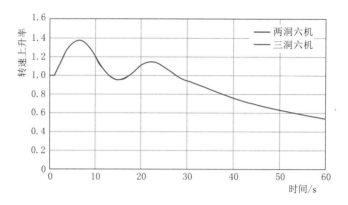

图 9.7.6　机组转速上升率对比过程线

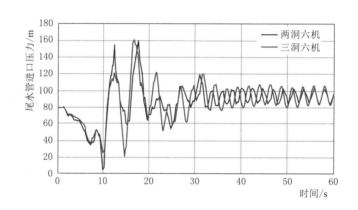

图 9.7.7　尾水管进口压力对比过程线

2. 水力干扰比较

根据长龙山抽水蓄能电站并网发电可能的运行方式，水力干扰过渡过程分析主要考虑功率调节、频率调节两种运行方式，采取两种模式进行计算，成果参见表 9.7.4、图 9.7.8 和图 9.7.9。

表 9.7.4　　　　　　　　　　　　　水力干扰计算成果对比

编号	控制参数		调频	调功	备注
1	最大超出功率/MW	两洞六机	552.28	490.15	三洞方案优势明显
		三洞六机	501.75	453.38	
		两方案差值	50.53	36.77	
2	最大超出功率相对值/%	两洞六机	54.70	37.20	三洞方案优势明显
		三洞六机	40.55	27.00	
3	功率摆动相对值/%	两洞六机	84.32	72.13	三洞方案优势明显
		三洞六机	64.65	52.36	

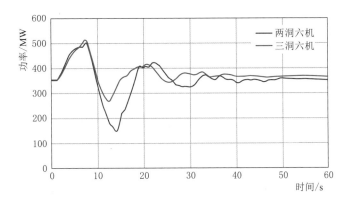

图 9.7.8　调功运行机组过负荷对比过程线

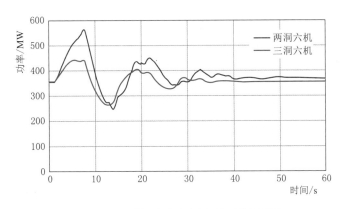

图 9.7.9　调频运行机组过负荷对比过程线

水力干扰计算结果：三洞方案优势明显，因此可以作为方案选择的依据之一。综合其他因素的考虑，可行性研究阶段的选定方案为三洞方案，其中一个水力单元 HYSIM 数值模型主界面见图 9.7.10。

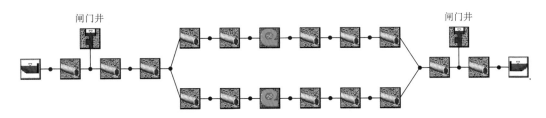

图 9.7.10　三洞方案其中一个水力单元 HYSIM 数值模型主界面

9.7.3　三洞方案转速调节稳定性计算分析

初步选定方案为三洞方案，上游压力管道水流惯性时间常数 $T_{w_1}=1.72s$，压力尾水道时间常数 $T_{w_2}=0.36s$。在作转速调节稳定性分析时所用的实际有效的总 T_w 值为机组上游压力管道的 T_{w_1} 值与压力尾水道时间常数 T_{w_2} 值之和，因此总 $T_w=2.08s$。而可行研究阶段分析所建议的机组转动惯量为 $4100t \cdot m^2$，所对应的 T_a 值为 $7.89s$，比值 $T_a/T_w=$

3.78，因此，可以初步判断长龙山机组调节稳定性应该不会有什么问题。从9.7.4小节大波动分析中，本书推荐的机组转动惯量为4700t·m²，所对应的机组 T_a 值为9.02s，但未用于本小节的稳定性计算。如果本书推荐的转动惯量被采纳，机组的小波动稳定性将比本节分析结果有较大提高。

调节稳定性分析的有关假定与判据：水力发电机组转速调节稳定性分析的假定条件在国际水电工程界基本上是一致的，具体参阅7.3节和9.2.7小节，这里不再重复。在实际应用中，考虑到抽水蓄能电站机组开停机及多种运行工况的频繁互转性，对调节品质的要求应该更高一些。

转速调节稳定性分析工况选择：调节稳定性分析在机组投标之前的分析一般都不必考虑机组的超出力条件，因此工况选择原则根据7.3节中所作的讨论，一般只需要作额定工况的分析就可以了。但对于抽水蓄能电站机组而言，空载条件下的机组稳定性往往是由机组水力特性决定的，因此，额定工况下的稳定性并不意味着机组在空载条件下也一定能稳定。所以，分析低水头条件下的空载工况也是有必要的。

1. X1 工况计算分析

本工况与设计额定工况十分接近，因此选为调节参数优化工况。

上游水位：968.40m（水位组合使机组净水头等于额定水头）；

下游水位：243.00m（下游正常蓄水位）；

水轮机初始出力：357MW，357MW；

水轮机初始开度：98%，98%；

水轮机初始净水头：710.0m，710.0m；

负荷扰动后出力：350MW，350MW；

扰动后导叶开度中间值：0.96，0.96。

负荷阶越扰动量为7MW，约为额定值的2%，因此本工况可容忍偏差尾波带宽为（参阅4.1.6小节）：

$$0.02 \times (\pm 4\%) = \pm 0.08\% = \pm 0.0008$$

根据4.1.6小节中的建议，当水击波反射时间 $T_r = 2L/a$ 过长时，不应投入微分环节：①当 $T_r > 2.0s$，不管 T_w 是多少，不投入微分环节；②当 $1.0s < T_r < 2.0s$，同时 $T_w/T_r < 0.6$，不投入微分环节；③当 $T_w < 0.6s$，不管 T_r 是多少，不投入微分环节。

由于长龙山上游压力水道较长，水击波反射时间达3.6s，所以不应投入微分环节，只能用PI调节规律。在选初试调节参数时可以用经验公式。考虑到水击波反射时间长，弹性波对调节的不利影响，加上电站水头较高，流量-开度关系曲线在接近全开时的梯度较大，如果用Stein公式初估PI调节参数时，有必要对公式算出的 b_t 参数作修正。根据4.1.6小节所建议的修正系数可得：$b_t + b_p = 2.6 \dfrac{T_w}{T_a} - \approx 0.68$，实取 $0.69 \times 1.2 = 0.82$；$T_d = 6T_w \approx 12s$，实取12s。

为了在孤网条件下实现无差调节以便于分析，取 $b_p = 0$。

图9.7.11所示的X1工况调节参数初选值计算结果分析：

最大转速偏差：0.0127；

最大转速偏差率：0.012/(2/102)＝0.635（良好）；

波动次数：2.0（尚可）；

调节时间：50.0s（尚可）；

调节稳定性总评：尚可。

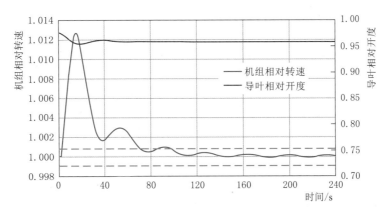

图 9.7.11　X1 工况调节参数初选值计算结果

转速在偏离回中过程中，还未完全回中就向目标值相反的方向变化。这就是"早返"现象，表明 T_d 值取值过大，可减小试一试。第二次取值因此调整为：$b_t=0.82$，$T_d=9s$，$b_p=0$。

图 9.7.12 所示的 X1 工况调节参数第二次取值计算结果分析：

最大转速偏差：0.0126；

最大转速偏差率：0.012/(2/102)＝0.63（良好）；

波动次数：1.5（良好）；

调节时间：33.0s（良好）；

调节稳定性总评：良好。

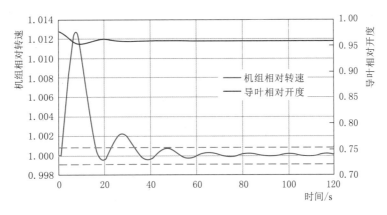

图 9.7.12　X1 工况调节参数第二次取值计算结果

进一步试算表明，第二次调节参数所获计算结果已经几乎就是最优的了，无须再改。

可容许转速偏差带宽内的尾波波动频率等于尾水闸门井涌波自然频率，说明是闸门井内涌波干扰所致。

2. X2 工况计算分析

本工况为低水头空载运行工况，目的是分析水轮机的空载水力特性对空载运行的影响，抽水蓄能电站机组调节稳定性分析都应包括这个工况。

上游水位：940.00m（上游死水位）；

下游水位：243.00m（下游正常蓄水位）；

水轮机初始出力：7MW，7MW；

水轮机初始开度：98%，98%；

水轮机初始净水头：696.6m，696.6m；

负荷扰动后出力：0MW，0MW；

扰动后导叶开度中间值：0.29，0.29。

计算结果分析：对于常规混流式机组电站，如果额定出力孤网运行条件下转速调节良好，那么空载运行的稳定性肯定更好，而抽水蓄能电站就不一定了。从 X2 工况的计算结果（图 9.7.13）可以得出以下结论。

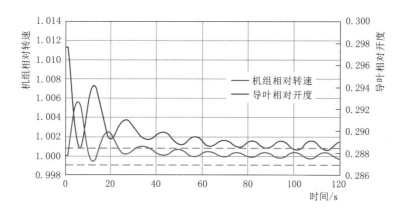

图 9.7.13　X2 工况计算结果

（1）同样是 2% 的负荷阶越扰动，空载条件下的最大转速偏离只有额定出力下的 40% 左右。但转速偏离收敛到目标转速的 ±0.08% 可容许带宽内的时间却达到 36s，说明收敛较慢。

（2）在可容许转速偏差带宽内转速波动余波频率明显高于尾闸井内涌波波动自然频率，明显低于压力管内水击波反射频率，说明这个余波并非水道中的某个自然频率造成。另外，调速系统自然波动周期一般都长于 20s，因此也不可能是调速系统本身的波动造成的。

（3）在合理范围内调整调压参数对余波的收敛作用十分有限，因此唯一可以解释这个现象的就是机组的空载水力特性的不利影响所造成的后果。为了证明这一点，有必要对比分析高水头空载运行的稳定性。如果在高水头条件下稳定性改善明显，则可说明上述判断是正确的。

3. X3 工况计算分析

高水头空载运行工况分析，目的是为了论证前面对 X2 工况所作分析判断的正确性。

上游水位：976.00m（上游正常蓄水位）；

下游水位：243.00m（下游正常蓄水位）；

水轮机初始出力：7MW，7MW；

水轮机初始开度：98%，98%；

水轮机初始净水头：732.6m，732.6m；

负荷扰动后出力：0MW，0MW；

扰动后导叶开度中间值：0.25，0.25。

从图 9.7.14 所示的 X3 工况计算结果来看，高水头条件下的空载稳定性比低水头条件下的空载稳定性要好得多，进入 ±0.08% 的可容许带宽之后几乎完全没有余波，证明了前面对 X2 工况的分析判断是正确的。

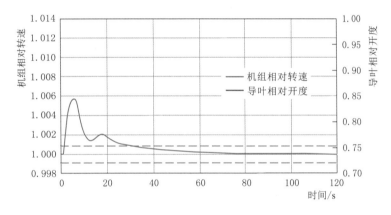

图 9.7.14　X3 工况计算结果

转速调节稳定性分析小结如下：

（1）长龙山电站上游压力水道长超过 2km，水击波反射时间约为 3.6s，理论分析和挪威大量高水头电站的运行经验都表明，这样的电站应采用 PI 调节规律而绝对不应采用 PID 调节规律。

（2）本电站的最佳调节参数为 $b_t + b_p = 0.82$，$T_d = 9s$，$T_n = 0s$。在这组参数下，机组带负荷发电时转速调节（调频）品质良好。

（3）作为抽水蓄能电站机组，其空载稳定性主要由机组水力特性所决定。计算表明机组高水头条件下的稳定性优良，但在低水头条件下受扰之后会有缓慢收敛的小幅度波动，其幅值较小，应该不会对准同期同步操作造成困难。

9.7.4　三洞方案水击与转速上升计算分析

水击与转速上升计算分析是抽蓄电站大波动分析中最重要的一部分。本应用实例介绍并非一个完整的工程调节保证计算报告，为了突出重点，分析的控制变量限制在以下最关键的三个：蜗壳压力、尾水管进口压力和机组转速。

长龙山抽水蓄能电站大波动计算分析采用下列控制条件：①机组蜗壳最大压力 H_{max} ≤1105m（30%静水头）；②机组最大转速上升率 β_{max}≤45%；③尾水管进口最小压力 H_{min}≥0m（不出现真空度）。

对于抽水蓄能电站机组而言，上述的三个控制条件中蜗壳压力一般是最难满足的，所以一般要最先分析压力上升可能的控制工况，并进行关闭规律的调整。如果调整关闭规律不能满足相关控制条件，就应考虑增加机组的转动惯量。

1. 最高上水库水位、最高工作水头 JHT3 工况计算

上游水位：977.41m（上游设计供水位）；

下游水位：220.00m（下游死水位）；

水轮机初始出力：357MW，357MW；

水轮机初始开度：90%，90%；

水轮机初始净水头：743.4m，743.6m；

负荷扰动后出力：0MW，0MW（甩负荷至空载）；

导叶关闭规律：30s，35s，40s线性；

机组转动惯量：4100t·m² 初选值（4700t·m²，推荐值）。

选择最高上水库水位、最高工作水头 JHT3 工况为水击与转速上升分析重点分析工况是基于：①JHT3 工况符合本书 7.7.4 小节关于判断最高水压控制工况发生的可能条件，同时 JHT3 还有可能同时成为简单甩负荷工况中机组转速上升最高和尾水管最小压力的三位一体的工况；②前期计算成果证实如果排除导叶拒动工况和组合工况，JHT3 工况确实是蜗壳水压上升最高、机组转速上升最高和尾水管最小压力的三位一体的工况；③没有调压室的系统一般是不需要考虑由闸门井水位波动相关联的组合工况的。由于闸门井波动周期很短，即使组合工况能产生更高的蜗壳压力，差别一般都不会太大。另外，考虑到这种很短时间间隔内组合工况实际形成的概率极低，在控制条件方面也应该可放宽，因此本书对于无调压室系统不建议考虑与闸门井水位相关的组合工况。

简单的同时甩负荷工况属于频发工况，因此从来都是大波动分析的重点。甩负荷工况有两种情况：①正常发电机断路器跳闸引起的甩负荷，由调速器测频，PI 或 PID 调节器控制关导叶过程，其最终完成状态为机组脱网空载运行，这种情况一般简称为"甩负荷至空载"；②由紧急停机信号触发的停机过程，其最终完成状态为机组停机，这种情况一般简称为"甩负荷至停机"。

本工况选择第一种情况，即甩负荷至空载而不是甩负荷至停机。这么选是因为试算结果表明二者产生的控制变量的极值是相同的，而在实际运行中甩负荷至空载发生的概率要高得多，同时还能观察到机组进入空载稳定运行的时间与过程。

JHT3 工况计算结果见图 9.7.15 和表 9.7.5，分析结论如下：

（1）通过与其他不同上下游水位组合的同时甩负荷工况相比，JHT3 工况确实是蜗壳水压上升最高、机组转速上升最高和尾水管压力下降最低三位一体的控制性工况。

（2）虽然四种导叶关闭时间与机组转动惯量组合的计算结果都能满足全部控制条件，但考虑到本工程尚处于可研阶段，根据实际的真机特性曲线和真机压力脉动所造成的不确定性，推荐采用第四种组合，即40s关闭和转动惯量为 4700t·m²。这个组合不但使蜗壳

压力上升的安全裕量有较大幅度增加，而且也能大幅减小尾水管压力的波动幅值。当取推荐转动惯量值时，机组的加速时间常数也只有 9.02s，低于多数容量相近的已建成的国内外抽水蓄能电站机组。长龙山抽水蓄能电站是目前国内水头最高的抽水蓄能电站机组，在调节保证设计中保守一点是应该的，完全没有必要刻意压低机组的转动惯量值。

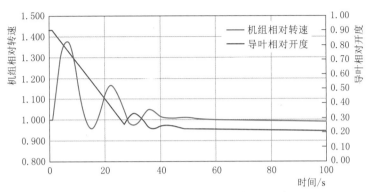

（a）机组相对转速与导叶相对开度变化过程线

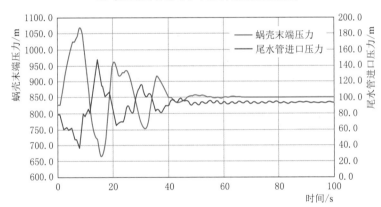

（b）蜗壳末端压力与尾水管进口压力变化过程线

图 9.7.15　JHT3 工况计算结果（40s 关闭）

表 9.7.5　　　　　　　　　　　　　JHT3 工况计算结果

关闭规律	机组转动惯量 /(t·m²)	最高蜗壳水压 /m	最低尾水管水压 /m	尾水管压力波动 /m	最高转速上升 /%
30s 线性	4100（初选）	1092.7	24.4	142	37.5
35s 线性	4100（初选）	1086.7	26.8	136	37.6
40s 线性	4100（初选）	1080.0	27.5	132	37.6
40s 线性	4700（推荐）	1070.7	36.8	112	36.2
（控制值）		≤1105.0	≥0.0		≤45.0

2. 导叶拒动 JHT1 工况计算

上游水位：976.00m（上游正常蓄水位）；

下游水位：220.00m（下游死水位）；

水轮机初始出力：357MW，357MW；

水轮机初始开度：90.5%，90.5%；

水轮机初始净水头：742.0m，742.0m；

负荷扰动后出力：0MW，0MW（甩负荷至空载）；

导叶关闭规律：一台拒动，一台40s线性；

机组转动惯量：4100t·m² 初选值（4700t·m²，推荐值）。

JHT1工况计算结果见表9.7.6和图9.7.16，分析结论如下：①机组飞逸曲线大开度段在特性不稳定区内，拒动机组转速和压力波动不收敛为正常现象；②将机组转动惯量从初选4100t·m² 增加到推荐值4700t·m² 使各控制指标都得到明显改善。

表9.7.6　　　　　　　　　　　　JHT1工况计算结果（拒动机组）

关闭规律	机组转动惯量 /(t·m²)	最高蜗壳压力 /m	尾水管进口最小压力 /m	尾水管压力波动 /m	最高转速上升 /%
40s线性	4100（初选）	1068.7	37.8	141.5	40.0
40s线性	4700（推荐）	1063.0	44.8	129.2	38.7
（控制值）		≤1105.0	≥0.0		≤45.0

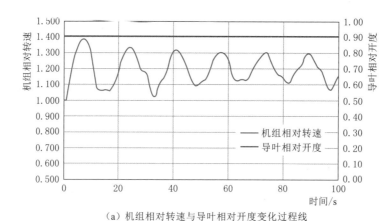

（a）机组相对转速与导叶相对开度变化过程线

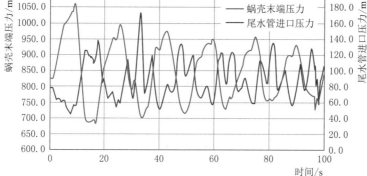

（b）蜗壳末端压力与尾水管进口压力变化过程线

图9.7.16　JHT1工况计算结果（转动惯量为4700t·m²）

3. 水泵断电校核 JHP1 工况计算

上游水位：940.0m（上游死水位）；

下游水位：246.57m（下游设计洪水位）；

水泵初始流量：52.3m³/s，52.4m³/s；

水泵初始开度：70%，70%；

水泵初始扬程：706.7m，706.6m；

导叶关闭规律：20s 线性；

机组转动惯量：4100t·m² 初选值（4700t·m²，推荐值）。

JHP1 工况计算结果见图 9.7.17 和表 9.7.7，分析结论如下：①水泵工况的最佳关闭时间一般都短于发电工况的最佳关闭时间，当机组转动惯量取 4100t·m² 时，建议用 25s，当转动惯量取 4700t·m² 时，建议用 28s；②转动惯量取 4700t·m² 时蜗壳最高水压和尾水管压力波动幅值均略低。

表 9.7.7　　　　　　　　　　　　JHP1 工况计算结果

关闭规律	机组转动惯量 /(t·m²)	最高蜗壳压力 /m	尾水管进口最小压力 /m	尾水管压力波动 /m
25s 线性	4100（初选）	961.8	95.3	109.1
28s 线性	4700（推荐）	945.8	94.3	102.9
（控制值）		≤1105.0	≥0.0	

水击与转速上升分析结果汇总如下：

（1）在单纯的甩负荷工况中，JHT3 工况确实是蜗壳压力上升最高、机组转速上升最高和尾水管压力下降最低三位一体的控制工况。

（2）研究表明，抽水蓄能机组采用分段关闭效果很有限，不应优先考虑。本节分析了四种不同的线性关闭时间与机组转动惯量的组合。虽然四种导叶关闭时间与机组转动惯量组合的计算结果都能满足全部控制条件，但考虑到本研究为可研阶段研究，实际的真机特性曲线和真机压力脉动所造成的不确定性，推荐采用第四种组合，即 40s 线性关闭和转动惯量为 4700t·m²。这个组合不但使蜗壳水压上升的安全裕量有较大幅度增加，而且也能大幅减小尾水管压力的波动幅值。当取推荐转动惯量值时，机组的加速时间常数也只有 9.02s，低于多数容量相近的已建成的国内外抽水蓄能电站机组。长龙山抽水蓄能电站有目前国内水头最高的抽水蓄能机组，在调节设计中保守一点是应该的，完全没有必要刻意压低机组的转动惯量值。

（3）甩负荷导叶拒动工况机组转速上升值在控制值之内。蜗壳水压上升值不高，尾水管压力也不低，但波动幅值偏大。采用本研究推荐的机组转动惯量有助于降低尾水管压力波动幅度。

（4）水泵工况一般应采用较短的关闭时间，以机组在断电导叶关闭情况下不发生倒转为宜。当机组采用初选值 4100t·m² 时宜在 25s 内关闭，当采用本书推荐值 4700t·m² 时宜在 28s 内关闭。水泵断电工况一般不会成为水压上升控制工况。

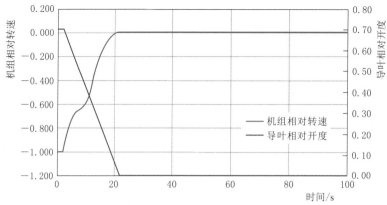

（a）机组相对转速与导叶相对开度变化过程线

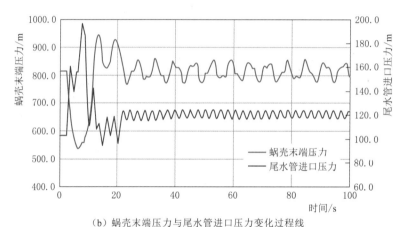

（b）蜗壳末端压力与尾水管进口压力变化过程线

图 9.7.17　JHP1 工况计算结果（转动惯量为 4700t·m²）

9.7.5　三洞方案水力干扰计算分析

本书 7.6 节中已经说明，水力干扰分析必须在并大电网运行前提下进行，孤网或局域小电网前提下定义的水力干扰工况都是伪工况。在大电网条件下，机组作有差调频运行工况比功率调节工况更有分析的必要，原因是：①电网中的电站，包括抽水蓄能电站，有差调频模式运行占绝大多数；②作有差调频运行的机组比作功率调节运行的机组在抗水力干扰方面要差一些。

受扰机组出力波动最不利工况（控制工况）一般发生在该机组初始满开度，恰好又是机组最大允许出力（包括最大允许短时超出力）状态。水力干扰控制条件请参阅 7.6.3 小节。

水力干扰最不利 GR7 工况计算分析如下：

上游水位：959.00m（满足额定出力时恰好满开度上游水位）；

下游水位：243.00m（下游正常水位）；

水轮机初始出力：357MW，357MW；

水轮机初始开度：99.8%，99.8%（基本满开度）；

水轮机初始净水头：700.4m，700.5m；

并网运行方式：有差调频，有差调频；

仿真过程：一台机组正常运行，一台机组突甩负荷到停机；

机组转动惯量：$4100t \cdot m^2$ 初选值（$4700t \cdot m^2$，推荐值）。

GR7 工况计算结果见图 9.7.18 和表 9.7.8，分析结论如下：①从图 9.7.18 可以看出，受扰机组出力波动与受扰机组净水头波形高度相似，说明出力波动确实是由机组净水头变化引起的；②长龙山电站水力干扰在本次分析之前曾做过多次多个工况分析（包括两次高校外委计算），都没有正确找出真正的控制工况；③将机组转动惯量从初选值提高到 $4700t \cdot m^2$ 对减小水力干扰也是有利的。

表 9.7.8　　　　　　　　　　GR7 工况计算结果（受扰机组）

关闭规律	机组转动惯量 /(t · m²)	最高蜗壳压力 /m	机组出力峰值 /MW	机组出力波动最大幅值 /MW
35s 线性	4100（初选）	921.7	510.5	245.7
40s 线性	4100（初选）	921.2	509.6	245.6
40s 线性	4700（推荐）	919.8	506.6	233.0

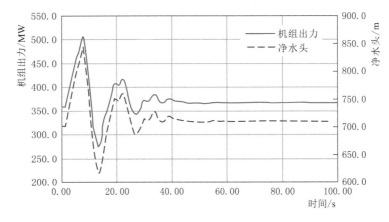

图 9.7.18　GR7 工况计算结果（转动惯量为 $4700t \cdot m^2$）

9.8　仙游抽水蓄能电站真机反演计算分析

福建仙游抽水蓄能电站设计安装四台单机容量 300MW 的可逆式抽水蓄能机组，总装机容量 1200MW，年发电量 18 亿 kW · h，年抽水耗电量 23.7 亿 kW · h。

该电站由上水库、输水系统、地下厂房、下水库等建筑物组成，发电最大净水头为 447.0m。输水系统全长约 2061.8m，输水系统主要由上水库进/出水口、引水隧洞、引水岔管、高压钢支管、尾水支管、尾水岔管、尾水调压室、尾水隧洞、下水库进/出水口等建筑物组成，平面上基本呈直线布置。采用两洞四机布置，共分两个水力单元，每个水力单元的机组上游侧为"三洞六机"形式输水，机组下游侧为"两机一洞"形式输水。

选择仙游抽水蓄能电站作为本书抽水蓄能电站应用实例是因为以下两点：①在甩负荷

时的导叶关闭规律较为特殊，采用先延迟，再一段直线关闭；②有齐全的甩负荷过渡过程的现场实测资料，可以和数值仿真结果进行对比，进行极端工况的反演计算。

9.8.1　基本资料

仙游抽水蓄能电站的上、下水库特征水位、机组参数等详见表9.8.1和表9.8.2，机组的流量特性和力矩特性见图9.8.1和图9.8.2。

表 9.8.1　　　　　　　　　　　上、下水库特征水位

序号	设计标准	水位/m	序号	设计标准	水位/m
1	上水库校核洪水位（$P=0.1\%$）	744.46	5	下水库校核洪水位（$P=0.1\%$）	297.49
2	上水库设计洪水位（$P=0.5\%$）	743.79	6	下水库设计洪水位（$P=0.5\%$）	296.96
3	上水库正常蓄水位	741.00	7	下水库正常蓄水位	294.00
4	上水库死水位	715.00	8	下水库死水位	266.00

表 9.8.2　　　　　　　　　　　机　组　参　数

项目	参数	备注	项目	参数	备注
机组台数	4	4×300MW（可逆式水轮机）	转动惯量/$(t\cdot m^2)$	6257.00	
			转轮高压侧直径/m	4.158	
水轮机额定输出功率/MW	306.1		转轮低压侧直径/m	2.238	
水泵最大输入功率/MW	321.09		机组安装高程/m	201.00	
额定转速/(r/min)	428.60		吸出高度/m	-65.00	

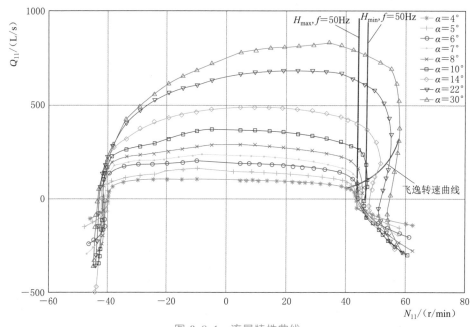

图 9.8.1　流量特性曲线

表 9.8.3　　　　　　　　　　上、下水库闸门井及下游调压室参数

部　　位	高程/m	面积/m²	阻抗孔面积/m²	说　　明
上水库闸门井	701.61～705.20	12.63	12.63	闸门井+通气孔面积
	705.20～748.50	19.77		
下水库闸门井	253.24～256.73	12.63	12.63	闸门井+通气孔面积
	256.73～300.50	19.77		
下游调压室	195.00～238.00	18.10	18.10	
	238.00～320.00	153.94		

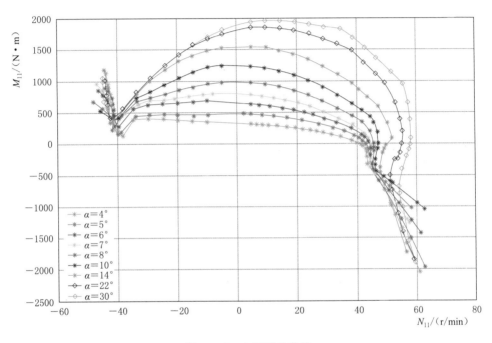

图 9.8.2　力矩特性曲线

9.8.2　关闭和开启规律

仙游抽水蓄能电站采用的导叶启闭规律：对于水轮机工况，先缓关 10s，然后以斜率为 1/25 的直线关闭，机组导叶全开到全关的时间为 35s，水泵工况机组导叶全开到全关的时间为 20s；机组导叶水轮机工况和水泵工况采用 25s 一段直线开启，如图 9.8.3～图 9.8.5 所示。

以下是对采用先缓关后以斜率为 1/25 的斜率关闭方式的原因进行说明：抽水蓄能电站由于流道狭长，水泵水轮机的转轮直径一般比常规水轮机直径大 30%～50%，相应的离心力就大，即使在水轮机方向旋转，也存在部分水泵作用，产生阻止水流进入转轮的作用力。当转速达到飞逸转速时，离心力急剧加大，尽管转速和接力器行程变化很小，流量也将产生很大变化，从而产生较大的水锤压力。根据可逆机组这一特点，当机组发生甩负

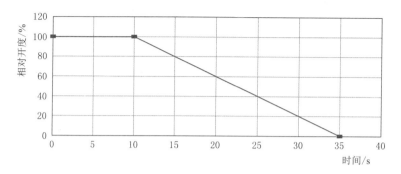

图 9.8.3　发电工况导叶关闭规律

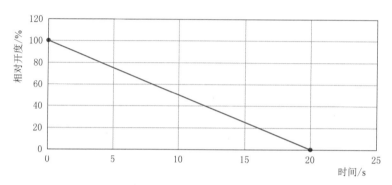

图 9.8.4　抽水工况导叶关闭规律

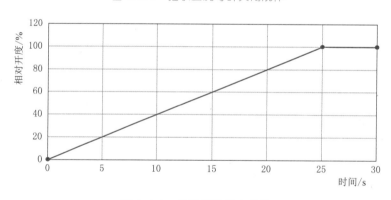

图 9.8.5　机组导叶开启规律

荷工况时，导叶在一段时间内保持缓慢关闭，此时机组的转速快速上升。随着过渡过程中转速加大，机组的工况点接近飞逸线，到达 S 形区域附近，转速对流量变化的影响加大，此时由于机组导叶开度变化较小，流量的变化仅由机组转速上升引起，流量变化相对较缓，因此水锤压力也相对减小。当缓关段结束，机组的过流量由于转速上升的影响已经变得很小，此时采用一段直线关闭导叶，理论上不会产生较大的水锤压力。这也正是仙游抽水蓄能电站之所以采用先缓关后快关的关闭规律的根本原因。先缓关后快关的关闭规律能够较大地改善水锤压力，但是由于机组导叶在缓关段开度较大，持续时间较长，可能会导致机组最大转速上升率更高及压力脉动过大的问题，其中压力脉动大小需要根据实测结果进行具体分析和验证，进而综合评价仙游抽水蓄能电站采用先缓关后快关的合理性。

9.8.3　大波动过渡过程反演计算分析

1. 工况选择

Test1 工况：上水库水位 728.90m，下水库水位 287.17m，两台机组均带 75%（225MW）负荷，两台机组同时甩负荷，机组导叶正常关闭。

Test2 工况：上水库水位 730.25m，下水库水位 286.23m，两台机组均带 100%（300MW）负荷，两台机组同时甩负荷，机组导叶正常关闭。

2. 对比原则

由于该电站采用的是先延时 10s 后 25s 一段直线关闭规律，通过实测发现导叶在延时 10s 时段内压力脉动较大，而在后 25s 关闭过程中压力脉动相对较小（图 9.8.6 和图 9.8.7），因此在进行压力脉动和计算误差分析时，将甩负荷过程分为导叶延时段和导叶快关段极值情况分别进行对比分析，针对机组蜗壳最大压力和尾水管进口最小压力进行导叶延时段和导叶快关段两个阶段实测值和计算值进行对比，得出延时段和导叶快关段两个阶段的压力脉动和计算误差修正值。对于机组蜗壳最大压力和尾水管进口最小压力的压力脉动和计算误差的相对偏差采用"相对差值＝（数值计算值－试验实测值）/甩前净水头"进行取用，而对于机组最大转速上升率计算误差的偏差采用"差值＝数值计算值－试验实测值"进行取用。

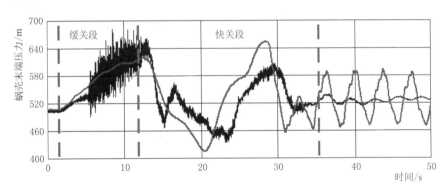

图 9.8.6　蜗壳末端压力变化过程线

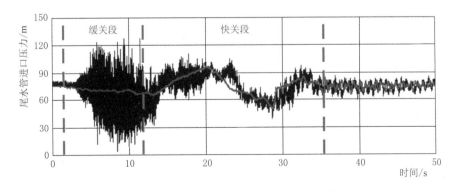

图 9.8.7　尾水管进口压力变化过程线

3. 试验结果与数值仿真计算结果对比分析

在同等边界条件下，试验实测数据与数值仿真计算结果对比详见表 9.8.4 和图 9.8.8～图 9.8.11。

表 9.8.4　　　　　　　　　　　实测数据与数值仿真计算结果对比

工况	机组编号	机组蜗壳最大压力/m			
		延时段		快关段	
		实测值	计算值	实测值	计算值
Test1	1 号	642.88	600.50	578.01	616.46
	2 号	649.11	611.84	579.01	621.68
Test2	1 号	680.54	619.80	608.45	650.55
	2 号	677.79	618.90	614.44	653.77
工况	机组编号	尾水管进口最小压力/m			
Test1	1 号	40.78	70.95	56.79	65.46
	2 号	42.68	66.24	58.17	64.90
Test2	1 号	37.54	63.70	46.13	51.45
	2 号	38.98	64.92	46.93	50.22

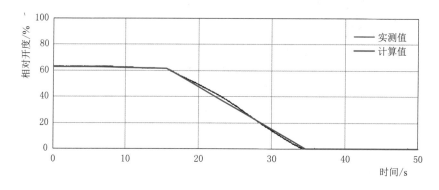

图 9.8.8　Test1 工况 1 号机组导叶开度变化过程线

由表 9.8.4 及图 9.8.8～图 9.8.11 可以看出，在不考虑压力脉动的前提下，数值仿真计算结果与试验结果具有较好的吻合度，其中机组蜗壳和尾水管进口压力在延时段脉动值较大，在快关段压力脉动相对较小。

4. 极端控制性工况反演计算

为确保工程的安全性，需要对该电站可能发生的极端控制性工况进行复核计算，并对计算结果进行修正，修正是对已有的试验工况按照最不利情况进行修正。具体修正取用值详见表 9.8.5。

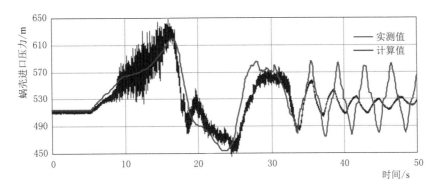

图 9.8.9　Test1 工况 1 号机组蜗壳压力变化过程线

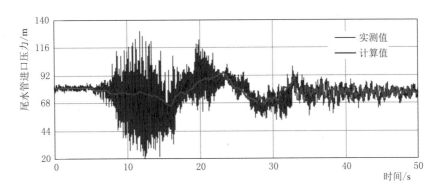

图 9.8.10　Test1 工况 1 号机组尾水管进口压力变化工程线

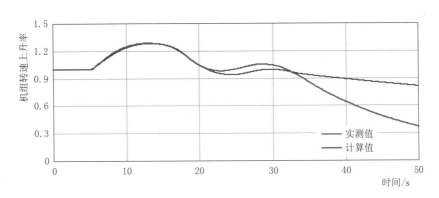

图 9.8.11　Test1 工况 1 号机组转速上升率变化过程线

表 9.8.5　　　　　　　　　　　　各个特征参数修正取用值

特　征　参　数	延 时 段	快 关 段
机组蜗壳最大压力/%	−13.52	4.65
尾水管进口最小压力/%	7.38	2.24
机组最大转速上升率/%	−1.18	

针对该电站运行过程中可能遇到的极端控制性工况进行复核计算，并根据甩负荷试验实测结果与计算结果进行压力脉动的修正，极端控制性工况计算结果详见表9.8.6。

表 9.8.6 大波动过渡过程计算极值参数

特征参数	计算值 （延时段/快关段）	修正后的值 （延时段/快关段）	结构设计值
机组蜗壳最大压力/m	643.67/679.9	708.92/658.11	748
尾水管进口最小压力/m	25.11/4.22	−7.23/−6.28	−10
机组最大转速上升率/%	41.09	42.27	

计算结果显示，机组蜗壳最大压力及尾水管进口最小压力发生在最高水头，一台机组事故甩负荷，机组导叶正常关闭，另一台机组导叶在最不利时刻事故甩负荷，机组导叶正常关闭。究其原因主要是由于另一支管上的机组导叶关闭导致了此支管上的机组过流量出现短时间的增加，导致事故甩负荷时深入"反水泵"区更深，各项计算值也将更大。机组最大转速上升率发生在额定水头、额定输出功率两台机组事故甩负荷，一台机组导叶正常关闭，而另一台机组导叶拒动的工况。其原因是在前10s内，导叶关闭规律一样，机组第一波最大转速上升率相同，在接下来25s内，同一水力单元的一台机组导叶正常关闭，在此过程中会导致另外一台导叶拒动机组的过流量增加，将可能导致该导叶拒动机组转速上升率更高。

根据甩负荷试验情况进行压力值的修正，机组蜗壳最大压力和尾水管进口最小压力修正后，仍然没有超过设计值，因此输水系统及机组均是安全的。

9.8.4 水力干扰过渡过程反演计算分析

1. 仙游抽水蓄能电站水力干扰并网运行方式介绍

对于单机容量大、引水隧洞长的电站，水力干扰特性更值得关注，而水力干扰分析的前提是合理的电网模型。根据电站在电网中的实际运行方式，有针对性地进行水力干扰计算，才更具有实际意义。

目前绝大多数电站均并网运行，并网运行主要有调功和调频两种运行方式。功率调节方式下调速器将给定的水轮机功率作为输入信号来调整导叶开度，通过在转速调节回路设置频率死区阻断机组在正常并网发电时的转速调节回路功能。当电网频率波动超出死区给定值时，调频回路功能自动投入并阻断调功回路的输出，该调节方式在设定的频率死区内不参与电网频率波动补偿。而频率调节方式下机组的增减负荷是通过调节转速给定值以调差方式改变导叶开度实现的，当电网因负荷和出力失衡而产生频率波动时，调频机组将此网频变化量作为调速器的输入信号，若网频减小（增加）时，机组加大（减小）导叶开度、增加（降低）机组出力，使网频相应增加（减小）以恢复至设定值。

2. 试验工况

GR1工况：上水库水位743.79m，下水库水位266.00m，两台机组额定输出功率正常运行时，一台机组甩全部负荷。

GR2工况：上水库水位726.50m，下水库水位287.90m，两台机组额定水头、额定流量、额定输出功率，一台机组甩全部负荷。

3. 试验结果与数值仿真计算结果对比分析

采用与试验工况完全相同的边界条件，对正常运行机组最大输出功率进行数值仿真计算，试验结果与数值仿真计算结果对比详见表 9.8.7，对比曲线详见图 9.8.12 和图 9.8.13。

表 9.8.7　　　　　　　　　　　大波动过渡过程计算极值参数

试验工况	实测值/MW	计算值/MW	差值/MW
R1 工况	288.13	304.23	16.10
R2 工况	363.30	389.82	26.52

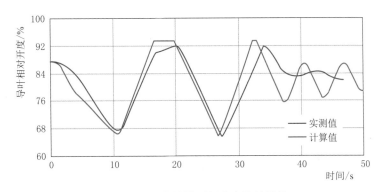

图 9.8.12　导叶相对开度变化过程线

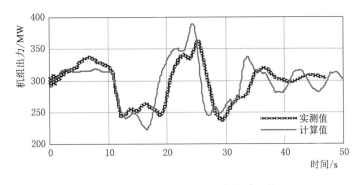

图 9.8.13　受扰机组出力变化过程线

计算结果显示，受扰机组导叶根据出力的增加或者减小进行相应的减小或者增加，尽量保持受扰机组出力的恒定性。数值计算结果和实测结果较为接近，且计算值稍大于实测值，其原因主要是由于导叶开度在调整过程中存在一定的迟滞性。但是对于随时间变化的规律，数值计算结果与实测结果基本一致，可以用实测结果对极端控制性工况进行预测。

4. 极端控制性工况反演计算

针对该电站运行过程中可能遇到的极端控制性工况进行复核计算，并根据甩负荷试验实测结果与计算结果进行压力脉动的修正，极端控制性工况计算结果详见表 9.8.8 和图 9.8.14。

表 9.8.8 　　　　　　　　　　　大波动过渡过程计算极值参数

并电网频率调节模式		并电网功率调节模式	
最大输出功率 /MW	最大输出功率 /额定输出功率	最大输出功率 /MW	最大输出功率 /额定输出功率
404.80	1.349	396.97	1.323

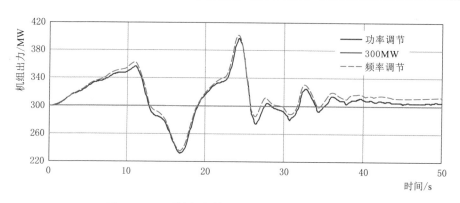

图 9.8.14　受扰机组输出功率随时间变化过程线

　　由表 9.8.8 和图 9.8.14 可以看出，受扰机组最大输出功率为 404.80MW，考虑计算误差修正后为 378.28MW，且持续时间不超过 30s，满足过负荷强度设计及电网运行调度要求。

附录

水力过渡过程分析中常见认识误区及易犯的错误汇总

附录1　系统稳定性分析

1. 有关术语

调节稳定性分析在国内由于历史原因也常被称为小波动分析。小波动分析在国内业界被普遍认为是水电站水力过渡过程分析的一部分。但从严格的理论意义上讲，系统稳定性问题及其分析并不符合水力过渡过程的定义，因为无论是调压室稳定性分析还是机组转速调节稳定性分析均不涉及系统运行状态（初始与最终）的改变与过渡。稳定性分析中也不存在时间区间的问题，而机组运行状态的改变与时间过渡这两点在水力过渡过程中是两个要素。在稳定性分析中，虽然在时间域数值仿真计算中往往需要通过一个很小负荷或频率变化来对其所产生的响应来作分析，但这完全是这种特定的分析手段所特有的，而更加国际化的频率域稳定性分析方法中则根本没有时间这个参数。所以在国际水电工程界，水力发电系统的稳定性分析是完全独立于水力过渡过程分析的。

国内已有不少水电工程单位走出了国门，承担了国际水电开发项目，在相关的英文译文中常把"小波动分析"错误地直译为"small perturbation analysis"或"small amplitude analysis"，而正确的英文应该是"stability analysis"。

2. 调压室稳定性与机组流量或负荷的相关性

调压室稳定性分析的核心是调压室稳定断面的计算。从多种分析解计算公式中可以看到，水轮机流量或者负荷要么完全在这些公式中缺失，或者作为一个影响几乎可以忽略不计的次要参数。因此，机组负荷被普遍认为与调压室稳定性无关或相关微小，而事实上并非如此。调压室的稳定性与机组负荷实际上是密切相关的。这种相关性是通过机组的发电效率随发电出力的变化而变化产生的，尤其是混流式水轮机和水泵水轮机，其影响巨大（详见5.4.1小节）。

3. 调压室稳定性与机组调速器参数的相关性

有关水轮机调速器参数对调压室稳定断面的影响，这个问题无论是在水电工程界还是在相关的学术界都是一个在认识方面较为混乱的问题。认为通过对调速器参数的调整对调压井稳定性有较大影响的看法占了上风，即通过调大调节参数（主要是 b_t 和 T_d）可以改善调压室的稳定性。而实际情况是，当调压室波动周期远超调节回路的典型波动周期（多数长引水道电站，例如锦屏二级水电站）时，调大调节参数不但不能改善，反而可能恶化调压室的稳定性。对于多数电站而言，这种影响是有利还是不利与多种其他因素有关，但总体来说影响不大（详见 5.4.2 小节）。

4. 转速调节系统的空载与负载稳定性

转速调节系统的空载与负载稳定性哪个更差？有电站运行经验的人一般会认为水轮机调速系统的稳定性在空载时最差，而从事稳定性计算仿真的人则会认为负荷越高稳定性越差。事实上这两种简单的判断都不对或不完全对。机组调节稳定性分析计算一般是机组在孤立电网假定条件下进行的。在这种假定条件下很容易通过解析方法（简单水道）或数值仿真证明，调节稳定性确实是随负荷增高而越来越差（个别冲击式水轮机例外）。水电站的水道参数中有一个叫"水流加速时间常数"（T_w）[见定义式（7.3.1）]的压力管参数。一般来讲，这个参数值越大，调节稳定性就越差。但这个在工程界称为的"时间常数"其实并非真正数学意义上的常数，而是具体工况条件下压力水道流量的函数，流量越大其值越高。所以当机组负荷增加时，调节的稳定性就会降低。但是在实际运行中，不稳定现象几乎总是出现在空载条件下，这又是为什么呢？理想的孤网条件在当今现实条件下几乎是不存在的。机组需要并网才能带上负荷。而在现代条件下，机组所并电网一般都是大电网。而当电网容量远大于电站容量时，无论水电站自身的调节稳定性多么差，一旦并上电网，那么这个电站的稳定性就与电网联系在一起了。只要这个电网是稳定的，这个电站就不会存在调节不稳定的问题。也就是说，这时电站的运行稳定性是电网提供的，这跟电站是否带负荷、带多少负荷并无关系，而且不稳定的电站利用电网来实现电站的稳定性是电网方面不愿意面对的。所以电站的稳定性分析无论是国内工程还是国际工程一般都应满足孤网运行稳定条件才行。

对于水泵水轮机而言上述讨论并不适用。即使是在孤网条件下，水泵水轮机的空载稳定性也比负载条件下要差。因为多数水泵水轮机的空载不稳定现象不是转速调节系统的因素造成的，而是水泵水轮机的特性造成的（详见 7.7.2 小节）。

5. 水轮机调速器中的 PI 和 PID 调节规律

水轮机调速器中的 PI 和 PID 调节规律是不是后者一定更好？自从一百多年前有了水轮机调速器，就有了 PI 调节规律。PID 调节规律是在出现了电液调速器之后才有的。PID 调节器中的 D 环节就是微分环节，业内更多称其为加速度环节。人们普遍认为，多了一个加速度环节，调节品质必然会改善，其实不然。当压力管道的水击反射时间较长时，加速度环节的投入的影响有可能是负面的。加速度环节的投入还有一个实践中的不利因素，那就是该环节会增加调速器对测频单元的测频噪声分量的敏感度，更直接地说就是会放大测频回路中的噪声分量，这当然是一个不利于稳定性的负面因素。

关于水击反射时间多长后就不宜投入加速度环节，目前尚无公认成熟的判据可用。挪威是一个以高水头电站为主的国家，电站的压力水道一般较长。挪威电站水头高于 300m 的，一概不投入加速度环节。本书在 4.1.6 小节中有一段叙述较为详细地介绍了如何决定使用 PI 还是 PID 调节规律的判断方法。

6. 阶越负荷扰动计算中扰动量的选取

在时间域内作小波动稳定性分析的主要手段是对系统由于负荷阶越变化（或称阶越扰动）所产生的响应过程的分析。在分析调压室稳定性时，主要是对调压室内水位的响应进行分析。在分析转速调节稳定性时，主要是对机组转速的响应过程进行分析。

在作负荷阶越响应仿真计算时，很多人会犯以下两方面的错误：

（1）初始负荷选择错误。例如需要分析机组在设计上下游水位条件下机组额定出力时的调压室稳定性或者转速调节稳定性，多数人会把机组初始力设为额定出力，即负荷变化前的负荷设为额定出力。而正确的选择应该是将负荷扰动发生之后为机组的出力作为额定出力。假如机组的额定出力为 100MW，作负荷突减 2MW 计算，那么初始出力就应该是 $100+2=102$MW，扰动之后为 $102-2=100$MW。否则，计算的就实际上是 98MW 条件下的稳定性而不是 100MW 条件下的稳定性。如果扰动量不是 2MW 而是 10MW，那么计算的就是 90MW 条件下的稳定性。前面已指出，机组的出力对调压室稳定性分析结果有较大影响，因此极有可能出现这种误导性结果：原本稳定性很差的工况而计算出的却显示稳定性还行。

（2）负荷扰动量选择错误。严格意义上的小波动扰动应该是扰动量趋向于无穷小。扰动量过大时系统的非线性因素开始发生作用。例如计算满负荷条件下的稳定性，过大的扰动量很有可能造成导叶开度在波动过程中被限幅。调压室阻抗孔的阻尼作用会与扰动量的平方成正比，过大的扰动量会在无形中误导性地改善调压室的稳定性。但扰动量过小又会增加数值计算的截尾类计算误差。因此本书建议在作调压室稳定性计算时，负荷扰动量取 1.0% 左右，而不是国内多数人习惯性使用的 10%。经验表明，在作转速调节稳定性分析时，计算结果对扰动量没有作调压室稳定性分析那么敏感，但即使如此，本书也建议扰动量不要超过 5%。取小扰动量还有一个好处，那就是扰前初始条件与扰后收敛点的条件很接近，即使把扰前条件和扰后条件未加区别，所造成的误差也不会大。

7. 调节品质判据

时间域调节品质判据中有一项重要指标，即调节时间。国内习惯用一个相对标准，那就是调节时间小于压力水道水流加速时间 T_w 的多少倍。这个标准有很大的误导性，特别是在作电站水道可行方案的比较时，可能得出水道 T_w 值大的方案可以，而 T_w 小的方案反而超出标准的荒谬结果。本书建议的绝对标准（详见 7.3.2 小节）可以确保不会出现这种情况而选出调节品质真正好的方案。

附录 2　大波动工况分析

1. 有关术语

在国内工程单位承建或设计的国际项目中，水力过渡过程计算分析报告普遍被译为"regulation guarantee calculation"，大波动工况分析被译为"large amplitude condition calculation"或者"large perturbation calculation"。国内术语"调节保证计算"是不可以用上述这种词对词直译作为英文术语的。同样，英文术语中也没有"大波动""小波动"这种提法。"工况"的英文术语也不是"condition"而是"case"。水力过渡过程计算分析正确译文应该是"analysis of hydraulic transients"或"hydraulic transients analysis"。年代久远的英文文献中也常用"pressure surge analysis"或者"surge analysis"。供排水方面更多用的是"water hammer analysis"。这里需注意，"surge"一词的原意是"涌波""骤升"。但"surge"作为水力过渡过程方面的专业术语时，常与"water hammer"一词混用，当然也用于表示调压室内的涌波现象，但并非仅仅表示涌波。

2. 压力与转速上升的最不利工况

压力与转速上升的最不利工况常常被误判。对于常规机组非组合性单纯甩负荷类大波动工况而言，在关闭规律一定的前提下，一般来讲，初始负荷越高转速上升也就越高这一点不容易搞错。但在相同初始出力情况下，有人可能会认为净水头较高时转速上升会比净水头较低时更高。而事实上正好相反，是净水头越低转速上升会更高。因为这时的初始开度越大，造成实际关闭时间较长，关闭时间越长，转速上升率就会越高。转速上升的最不利工况就发生在当初始为导叶满开度时，机组出力正好达到允许值上限。压力上升的最不利工况则有可能发生在开度较小、初始出力低于额定出力、上游水位最高时的甩负荷工况，而并非许多人认为的最大初始出力工况。对于冲击式水轮机，压力上升最不利工况通常发生在初始小开度工况（详见7.4节）。

附录3 水力干扰分析

1. 机组的并网运行方式

同一水力单元内机组间由于有共享水道，当其中一台或多台机组发生运行状态突变导致的过渡过程会产生机组间的相互干扰。这种干扰与机组的并网运行方式有着密切的关系。本书在4.2节中对机组运行方式作了较为详细的讨论。国内的不少从事水力过渡过程研究和分析工作的水电设计院和高等院校对机组并网运行方式认识模糊。最典型的错误是把有差调频运行中采用出力反馈实现频率调差误认为是"调功运行"。当机组作有差调频运行时，调差反馈有两种方式，其中一种是导叶开度或接力器行程反馈。这种反馈方式实现的有差调频一般没有人会把它当做"调功运行"。但当调差反馈是出力时，就有不少人把它当做"调功运行"了。两种有差调频运行方式通过频率调差率实现了调功，机组实际上处于一种"既调频，又调功"的状态，但这并非真正意义上的调功。有差调频运行是通过调差率间接实现的调功，一方面间接调功其过程较缓慢，有的设计阶越响应时间可长达100s甚至200s以上。而另一方面作有差调频运行的机组对频率变化的反应却快得多，是一种以调频为主，但也可以调功的运行方式。真正的调功运行指的是一种以出力为唯一调节目标，测频反馈被切除的运行方式。当机组作调功运行时，由于没有测频反馈，所以对网频变化没有反应，机组只调功不调频。

两种有差调频方式和真正意义上的自动调功方式的控制系统方框图及其他有关详情请参阅4.2节。

2. 孤网调频条件下的水力干扰工况是伪工况

经常可以看到这样的水力干扰分析结论（包括某些大型涉外水电项目水力过渡过程分析报告）：在孤网条件下机组作调频运行，当电站同一水力单元中，有一台或部分机组甩负荷，会对还在运行的机组产生水力干扰，受扰机组出力会增加而导致转速上升，造成该孤立电网网频上升，从而导致导叶的关闭动作。其实这是水力干扰分析中一个最大的认识误区。当某一电站的多台机组在同一孤立电网中作调频运行，其中任何一台带较大负荷的机组突然从系统中解裂甩去负荷，其后果只有一个，那就是该孤立电网立刻失频（频率骤降）并崩溃，根本不存在其他机组可以继续运行并且电网频率反而上升这种荒唐情况，这是一个十足的伪工况，详见 7.6 节。

参　考　文　献

陈家远，2008. 水力过渡过程的数学模拟及控制 ［M］. 成都：四川大学出版社.

常近时，1991. 水力机械过渡过程 ［M］. 北京：高等教育出版社.

樊红刚，陈乃祥，杨琳，2006. 明满交替流动计算方法研究及其实验验证 ［J］. 工程力学，23 (6)：16-20.

郭晓晨，周玉文，2006. 明满交替流数值模拟中的精细积分法 ［J］. 水动力学研究与进展，21 (4)：533-537.

李进平，程永光，杨建东，2006. 变顶高尾水洞明满流涌波水位 VOF 数值模拟 ［C］//工程计算流体力学会议，哈尔滨.

李新新，1993. 水轮机调节器特性对调压井稳定性的影响 ［J］. 水利电力科技，20 (3)：46-55.

廖灿戎，张津生，1994. 天生桥二级水电站调压井闸门井胸墙闸墩倒塌事故分析 ［J］. 水力发电 (10)：24-26.

刘启钊，彭守拙，1995. 水电站调压室 ［M］. 北京：中国水利水电出版社.

刘亚坤，2016. 水力学 ［M］. 北京：中国水利水电出版社.

乔德里，1985. 实用水力过渡过程 ［M］. 陈家远，孙诗杰，张治斌，译. 成都：四川省水力发电工程学会.

清华大学水力学教研组，1981. 水力学：下 ［M］. 北京：人民教育出版社.

王树人，1983. 调压室水力计算理论与方法 ［M］. 北京：清华大学出版社.

闻邦椿，鄂中凯，2010. 机械设计手册：常用设计资料 ［M］. 北京：机械工业出版社.

徐军，鞠小明，2002. 水电站调压室稳定断面选择探讨 ［J］. 四川水利，23 (3)：14-16.

徐正凡，1986. 水力学：下 ［M］. 北京：高等教育出版社.

许景贤，丁振华，1996. 导流洞改作水电站尾水隧洞过渡过程明满流机理 ［J］. 天津大学学报，5：664-672.

杨建东，陈鉴治，1993. 上下游调压室水位波动稳定分析 ［J］. 水利学报，7：52-58.

杨开林，2000. 电站与泵站中的水力瞬变及调节 ［M］. 北京：中国水利水电出版社.

于景洋，2010. 长距离输水管线安全运行水力过渡过程 ［D］. 哈尔滨：哈尔滨工业大学.

余常昭，1996. 水力学：下 ［M］. 北京：高等教育出版社.

张春生，侯靖，2014. 水电站调压室设计规范 ［M］. 北京：中国电力出版社.

赵昕，2009. 水力学：下 ［M］. 北京：中国电力出版社.

郑源，陈德新，2011. 水轮机 ［M］. 北京：中国水利水电出版社.

郑源，张健，2008. 水力机组过渡过程 ［M］. 北京：北京大学出版社.

中华人民共和国国家能源局，2009. 水工混凝土结构设计规范 ［M］. 北京：中国电力出版社.

中华人民共和国建设部，2003. 钢结构设计规范 ［M］. 北京：中国计划出版社.

ALLIEVI L，1903. Teoria generale del moto perturbato dell'acqu anei tubi in pressione ［M］. Ann. Soc. Ing. Italiana.

BILLDAL J T，WEDMARK A，2007. Recent Experiences with Single Stage Reversible Pump - Turbines in GE Energy's Hydro Business ［M］. Granada：Hydro.

BOLDY A P，1972. Performance Characteristics of Reversible Pump - Turbines ［C］//2th BHRA international conference on Pressure Surges. London, England.

BREKKE H, LI X X, 1988. A New Approach to the Mathematical Modelling of Hydropower Systems [C] //Conference of CONTROL 88, London.

BRUNONE B, GOLIA, U M, Greco M, 1991. Modelling of Fast Transients by Numerical Methods [C] //Proc. Int. Conference on Hdr. Transients with Water Column Separation, IAHR, Spain.

CHAUDHRY M H, 1970. Resonance in Pressurized Piping Systems [D]. Vancouver: The university of British Columbia.

CHAUDHRY M H, 2014. Applied Hydraulic Transients [M]. New York: Springer.

CHAUDHRY M H, KAO K H, 1976. G. M. Shrum Generation Station: Tailrace and Operating Guidelines During High Tail Water Levels [R]. British Columbia Hydro and Power Plant Authority, Vancouver.

CROSS H, 1936. Analysis of flow in networks of conduits or conductors [J]. University of Illinois Bulletin, 286 (1): 42 - 47.

DAILY J W, HANKEY W L, 1955. Resistance Coefficients for accelerated and decelerated flows Through Smooth Tubes and Orifices [J]. Transactions of Asme.

DORFLER P K, ENGINEER A J, PENDSE R N, 1998. Stable operation achieved on a single - stage reversible pump turbine showing instability at no - load [C] //19th IAHR symposium, section on hydraulic machinery and cavitation, Singapore.

DORFLER P, SICK M, COUTU A, 2013. Flow - Induced Pulsation and Vibration in Hydroelectric Machinary [M]. Flow - Induced Pulsation and Vibration in Hydroelectric Machinery, Springer, London.

FOX P, 1960. The Solution of Hyperbolic Partial Differential Equations by Difference Methods [J]. Mathematical Methods for Digital Computers, 180 - 188.

GRAY C A M, 1953. The Analysis of the Dissipation of Energy in Water hammer [J]. Proc. Amer. Soc. Civ. Engrs., 274 (119): 1176 - 1194.

JAEGER, C, 1977. Fluid Transients in Hydro Electric Engineering Practice [J]. Journal of Fluid Mechanics, 86 (4): 793.

JOHNSON R D, 1915. The Differential Surge Tank [J]. Journal of the Sanitary Engineering Division, American Society of Civil Engineers, 78: 760 - 805.

LAX P D, 2010. Weak Solutions of Nonlinear Hyperbolic Equations and Their Numerical Computation [J]. Communications on Pure & Applied Mathematics, 7 (1): 159 - 193.

LI XX, BREKKE H, 1989. Large amplitude water level oscillations in throttled surge tanks [J]. Journal of Hydraulic Research, 27 (4): 537 - 551.

LISTER, M, 1960. The Numerical Solution of Hyperbolic Partial Differential Equations by the Method of Characteristics [J]. Mathematical Methods for Digital Computers, 165 - 179.

MARTIN C S, 1997. Effect of Pump - Turbines Characteristics Near Runaway on Instability [C] // JSME Centennial International Conference on Fluid Engineering, Tokyo, Japan.

MARTIN C S, DEFAZIO F G, 1969. Open - channel surge simulation by digital computer [J]. Journal of the Hydraulics Division, 95: 2049 - 2070.

MARTIN C S, 1982. Transformation of Pump - Turbine Characteristics for Hydraulic Transient Analysis [C] //IAHR conference, Operating Problems of Pump Stations and Power Plants.

MARTIN C S, 2000. Instability of Pump - Turbines with S - Shaped Characteristics [C] //Proceedings of 20th IAHR Symposium on Hydraulic Machinery and Systems, Charlotte, NC.

NIELSEN T K, SVARSTAD M F, 2014. Unstable behavior of RPT when testing turbine characteristics in the laboratory [J]. IOP Conference Series: Earth and Environmental Science, 2014, 22 (3): 32-38.

OLIMSTAD G, NIELSEN T, BØRRESEN B, 2012. Stability limits of reversible - pump turbines in turbine mode of operation and measurements of unstable characteristics [J]. Journal of Fluids Engineering, 134 (11): 872-882.

RUPRECHT A, HELMRICH T, 2004. Very Large Eddy Simulation for the Prediction of Unsteady Vortex Motion [J]. Modelling Fluid Flow: 229-246.

SHAO W Y, 2009. Improving Stability by Misaligned Guide Ganes in Pumped Storage Plant [C] // Asia -pacific Power & Energy Engineering Conference, IEEE.

SPALLAROSSA C E, PIPELZADEH Y, Green T C, 2013. Influence of frequency - droop supplementary control on disturbance propagation through VSC HVDC links [C] //Power & Energy Society General Meeting, IEEE.

STREETER V L, WYLIE E B, 1965. Fluid Transients [M]. New York: McGraw - Hill Book Co.

SUN H, XIAO R, LIU W, 2013. Analysis of S Characteristics and Pressure Pulsations in a Pump - Turbine with Misaligned Guide Vanes [J]. Journal of Fluids Engineering, 135 (5): 511011.

THOMA D, 1910. Theories der Wasseerschlosses bei selbsttatg geregelten Turbinenanlagen [M]. Munich: Oldenbourg.

WITHAM G B, 1974. Linear and Nonlinear Waves [M]. Hoboken: John Wiley & Sons.

XIAO Y X, XIAO R F, 2014. Transient simulation of a pump - turbine with misaligned guide vanes during turbine model start - up [J]. Acta Mechanica Sinica, 30 (5): 646-655.

YAMABE M, 1971. Hysteresis characteristics of Francis pump turbines when operated as turbine [J]. Journal of Basic Engineering, 83: 80-85.

YAMABE M, 1972. Improvement of hysteresis characteristics of Francis pump - turbines when operated as turbine [J]. Journal of Basic Engineering, 94: 581-585.